教育部高等学校材料类专业教学指导委员会规划教材

国家级一流本科专业建设成果教材

材料表面技术与表面设计

卫国英　主编
张中泉　朱本峰　副主编

MATERIAL SURFACE TECHNOLOGY AND SURFACE DESIGN

化学工业出版社
·北　京·

内容简介

《材料表面技术与表面设计》是教育部高等学校材料类专业教学指导委员会规划教材。书中以产品设计需求为导向，介绍材料表面设计及表面处理方法，包括表面技术与产品表面设计的相关内容。全书共8章，分别为：概论、产品表面功能需求、表面覆盖技术、表面改性技术、表面加工与复合表面技术、产品设计中表面技术的选择、表面技术在产品设计中的应用示例、表面性能测试及标准化概况。本书将“表面处理赋予的功能性”与“产品设计的目标”相结合，兼顾理论知识与实际应用，通过丰富的实例，全面反映出“表面处理”的技术特点，拓宽“产品设计”的内涵。

本书可作为高等院校材料类专业和工业设计专业的本科生、研究生的教材，也可供相关专业的师生和从事产品多功能表面设计与产品开发等工作的工程技术人员阅读和参考。

图书在版编目（CIP）数据

材料表面技术与表面设计 / 卫国英主编 ; 张中泉, 朱本峰副主编. -- 北京 : 化学工业出版社, 2025. 2.
(教育部高等学校材料类专业教学指导委员会规划教材).
ISBN 978-7-122-46986-1

Ⅰ. TG17

中国国家版本馆CIP数据核字第2025LG0696号

责任编辑：陶艳玲　　文字编辑：王晓露
责任校对：刘　一　　装帧设计：史利平

出版发行：化学工业出版社
（北京市东城区青年湖南街13号　邮政编码100011）
印　　装：大厂回族自治县聚鑫印刷有限责任公司
787mm×1092mm　1/16　印张17　字数419千字
2025年3月北京第1版第1次印刷

购书咨询：010-64518888　　售后服务：010-64518899
网　　址：http://www.cip.com.cn
凡购买本书，如有缺损质量问题，本社销售中心负责调换。

定　　价：58.00元

前言

表面处理技术是人类在改造、征服自然过程中逐步摸索和发现的手段，从最早的“漆弓”到现在的航空航天产品，无不体现着人类的智慧。采用各种物理、化学、机械的方法，赋予材料、零部件、构件以及元器件等各种产品表面以特定的成分、结构和性能，是表面技术的使命。表面技术不仅能用于产品表面的修复、强化以及装饰等，也可以赋予产品表面力、光、电、磁、声、热、化学、生物等方面的性能。

随着科技进步，尤其是高端装备制造技术的发展，表面技术有了突飞猛进的发展。从传统产品表面的涂漆、丝印、烤漆等技术，到现在的真空镀、镜面加工、幻彩加工、激光刻花等先进的表面技术，这些先进的表面技术把产品的特殊外观和性能需求等淋漓尽致地表达出来。

目前，国内众多高等院校材料专业已开设了与表面技术相关的课程，也已上市了不少与表面技术相关的教材和参考书籍。本教材编写者长期从事材料表面技术的研究，在与企业合作及日常教学过程中，发现很多产品设计师在设计之初更多考量的是产品外观与视觉效果，对于产品表面技术手段及需要达到的表面性能方面的考虑相对不足，或者是还欠缺这些方面的知识。随着高质量发展的需求，使用者对产品可靠性与寿命要求越来越高，产品的实际应用环境非常复杂，损伤、损坏一般是从表面开始，因而设计者在产品设计开发时同样要考虑材料表面技术及涂镀层的性能，这对于延长产品寿命、保障产品质量非常重要。基于此，我们结合了材料学与产品设计交叉学科知识体系，编撰了《材料表面技术与表面设计》教材，本教材特点和有关说明如下。

① 本教材是在编者多年教学、科研及与企业合作的基础上编写的，凝结了多位老师、科研人员和学生的心血。在编写过程中，紧跟材料表面技术发展趋势，并与工业设计专业交叉渗透、互相融合，具有鲜明的跨学科属性，期望本教材能够充分体现时代性与前沿性，有助于复合型、创新型人才的培养。

② 在内容上，本教材不仅关注产品表面外观的设计，而且根据产品服役环境，更加侧重表面功能性的需求、设计与实现，将“表面处理赋予的功能性”与“产品设计的目标”紧密结合，将理论知识与前沿工程案例相结合，全面反映出“表面技术”的特点，拓宽“产品设计”的内涵。

③ 本教材作为材料学与工业设计学科的交叉学科成果，可作为材料类专业和工业设计专业

本科生、研究生的教材及参考书。本教材也可作为航空航天、海洋工程、现代轨道交通、光电设备等产品多功能表面设计与产品开发工程师的指导书。

表面技术与表面设计所涉及的学科多、交叉性强、知识面宽，由于条件和水平有限，教材中难免存在疏漏与不妥之处，欢迎读者批评指正。

编　者

2024 年 10 月

目 录

第1章 概论

第2章 产品表面功能需求

第3章 表面覆盖技术

第4章 表面改性技术

第5章 表面加工与复合表面技术

第6章 产品设计中表面技术的选择

第1章 概论

表面技术是一种在材料表面施加覆盖层或改变表面特性的工艺技术。通过表面技术可以在材料表面形成各种各样的覆盖层，也可以改变表面的形貌、化学组成、微观结构及各种性能。通常，表面技术是采用物理或化学方法，赋予材料表面以特定的成分和结构，目的是提高材料抵御环境作用的能力或赋予材料表面某种功能特性。表面技术不仅能应用于产品表面的装饰，也可以为产品表面提供高硬度、耐腐蚀、耐磨损等防护性能。随着科技发展，表面技术也可以提供材料表面光、电、磁、声、热、化学、生物等方面的特殊性能。表面技术可以在不改变材料基本组成的前提下，通过改变表面层的性质而大幅提高材料性能，可大幅降低成本，经济效益显著，在发展节能环保新型装备上起着重大作用。随着科技进步，尤其是高端装备制造业的发展，产品表面技术也有了飞速发展。从传统产品表面的涂漆、电镀、烤漆等，到现在的真空镀、镜面加工、幻彩加工、激光刻花等先进的表面技术，表面技术可以将产品的性能淋漓尽致地表达出来，提高产品的服役性能及寿命。

本章第一部分阐述表面技术的分类、应用以及发展历程。第二部分介绍与表面技术相关的产品设计的主要内容，包括产品设计的范畴与属性、类型与内容以及未来发展趋势。第三部分概述面向表面的产品设计，阐述产品表面设计的重要性以及表面处理在产品设计中的应用。

1.1 表面技术

1.1.1 表面技术及其分类

表面技术又名“表面处理”“表面工程”或“表面改性”，是通过物理、化学、机械等手段以改变材料表面的成分或组织结构，赋予材料表面所需的外观或性能，进而提高产品的可靠性，延长其使用寿命和服役安全性。

表面技术具有以下特征。

① 在不改变产品整体材质的前提下，赋予表面以基体材料不具备的各种特殊性能；

② 表面技术不仅可实现多种基材与覆盖层的组合，也可在同一种基材上实现多种功能的组合；

③ 可对原来因表面被破坏的产品进行修复与再制造，从而达到节能、降损、环保的目的。

从表面化学组成、作用机制、工艺特点、覆盖层种类等可以将表面技术分为如下几类。

(1) 按表面化学成分改变与否分类

① 表面化学成分改变。实施表面技术后在改变表面化学成分的同时，也改变了表面的组织结构，进而使表面具有了不同的性能。根据不同的表面技术，可以分为有覆盖层、无覆

盖层技术。前者通过电镀、化学镀、气相沉积、涂装、熔覆、热喷涂、热浸镀、堆焊等施加方法，在基体表面形成一层或多层覆盖层，该覆盖层通常与基体材料具有不同的化学组成、组织结构或性能；后者则利用化学转化、化学热处理、表面合金化、离子注入等表面改性的方法，使原子（或离子）进入基体表面，以改变产品表面化学组成、相结构和性能。

② 表面化学成分不变（保持原产品表面的化学成分不变）。通过表面淬火、喷丸、喷砂、表面辊压等方法改变产品表面的微观组织结构，进而改善产品表面性能。

（2）按作用机制分类

① 原子沉积：沉积物质以分子、原子或离子等微纳尺度粒子形态在材料表面形成覆盖层，如电镀、化学镀、气相沉积等。

② 颗粒沉积：沉积物质以介观或宏观颗粒的形态在材料表面形成覆盖层，包括热喷涂、涂覆技术等。

③ 整体覆盖：将覆层材料均匀涂覆于产品表面，如热浸镀、涂装、堆焊等。

④ 表面改性：利用物理、化学、机械等方法改变表面的结构和性能，包括电化学技术、化学转化、微弧氧化、化学热处理、离子注入、喷丸等。

（3）按表面覆盖层种类分类

① 表面无覆盖层：通过化学处理、机械强化等手段，不改变产品表面化学组成，只改变表面形貌、应力分布或组织结构等。

② 表面金属覆盖层：利用电镀、化学镀、热喷涂、气相沉积、激光熔覆等，在表面形成金属、合金或金属基复合覆盖层等。

③ 表面有机覆盖层：采用涂装等方法，在基体表面涂覆涂料、橡胶、塑料涂层等。

④ 表面无机覆盖层：借助热喷涂、熔烧、烘烤等方法，在基体表面涂覆搪瓷、玻璃、陶瓷涂层等。

⑤ 表面化学转化膜：通过化学或电化学技术，在金属或合金表面形成氧化物、磷酸盐、铬酸盐、草酸盐等化学转化膜层。

（4）按表面层功能特性分类

① 装饰性能：产品较为重要的表面性能，包括表面颜色和纹路等，用以美化产品的外观，增加视觉欣赏性。

② 耐磨减摩性能：表面承受磨粒磨损、黏着磨损、冲刷等磨损的能力，也包括耐刮擦、减摩自润滑、可磨耗密封等性能。

③ 耐腐蚀性能：耐各种化学介质腐蚀的能力，包括耐大气、海水、土壤等各种固液气等化学介质。

④ 耐热及导热功能：承受高温的能力，包括抗高温氧化、抗热疲劳能力，也包括热绝缘、热辐射等能力。

⑤ 光、电、磁等：透光、反光、消光、导电、超导、绝缘、半导体、软磁、永磁、磁光等。

⑥ 其它：微波吸收、红外反射、电磁屏蔽、润湿、催化、生物功能等；

⑦ 多功能一体化：通过适当的表面技术，将不同的功能赋予同一产品表面。

（5）按工艺方法特点分类

① 电化学法：利用电化学反应在产品表面形成覆盖层或转化层，如电镀、电刷镀、阳

极氧化、微弧氧化等。

② 化学法：利用产品表面材料与化学物质的相互作用，通过化学反应在产品表面形成覆盖层，如化学镀、化学转化等。

③ 热加工法：利用材料在高温下的熔融状态或热扩散，在产品表面形成涂层或渗透层，如热喷涂、热浸镀、堆焊、熔覆、表面合金化等。

④ 高真空法：利用材料在高真空条件下汽化、受激离子化而形成的表面镀覆层，如真空蒸镀、离子镀、溅射镀等。

1.1.2 表面技术的作用及应用

材料及产品表面可以通过表面技术改善其表面性能，如美观、耐蚀、耐磨、修复、强化等，也可以赋予表面如光、电、磁、声、热、化学、生物等方面的特殊功能。通常，表面技术所涉及的基体材料可以是金属材料，也可以是无机非金属材料、有机高分子材料和复合材料。在机械、化工、建筑、汽车、船舶、航天、航空、生物、医用、仪表、电子、电器、信息、能源、纳米、农业、包装等各个领域的各种产品中都涉及表面技术，可以说表面技术的应用遍及国民经济各个领域，在工业、农业、国防和人们日常生活中占有很重要的地位。

表面技术的作用可概括如下。

（1）抵御环境作用

材料及产品的磨损、腐蚀、氧化、烧伤、辐照损坏以及疲劳断裂等，一般都是因其与环境之间的作用，且最先从表面开始，各种表面失效所带来的经济损失巨大。而表面技术可以有效地对材料或产品表面进行防护，因而具有十分重要的意义。

（2）节约资源

在许多情况下，材料的性能主要取决于其表面的特性和状态。因此，在产品设计时基体可以选择较廉价的材料，经过适当的表面处理，可以成倍，甚至数十倍地提高使用寿命，从而节省大量宝贵资源。另外，资源节约也是表面技术的重要任务，尤其在太阳能使用的大幅推广等方面，表面技术将起着关键作用。

表面技术也是“再制造”的核心，“再制造”是将废旧、损坏产品回收拆卸后，按零部件的类型、材质、损坏程度等进行归类、检测，在基本不改变零部件几何外形和材质的情况下，运用表面修复技术，使得零部件在技术指标、安全质量、使用寿命等方面满足再次使用的要求。“再制造”以占产品全寿命周期费用70%～80%的使用、维修、报废阶段为研究对象，提升、改造废旧产品的性能，使废旧产品循环利用。对废旧产品进行表面修复与再制造，可以节约能源，减少开采、冶炼、制造等生产过程中“三废”排放等对环境的污染，符合“资源化”原则。

（3）保护人类环境

煤炭、石油等化石能源的开采和使用给环境带来严重的污染。表面技术也是众多绿色能源装置如太阳能电池、太阳能集热管、半导体制冷器等制造的重要基础之一。另外，表面技术在大气净化、抗病毒、抗菌杀菌、吸附杂质、防止污损、生物医学和治疗疾病等方面也大有作为。

（4）开发新型材料

表面技术不仅能够通过控制材料表面的成分、组织结构以达到改善材料功能、特性的目的，还可以用来制备其它成型方法难以获得的新材料和新器件。表面技术在制备金刚石膜、纳米多层膜、纳米梯度材料、纳米晶体材料、多孔硅、碳 60 等新型材料中起着关键作用，同时又是各种功能器件的研制和生产的最重要的基础之一。

按照表面技术实施的对象不同，其应用如下。

（1）在金属结构材料中的应用

金属结构材料主要用来制造建筑中的构件、机械装备中的零部件以及工具、模具等，在性能要求上主要考虑其力学性能，同时在许多场合还要求有优良的耐蚀性和装饰性。在这种情况中表面技术主要起着防腐、耐磨、强化、修复、装饰等作用。

1）防腐

作为材料失效的典型形式之一，腐蚀普遍存在于各行各业。在工程上，为了提高产品的耐腐蚀性能，多采用改进工程构件的设计、在构件金属中加入合金元素、尽可能减少或消除材料的电化学不均匀因素、控制工作环境、采用阴极保护法等手段。此外，选择合适的表面技术，对材料表面进行改性或者施加覆盖层，是显著提高材料抗腐蚀能力的重要途径。例如，具有彩色涂层的热镀锌钢板就是利用几种表面技术处理后，既有热镀锌钢板的高强度、易成型等优点，热镀锌层又提供了电化学保护作用，有机涂层还可以提供丰富的色彩和优良的耐腐蚀性，因而在建筑和家用电器等领域有广泛的用途。

2）耐磨

耐磨性能是指材料在一定摩擦条件下抵抗磨损的能力。这与材料特性和摩擦条件（如载荷、速度、温度等）有关，材料的耐磨性常用磨损量或磨损率来表征，即单位时间或单位摩擦距离内被磨损掉的材料的质量或体积。磨损包括磨料磨损、黏着磨损、疲劳磨损、腐蚀磨损、冲蚀磨损、微动磨损等类型。正确判断磨损类型，是选材和采取保护措施的重要依据，而表面技术是提高材料及其产品耐磨性的有效途径之一。例如用真空阴极电弧离子镀膜机，在高速钢钻头上沉积氮化钛（TiN）薄膜，膜层呈金黄色，表面硬度＞2000HV，附着力划痕试验临界负荷＞60N，膜层组织致密，可以大大提升钻头的耐磨性，使得镀 TiN 钻头的钻削长度平均值为 13.8m，比未镀钻头的 1.98m 约高 6 倍。

3）强化

这里的强化是指提高材料表面的综合力学性能。例如，有的金属制件表面要求有较高的强度、硬度、耐磨性，而材料本体需要保持良好的韧性，以提高使用寿命。在航空航天领域，所使用的金属制品需要具备优良的抗疲劳性能，考虑到疲劳破坏常常是从材料表面开始，因此除了提高表面强度、硬度以及降低表面粗糙度外，往往要求材料表面有较大的残余压应力，以提高表面抗疲劳性能。使用喷丸机械强化表面技术，可以有效地控制表面变形层的厚度与组织结构，并引入高达数百兆帕的压应力，从而大幅度提高材料的疲劳寿命和抗应力腐蚀能力。据报道，对纯铁、ICrl8Ni9Ti 不锈钢、20＃钢、45＃钢、40Cr 和 60Si2Mn 钢进行喷丸强化后，疲劳强度可提高 14％～47％不等。对 Al、Ti 合金喷丸后，其疲劳强度也有非常明显的提高。

4）修复

在工程上，许多产品及零部件因表面性能不足而被逐渐破坏导致失效，如因为硬度及耐磨性不足而导致逐渐磨损、剥落；因耐腐蚀性不足而导致锈蚀等。许多表面技术，如电刷镀、热喷涂、黏结、激光熔覆等方法，都可以用于修复产品的表面功能。使用合适的表面技术，不仅可以修复产品的尺寸精度，而且还可以提高产品的表面性能，并延长其使用寿命。例如，采用等离子喷涂或激光熔覆的方法，可以对涡轮叶片局部腐蚀区域进行修复与强化，实验证明，用等离子喷涂 CoCrW 耐磨涂层修复磨损的 WP7 系列发动机一级涡轮叶片（K17）叶冠阻尼面，修复涂层厚度在 0.3mm 以内才能保证涂层与基体的结合强度。而用激光熔覆的方法对磨损部位进行修复，熔覆层的组织致密、均匀、无气孔，厚度为 0.5mm 以上，叶片修复率可达 100%。

5）装饰

采用表面技术对产品进行装饰是表面技术最古老的应用之一。表面装饰主要实现产品表面的各种外观，包括光亮（镜面、全光亮、亚光、光亮缎状、无光亮缎状等）、色泽（各种颜色和多彩等）、花纹（各种平面花纹、刻花和浮雕等）、仿真（仿贵金属、仿大理石、仿花岗岩等）等。例如汽车和摩托车的轮毂，随着新能源的应用，其中铝合金/镁合金轮毂应用增加其质轻、耐久、防腐、散热快、尺寸精度高，经表面处理后又可显著提高防护性能和装饰效果，目前已经成为轮毂制造业的主流产品。表面处理有涂装、阳极氧化、电镀、真空镀膜等，其中涂装法用得最多，电镀和涂装、真空镀膜等技术的复合可获得近似镜面的装饰效果。

（2）在金属功能材料中的应用

功能材料是指在光、电、磁等能量作用下具有特定功能的一类材料。功能材料涉及面非常广，包括光电功能材料、磁性功能材料等。功能材料常用于制造具有某种独特功能的核心部件。而结构材料主要是以力学性能为基础，并含有一部分物理和化学性能。功能材料和结构材料在性能和用途上差异很大，最重要的是功能材料可以和元器件一体化和集成化。

表面技术在金属功能材料中的应用，按性能特点举例如下。

1）磁学特性

磁性材料是利用物质的磁性能和各种磁效应，以满足电子元器件、电工装置、测量仪器等各方面技术要求的合金化合物、金属以及铁氧体等材料。磁性材料历史悠久，种类繁多。根据材料形态，磁性材料分为粉体材料、液体材料、薄膜材料等；根据磁性的特点，磁性材料可分为软磁材料和硬磁材料；根据材质和材料结构，可以分为金属及合金磁性材料、铁氧体磁性材料两大类。

目前，磁性材料的研究主要集中在以下两个方面：第一个研究方向是新型的稀土永磁材料，这种材料包括钐铁碳、钐锰、钐铁氮化合物等；第二个研究方向是发展高性能的钴基磁薄膜功能材料，提高膜层的磁化强度和高频性能。随着科技的发展，微机和微电子行业迅速发展，需要微型电机内部的磁体具有很小的尺寸。磁性薄膜功能材料已经取得了长足的发展，并已应用于微型电子开关、微型电子泵、微型传感器等多个领域。利用电沉积或化学沉积技术以及其他薄膜制备技术，能够在金属表面制备出性能可控的磁性薄膜材料。例如，利用电沉积技术，可以制备多种磁性功能薄膜材料，包括：CoNiMnP、SmCo、CoNiP、CoPt、FeCo、CoNi、CoNiFe 等。

2）电学特性

金属电性材料的种类较多，包括导电金属与合金、超导合金、精密电阻合金、电热合金、电阻温度计金属与合金、电接点合金等。其中不少重要材料与表面技术有关。例如，将铝的外表面包覆上铜，得到导电性优于铝而密度小于铜的导体，以节省大量的贵金属；在钢线外层包覆铝，兼具钢线的高强度与铝的优良导电性，可用作大跨度的架空导线。

3）热学特性

材料的热学特性可以用与热有关的技术参数来描述：表征物质热运动的能量随温度变化而变化的热容量；表征物质导热能力的热导率；表征物体受热时长度或体积增大程度的热膨

胀系数；表征均温能力的热扩散系数；表征物质辐射能力的热发射率；表征物质吸收外来热辐射能力大小的吸收率等。这些参数都有一系列的实际应用。例如在“天问一号”探测器进入火星大气过程中，对 7500N 变推力发动机固壁热辐射防护采用了耐高温二氧化硅气凝胶复合材料。耐高温二氧化硅气凝胶材料使用耐高温纤维毡作为增强体，与二氧化硅气凝胶复合，形成纤维增强气凝胶材料，该材料在大气环境下具有优异的隔热性能和耐温性能，能够适应 1200℃的高温环境，型面加工性能及高温环境下的热稳定性均十分良好。

4）光学性能

固体材料的光学性质取决于电磁辐射与材料表面、近表面以及材料内部的电子、原子、缺陷之间的相互作用。由于光波的频率范围包括固体中各种电子跃迁所需的频率，故固体材料对于光的辐射所表现出来的光学性能，（反射、折射、吸收、透射、防反射性、增透性、光选择透过、分光性、光选择吸收、偏光性、光记忆以及可能产生的发光、色心、激光等）是很重要。

在光学材料中金属薄膜有重要的用途，其较为突出的光学性能是反射性。空间中的杂散光，会对卫星的光学系统的暗弱信号探测能力和精度产生严重影响，因此需使用超黑覆盖材料以降低杂散光的影响，据报道，超黑材料光吸收率提高 1%，其对杂散光的抑制能力即可数量级地提升。2021 年 4 月 9 日，我国在太原卫星发射中心成功发射试验六号 03 星，该卫星光学系统的遮光板表面采用了国家纳米科学中心研发的纳米复合超黑涂层材料，从而实现对太阳光及地气光等杂散光的抑制，大幅度提高卫星光学系统对暗弱目标的探测能力。

5）声学性能

声波是一种机械波，即在媒质中通过的弹性波（疏密波）表现为振动的形式。一般在气体、液体中只发生起因于体积弹性模量的纵波，而在固体中有体积弹性模量和剪切弹性模量，因此除纵波还会产生横波和表面波，或其他形式的波，如扭转波或几种波的复合。波可以是正弦的，也可以是非正弦的，后者可分解为基波和谐波。基波是周期波的最低频率分量，谐波是其频率等于基波数倍的周期波分量。声波的频率范围很广，大致包括声频（20～20kHz）、次生频段（10^{-4}～20Hz）、超声频段（$20\times10^{3}\sim5\times10^{8}$Hz）、特超声频段（$5\times10^{8}\sim10^{12}$Hz）等。各频段的声波都有一些重要应用。声波与电磁波各有一定特点，因而在应用上也各有特色。

根据声波应用的工程需求，对材料提出各种声学性能要求，如需要高保真传声、声反射、声吸收、声辐射、声接收、声表面波等。目前有一些金属镀膜已用在声学上，如采用电镀制备的泡沫镍具有大的孔隙率（大于 90%）、耐水、耐温以及优良的吸声性能，用驻波管法测定其吸声系数，厚度为 1.5cm 镀件的平均值为 56%。

6）化学特性

化学特性是指只有在化学反应过程中才能表现出来的物质性质，如可燃性、酸性、碱性、还原性、络合性等，这与表面材料的组成、结构和外界条件相关。材料通过表面技术可获得所需的化学特性，如选择过滤性、活性、耐蚀性、防沾污性、杀菌性等。在化学、石油、食品工业中，为防止产品受污染，往往对生产设备的零部件进行电镀镍或其合金，镀层厚度根据腐蚀环境的严苛程度来决定，一般要求镀层的厚度达 75μm 以上。

7）生物特性

生物医学材料单独或与药物一起用于人体组织及器官，具有替代、增强、修复等医疗功能。这类材料不仅要满足强度、耐磨性以及较好的抗疲劳破坏等力学性能的要求，还必须具有生物功能和生物相容性，即满足生物学方面的要求，如无毒，化学稳定性好，不引起人体组织病变，对人体内各种体液具有足够的抗侵蚀能力。目前金属类材料已大量应用于生物医疗。例如，人工关节是置换病变或损伤的关节，除具备良好的生物相容性和化学稳定性之外，还应满足与摩擦、磨损等相关的特殊要求。表面技术在这个领域有独特的应用优势。以钛合金为例，它是一类重要的人工关节材料，质轻，力学性能优良，耐腐蚀性能也很好，但是耐磨性较差。借助微弧氧化技术可在钛表面获得具有特定孔隙尺寸的微/纳米多孔陶瓷 TiO_2 涂层，相比钛合金，微弧氧化膜层具有更好的耐磨性及耐腐蚀性能，借助于微弧氧化膜层的特定微纳结构，与其它表面方法复合，可得到具有其它功能特性的涂层，如可将纳米银锚定在 TiO_2 涂层上，制备得到仿生分层的 TiO_2/Ag 涂层。研究发现改性处理的微弧氧化膜层显示出对成骨细胞良好的细胞相容性，且对金黄色葡萄球菌具有良好的抗菌性。

8）功能转换

表面材料可以将力、热、电、磁、光、声等物理量通过“物理效应”“化学效应”“生物效应”进行相互转换，因而可用来制作关键的器件和部件，在现代科技中发挥着重要的作用，其中与表面技术相关的金属薄膜或涂层居多。

（3）在无机结构材料中的应用

非金属材料包括高分子材料和无机非金属材料。除金属材料和高分子材料以外的其它材料都属于无机非金属材料，主要包括陶瓷、玻璃、水泥、耐火材料、半导体、碳材料等。它们具有高熔点、耐腐蚀、耐磨损等优点以及优良的介电、压电、光学、电磁等性能。在结构性用途方面，这类材料的抗拉强度和韧性偏低，应用有局限性。然而，通过表面技术，以上不足可以在一定程度上得到改善，从而扩大其用途。

在实际应用中，我们可以将无机非金属材料作为涂层或镀层，牢固地覆盖在金属材料或高分子材料的表面上，提高金属或高分子材料的耐腐蚀、耐磨损、耐高温等性能。无机非金属材料在功能性用途方面，已经在国民经济和科学技术中发挥着巨大作用，而表面技术在这个领域中的使用与发展，使功能材料的应用更加广泛和重要。

1）陶瓷表面的金属化

陶瓷产品可以通过物理气相沉积、化学气相沉积、烧结、喷涂、离子渗金属、化学镀等方法，使其表面覆盖金属镀层或涂层，获得金属光泽。例如，目前生产金属光泽釉可通过如下方法：一是在高温的陶瓷釉表面直接喷涂有机或无机金属盐溶液；二是采用气相沉积等方法在陶瓷釉面上镀覆金属膜；三是在一定组成的釉料中加入适量的金属氧化物再热处理（称为高温烧结法），釉面析出某种金属化合物，使釉面呈现一定的金属光泽，即为陶瓷金属光泽釉。

2）玻璃表面的强化

普通的无机玻璃是以 SiO_2 为主要成分的硅酸盐玻璃，如果表面无损伤，理论应力可达10000MPa以上。在生产实际中，玻璃是靠与金属辊道接触摩擦带动前进的，玻璃在似软非软的状态下与金属辊上的细小杂质摩擦，表面会产生大量的微裂纹。当玻璃受到拉伸时，裂纹端处产生应力集中，玻璃的实际强度只有40～60MPa，甚至更低，比理论强度低很多。玻璃受力破碎后，碎片呈片形刀状，造成极大的安全隐患。

目前主要有两条途径来提高玻璃的强度。一是用表面化学腐蚀、表面火焰抛光和表面涂覆等方法来消除或改善表面裂纹等缺陷，或采取保护措施使玻璃不再遭受进一步的破坏。二是采用物理钢化、化学钢化和表面结晶等方法，使玻璃表面形成压力层，即增加一个预应力，来提高玻璃总的抗拉伸应力。如采用物理钢化法，将玻璃放在加热炉中加热到软化点附近，在冷却设备中用空气等冷却介质速冷，使玻璃表面形成压应力，内部形成张应力，强度提高3～5倍，耐热冲击可达280～320℃。此外，还可以采用其他方法对玻璃进一步改性，例如采用溶胶-凝胶工艺在玻璃表面制备得到纳米 TiO_2 薄膜，改性后的玻璃具有良好的化学稳定性、光学和力学性能，其强化机制是由于均匀致密的纳米结构 TiO_2 薄膜通过化学键合的方式与玻璃表面牢固结合，使玻璃表面的裂纹、断键等缺陷得以修复。

3）陶瓷表面的玻化和微晶化

用于内墙、外墙、地面、厨房和卫生间的陶瓷制品，不仅要有高硬度、耐磨、耐蚀和较高强度，还应具有良好的装饰性、抗污性和抗菌性，这需要通过特殊的表面技术来达到要求，其中陶瓷制品的表面玻化处理和微晶化处理是两项实用技术。

4）新型结构陶瓷的表面改性

新型陶瓷有氮化物、碳化物、氧化物等，这类陶瓷性脆，延性小，容易发生脆性断裂。如氮化硅，在高温时容易氧化，造成裂纹、熔洞、晶界强度降低和磨损加快，使其在应用上受到很大的限制。结构陶瓷的表面改性方法众多，如表面镀膜、表面涂覆、离子注入等，可有效改善表面性能，拓宽结构陶瓷材料的应用。例如，将无机盐作先驱体、铵盐为催化剂，采用溶胶-凝胶方法在SG4氧化铝基体表面上可生成结合紧密、无明显界面的 ZrO_2 涂层和 Al_2O_3-ZrO_2 涂层，使 Al_2O_3 基工程陶瓷的表面质量有较大的提高。同时，溶胶层因弥合基体表面微裂纹而显著提高了陶瓷的抗弯强度，一次涂层抗弯强度就提高了29%，两次涂层抗弯强度可提高34%。

5）金属材料表面陶瓷化

用镀膜、涂覆、化学转化等方法，在金属材料表面形成陶瓷膜或生成陶瓷层，可使金属产品获得优异的综合性能，材料本体保持金属的强度和韧性，而表面层具有高的硬度、耐磨性、耐蚀性及耐高温性，从而显著提高结构件的使用寿命，拓宽其用途，尤其能在严苛服役环境中承担原有金属材料难以承担的工作。例如，利用化学气相沉积或等离子体化学气相沉积制备的金刚石薄膜具有高硬度、低摩擦系数、高导热等一系列优异的性能，镀覆在硬质合金刀具的基体上，制成金刚石镀膜工具，可以用来替代高压金刚石聚晶工具。

（4）在无机功能材料中的应用

无机非金属材料具有独特的物理、化学、生物等性质以及能量相互转化的功能，在各种功能器件及其产品中应用广泛。随着无机非金属材料应用的进一步扩大，人们越来越多地采用表面镀膜、涂覆、改性等方法来改善和提高材料性能，或者赋予材料新的性质和功能，进一步拓宽应用范围。现按材料特性举例说明如下。

1）电学特性

用气相沉积等方法制备的半导体薄膜、超导薄膜和其他电功能薄膜在现代工业和科学技术中有着许多重要的作用。

2）磁学特性

随着计算机、信息等产业的迅速发展以及表面加工技术的不断进步，薄膜磁性材料发展迅速，为电子产品和元器件的小型化、集成化和多功能化提供了必要的基础。

3）光学特性

陶瓷光学薄膜在众多领域有重要应用，如反射、增透、光选择性透过、光选择性吸收、分光、偏光、发光、光记忆等。

4）生物特性

近年来，具有一定理化性质和生物相容性的生物医学材料受到人们的广泛重视。其中，生物医用涂层可在保持基体材料特性的基础上，改变基体表面的生物学性质，或阻隔基体材料中离子向周围组织溶出扩散，或提高基体表面的耐磨性、绝缘性等。生物医用涂层的发展有力地促进了生物医学材料的发展。例如，在金属材料上制备生物陶瓷涂层，可以用作人造骨、人造牙、植入装置导线的绝缘层等。目前，可采用等离子喷涂、气相沉积、离子注入、电泳、微弧氧化等表面技术制备生物医用涂层。

除了生物医学材料外，还有一些与人体健康有关的陶瓷涂层材料。例如，水净化器中安装能净化、活化水的远红外陶瓷涂层装置，可通过远红外杀菌净化水。用表面技术和其它集成技术制成的磁性涂层敷在人体的一定穴位，有治疗疼痛、降低血压等功能，特殊涂层还具有促进骨裂愈合等功能。

5）功能转换特性

通过涂装、黏结、气相沉积、等离子喷涂等方法制备陶瓷涂层或薄膜，可以实现光-电、电-光、电-热、热-电、光-热、力-热、力-电、磁-光、光-磁等转换。

6）其它重要应用

如传感器薄膜材料、陶瓷光电子薄膜材料、陶瓷保护膜和隔离膜等。

（5）在有机高分子材料表面覆盖层的应用

有机高分子表面覆盖层的制作方法主要有涂装、电镀、化学镀、物理气相沉积、化学气相沉积、印刷等。

1）涂装的应用

涂装的作用主要是表面保护、增加美观和赋予塑料特殊的性能。ABS制品通常采用丙烯酸清漆、丙烯酸-聚氨酯、金属闪光漆等涂料进行涂装，应用于家电制品、汽车和摩托车零件。聚碳酸酯（PC）在汽车外部零部件的涂装过程中，常采用双组分的环氧底漆作为底层涂料，以增强附着力与耐腐蚀性，随后再涂覆丙烯酸清漆或聚氨酯面漆作为表层涂料，以提升外观光泽度和耐候性。

2）电镀的应用

在塑料基体上先沉积一层薄的导电层，然后进行电镀加工，使塑料既保持密度小、质量轻、成本低等特点，又具有金属的美观，提高其强度，赋予其新功能。

3）真空镀膜的应用

真空镀膜即物理气相沉积法，主要有真空蒸镀、磁控溅射和离子镀膜法三种。它们与塑料电镀相比，可镀膜层的材料和色泽种类很多，易操作，基材前处理简单，生产效率高，成本低，能耗低，金属材料耗量低，不存在废水、废气、废渣等污染，易于工业化生产，在光学、磁学、电子学、建筑、机械等领域发挥着越来越大的作用。在装饰-防护镀层方面，经常采用“底涂-真空镀-面涂”的复合镀层技术。塑料真空镀膜除了用于装饰性镀膜外，还大量用于功能性镀膜，使塑料表面获得优异的性能。

4）热喷涂的应用

热喷涂是将涂层材料加热熔化，用高速气流将其雾化成极细的颗粒，并以很高的速度喷射到工件表面，形成涂层。按不同的热喷涂涂层的性能，可分别应用于多种机械零部件的修理和防护。热喷涂技术可运用于任何基材，基材温度一般在30～200℃之间；操作灵活；涂层范围宽，从几十微米到几毫米。塑料的热喷涂包括两个方面：一是用塑料作为喷涂材料，在金属、陶瓷等基材表面形成涂层；二是用其它热喷涂材料，在塑料表面形成涂层，此时要求喷涂温度低于塑料的热变形温度。采用热喷涂方法，可以使材料表面具有不同的硬度、耐磨、耐蚀、耐热、抗氧化、绝缘、导电、密封、防微波辐射等各种物理、化学性能，对提高产品性能、延长使用寿命、降低成本等起着重要的作用。热喷涂技术对改善产品结构，提高产品质量，延长产品的使用寿命，节约能源，节约贵金属材料，提高工效，降低成本等都有重要的作用，正发展成为航空航天业、机械工业、模具工业、石油化工等各领域的特种工艺。

5）印刷的应用

印刷技术的快速发展，使印刷成为塑料产品装饰和标记的主要途径。目前，塑料制品的印刷主要是以包装材料为代表的装潢印刷和以电子产品为代表的功能性印刷。

6）化学气相沉积（CVD）的应用

化学气相沉积是利用含有表面层元素的一种或几种气相化合物或单质，在衬底表面上进行化学反应生成薄膜的方法。CVD 的主要特点有：①在中温或高温下，在气相中通过气态的初始化合物发生化学反应形成固体物质沉积在基体上；②可以在常压或者真空条件下进行沉积；③采用等离子和激光辅助技术可有效促进气相化学反应，使沉积在较低的温度下进行；④CVD 薄膜的化学成分随气相组成的改变而变化，可获得梯度沉积物或者混合膜层；⑤膜层的密度和纯度可以由工艺参数控制；⑥可在复杂形状的基体上以及颗粒材料上镀膜，适合沉积在各种复杂形状的工件上，包括带有槽、沟、孔，甚至是盲孔的工件；⑦沉积层通常具有柱状晶体结构，不耐弯曲，可通过各种技术对化学反应进行气相扰动，以改善其结构；⑧可以通过各种反应形成多种金属、合金、陶瓷和化合物膜层。例如采用蒸镀聚合法，在厚度约 120μm 的非对称聚酰亚胺基底上形成厚度约为 0.2μm 的聚酰亚胺薄膜，可以提高从水/酒精混合溶液中分离出酒精的功能。又如气阀的关键部件——阀芯，可采用蒸镀聚合法，在阀芯表面沉积一层合成聚对二甲苯树脂薄膜或聚酰胺薄膜，具有自润滑作用，代替润滑油脂。

（6）在有机高分子材料表面改性的应用

有机高分子材料表面的性质往往不能满足实际应用的需要，可以利用表面改性方法来满足实际使用要求。

1）偶联剂处理的应用

偶联剂的分子结构中存在两种官能团：一种是能与高分子基体发生化学反应或至少有良好的相溶性；另一种是能与无机物形成化学键，因而可以提高高分子材料与无机物之间界面的黏合性。具体种类可根据具体材料来选择。

2）化学改性的应用

主要包括两种类型：一是化学表面氧化或磺化，以改变表面粗糙度和表面极性基团含量；二是化学表面接枝。接枝改性的材料是固体，而接枝单体则多为气相和液相，表面发生接枝的产物是接枝共聚物，可以在基材性能不受影响的情况下得到显著的表面改性效果。

3）辐射处理的应用

利用各种能量的射线，如紫外线、γ 射线、X 射线等，对材料进行辐照，促使其表面氧化、接枝和交联等。例如经紫外线辐射处理的聚酯，其附着力可比未处理的提高 15 倍左右。

4）等离子体改性

利用非聚合性无机气体 Ar、N_2、H_2、O_2 等的辉光放电等离子体，对塑料、纤维、聚合物薄膜等高分子材料进行表面改性处理，可有效改善其表面性质以适合于各种应用场合。例如，利用等离子体对聚丙烯（PP）进行表面改性处理，将其在真空条件下热压到低碳钢板上，可以大幅度提高热压材料的剪切强度。

5）酶化学表面改性

酶是生物体内自身合成的生物催化剂。酶在聚合物表面改性中主要应用于天然的纤维织物以及皮革制品方面。制革是一个复杂的过程，需要几十道工序。其中，脱毛和修饰是两个重要环节。使用酶制剂，相对于传统的制革处理工艺，则具有快捷、高效和环保的优点。

（7）在复合材料中的应用

复合材料是人们运用先进的材料制备技术将不同性质的材料组分优化组合成的新材料。复合材料兼具各组分材料的优点，克服或削弱了单一材料的弱点。可以根据产品使用性能的要求，合理地选择组成材料和制备方法，这为新材料的研制和应用提供了更大的自由度。复合材料有许多优点，如较高的比强度和比刚度，较高的疲劳强度，耐高温及良好的隔热性能，优良的耐蚀性，耐冲击、减振性好、容伤性（即发现裂纹后仍可承载，可检查和维修，破坏前也有征兆）以及特殊的电、磁、光等性质。

复合材料一般是由基体材料（如树脂、陶瓷、金属）与增强体材料（如玻璃纤维、碳纤维、碳化硅纤维或颗粒、各种有机纤维等）复合而成。复合材料有多种分类方法，若按基体材料分类，则主要有聚合物基、陶瓷基和金属基三类复合材料。

复合材料内多相之间的界面是影响复合材料性能的关键因素之一。研究表明，界面不是理想的单分子层，而是有一定厚度（纳米级～亚微米级）的界面层，其结构与两相本体结构不同；界面一般应具有最佳的结合状态，结合过强则易引起脆性断裂，若结合过弱则不能起到将应力由基体传递到增强体的作用。

从提高复合材料力学性能的角度来考虑，各类复合材料改善界面的重点有所不同。

① 在聚合物基复合材料中，要对增强体表面进行处理来提高界面之间的相容性和减少界面残余应力等。

② 在陶瓷基复合材料中，增强体的作用主要是增韧，要求界面间结合度适宜，允许界面有一定的松动，即利用拔出、脱黏和相间摩擦来吸收断裂功，并且使裂纹发生转移，同时要求不同相的热膨胀系数相近，以免界面残余应力诱发裂纹萌生。如果界面上存在氧化物陶瓷的玻璃态物质，则有可能提高复合材料的韧性。

③ 在金属基复合材料中，由于金属的活泼性，故要控制好界面反应。虽然适度的反应有助于界面结合，但过度的反应则会产生脆性的界面反应物，造成低应力破坏，同时也要防止某些元素或金属间化合物富集于界面而造成有害的影响。

界面结构和反应及其影响是非常复杂的，需要深入分析和研究。针对复合材料的界面问题，已开发了许多表面处理方法，以下重点介绍两种表面处理方法。

1）玻璃纤维的表面处理及其应用

聚合物基复合材料是目前复合材料的主要品种，产量大，其中用树脂做基料、玻璃纤维或其它织物做增强体制成的玻璃纤维增强塑料占有较大的比例。它分为两大类：一是增强热塑性材料，如增强聚丙烯、增强尼龙、增强聚酯等；二是增强热固性塑料，如增强不饱和聚酯、增强环氧树脂、增强酚醛树脂等。常用的玻璃纤维形式有长纤维、短纤维以及布、绳、毡等。玻璃纤维由熔融玻璃拉制而成。纤维可以加工成布、绳和毡。制作原料主要有高碱性玻璃（A-玻璃）、电工玻璃（E-玻璃）或改进的 E-玻璃、抗化学腐蚀玻璃（ECR-玻璃）和高强度玻璃（S-玻璃）四种。

为了充分发挥玻璃纤维在复合材料中的承载作用，减少玻璃纤维与树脂基之间的差异造成对界面的不良影响，以及减少玻璃纤维表面缺陷所导致的与树脂基的不良黏合，因此要对玻璃纤维进行表面处理，一种表面处理的主要形式是偶联剂处理。偶联剂的特点是分子中含有两种不同性质的基团，使两种原本不易结合（黏结）的材料，通过偶联剂的化学、物理作用而牢固结合。常见的偶联剂包括有机硅偶联剂（乙烯基三乙氧基硅烷、γ-氨丙基三乙氧基硅烷等）、钛酸酯偶联剂（异丙基三异硬脂酰基钛酸酯、异丙基三油酰基钛酸酯等）、铝酸酯偶联剂和磺酰叠氮偶联剂等。研究表明，偶联剂在玻璃表面呈现三个复杂的结构层次，有弱吸附层（可被冷水洗去)、强吸附层（可被沸水洗去）和化学键结合层。通过偶联剂的偶联作用，玻璃纤维与基体树脂以化学键形成界面层，可有效提高复合材料的性能。其中，在偶联剂中用得较多的是硅烷偶联剂。研究表明，含有氨基的偶联剂比不含氨基的偶联剂对玻璃纤维的处理效果好，原因是偶联剂的氨基与添加剂以及基体中的氨基有亲和性，再加上助剂的交联作用，使得复合材料的界面有较好的黏合性。氨基还能与接枝的酸酐官能团反应，生成跨越界面的化学键，使界面的黏结强度提高，从而使复合材料的整体性能提升。如铝酸酯偶联剂存在处理方法多样性、偶联反应快、使用范围广、处理效果好、分解温度高、价格性能比好等优点而得以广泛应用。

偶联剂处理是玻璃纤维表面处理的首选方法，但有时达不到预期的处理目标，尤其是偶联剂在聚烯烃类树脂基体中（缺乏活性反应官能团）会失去应有的作用，因此要采用其它表面处理方法，大致包括 3 种：①玻璃纤维表面的接枝处理，即用各种方法使玻璃纤维上接枝小分子或大分子物质；②等离子体表面处理，用适当的方式使玻璃纤维表面的官能团发生变化，产生轻微的刻蚀，改善其表面浸润状况，使界面黏合性加强；③采用稀土元素表面处理，基于稀土元素有特殊的 4f 电子层结构、电负性较小、化学活性良好等来改善其界面性能，这对于用常规的偶联剂处理难以见效的以聚四氟乙烯（PTFE）和聚乙烯等热塑性材料为基体的复合材料来说是非常有效的，但是，加入过多的稀土元素也会产生不利的影响。

2）高性能增强纤维的表面处理及其应用

玻璃纤维增强塑料的强度高，相对密度小，但模量不足，因此人们致力于开发高性能复合材料或先进复合材料。一般采用高性能增强体与高性能树脂（如高强度、高模量、耐高温树脂等）基体复合成力学性能与耐热性能均有显著提高的复合材料。

高性能纤维虽有优良的性能，但一般难以与聚合物基体结合。为了提高复合材料的界面结合强度，通常要对高性能纤维增强体进行表面处理，主要包括：①表面清洁处理，除去吸附的水分及有机污染物；②气相氧化法，在加热下用空气、氧气、二氧化碳、臭氧处理纤维表面，使表面产生羧基、羟基等含氧的极性基团；③液相氧化法，用浓 HNO_3、H_3PO_4、HClO、$KMnO_4$ 等溶液或混合溶液为氧化剂，对纤维表面进行氧化处理；④阳极氧化法，由于碳纤维导电，故可用阳极氧化法进行表面处理；⑤表面涂层法，即用某种聚合物涂覆在纤维表面，改变界面层的结构和成分；⑥化学气相沉积，在纤维表面形成沉积膜或晶须，以改善纤维的表面形态结构；⑦电聚合处理，即以碳纤维为阳极或阴极，在电解质溶液中使乙烯基单体在碳纤维表面聚合；⑧低温等离子处理，使纤维表面引入极性基团等，改善其界面性能；⑨表面接枝法，包括表面接枝聚合（通过光化学、射线辐照、紫外线、等离子体等各种技术，使聚合物表面产生活性位点，以此引发乙烯基单体在材料表面的接枝聚合）和表面偶合接枝（利用材料表面的官能团 A 与带有活性官能团 B 的接枝聚合物反应，把聚合链 B 接枝到材料表面）两种类型。

1.1.3 表面技术的发展

1.1.3.1 表面技术发展方向

（1）服务于国家重大工程

发展先进制造业中关键零部件的强化与防护新技术，显著提高其使用性能，形成成套的工艺技术，为先进制造提供技术支撑。如通过表面技术等解决高效运输技术与装备，如重载列车、特种重型车辆、大型船舶、大型飞机等新型运载工具关键零部件在服役过程中存在的使用寿命短和可靠性差等问题。另外，国家在建设大型矿山、港口、水利、公路、大桥等项目中，都需要表面技术的切实参与。

（2）切实贯彻可持续发展战略

表面技术可以为人类的可持续发展做出重大贡献，但是在表面技术的实施过程中，如果处理不当，又会带来环境污染和资源浪费等问题。为此，要切实贯彻可持续发展战略，这是表面技术的重要发展方向，可以从几个角度着手：①建立表面技术数据库，利用 AI 技术为开发环保型表面技术提供重要基础数据；②深入研究表面技术的产品全寿命周期设计，以此为指导，用优质、高效、节能、节水、节材、环保的具体方法来实施工程，并且努力开展再循环和再制造等研发活动；③尽量采用环保低能耗的生产技术取代污染高能耗生产技术，如在涂料涂装方面尽量采用水性涂料、粉末涂料、紫外光固化涂料等环保涂料；对于几何形状不复杂的装饰-防护电镀工件尽可能用“真空镀-有机涂”等复合镀工件来替代；④加强“三废”处理和减少污染，如对于几何形状较复杂的装饰-防护电镀铬工件，在电镀生产过程中尽可能用三价铬等低污染物或环保工艺取代六价铬高污染物，同时做好“三废”处理工作；⑤针对关键零部件表面失效所引起的装备性能下降问题，开展表面修复与再制造技术研究。

（3）深入研究极端、复杂条件下的规律

许多尖端和高性能产品往往在极端复杂的条件如力、热、光、电磁等外界复杂因素的耦合下使用，对涂覆、镀层、表面改性等提出了特殊的需求，产品能在严酷环境中长寿命服役。目前，外界多场耦合因素作用下，材料的损伤过程、失效机理以及寿命预测理论和方法是研究的热点。随着科技进一步发展，要求产品表面具有自诊断、自适应、自修复等功能，即智能表面涂层和薄膜。

（4）不断致力于技术的改进、复合和创新

表面技术是在不断改进、复合和创新中发展起来的，今后必然要沿着这个方向继续迅速发展：①改进各种耐蚀涂层、耐磨涂层和特殊功能涂层，根据实际需求开发新型涂层；②进一步引入激光束、电子束、离子束等高能束技术，进行材料及其制品的表面改性与镀覆；③深入运用 AI 技术，全面实施生产过程规范化、智能化，提高产品质量和生产效率，在寿命预测和新型涂层开发方面发挥重要作用；④加快建立和完善新型表面技术如原子层沉积（ALD）、纳米多层膜等创新平台，推进重要薄膜沉积设备自主设计、制造和批量生产；⑤充分发挥各种工艺和材料的最佳组合效应，探索复合表面理论和规律，开发多功能一体化的表面防护技术；⑥将纳米技术引入表面技术的各个领域，合理设计材料表面结构，从而赋予其优异的性能，建立和完善纳米表面技术理论，开拓表面技术新的应用领域；⑦大力发展表面加工技术，提高表面技术的应用能力和使用层次，尤其关注微纳米加工技术的研究开发，为发展集成电路、集成光学、微光机电系统、微流体、微传感、纳米技术以及精密机械加工等科学技术奠定良好的制造基础；⑧重视研究量子点可控、原子组装、分子设计、仿生智能材料等在表面材料或技术中的应用，同时要高度重视当前或未来重大课题研究，如太阳能电池的薄膜技术、表面隐形技术、轻量化材料的表面强化-防护技术、空间运动体的表面防护技术、特殊功能涂层的修复技术等。

（5）积极开展表面技术应用基础理论的研究

表面技术涉及的应用基础理论非常广泛，其中涉及众多应用基础理论，如真空状态及稀薄气体理论、液体及其表面现象、固体及其表面现象、等离子体的性质与产生、固体与气体之间的表面现象、胶体理论、电化学与腐蚀理论、表面摩擦与磨损理论等，以上对于表面技术的应用和发展具有十分重要的作用和意义，必须不断深化。通过对应用基础理论的深入研究和对一些关键技术的突破，逐步实现了在原子、分子水平上的组装和加工，制造新的表面；借助于计算机、人工智能等技术，从原子、分子水平层次上对材料表面进行计算和设计，建立材料表面的基因库，实现产品表面从微观到宏观、从理论到应用的精准控制。

（6）继续发展和完善表面分析测试手段

现代科学技术的迅速发展，为材料表面分析和检测提供了强有力的手段。材料表面性能的各项测试，包括表面结构从宏观到微观的多个尺度的精准表征，也是表面技术的重要组成部分。从实际应用出发，需加快研制具有动态、实时、无损、灵敏、高分辨、易携带、高通量等特点的各种分析测试设备和仪器以及科学的测试方法，对智能仿生、量子点等新型防护材料的检测方法及标准化也需加强，还需要发展材料表面计量技术。

1.1.3.2 表面技术发展前景

表面技术是一门多学科交叉的学科。它的发展必然受到众多学科和技术的促进或制约，而现代科学和工业技术的迅速发展促使表面技术将发生巨大的变革，并对社会的发展起着越来越重要的作用。

表面技术在下面一些领域或工业中有着良好的发展和应用前景。

一是现代制造领域，表面技术是其重要组成部分，为制造业的发展提供关键的技术支撑。

二是航空航天领域，通过涂、镀等各种技术可提高飞机、火箭、卫星、飞船、导弹等在恶劣环境下的防护性能，使航天航空的关键元器件、部件及系统等避免因环境影响而导致失效。

三是交通运输行业，充分利用表面技术的各种方法，把现代技术与艺术完美地结合在一起，使交通运输工具更为快捷、舒适、美观、安全，满足人们对美好生活的向往。

四是冶金石化工业，尤其是在解决各种重要零部件的耐磨、耐蚀等问题中，表面技术将继续发挥巨大的作用。

五是海洋领域，表面技术大有发展潜力。例如，涂料要满足海洋环境的特殊要求，不仅用于高性能的舰船，而且还要广泛应用于码头、港口设施、海洋管道、海上构件等，因此必须开发各种新型多功能涂层。

六是现代电子电器工业，需要通过表面技术来制备各类光学薄膜、微电子薄膜、光电子薄膜、信息存储薄膜、防护薄膜等，今后这方面的需求将更加迫切。

七是生物医用领域，表面技术的作用日益突出，例如使用特殊的医学涂层可以在保持基体材料性质的基础上增加生物活性，阻止基材离子向周围组织溶出扩散，并且显著提高基体材料表面的耐磨性、耐蚀性、绝缘性等功能和生物相容性，随着老龄化高峰的到来，对特殊生物医学材料的需求会越来越多。

八是新能源工业，包括锂离子电池、太阳能、风能、氢能、核能、生物能、地热能、海洋潮汐能等工业，都对表面技术提出了新需求。

九是建筑领域，我国每年建成房屋高达 16 亿～20 亿平方米，其中 95%以上属于高耗能建筑，单位建筑面积采暖能耗为发达国家新建房屋的 3 倍以上，因此对我国来说，建筑节能刻不容缓，可在建筑中使用保温隔热墙体材料、低散热窗体材料、智能建筑材料等，采用表面技术如制备低辐射镀膜玻璃、智能窗等，是其中的一些重要措施。

十是新型材料工业，如制备金刚石薄膜、类金刚石碳膜、立方氮化硼膜、超导膜、LB薄膜、超微颗粒材料、纳米固体材料、超微颗粒膜材料、非晶硅薄膜、微米硅、多孔硅、石墨烯、纤维增强陶瓷基复合材料、梯度功能材料、多层硬质耐磨膜、纳米超硬多层膜、纳米超硬混合膜等，表面技术起着关键或重要的作用。

十一是人类生活领域，如城市建设、家用电器、美化装饰、大气净化、水质净化、杂质吸附、抗菌灭菌等，都与表面技术息息相关。

十二是军事工业，各种军事装备的研究和制造都离不开表面技术，军事上的一些特殊需求要通过特殊的表面处理来满足，如隐身（与装备结构形成整体）、隐蔽伪装（侧重于外加形式）等。

表面技术是主导未来发展的关键技术之一，应用前景广阔。不断发展具有我国特色和自主知识产权的表面技术，是我国科学技术工作者的重要使命。

1.2 产品设计

产品设计是指对产品的造型、结构和功能等进行综合性的设计，以便生产制造出符合人类需要的实用、经济、美观的产品。产品设计就是在形态、色彩、材料及表面工艺、结构及性能等方面赋予产品新的特质。

1.2.1 产品设计要素

产品设计具有三个基本要素：功能、造型和物质技术条件。

① 功能　是指产品所具有的某种特定功效和性能。功能是产品的决定性因素。

② 造型　是产品的实体形态，是功能的表现形式。造型有其自身独特的方式和手段，同一产品功能，往往可以采取多种造型形态。

③ 物质技术条件　产品设计功能与造型的实现需要构成产品的材料，需要赋予材料以特定的造型，以及实现功能所需要的各种技术、工艺，这些技术、工艺被称为产品的物质技术条件。它是实现功能与造型的根本条件，是构成产品功能与造型的中介因素。本教材中，针对表面功能的物质技术条件，即可简单地理解为表面处理技术。

产品表面设计是产品设计的重要组成部分，产品表面设计应着重考虑下面几项要求。

① 功能性要求　功能性是产品最为重要的特质，产品表面功能包括理化功能、机械功能、生物功能等。

② 审美性要求　产品表面外观应能使人得到美的享受。因此，所选用的表面处理技术也需考虑后续美观处理的问题。

③ 经济性要求　产品表面设计必须从消费者的利益出发，在保证功能及质量的前提下，研究技术的选择应简单化，减少不必要的劳动，以及增长产品使用寿命，使之便于运输、维修和回收等。

④ 创造性要求　设计的内涵就是创造。产品表面设计也要充分结合日新月异的科技发展和社会发展，尽可能地具有突出独创性。

⑤ 适应性要求　设计的产品总是供特定的使用者在特定的环境使用。因而产品表面设计及表面处理技术的选择，就不仅需要考虑其单一的静态特性，还需要考虑其在使用过程中对环境的相容性。

1.2.2 产品设计类别

根据国际工业设计协会的定义：工业设计就批量生产的工业品而言，凭借训练技术、知识、经验及视觉感受而赋予材料、结构、构造、形态、色彩、表面加工及装饰以新的品质和资格。

工业设计是指工业的机械结构设计，主要解决一定物质技术条件下工业产品的功能与形式的关系，即将功能、结构、材料和生产手段统一起来。

从性质上分，工业设计可分为式样设计、形式设计、概念设计。

式样设计：指对现有的技术、材料和消费市场等进行研究以改进现有产品的设计。

形式设计：注重对人们的行为与生活难题的研究，以设计出超越现有生活水平、满足数年后人们新的生活方式所需的产品，强调生活方式的设计。

概念设计：指不考察现有生活水平、技术和材料，纯粹在设计师预见能力所能达到的范畴内考虑人们的未来与产品的未来，是一种开发性的、从根本概念出发的设计。

按产品的种类划分，工业设计主要分为以下几类。

① 日用品设计：陶瓷制品、玻璃制品、家具和玩具设计等。

② 家电设计：电视机、照明设备、空气调节器、电熨斗、电吹风机、吸尘器、洗衣机、电冰箱、热水器和电饭煲设计等。

③ 工业设备设计：机床、农用机械、仪器仪表、起重设备和通信装置设计等。

④ 交通工具设计：汽车、摩托车、轮船及飞机设计等。

1.3 基于表面技术的产品设计

表面技术在工农业和国防建设等各个领域中发挥了巨大作用，同时对节能、节水、节材和保护环境具有重要的意义。表面技术的实施，必须要遵循科学的产品设计，在技术上要满足材料或产品的性能及质量要求，在经济上要以最少的投入获得最大的效益，而且还必须满足资源、能源和环境三方面的实际要求。这对面向表面的产品设计提出了更高、更严格的要求。反过来，表面技术的不断改进和完善，也对产品设计的扩展，起着关键的引领作用。

表面技术相关产品的应用遍及冶金、机械、电子、建筑、宇航、兵器、能源、化工、轻工、仪表等各个工业部门乃至农业、生物、医药和人们日常生活中，包括耐蚀、耐磨、修复、强化、装饰、光、电、磁、声、热、化学、特殊力学性能等方面的性能要求，因此表面技术在长期发展过程中积累了丰富的经验，可以为面向表面的产品设计提供多样性和复杂性支撑。

当前，表面相关的产品设计主要是根据经验和试验的归纳分析进行的，需要花费较多的人力、物力和时间，且多关注于产品外观，对产品表面功能性关注较少，并且会受到各种条件的限制而难以获得最佳的结果。由于近代物理和化学等基础学科的发展和各种先进分析仪器的诞生，人们能够对材料表层或表面做深入到原子或更小物质尺度的研究。随着计算技术的发展，特别是人工智能、数据库和知识库、计算机模拟等技术的发展，一种完全不同于传统设计的 AI 设计正在逐步形成，尽管离目标尚有很长路程，但是它代表了一种重要的发展方向。

尽管表面技术有很多种类和工艺，但都可以达到改善或提高某些特定性能的目的，如耐磨性或耐蚀性等。45＃钢轴承类产品经调质处理后虽然具有较好的综合力学性能，但不能承受较强的磨损，使用化学热处理、电镀、电刷镀、化学镀、热喷涂、真空蒸镀等都可以获得表面耐磨覆盖层，大大延长了其使用寿命。如何在产品设计中选择一种或多种复合的表面技术对产品进行表面处理，使其获得优良的性能指标，满足服役条件对产品的要求，并且具有突出的性价比、对环境的友好性等，是产品设计者以及表面技术工作者要面对的重要问题。

利用表面技术制造或再制造产品时，必须同时满足产品表面使用性能和尺寸精度的要求。因此，在设计和选择表面技术时，需要从以下可能影响产品的覆盖层性能、使用寿命、加工成本等方面综合考虑。

适应性是指表面技术与产品本身及加工工艺、工作环境是否匹配、合适。即选择的表面技术是否可以适应工作环境、满足性能要求，这就需要对以下诸多因素进行详细的分析和甄别。

① 产品的属性和特点：化学组成、热处理状态、组织形态、晶体结构、应力状态等，硬度、延展性、脆性敏感性、热膨胀性等，产品加工精度、几何尺寸有无突变处、有无通孔与凹槽、是否为薄壁及细长杆件等。

② 产品的服役条件：载荷的性质和大小、摩擦磨损形式和润滑情况、腐蚀介质和条件、环境温度、压力与湿度、辐射物质和强度、相对运动速度等。

③ 产品的性能要求：耐磨、减摩、耐腐蚀、抗氧化、抗蠕变、抗疲劳、化学稳定性、热、电、磁、光学性质等。

④ 产品的制造工艺和条件：铸造、烧结、电铸等，常态、真空、超声、磁场等。

⑤ 产品制造（或再制造）的工艺流程：表面技术在整个产品制造（或再制造）中的工序、与前后工序的衔接关系及可能的影响（前道工序-表面技术、表面技术-后道工序），完成最终产品需采取的工艺措施。

⑥ 产品的受损情况和失效的形式：如磨损、腐蚀、疲劳等；损坏部位及程度，如磨损面积及磨损量，腐蚀面积、腐蚀产物及腐蚀量，裂纹形式及尺寸，拉伤长度及深度等。

⑦ 表面技术的比较与选择：了解以上情况后，可以根据表面技术的特征选择合适的表面处理工艺，做好技术准备工作。

耐久性是指在一定的工作条件下产品的使用寿命。使用表面技术的目的是要通过一定的手段或方法，减轻工作环境对产品的破坏（磨损、腐蚀、疲劳等），延长其服役寿命。对产品表面进行“强化”“防护”处理后，需要对表面处理前后的产品寿命进行比较、评价，以确定在特定环境下不同表面技术“耐久性”的差别，以便优化选择合适的表面技术工艺方法。因此，高“耐久性”是选择表面技术的重要原则之一。

可以通过相关的标准和方法，以及模拟试验、加速试验、台架试验、装机试验等对产品的磨损、腐蚀、疲劳、氧化等情况进行检测、分析，得出产品的使用寿命。在实际的工况条件下对产品的耐久性进行考察、评估，最终确定能有效延长产品使用寿命的最佳表面技术。

经济性是指要以低成本、高耐久性的表面技术对产品进行表面强化、表面防护等。即在满足产品各项技术要求的前提下，尽可能地选择高性价比的表面技术。

简而言之，在产品的制造或再制造中正确设计、选择表面技术，必须熟悉各种表面技术的原理、技术特征、工艺方法，工作环境及可使用的表面层材料，可获得预期的表面性能、使用寿命等。

第 2 章

产品表面功能需求

产品表面功能包含使用性能和工艺性能两方面。使用性能是指表面在使用条件下所表现出来的性能，包括外观、力学、物理和化学性能；工艺性能是指产品表面在加工处理工艺过程中适应加工处理的性能。本章重点阐述产品表面的使用性能及需求。一般我们所讲的产品，固体占绝大多数。固体表面与本体的微观结构存在明显不同，因而在使用性能上也存在明显的差异。固体整体的使用性能包含表面与本体两部分，在许多情况下固体产品表面的使用性能往往对产品整体的使用性能有着决定性的作用。例如固体的磨损、腐蚀、氧化、烧损以及疲劳断裂和辐照损伤等，通常都是从表面开始的，所以深入了解和改进固体表面的使用性能具有重要意义。

产品进行表面处理时有三个主要作用。

① 保护作用　通过对产品表面的处理，保护其光泽、色彩、质感等，以延长外观效果和使用寿命。例如，在表面镀覆耐腐蚀材料（如 Zn、Cd、Ni、Cr、Sn 等）来提高产品的耐用性。

② 装饰作用　通过对产品表面进行装饰性处理，赋予其丰富的色彩、光泽和纹理，使其外观更加生动、时尚，并提升附加值和竞争力。

③ 特殊功能作用　根据产品设计的功能需求，对表面进行处理以赋予其特殊性能，如耐磨、耐蚀、抗氧化、导电、绝缘、电磁屏蔽、润滑、反光、热控等。例如，电镀银（Ag）或铜（Cu）可以提高导电性，非金属材料的电镀可以增加耐热性、耐候性和抗辐射性能。

2.1 外观

产品的外在表面是实实在在存在的，而且这种存在依赖于产品表面技术的发展，根据人们的实际需求而设计。表面处理的历史，也是一部表面技术的发展史。自从人类的祖先学会使用工具去改造自然界起，表面处理就进入了历史的第一页。从远古时期猿人用粗糙的石块打磨工具到今天人们用专业设备对产品表面抛光和研磨，从贝壳外表的简单涂饰到现代产品表面丰富多彩的外观样式，无不体现了产品表面技术的跨越。

当前，对于产品表面技术的研究主要集中在技术层面的开发，而在设计方面的应用研究方面还较少涉及与表面现象和过程相关的技术。在现实中忽视与产品表面现象或过程相关的表面技术会导致无法实现绚丽色彩的产品表面，也无法带来使用时的情感体验。设计师的构想只能停留在理论阶段，无法在实践中得到应用。因此，从工业设计的角度出发，了解产品表面技术并将其合理应用于产品的开发与设计中是工业设计师的迫切任务。

随着科技的迅速发展，产品表面技术也取得了巨大的进步。从传统的表面涂漆、丝印、烤漆等技术，到现如今的真空镀、镜面加工、幻彩加工、激光刻花等先进处理方法，不断涌现的先进技术为设计师们提供了更丰富的创作空间。这些先进技术的应用使得产品在色彩、光泽、肌理、质地等方面展现出独特的一面。而一些曾在太空、航空等高科技领域应用的材料，如钛合金、碳纤维、金刚石玻璃等材料，也逐渐在日常产品中应用。这些材料的运用不仅增强了产品的特性，赋予了产品卓越的性能，还带来了全新的视觉和触觉体验。它们赋予了产品独特的差异性和新鲜感，为人们提供了愉悦的美感体验，提升了产品的附加值。

（1）色彩

《定位》作者杰克·特劳特提出现代商品营销经历了三个阶段：①生产合格的产品时代；②区别于其它产品的视觉形象时代；③获得在消费者心中独特地位的定位时代。色彩已经成为产品外观设计中不可或缺的要素，它能够引发人们视觉上的感知和情感上的共鸣。每种色彩组合都有其独特性，能够在视觉、感性和想象上产生不同的审美效果。如今，越来越多的3C电子产品通过巧妙运用色彩来丰富产品的外观设计，例如可根据个人偏好随意更换的手机彩壳。这种丰富多彩的外观改变了传统3C产品在消费者心中的冷硬形象。不同的产品所采用的材料和着色工艺也不同，使得产品外观能够更好地与用户的个人喜好和需求相契合。金属表面彩色是通过在特定溶液中采用化学、电化学或置换等方法，形成一层或多层特定颜色的有色膜或干涉膜，使金属表面呈现出不同的颜色。这样的处理方法旨在模仿贵金属、仿古或增加装饰效果。常见的金属表面彩色技术包括电解发色、化学染色和电解着色等。其中，电解发色是将阳极氧化和着色过程合并在同一溶液体系中，通过在合金上直接生成彩色的氧化膜来实现。化学染色则是通过将染料吸附在膜层的孔隙内来实现着色。而电解着色主要应用于铝合金的阳极氧化过程，可将经过阳极氧化的金属放置于含有重金属的盐类溶液中进行电解着色。这些技术的应用能够赋予金属表面丰富多样的色彩，并增加产品的视觉吸引力和装饰效果。

为了丰富塑料产品的外观，常常利用电镀工艺来达到丰富的色彩效果。采用电镀仿金属色处理的塑料外壳可以产生类似真金属的效果，既降低了成本，又提高了产品的附加值。其中，真空蒸镀技术是在真空环境下，将金属加热、融化、蒸发然后冷却，最终在塑料表面形成很薄的金属膜，使产品金属的色泽。此外，喷漆工艺也可赋予塑料多种多样的颜色效果。如，采用钢琴漆可以赋予产品金属质感，让表面呈现出银光闪闪的外观；而幻彩漆则可以在不同的角度下反射出五彩斑斓的光彩，增加产品的视觉效果，使其更加绚丽夺目。这些处理工艺使得塑料产品具有更丰富多样的外观效果，提升了产品的市场竞争力。

（2）光泽

产品的表面处理工艺不仅可以赋予产品不同的色彩，还可以呈现出丰富多样的光泽效果。通过不同的处理方法，产品的外观可以变得像镜子一样光滑，也可以呈现出细密光亮的丝光效果，或是拥有含蓄安静的亚光效果。这些不同的光泽效果给产品带来了更加丰富的触感和视觉感受，增加了产品的质感和奢华感。光滑的镜面效果可以让产品看起来更加精致和高档，丝光效果则赋予产品一种柔和而典雅的质感，而亚光效果则展现了一种低调而高贵的氛围。不同的光泽效果与产品的设计风格相辅相成，呈现出不同的美学魅力，为产品增添了独特的魅力和个性。华为NOVA2 Plus手机的魔镜版外壳经过多道工序的打磨和抛光，呈现出令人印象深刻的镜面效果。表面抛光是通过机械或手工使用研磨材料对金属进行表面处理，进而实现不同的光泽效果，如镜面、磨光、丝光和喷砂。此外，应用特殊的喷漆也能达到各种不同的光泽效果。例如，橡胶漆可以创造出磨砂般的质感，钢琴烤漆可以给予产品华丽、闪亮的外观，而UV烤漆则可以实现高光、哑光和透明等不同的表面效果。这些处理技术都可以赋予产品丰富多样的外观，增强其视觉吸引力和质感。

（3）肌理

在当代设计中，肌理是指天然材料本身的纹理、结构形态或经人工组织设计而形成的一种表面材质效果。比如，ZIPPO 打火机中的仿古银系列，其表面具有类似古代碎银的肌理效果，而雕刻系列则通过刻制不同的图案和花纹，赋予产品丰富的肌理效果。这些肌理可以增加产品的触感和质感，为产品带来更加独特的外观和艺术感。

不同材料具有不同的肌理特征，可以通过不同的表面处理工艺来展现。木材可以展现出细肌、粗肌、直木理、角木理、波纹木理、螺旋木理、交替木理和不规则木理等多样肌理特征。涂装保留木材的清晰纹理，而覆贴工艺可以制造出皮革、薄木等不同的肌理效果。玻璃经过特殊的加工可以改变表面肌理，如雕刻玻璃通过折射和反射光线形成独特的肌理效果，磨砂玻璃则呈现柔和、亲近的肌理感。金属经过拉丝工艺可以创造出直纹、乱纹、螺纹、波纹和旋纹等不同纹理，展现出金属感。锻砂打磨工艺使金属表面呈现如绸缎般光滑的沙纹肌理。表面蚀刻则通过化学腐蚀创造出斑驳沧桑的肌理装饰。表面被覆工艺可以通过涂层、镀层、金银错、搪瓷和景泰蓝等方法赋予材料不同的肌理、色彩和质感。这些肌理处理工艺丰富了材料的表面效果和感官体验，赋予产品独特的外观和质感。

（4）质地

当提到材料时，人们自然会想到材料的质地。质地是指材料的本质特征，包括其硬度、轻重、粗细、冷暖等属性。质地可以分为天然质地和人工质地。天然质地强调材料的自然美和真实性，而人工质地则通过技术性和艺术性的加工处理，赋予材料表面独特性。随着表面处理技术的不断发展，人工质地得到了广泛应用。例如，电镀技术可以在塑料表面呈现金属质地，也可以在木材上实现金属效果。金属蚀刻可以制造出多层次效果、多色彩和粗糙光滑的对比效果。通过人工质地的创造，材料的外观和触感得到了丰富和变化，为设计师提供了更多创造的空间。

在选择表面技术时，需要综合考虑产品的功能性、结构性、耐久性、安全性、经济性和环保性等方面的要求，找到一个平衡点。举例来说，对于厨房和卫生间家电产品上的金属部件的涂装，需要具备高附着力、高表面摩擦系数、一定的非黏性、耐酸碱（特别是耐洗涤剂）、柔韧性与硬度的平衡、耐高温、光泽柔和、手感良好等特点。聚四氟乙烯漆（即铁氟龙漆）是一种满足几乎所有要求的最佳选择。然而，由于其昂贵的价格，工业应用中很难普及。因此，在产品设计中，需要综合各种要求，通过一次或二次表面加工工艺来实现设计的目标。现今，设计师可以大胆地选择各种不同的材料，并充分挖掘材料本身的表达潜力。可以运用一些非常规的手段对材料表面进行加工处理，创造出令人惊喜和全新的产品整体质感效果。总而言之，通过对材料表面进行适当的色彩、肌理、质地、光泽等处理，可以提升工业产品的装饰性，满足其功能性，并创造出丰富的视觉和触觉体验。这样的设计可以为人们的生活增添更多具有情感的产品，从而增加产品的附加值。

2.2 力学性能

2.2.1 附着力

2.2.1.1 附着与附着力的概念

附着是指涂层（包括涂与镀）与基材接触，两者的原子或分子之间相互作用。异种物质之间的相互作用能称为附着能。将附着能对其与基材之间的距离进行微分，该微分的最大值即为附着力。或者，把附着力理解为单位表面积的涂/镀层从基体（或中间涂层）上剥离下来、又不使涂层破坏和变形时所需的最大力。

附着力是涂层能否应用的重要参数之一。涂层成分不当、涂层与基材的热膨胀系数差异较大、涂覆工艺不合理以及涂/镀前基材预处理不良等因素，均会使附着力降低，以至涂层出现剥落、鼓泡等现象而难以应用。

2.2.1.2 附着力的测量方法

目前，按照附着力的物理定义来精确测量附着力是十分困难的，对于不同类型的涂/镀层有不同的测量方法。尽管测量的结果难以精确，有时测量数据较为分散，但是测量方法仍有较大的实用性。大多数方法都是基于把涂层从基材上剥离下来，测量剥离时所需的力。对于较厚的涂层，较多采用黏结法，即用黏结剂把一种施力物体贴在涂层表面，加力使涂层剥离。对于薄的涂层，大多采用非黏结法，即直接在涂层上施加力，使涂层剥离。这种方法还适用于具有较高附着力的涂层，定量测定附着力，该方法需要特定的设备，对试样要求高、工序较为复杂和费时。在生产现场，通常采用定性或半定量相结合的检验方法。

涂层附着力的定量评定方法主要有拉伸试验法、剪切试验法和压缩试验法三种，即以拉伸强度、剪切强度、压缩强度来表示涂层单位面积上的附着力。

（1）拉伸试验法

利用试验工具或设备使试样承受垂直于涂层表面的拉伸力，测出涂层剥离时的荷载，将载荷值除以试样的断面积，计算出涂层的拉伸强度。

（2）剪切试验法

通常，为了测试涂层的剪切强度，试样会被制成圆柱形，并在圆柱的外表面中心部位涂覆上涂层。然后，对这个试样进行磨制到所需尺寸，并将其放置于一个配合的模具中。接下来，使用万能材料试验机缓慢地加载试样，测试涂层剪切剥离时的载荷，根据测得的载荷可以计算出涂层的剪切强度。

（3）压缩试验法

试样用高强度材料制成，放在万能材料试验机上缓慢加压，试样受力方向与涂层表面垂直，加压至涂层被破坏，测出此时的最大负荷，可计算涂层的压缩强度。

在上述的三种测试中，涂层的拉伸强度是评估其附着力的主要指标。不过，在某些情况下，需要测试涂层的剪切强度和压缩强度。举例来说，对于各种轴承而言，压缩强度是一项很重要的指标。因此，在评估涂层的性能时，需要综合考虑这些不同的力学性能指标。

根据涂层的种类和使用环境可选择多种定性试验方法。

（1）弯曲试验法

在长方形试样上制备涂层，加力使试样弯曲，涂层与基材间产生分力，当该分力大于附着力时，涂层从基材上剥落或开裂。以弯曲试验后涂层是否开裂、剥落来评定涂层附着力是否合格。

（2）缠绕试验法

将线状或带状试样按规定要求沿一中心轴缠绕，以涂层不起皮、剥落为合格。

(3) 锉磨试验法

通过使用铁刀、砂轮或钢锯等工具对试样从基材向涂层方向进行锉削、磨削或切割，通过机械力和热膨胀的作用，涂层与基材之间会产生分离力。当这个分离力大于涂层的附着力时，涂层将会脱落。这种方法适用于镍、铬等硬金属涂层或者不易弯曲、缠绕或承受磨损的涂层材料。

(4) 划痕试验法

对于不能具有划痕的材料，可以使用切割、刮伤或破坏性测试方法来评估涂层与基材之间的附着力。这种方法通过施加机械力或应力来使涂层和基材之间产生剥离或分离。根据剥离或分离的程度，可以评估涂层的附着力。这种方法非常适用于钢铁、铝合金等金属基材和陶瓷涂层之间的附着力测试。

(5) 胶带剥离法

对于有机涂层和其它一些涂层，常采用胶带剥离法，即用一定黏着力的胶带黏到涂层表面，在剥离胶带的同时，观察涂层从基材上被剥离的难易程度。对于较软的涂层，通常用刀或针划穿涂层成一定数量的方格，例如百格法，用一种黏性高的胶带紧贴在划格的试样表面，待固化黏结后迅速撕去胶带，以涂层不脱落和方格脱落数目来评级。

(6) 摩擦法

该方法是用橡皮、毛刷、布等材料在一定力的作用下往复摩擦涂层表面，以涂层脱落时所需的摩擦次数和力的大小来评定涂层与基材之间的附着力。

(7) 超声波法

先在涂层试样周围充填一定的液体介质，如水，然后用超声波的方法使介质振动，对涂层产生破坏作用，以涂层剥落时对应的超声波能量水平及超声振动时间来评定。

(8) 冲击试验法

可以采用冲击测试方法来评估涂层与基材之间的附着力。这种方法通过使用锤子或落球反复对试样表面的涂层进行冲击，产生变形、振动和冲击。当施加的力大于涂层的附着力时，涂层将从基材上剥离。这种测试方法适用于那些需要承受冲击和振动的涂层。

(9) 杯突试验法

在杯突试验中，使用直径为 20mm 的钢球，并将其以固定速度（通常为 10mm/min）从试样的背面向涂层面的方向施加压力。钢球会被压入一定的距离（通常为 7mm），通过观察涂层是否发生开裂、起皮或剥落来评估其附着力。此方法可以在杯突试验机上进行，钢球的直径为 20mm，杯口的直径为 27.5mm。

(10) 加热骤冷试验法

可以使用拉剥试验来评估涂层与基材之间的附着力。在拉剥试验中，试样以一定的速度施加拉力，直到涂层从基材上剥离。拉剥试验可以通过钳子夹持试样的一端，并通过拉力仪来施加均匀的拉力。然后可以通过测量施加的拉力和涂层剥离的距离来计算涂层的附着力。这种方法适用于不同类型的涂层和基材组合。

（11）气相沉积薄膜附着力的评定方法

用PVD和CVD方法在各种产品表面所制备的薄膜较薄，但其性能优异，应用甚广。这种膜层附着力的评定方法，可采用上述方法如拉伸法、胶带剥落法、划痕法、摩擦法、超声波法检测法划痕法等。薄膜的划痕法具有可量化的特点，其基本点是用划痕仪的压头在镀层上进行直线滑动，滑动时载荷从零不断加大，通过监测声发生信号和滑动摩擦力的变化，结合对划痕形貌的观察，定量判断镀层破坏时对应的临界载荷，将此载荷作为薄膜与基材附着力的表征值。通常是用洛氏硬度计压头在薄膜表面上滑动，载荷L从零连续增加，当到达临界值L_c时，薄膜与基体开始剥离，压头与薄膜-基材组合体的摩擦力相应发生变化，如果是脆性薄膜还会产生声发射信号，L_c为薄膜附着力的判据，结合对划痕形貌的显微观察可以更准确地判断薄膜与基材开始剥离的时间。

2.2.1.3 提高附着力的方法

在考虑附着力时，还应计入涂层与基材间的电荷交换在界面上形成双电层的静电相互作用。如果涂层和基材都是导体，且它们的费米能级不同，那么在界面上会产生电荷的转移现象。当形成涂层时，电子会从一种材料向另一种材料转移，导致界面上形成一个带电的双层。这种电荷转移对于涂层与基材之间的附着性能具有重要影响，假设涂层与基材间产生的静电相互作用力为F，则：

$$F=\frac{\sigma^2}{2\varepsilon_0} \tag{2-1}$$

式中，σ为界面电荷密度；ε_0为真空介电常数。

涂层与基材之间界面处的异质原子相互作用，会发生扩散现象。在某些情况下，这种扩散会导致两种原子混合或形成化合物，使界面消失。此时，附着能会转变为混合物或化合物的凝聚能，而凝聚能通常比附着能大。在实际生产中，可以通过特定的工艺方法实现界面处异质原子的混合或化合，从而增强涂层与基材之间的附着力。例如，采用离子束辅助沉积工艺，在形成涂层的同时，通过高功率的大电流离子源产生的离子束轰击界面，促使原子之间发生级联碰撞、混合，形成一个原子混合过渡区，提高涂层与基材的附着力。在原子混合区上，可以继续使用离子束生长出所需厚度和特性的薄膜。

为保证涂层与基材间有足够的附着力，涂覆前基材表面的预处理十分重要。基材表面的脏物和油污等，都会大大降低涂层与基材间的附着力，所以在涂覆前一定要清理干净。

在多数情况下，基材表面能较小，为此可通过表面活化方法来提高它的表面能，从而提升涂层附着力。表面活化的方法主要有清洗、腐蚀刻蚀、离子轰击、电清理、机械抛磨等。

加热也是一种提高附着力的有效方法。加热会提高基材的表面能，亦会促进异种原子的相互扩散。尤其在真空镀膜等工艺中，加热是一种常用方法。

涂层与基材间的化学反应也是提高附着力的重要因素。例如，有些涂料中含有特殊的化学成分，能够与基材表面形成化学键，从而提高附着力。此外，还可以通过表面处理技术，如凹凸处理、喷砂、化学处理等，增加涂层与基材之间的物理结合力，从而增强附着力。对于特殊的涂层和基材组合，还可以采用胶黏剂或黏合剂来增强附着力。这些方法可以根据具体的应用要求和涂层材料的特性进行选择。总之，通过多种方法和工艺的综合应用，可以显著提高涂层与基材之间的附着力。

基材的表面从微观看并非平整，微观的粗糙状况往往有利于外来原子的“扎根”，从而提高涂层的附着力。目前有多种方法可使基材表面微观粗糙化。例如，在某些工程塑料表面镀膜时，可利用辉光放电的等离子体轰击塑料表面，使之微观粗糙化，可显著提高真空金属镀层的附着力。

2.2.2 表面应力

(1) 应力产生的原因

拉伸或弯曲材料表面会导致表面积的变化，这会产生能量消耗。这种单位面积变化所消耗的能量被称为表面应力。表面应力可以分为两种类型：一种是作用在表面的外部应力，另一种是由表层畸变引起的内部应力或残余应力。许多工艺过程，例如喷丸、表面淬火和表面滚压等可以在表面或表层产生极高的压缩残余应力，从而显著提高材料的疲劳寿命。当薄膜沉积在基材表面时，由于其热膨胀系数与基材不同，在高温冷却后，薄膜中会存在热残余应力。在一些涂层的形成过程中，由于液态到固态的转变或组织结构的变化，会导致应力的产生。

表面应力的产生有多个原因。对于沉积的薄膜而言，其形成过程中发生了体积的变化，导致晶格畸变在薄膜中得不到修复，从而产生内应力。具体的应力状况与工艺过程密切相关。例如，使用真空蒸镀法制备的薄膜通常会产生拉应力或压应力，而使用溅射法制备的薄膜往往会产生压应力。实验证明，当薄膜厚度大于 0.1μm 时，其应力通常为确定值。真空蒸镀的金属薄膜中的应力大多在－108～＋107Pa 范围内（拉应力为正，压应力为负）。对于易氧化的薄膜，如 Fe、Al、Ti 等，由于形成条件的不同，其应力状态比较复杂。一般而言，氧化会使应力趋向于压应力。在溅射镀膜中，高速粒子对薄膜的轰击使薄膜中的原子离开原来的晶格位置进入间隙位置，产生固定作用。由于高速粒子进入晶格中，容易产生压应力。薄膜中存在内应力，即存在应变能。当应变能大于薄膜与基材之间的附着能时，薄膜会剥离，特别是在膜层过厚时更容易发生剥离现象。

其它涂层也会出现类似的问题。例如，热喷涂涂层存在热残余应力，其大小及方向主要取决于喷涂温度、基材预热温度、涂层的密实度和材料的特性。残余应力影响涂层的各项性能，残余应力较高时会使涂层变形、褶皱、龟裂、剥落等，对于薄板金属，还可能发生弯曲变形。

(2) 应力测量方法

残余应力可使薄板样品发生弯曲，拉应力可驱使样品以涂层为内侧面发生弯曲，而压应力则会使样品向以涂层为外侧发生弯曲。基于这一特点，形成了经典的涂层残余应力测试方法——薄板弯曲法。1903 年，Stoney 在研究薄膜内应力测量时提出，对于试样长度远大于宽度的窄薄片，薄膜的内应力可通过以下公式计算：

$$\sigma=\frac{E}{(1-\nu)}\times\frac{h_s^2}{h_f}\times\left(\frac{1}{R_2}-\frac{1}{R_1}\right) \tag{2-2}$$

该式称为 Stoney 公式。式中，E 和 υ 为基片的弹性模量和泊松比；h_s 和 h_f 分别为基体和薄膜的厚度；R_1 和 R_2 分别为镀膜前后基片弯曲的曲率半径。在其它参数已知的情况下，通过测量镀膜前后基片弯曲的曲率半径就可以计算出薄膜的内应力。测量基片曲率变化的方法有光学干涉法、激光扫描法、触针法、全息摄影法和电微量天平法等。这些方法需要专门制备样品。对于某些基材（例如钢）经历热喷涂、化学气相沉积等高温热循环处理后，有可能由组织转变或加热-冷却中的不均匀性造成基片曲率的附加变化，从而影响测量的准确性。

另一种常用的方法是 X 射线衍射法。对于各向同性的弹性体，当其表面承受一定的应力 σ 时，与试样表面呈不同位向的晶面间距将发生有规律的变化。因此，用 X 射线从不同的方位测量衍射峰位 2θ 角的位移，就可以求出约 10μm 厚涂层的应力值。X 射线衍射法测量材料表面应力有许多具体的测量方法和计算公式。其中一个计算式是：

$$\sigma=\frac{E}{2\upsilon}\times\frac{d_0-d}{d_0} \tag{2-3}$$

式中，σ 为涂层的内应力；E 和 υ 分别是涂层的杨氏模量和泊松比；d_0 和 d 分别为无应力时的某晶面间距和存在内应力 σ 时的晶面间距，是由 X 射线衍射峰的位置来确定的。由这种 X 射线法测量的应力是与基体平行方向上的应力。要注意的是，衍射图像的变化也可能是由晶体缺陷引起的，所以通常还要研究来自高指数面［例如 Au 薄膜的（111）面，高指数面为（222）等］的反射。X 射线衍射法原则上可以探测出表面层内点与点或晶粒与晶粒之间随应力产生的空间变化。但是，这种方法仅限于晶化程度较高的各种表面层。对于一些非晶态和具有高度择优取向的薄膜，则由于其晶面的 X 射线衍射峰漫散和仅有强烈织构的低指数衍射峰而无法采用此方法。另外，太薄的膜层所呈现的衍射图像很不清晰，而无法采用此方法来计算内应力。

2.2.3 硬度

(1) 显微硬度

硬度是用一个较硬的物体向另一个材料压入而后者所能抵抗压入的能力。实际上，硬度是被测材料在压头和力的作用下强度、塑性、塑性变形强化率、韧性、抗摩擦性能等综合性能的体现。硬度试验的结果在许多情况下能反映材料在成分、结构以及处理工艺上的差异，因此经常用于质量检验和工艺研究。

由于基材的影响，要对表面层进行全面的力学性能测试相当困难，因此表面硬度的测试结果成为表面力学性能的重要表征。较厚的表面层如堆焊层、热喷层、渗碳层、渗氮层、电镀层等，其厚度通常大于 10μm，可以采用洛氏硬度测试方法。但是，一般采用显微维氏硬度法，即采用显微硬度计上特制的金刚石压头，在一定的静载荷作用下，压入材料表面层，得到相应的菱形锥体压痕，放大一定倍率后，测量压痕对角线的长度，然后按计算式换算为显微硬度值。实际使用时可查表获得，或在显示屏上直接显示。为保证测试结果准确和可靠，要遵守严格的测试规定。例如，试验力必须使压痕深度小于膜层厚度的 1/10，即显微维氏硬度测定的表面层或覆盖层的厚度应不小于 1.4d，这里的 d 表示压痕对角线的长度。另一种显微硬度为努氏硬度，其压头所得压痕深度的对角线长短相差很大，长者平行于表面，测定时表面层或覆盖层厚度只要不小于 0.35d 即可，因此，努氏硬度法可以测量更薄的表面层或覆盖层。显微维氏硬度法与显微努氏硬度法两者所用压头的比较见表 2-1。

表 2-1　显微硬度用维氏与努氏压头的比较

显微维氏硬度压头/HV	显微努氏压头/HK
金刚石角锥压头	金刚石菱形压头
相对面夹角 136°	长边夹角 172°30′
相对边夹角 148°6′20″	短边夹角 130°
压痕深度 $t\approx$d/7	压痕深度 $t\approx$L/30

(2) 超显微硬度

对于各种气相沉积薄膜以及离子注入所获得的表面层等，往往存在厚度薄和硬度高的特点。例如气相沉积硬质薄膜 TiN、TiC 等，硬度高达 20GPa 以上，厚度约为几个微米或更薄，在较小的压入载荷下压痕难以用光学显微镜分辨和测量，而过大的压入载荷则会造成基材变形，无法得到正确可靠的测量结果。

为适应上述需求，硬度测试需采用先进的传感技术，一些超显微硬度试验装置相继被研制出来。例如，纳米压痕仪可以使压头对材料表面进行低至纳牛顿力的步进加载和卸载，并能同步测量加、卸载过程中压头压入被测表面微小深度时的变化值，由此可准确测定显微硬度和弹性模量等性能。

图 2-1 展示了纳米压痕系统，该系统包括高分辨率的制动器和传感器。制动器用于控制和监测压头在材料表面的压入和退出，传感器用于连续测量载荷和位移。通过从载荷-位移曲线中获取接触面积，该系统能够显著减少测量误差。其最小载荷为 1nN，可测量的位移为 0.1nm。

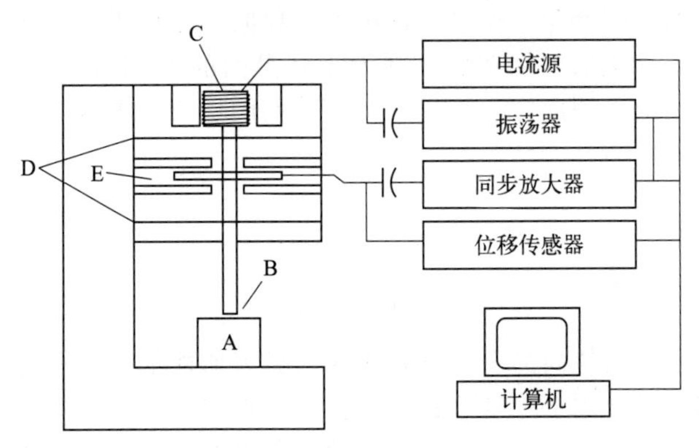

图 2-1　纳米压痕仪装置

A—试样；B—压头；C—加载；D—压头阻尼；E—电容位移传感器

图 2-2（a）为一种典型的载荷（P）与位移（压入深度 h）之间的关系曲线。这个曲线由加载和卸载两个阶段组成。在加载阶段，开始时发生弹性变形，随着载荷的增加逐渐转变为塑性变形。因此，加载曲线呈现非线性形态，最大载荷和最大压入深度分别用 P_{max} 和 h_{max} 来标记。卸载曲线的端部斜率 $S=dP/dh$ 被称为弹性接触刚度。这个曲线的形状可以提供有关材料的力学性能和变形机制的重要信息。图 2-2（b）为加、卸载荷过程中压痕剖面的变化，其中 a 为接触圆半径，h_c 为加载后压痕接触深度，h_f 是卸载后残余深度。表面硬度和弹性模量可从 P_{max}、h_{max}、h_f 和 S 中获得。根据载荷-位移数据要计算出硬度值，必须准确知道 S 和接触表面的投影面积 A，通过卸载后的残余压痕照片来获得纳米尺度的压痕面积是很困难的，目前使用连续载荷-位移曲线来计算接触面积，Olives-Pharr 法是一种较常用的方法。

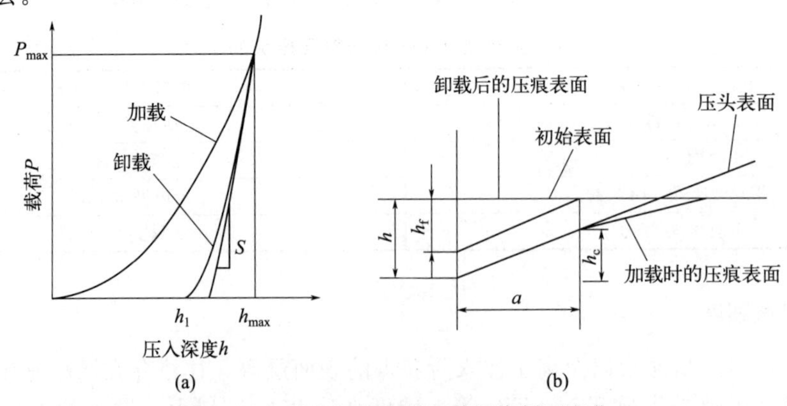

图 2-2　加载和卸载曲线及其压痕剖面变化

（a）典型的加卸载曲线；（b）加、卸载过程中压痕剖面的变化

2.2.4 脆性和韧性

（1）表面韧性

韧性是表示材料受力时虽然变形但不易折断的性质。进一步说，韧性是材料能吸收功的性能。功包含塑性变形功和断裂功两部分：前者是材料在塑性流变过程中所消耗的能量，后者主要是形成新的表面所需要的表面能。韧性有以下三种。

① 静力韧性　指材料试样在拉伸试验机中引起破坏而吸收的塑性变形功和断裂功的能量，可用应力-应变下的面积减去弹性恢复的面积来计算，单位是牛·米/米^2（N·m/m^2）。

② 冲击韧性　指材料在冲击载荷下材料断裂所消耗的能量，常用冲击功来衡量。

③ 断裂韧性　指含裂纹材料抵抗裂纹失稳扩展（从而导致材料断裂）的能力，可用应力场强因子的临界值 K_{IC}、裂纹扩展的能量释放率临界值 G_{IC}、J 积分临界值 J_{IC} 以及裂纹张开位移的临界值 δ_C 等来衡量。

静力韧性与冲击韧性都包含了材料塑性变形、裂纹萌生和裂纹扩展至断裂所需的全部能量，而断裂韧性只包含使裂纹扩展至断裂所需的能量。在工程上，尤其对于涂层抗摩擦磨损等应用场合，常需要研究和测量涂层的断裂韧性。对于较薄的涂层，测量断裂韧性是困难的。通常在定性和半定量评价时，采用塑性测量法或结合强度划痕测试法，而在定量评价时则采用选择弯曲法、弯折法、划痕法、压痕法和拉伸法等。现以压痕法中的能量差法为例，简要说明如下。

压痕法是较为普遍使用的评价涂层韧性的方法，包括基于应力和基于能量的两种方法。基于能量的方法又有能量差法和碎片脱落法等。能量差法中，涂层开裂前后的能量差造成了涂层的断裂。能量释放速率 G_c 定义为裂纹扩展单位裂纹面积而释放的应变能：

$$K_{IC}=\sqrt{E^{*}G_{C}} \tag{2-4}$$

式中，平面应力Ⅰ型断裂时，$E^{*}=E$；平面应变Ⅰ型断裂时，$E^{*}=E\ (1/\upsilon^2)$。其中，E 和 υ 分别为涂层材料的弹性模量和泊松比。

在载荷可控的压痕实验中，硬质涂层的断裂可简化为如图 2-3 所示的三个阶段。①阶段一：接触区的高应力使第一个环状穿膜裂纹在压头周围形成；②阶段二：高的侧向应力使涂层/衬底界面的接触区周围出现分层和弯折；③阶段三：第二个环状穿膜裂纹形成，因弯折的涂层边缘处的高弯应力而产生剥落。

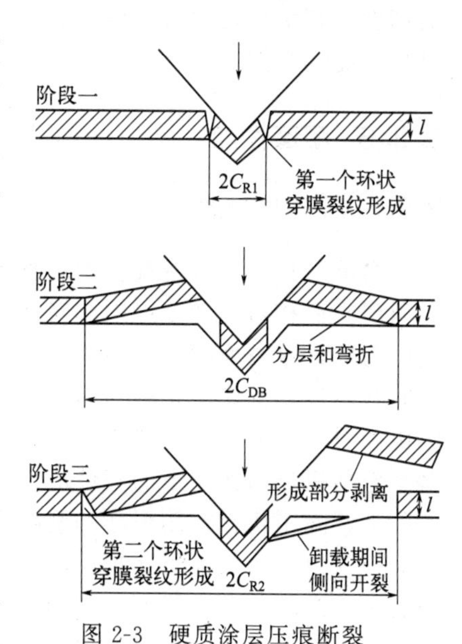

图 2-3　硬质涂层压痕断裂

其中释放的应变能可用图 2-4 所示的载荷-位移曲线上的相应平台来计算。图 2-4 中 $OACD$ 是加载曲线，DE 为卸载曲线。环状穿膜裂纹形成前后的能量变化为曲线 ABC 下的面积，它是以应变能形式释放而产生裂纹的，因此涂层的断裂韧性可表示为

$$K_{IC}=\left[\frac{E}{(1-\upsilon_f^2)2\pi G_R}\times\frac{\Delta U}{t}\right]^{1/2} \tag{2-5}$$

式中，E 和 υ_f 分别为涂层材料的弹性模量和泊松比；$2\pi G_R$ 为涂层表面的裂纹长度；t 为涂层厚度；ΔU 为开裂前后的应变能差。

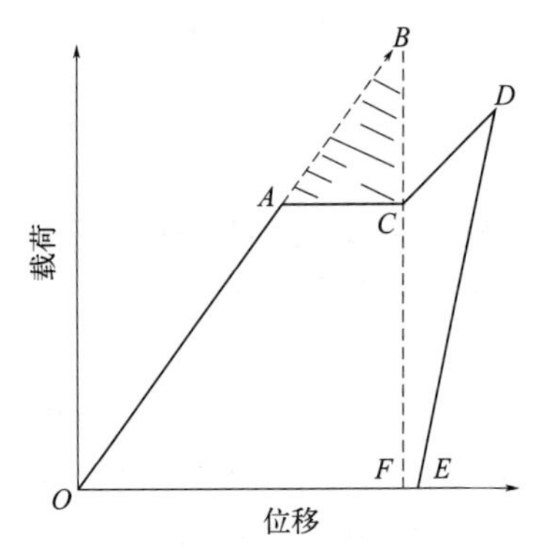

图 2-4 载荷-位移曲线与环状穿膜裂纹形成前后的能量变化

（2）表面脆性

材料受拉力或冲击时容易破碎的性质称为脆性。材料宏观塑性变形能力受到抑制就显示脆性；材料的脆性就是宏观变形受抑制程度的度量。脆性的材料如玻璃、陶瓷、金属间化合物等，通常表现出明显的脆性，而本质上是韧性的材料在一定条件下，如在降低温度、增大应变速率、疲劳、材料含氢、应力腐蚀、中子辐照等情况下，有可能转变为脆性。材料变脆后，塑性与韧性指标如拉伸塑性、冲击韧性、断裂韧性等发生明显的下降，断裂应力低于拉伸强度，甚至低于屈服强度，或者断裂应力强度因子低于断裂韧性，在材料断口处如沿晶、解理或准解理的脆性断口比例明显增加。

表面处理能显著提高材料抵御环境作用的能力，可以赋予材料表面某种功能特性，但是若处理不当或者处理后未能采取必要的措施，也可能损害材料的应用性能。例如，金属基体经过表面酸洗、酸性电镀和阴极去油等处理后，会导致金属渗入氢气。当金属材料处于应力和氢气共同作用下时，可能会发生氢脆现象，导致材料在早期发生脆断。对于某些高强度结构钢，尤其是超高强度钢，它们对氢脆非常敏感，因此在表面处理后需要进行除氢。

在许多场合下，表面脆性是材料早期失效的重要原因，因此常将表面脆性列为测试项目。例如，电镀层的测试是保障镀层质量的一个重要环节，脆性试样在外力作用下发生变形，直至镀层产生裂纹，然后以镀层产生裂纹时的变形程度或挠度值大小作为评定镀层脆性的依据。测定镀层脆性的方法有杯突法和静压挠曲法等。其中金属杯突法用得较多，采用一个标准钢球，向规定压模内的试样均匀施加压力，直到镀层开始产生裂纹为止，然后以试样压入的深度值作为镀层脆性的指标。杯突深度越大，脆性越小，反之则脆性越大。

脆性与韧性是材料一对性能相反的指标，脆性大则韧性小，反之亦然。研究和测试材料的韧性，其结果在很大程度上也反映了材料脆性的大小，因而可以用韧性的测试结果来作为材料的脆性判据之一。

2.2.5 耐磨性能

2.2.5.1 摩擦与磨损

摩擦是自然界普遍存在的一种现象。当两个物体相互接触并受到外力作用时，会产生一种阻碍它们相对运动或趋向相对运动的力，称为摩擦力。摩擦力是由接触表面之间的相互作用引起的，这种摩擦力被称为外摩擦。在液体、气体和固体内部，也存在一种阻碍不同部分之间相对运动的摩擦，称为内摩擦。摩擦时一般会伴随着磨损的发生。磨损是物体接触表面时由相对运动而导致材料逐渐分离和损耗的过程。对于大多数金属材料来说，磨损的全过程多半包括机械力作用下的塑性应变积累、裂纹形成、裂纹扩展以至最终与基体脱离等阶段。实际上，除了机械作用引起的磨损之外，还存在其它类型的磨损，例如由化学作用引起的腐蚀磨损、由界面放电引起物质转移造成的电火花磨损，以及由热效应引起的热磨损等。这些都属于磨损的范畴。然而，橡胶表面老化、材料腐蚀等非相对运动引起的材料逐渐损耗，以及物体内部而非表面材料的损失或破坏，并不属于磨损研究的范畴。

磨损是材料不断损失或破坏的现象。材料的损失包括直接损耗材料及材料从一个表面转移到另一个表面上；材料的破坏包括产生残余变形、失去表面精度和光泽等。磨损与腐蚀、断裂都是材料失效的主要形式。这三种失效方式所造成的国民经济损失是巨大的，要尽最大可能防止这种失效。

2.2.5.2 摩擦的分类和理论

摩擦现象可根据摩擦副的运动状态进行分类。当一个物体相对于另一个物体表面具有相对运动的趋势时，产生的摩擦称为静摩擦。而当一个物体相对于另一个物体表面实际产生相对运动时，产生的摩擦称为动摩擦。另外，根据摩擦副的运动形式可分为滑动摩擦和滚动摩擦。滑动摩擦指的是两个物体相对运动时，其表面相互摩擦而产生的力。而滚动摩擦指的是两个物体之间存在相对滚动的情况，摩擦力由滚动接触区域的形状和接触表面的性质决定。若按摩擦副表面的润滑状况，摩擦可分为以下几种。

① 干摩擦：无润滑或不允许使用润滑剂的摩擦。

② 边界润滑摩擦：接触表面被一层厚约一个分子层至 0.1μm 的润滑油膜分开，使摩擦力降低，磨损显著减轻。

③ 液体润滑摩擦：当接触表面之间被润滑油膜完全分隔开，摩擦力主要由润滑油的内摩擦决定。在滑动摩擦中，液体润滑具有最小的摩擦系数，而且摩擦力的大小与接触表面的状况无关。在这种情况下，摩擦力主要受润滑油的黏度影响，即内摩擦系数。因此，对于滑动摩擦来说，液体润滑是一种理想的减少摩擦力的方法。

④ 滚动摩擦：摩擦的状况和机理与滑动摩擦有显著差别，其摩擦系数也比滑动摩擦小得多。

摩擦理论的研究已有 500 多年的历史，大致可以分为滑动摩擦理论与滚动摩擦理论两方面。滑动摩擦有机械啮合、分子作用、黏着等多种理论。

通过机械啮合理论，可以解释摩擦的起因。当两个固体表面微凹凸互相接触时，会产生阻碍它们相对运动的摩擦力。这种摩擦力可以被看作是所有接触点上产生的切向阻力之总和。根据这个理论，表面越粗糙，摩擦系数越大。然而，机械啮合理论只适用于刚性和粗糙表面。当表面粗糙度足够小，表面分子之间的吸引力起主要作用时，机械啮合理论就不再适用。在超精加工表面上，由于表面分子之间的吸引力占优势，摩擦系数反而会增大。因此，摩擦现象的解释还需要考虑表面的粗糙度以及表面分子之间的吸引力等因素。机械啮合理论只是摩擦现象的一种简化描述，不能涵盖所有情况。

分子作用理论认为，当两个物体相对滑动时，摩擦力主要是由表面分子之间的相互作用力所引起的。在接触点附近，存在着粗糙度，其中一些接触点的分子间距离很小，产生分子的排斥力，而另一些接触点的分子间距离较大，产生分子吸引力。这些分子间的作用力是产生摩擦力的主要原因。进一步的研究表明，摩擦力的产生与分子的运动有关。在摩擦过程中，分子键可能会断裂，表面和次表面分子周期性地拉伸、破裂和松弛，从而导致能量的消耗。这些分子的断裂和重新形成对摩擦力的产生起着重要的作用。总而言之，分子作用理论认为摩擦力主要是由表面分子之间的相互作用力引起的，在摩擦过程中，分子的断裂和重新组合会导致能量的耗散，进而产生摩擦力。

根据黏着理论，当两个金属表面相互压紧时，只有微凸体顶端的接触点才能引起塑性变形和牢固的黏着，形成黏合点。当表面相对滑动时，这些黏合点会被切断产生摩擦力。

至于滚动摩擦的理论，目前认为微观滑动、弹性滞后、塑性变形和黏着作用等因素共同贡献了滚动摩擦力。摩擦的大小通常通过摩擦系数来表征。不同类型的摩擦副，如轴承、活塞、油缸等，通常要求具有低摩擦系数。而制动摩擦副需要具有高且稳定的摩擦系数。

然而摩擦过程是非常复杂的。影响摩擦系数的因素包括摩擦副材料、接触表面状况、工作环境和润滑条件等。因此摩擦系数并不是材料本身固有的特性，而是与材料、环境相关的系统特性。

2.2.5.3 影响摩擦的主要因素

现以滑动摩擦为例介绍影响摩擦的主要因素。

（1）材料性质

当摩擦副由相似的材料组成，或者是能够形成固溶合金的相似金属时，摩擦系数会比较大。例如，铜-铜摩擦副的摩擦系数可超过1.0，铝-铁、铝-低碳钢摩擦副的摩擦系数大于0.8。而由不同金属或亲和力较低的金属组成的摩擦副，摩擦系数通常在0.3左右。

如果摩擦副的材料性质相似或接近，并且表面硬度较低，接触点容易发生黏合，导致摩擦副容易受损。材料的弹性模量越高，摩擦系数越低；材料的晶粒越细，强度和硬度越高，抗塑性变形能力越强，接触点黏合的可能性就越小，摩擦系数也越小。

（2）表面粗糙度

摩擦副材料表面粗糙度发生变化时，摩擦机理有可能发生变化。如前面所述，通常材料表面光滑，摩擦系数小，但是当表面光滑至表面分子吸引力占优势时，摩擦系数反而增大。因此，摩擦副材料一般存在某个摩擦系数最小的粗糙度区间。

（3）黏合点长大

滑动摩擦时有黏合点长大的现象，可增大摩擦系数。研究表明，在摩擦副中，滑动时材料的变形主要是由法向压应力和切向切应力的合力引起的。当切应力增加到材料的抗剪屈服强度时，摩擦接触面上的黏合点会发生塑性流动，导致接触面积增大从而使摩擦系数增加。与之不同的是，在滚动摩擦中，黏合点发生分离的方向与界面垂直，因此不会出现黏合点增大的现象。

（4）环境温度

升温使摩擦材料的黏合性增大，强度下降，导致黏合程度增加，从而可增大摩擦系数。同时，升温又会使接触表面氧化程度增大，可能导致摩擦系数下降。因此，环境温度的影响，要综合考虑。

（5）滑动速度

要综合接触表面微凸体的变形速度、变形程度和表面温度等因素，通常要针对具体的摩擦副进行试验确定。

（6）表面膜

表面膜对摩擦系数的影响很大。摩擦前、摩擦中以及特意加入一些物质，都会存在各种表面膜，如氧化膜、吸附膜、污染膜、润滑膜等。鉴于摩擦主要在表面间发生，表面膜的剪切强度通常低于本体材料，因此摩擦系数较小。当表面膜具备润滑功能时，可以减轻黏附现象，从而降低摩擦系数。除表面膜的属性外，表面膜的厚度、自身强度以及与基体之间的结合强度也对摩擦系数产生显著影响。

2.2.5.4 磨损的分类

摩擦通常会造成材料的磨损。对于不同材料，或者同一种材料在不同的摩擦系统中，磨损机制可能不同，并且在同一磨损过程中往往同时存在几种机制。按照磨损机制可以将磨损分为以下七类。

（1）**磨料磨损**（abrasive wear）

在摩擦过程中由接触表面上硬突起物和粗糙峰以及接触面之间存在的硬颗粒所引起的材料损失，称为磨料磨损。根据具体条件，磨料磨损可分为三种类型：凿削式磨料磨损、高应力碾碎性磨料磨损和低应力擦伤性磨料磨损。凿削式磨料磨损是指磨料中含有大而尖锐的磨粒，在高应力下冲击材料表面，将材料大块地凿下。高应力碾碎性磨料磨损是指磨料与材料表面的接触应力大于磨料的压碎强度，磨料会碾碎并施加到材料表面，导致塑性变形、疲劳断裂和破裂等现象。低应力擦伤性磨料磨损是指磨料作用于材料表面的应力小于磨料的压碎强度，磨料保持完整而不碎裂，磨损的结果是材料表面产生擦痕。

（2）**黏着磨损**（adhesive wear）

两个相对滑动的材料表面因产生固相黏合作用而使其中一个材料表面的物质转移到另一表面所引起的磨损为黏着磨损。在摩擦过程中，强度较高的材料表面接触到强度较低的材料表面时，会发生黏附现象。摩擦力的作用会使表面层发生塑性变形，破坏表面的氧化膜或污染膜，暴露出新鲜的表面。在接触表面上产生的黏附点会黏合，当外力超过黏合点的结合力时，黏合点会被剪断。这种黏合破裂和再形成的过程会引起摩擦表面的磨损。此外，如果在摩擦过程中黏附物从材料表面脱落，也会形成磨屑。如果剪切发生在接触面上，则不会有物质转移和磨损的产生。当施加的外力小于黏合点的结合力时，两个固体将无法发生相对运动，出现“咬死”现象。因此，黏附磨损的发生与摩擦力、黏附强度和外力之间的关系密切相关。影响黏着磨损的因素很多，如材料间互溶性、点阵结构、硬度、载荷、滑动速度等。通常可降低接触材料的互溶性，提高材料表面硬度和抗热软化能力以及采用六方点阵的金属等减小黏着倾向。

（3）**冲蚀磨损**（erosive wear）

冲蚀磨损是由含有微细磨料的流体高速冲击材料表面而造成的磨损现象。在自然界和工业生产中存在着大量的冲蚀磨损现象，如锅炉管道被燃烧的粉末冲蚀、喷砂机喷嘴受砂料冲蚀等。微细磨料的粒径、密度和入射速度以及材料表面的硬度、韧性等因素对冲蚀磨损量有着显著的影响。冲蚀磨损量还与磨料冲击角存在一定的关系。冲击角低于45°时，磨削作用是磨损的主要原因；冲击角大于45°时，由磨料冲击引起材料表面的变形和凹坑是主要的原因。

（4）**疲劳磨损**（fatigue wear）

疲劳磨损是指在交变接触应力作用下，材料表面逐渐发展出微裂纹，在应力循环的作用下逐渐扩展和破裂，导致表面剥落和损坏。疲劳磨损主要发生在滚动接触的机械零件上，例如滚动轴承、齿轮、凸轮和车轮等。疲劳磨损的过程主要包括以下几个阶段。首先，在接触区域产生了很大的应力和塑性变形。然后，由于交变接触应力的长期作用，材料表面的缺陷处逐渐出现微裂纹。随着应力循环的继续作用，这些微裂纹逐渐扩展并相互连接，最终导致了疲劳断裂和表面剥落。疲劳磨损与多种因素有关，包括摩擦条件、材料的组成、组织结构和冶金质量等。在设计和制造过程中，需要考虑这些因素，并通过合适的材料选择、表面处理和润滑措施等来降低疲劳磨损。提高材料硬度和韧性，表面光滑无裂纹，加工精度高以及材料内部没有或很少存在非金属夹杂物等，均能降低疲劳磨损量。除接触疲劳之外，还有热疲劳、腐蚀疲劳、高周疲劳和低周疲劳等，它们具有不同的疲劳特性。

（5）**微动磨损**（fretting wear）

接触表面之间经历振幅很小的相对振动所造成的磨损，称为微动磨损。这种磨损发生在相对静止，但受外界变载荷作用下小振幅振动的机械零件上，如螺钉连接、键连接、过盈配合体和发动机固定零件等。微动磨损过程发生在两个紧密接触的表面之间，包括以下过程。首先，接触应力导致材料表面微凸体发生塑性变形和黏附。随后，在微小振幅振动的反复作用下，黏附点逐渐断裂，导致黏附材料的脱落，同时在剪切处形成氧化的断口。在紧密结合的接触面上，磨屑很难排除，它们起到了磨料的作用，并加速了微动磨损的进程。这种微动磨损的过程会导致材料表面的磨损并形成微小的沟痕。若振动应力足够大，微动磨损处将引发疲劳裂纹，并不断扩展至断裂。微动磨损造成材料表面破坏的主要形式是擦伤、黏着、麻点、沟纹和微裂纹。主要影响因素有材料组织结构、载荷大小、循环次数、振动频率、振幅、温度、气氛、润滑及其它环境条件。能抵抗黏着磨损的材料，接触表面应不具备相容性。另外，加入Cr、Mo、V、P以及稀土等元素，能提高材料的强度、耐蚀性和表面氧化物与基体结合能力以及改善抗磨料磨损能力等，也可降低微动磨损程度。

（6）**腐蚀磨损**（corrosion wear）

在磨损过程中，材料在腐蚀性气体或液体中摩擦，与周围介质发生化学或电化学反应，导致表面生成新物质并剥落。同时，新的表面又会继续与介质发生反应产生新的腐蚀产物，进一步剥落。这种由摩擦和腐蚀共同作用引起的磨损现象称为腐蚀磨损。根据腐蚀机制的不同，腐蚀磨损可分为化学腐蚀磨损和电化学腐蚀磨损。而化学腐蚀磨损又分为氧化磨损和特殊介质腐蚀磨损两类。氧化磨损指的是在磨损过程中，材料受空气中氧气的影响产生氧化物而引起的磨损。特殊介质腐蚀磨损则是指摩擦件在腐蚀介质中发生的化学反应产生了各种产物，通过摩擦而脱落，导致材料的损耗。电化学腐蚀磨损是指金属摩擦件在酸、碱、盐等电介质中，由微电池电化学反应而引起的磨损。腐蚀磨损的机制是腐蚀和磨损的相互作用，使材料的损坏程度明显增加，往往是单独腐蚀和磨损代数和的几倍至几十倍。而材料、介质、载荷、温度、润滑等因素的改变都可能导致腐蚀磨损发生相当大的变化。

在柴油机缸套外壁、水泵零件、水轮机叶片和船舶螺旋桨等区域发生的磨损被称为气蚀浸蚀磨损，属于腐蚀磨损的一种。其机制是当零部件与液体接触并有相对运动时，若液体在接触表面处的局部压力低于液体的蒸发压力，就会形成气泡。同时，溶解在液体中的气体也可能析出气泡。这些气泡会流向高压区域，当液体与零部件接触处的局部压力高于气泡压力时，气泡就会瞬间溃灭，产生巨大的冲击力和高温。反复的气泡形成和溃灭过程导致材料表面物质脱落，形成麻点状和泡沫海绵状的磨损痕迹。如果介质与零部件发生化学反应，就会加速气蚀浸蚀磨损的产生。为了减少气蚀浸蚀的产生，在设计中可以改进零部件的外形结构，使其在运动时产生较少的涡流。此外，还可以采用具有抗气蚀性能的材料，如高韧性的不锈钢，来减少气蚀浸蚀的发生。

气蚀浸蚀磨损在英文中被称为cavitation erosion wear。另一种磨损现象为浸蚀磨损(erosion wear)，其意思是材料表面与含有固体颗粒的液体接触并有相对运动，导致材料表面发生磨损。如果液体中的固体颗粒运动方向与材料表面垂直或接近垂直，那么产生的磨损被称为冲击浸蚀（impact erosion）。如果液体中的固体颗粒运动方向与材料表面平行或接近平行，则被称为磨料浸蚀（abrasive erosion）。

（7）高温磨损（high-temperature wear）

高温磨损，也称为热磨损，是指在摩擦过程中由高温引起的材料损失。在高温条件下，材料会软化、熔化或蒸发，或者原子从一固体扩散到另一固体，从而导致微小材料从表面消失。这种磨损现象不仅在高速飞行物体与空气摩擦时发生，还会在其它高温环境下出现。在高温下，材料的硬度降低，氧化、硫化等反应加剧，从而加速磨损过程。然而，高温磨损并非总是严重的，有时候材料在高温下熔化，但仅局限于很薄的界面层，反而会减轻严重的黏着磨损，转化为较轻微、缓慢的过程。

2.2.5.5 磨损的评定

材料磨损的评定方法至今尚无统一的标准，常用磨损量、磨损率和耐磨性来表示。

（1）磨损量

材料的磨损量的基本参数是长度磨损量 W_l、体积磨损量 W_v 和质量磨损量 W_m，实际中往往是先测定质量磨损量再换算成体积磨损量。针对密度不同的材料，使用体积磨损量来评估磨损程度比质量磨损量更合理。长度磨损量通常以 μm 或 mm 为单位进行测量。体积磨损量的单位是 mm^3。质量磨损量则以 g 或 mg 为单位进行表征。

（2）磨损率

磨损率是单位时间或单位摩擦距离的磨损量。以单位时间计的磨损率，符号为 W_t，单位是 mm^3/h 或 mg/h。以单位距离计的磨损率，符号为 W_I，单位是 mm^3/m 或 g/m。除了 W_t，和 W_I 的表示方法之外，磨损率还可以采用其它表示方法，例如：完成单位工作量（如旋转一周或摆动一次等）时的材料磨损量，单位为 $\mu m/n$、mm^3/n、mg/n 等（其中 n 为旋转或摆动次数）；冲蚀磨损试验中单位磨料质量产生的材料冲蚀磨损量，单位是 μg/g、$\mu m^3/g$ 等；在某些情况下，也可采用相对磨损率（即相对于基准材料的磨损率）表示磨损量随时间的变化。

（3）耐磨性

耐磨性是指材料在一定的摩擦条件下抵抗磨损的能力。可分为绝对耐磨性和相对耐磨性。绝对耐磨性通常以磨损量或磨损率的倒数来表示，符号为 W^{-1}。相对耐磨性是指在相同的磨损条件下，两种材料（A 和 B）所测得的磨损量的比值，符号为 ε，即 $\varepsilon = W_A/W_B$，W_A 和 W_B 分别为标准样（或参考样）与试样的磨损量。ε 是一个无量纲参数。采用相对耐磨性来评定材料的耐磨性，可以在一定程度上避免磨损过程中因条件变化和测量误差所带来的系统误差。

磨损的试验方法很多，可分为试样试验、零件台架试验及现场试验，一般以试样试验最常见。具体试验方法和测试设备常因磨损类型和材料不同而异。例如磨料磨损试验，可考虑多种方法，常见以下两种方法。一种方法是橡胶轮磨料磨损试验，使用具有一定粒度的磨料，通过下料管以固定的速度倾倒到旋转的橡胶磨轮和方块试样之间。试样通过杠杆系统受力压在旋转的磨轮上，磨轮的转动方向与接触面的运动方向及磨料的方向一致。在一定的摩擦距离后，测定试样的失重量。另一种方法是销盘式磨料磨损试验，它将试样制成圆柱形，在其平面端制备涂层，并采用销钉形式将试样受力压在旋转的圆盘砂纸或砂布上。当圆盘转动时，试样将按径向线性运动。在一定的摩擦距离后，测定试样的失重量。

涂层的耐冲蚀磨损性可采用吹砂试验来评定，将试样置于喷砂室的电磁盘上，并采用橡胶板保护，喷砂枪固定在夹具上，以一定的角度、距离、喷砂空气压力和供砂速率，向试样涂层表面吹砂，经一定时间后测定试样失重量。

测试材料的摩擦磨损试验机类型很多。在挑选试验机时，要考虑各种磨损类型、润滑特征、载荷特征、环境条件、磨损配对物特征等。目前，现代化的磨损试验机多数是为了模拟特定的工作条件而设计和制造的。也就是说，在进行摩擦磨损试验时，需要尽可能接近实际零部件在工作中的条件。这样才能更准确地评估材料的耐磨性能和寿命。因此，在选择合适的磨损试验机时，需要考虑诸多因素，例如摩擦副的材料、载荷、速度、温度等，以确保试验结果的可靠性和准确性。虽然摩擦磨损试验机的种类很多，但是国内外经常使用的试验机并不多。有些试验机是对已有的试验机改造而成，使之更接近服役条件。有的试验机是从实际出发采用了新的设计。例如，对于硬度较低的有机涂层，可考虑使用纸带摩擦磨损试验机，即用纸带在一定负荷下摩擦规定行程后测量涂层失重量，或者涂层局部磨损完时计算纸带行程量。但是，无论采用何种试验机，为保证试验数据的可靠性，必须建立标准、正确的试验规范。试样试验完成后，如有必要，需进一步做零部件台架试验和现场试验。

2.2.5.6 提高材料耐磨性的途径

（1）正确选择材料

目前，许多磨损试验机都是根据不同摩擦副或零部件的特定工作条件而设计和制造的。因此，在进行磨损试验时，需要尽可能模拟实际工作条件，以准确评估材料的耐磨性能和寿命。如前所述，按照磨损的机理，大致可将磨损分为七个类型，表 2-2 归纳了各类磨损的特点以及为了减少磨损而对材料提出的要求。

表 2-2 各类磨损的特点及对材料提出的要求

磨损类型	磨损过程的特点	对材料的要求
磨料磨损	物体表面的颗粒和峰值之间的摩擦造成材料损失	材料具有较高的硬度和加工硬化能力
黏着磨损	材料之间的固体黏附（焊接）导致一个材料表面上的物质转移到另一个表面上	降低材料的互溶性，避免使用相似性质的材料；具有高硬度和抗热软化能力；具有低表面能或高密度
冲蚀磨损	使用含有微细磨料的流体对材料表面进行高速冲击造成磨损	在小角度冲击下需要具有高硬度；在大角度冲击下，除了要求高硬度外还需要较高的韧性
疲劳磨损	由交变接触应力引起的疲劳导致材料表面出现点状或脱落状的磨损	具有高硬度和良好韧性；表面光滑且无微裂纹；加工精度高；材料内部几乎没有或只有少量非金属夹杂物
微动磨损	通过接触表面之间微小振动引起的磨损	需要选择具有良好的耐蚀性、高抗磨料磨损性能的材料，避免相溶性
腐蚀磨损	由磨损与腐蚀共同作用引起的磨损	需要选择具有良好耐蚀性和高抗磨料磨损性的材料，对于气蚀还需具备强韧性
高温磨损	磨损是由于高温软化、熔化、蒸发导致材料从表面去除，或者原子从一固相扩散至另一固相	需要选择具有良好的热硬性和抗氧化能力的材料；适应高温磨损的材料需具备优异的热硬性和抗氧化能力

人们为了提高结构件、零部件、元器件的可靠性和使用寿命，开发出了一系列耐磨性材料，如各种耐磨合金、耐磨有机玻璃、耐磨陶瓷材料等。但是，材料的耐磨性不是材料的固有特性，而是与摩擦磨损条件和材料特性有关。所谓的耐磨材料只是针对某一特定的摩擦磨损系统而言，不存在适用于各种工况条件的耐磨材料。例如，耐磨铸铁有多种类型而适用于不同的工况条件：低合金灰口铸铁或球墨耐磨铸铁，其显微组织中的石墨相起着良好的固体润滑作用，磷共晶、钒和钛的化合物、氮化物等硬质相具有较高的硬度和耐磨性，因而适于制作缸套、活塞环、机床导轨等耐磨零件；高铬合金铸铁因存在大量高硬度的 M_7C_3 型碳化物（硬度高达 1300～1800HV）足以抵抗石英砂（900～1280HV）的磨损而适于制作球磨机磨球、衬板、磨煤机辐套、杂质泵过流部件以及输送物料管道等耐磨零部件。

（2）应用表面技术

磨损发生在材料表面，可采用合适的表面技术来提高材料表面性能和降低摩擦系数，若表面技术运用恰当，通常可使耐磨性提高数倍、几十倍甚至上百倍。可选用的表面技术很多，包括各种表面涂镀层技术、表面改性技术以及复合表面处理三类。

一是表面涂镀层技术。例如：电镀硬铬或代硬铬电镀；化学镀 Ni-P、Ni-P-SiC、NiP-金刚石；刷镀 Fe、Ni、Ni-SiC、Ni-Co-SiC；热喷涂氮化铝、氮化铬、镍基或钴基碳化钨；热喷焊自熔性合金 NiCrBSi、NiCrBSi-WC、CoCrBSi、CoCrBSi-WC、铸铁、硅锭青铜；堆焊低合金钢镍基合金、钴基合金、复合材料；真空蒸镀 Cr、Ti、Cr-Ti；磁控溅射 TiN、TiC、MoS_2、Pb-Sn；离子镀 TiN、TiCXrN；化学气相沉积 TiN、TiC；涂装厚膜型聚氨酯硬玉涂料、含有石英粉和重晶石粉等的环氧树脂涂料；轻金属及其合金的阳极氧化、微弧氧化膜层；用化学方法转化的磷化膜、氮化膜等。它们在实际生产中应用广泛。总之，耐磨涂镀层的品种非常多，制备的方法也要根据实际需要来择优选择。耐磨涂镀层在工业、农业和人们日常生活中已获得了广泛的应用。

二是表面改性技术。例如：利用喷丸技术可以在工件表面形成许多储油性良好的小坑，以降低摩擦副的摩擦系数；用感应、火焰、接触电阻、电解液、脉冲、激光和电子束等各种加热淬火方法来提高钢的耐磨性；用渗碳、渗氮、碳氮共渗、渗硼、渗金属等各种化学热处理在钢的表面形成具有优良耐磨性的处理层；利用激光的高辐射亮度、高方向性和高单色性这三大特点将材料表面改性，进而得到耐磨层；用高能密度的电子束热源使材料表面的结构发生一定的变化来显著改善材料的耐磨性；用离子注入氮离子和金属离子（铜离子、钴离子、铁离子）等在材料表面获得薄而耐磨性优良的表面层等。

三是复合表面处理。可以综合应用不同的表面技术，以获得更好的效果。例如：C-N 共渗＋Ni-P 化学镀；离子注入＋PVD；渗 N＋离子注入氮离子；电镀＋C-N 共渗；等离子喷涂＋注入氮离子；渗 C＋B-N 共渗；离子渗 N＋激光淬火；电镀 Cr＋盐浴渗 V；微弧氧化＋化学镀；等离子喷涂 Cr_2O_3＋离子注入氮离子；等离子化学气相沉积（Ti，Si）N＋离子渗 N 等。以上复合处理技术均可大幅度提高材料的耐磨性。

（3）改善润滑条件

许多科学家对润滑现象、机制、影响因素及其相互关系曾做过深入的研究。Stribeck 通过滑动和滚动轴承的综合摩擦试验，获得了摩擦系数与黏度 η、载荷 F_N、速度 v 之间的关系曲线——Stribeck 曲线，如图 2-5 所示。现在普遍认为该曲线可以表示润滑运动表面随润滑黏度、速度和法向载荷而变化的一般特征。

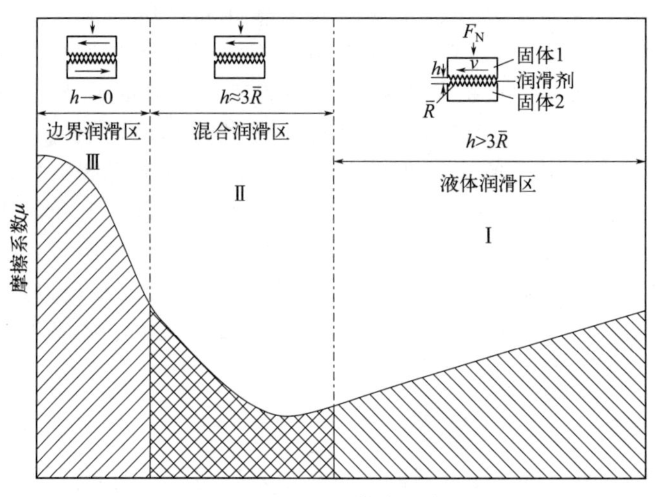

图 2-5　Stribeck 曲线及分区

在 Stribdck 曲线上，可将润滑分为三个区域。

Ⅰ区：流体动压润滑或弹性流体动压润滑区。在Ⅰ区，物体表面被连续的润滑油膜隔开，油膜厚度远大于物体表面的粗糙度，摩擦阻力主要来自润滑油的内摩擦。如果是异曲表面，润滑机制为弹性流体动压润滑，必须考虑表面的弹性变形和润滑油的压黏特性。

Ⅱ区：润滑状态进入部分弹性流体动压润滑或混合润滑区，润滑油膜变薄，载荷由微凸体和油膜共同承担，摩擦阻力来源于微凸体的相互作用力和油膜的剪切力。

Ⅲ区：边界润滑区。当 Stribeck 曲线向左移动时，油膜润滑件承受的压力增加，或者运行速度较低时，油膜的厚度会减少到几个分子层或更薄，曲线进入Ⅲ区。如果表面粗糙度较高，可能会发生油膜破裂现象，使微凸体相互接触，导致磨损加剧。在该区域，润滑剂的流变特性失去意义，摩擦学特性主要由固体与固体或固体与润滑剂之间界面的物理化学作用所决定。尽管如此，从图 2-6 可以看出，边界润滑的摩擦系数虽然比流体动压润滑高得多，但仍比无润滑情况低很多。

改善润滑条件，可以显著降低摩擦磨损，因而工业上广泛使用了各种润滑剂。润滑剂大致可以分为气体、液体、半固体和固体四类。最常用的气体润滑剂是空气，如气体轴承。应用最广的液体润滑剂是润滑油，包括矿物油、动植物油、合成油和各种乳剂。半固体润滑剂主要是指各种润滑脂（包括有机脂和无机脂）与油膏，为润滑油、稠化剂和各种添加剂的稳定化合物。固体润滑剂是指能减少摩擦磨损的粉末、涂层和复合材料等。

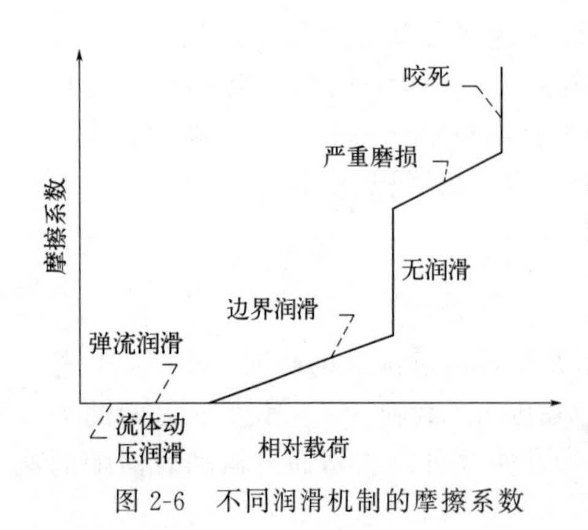

图 2-6　不同润滑机制的摩擦系数

固体润滑首先是在一些特定需求的部件开始应用，即要求零部件能在高负荷、高温、超低温、强氧化、超高真空、强辐射等苛刻条件下工作，后来推广到其它工业领域，成为简化工艺、节约材料、提高性能、延长寿命的有效方法。其中润滑涂层适用于不能使用润滑油和润滑脂的场合，也可用于腐蚀环境、塑料加工、微动磨损和导弹火箭等的润滑。它通常是由固体的润滑剂与黏合剂组成的。常用的固体润滑剂有层状结构物（二硫化钼、二硫化钨、石墨、酞菁、氮化硼）、软金属化合物（氧化铅、硫化铅等）、软金属（银、铟、铅等）、金属盐（钙、钠、镁、铝盐）和合成树脂（聚四氟乙烯）。常用黏结剂有聚丙烯、聚氯乙烯、聚醋酸乙烯、聚丙烯酸酯、聚氨酯、环氧树脂、酚醛树脂等有机黏结剂及氟化钙、氟化钡、硅酸钠、磷酸铝、硅酸钙、氟硼等无机黏结剂。此外，可利用硫化、磷化、氧化等化学反应，在钢铁表面形成具有低剪切强度的硫化铁膜、磷酸盐膜和氧化膜，也可以采用电镀、气相沉积方法在材料表面形成固体润滑膜，其组成主要是软金属和二硫化铝等。

（4）合理设计产品

在产品设计中已形成了较为完整的体系，其中强度设计往往是重点。随着人们对材料耐磨性、产品可靠性和使用寿命的进一步重视，摩擦学的设计也变得越来越重要，一般应考虑产品在满足工作条件的前提下将磨损率和磨损量控制在允许的范围内。

2.2.6 疲劳性能

2.2.6.1 疲劳概述

材料在循环（交变）载荷下经历损伤并最终断裂的过程称为疲劳。疲劳在金属材料中较为常见，用金属材料制成的轴、齿轮、轴承、叶片、弹簧等零部件在运行过程中受到周期性变化的载荷作用，即循环（交变）载荷作用，即使应力低于屈服点，也会导致材料在长时间运行后产生裂纹或完全断裂。疲劳损伤的过程包括疲劳硬化或软化，疲劳裂纹的形成和扩展，最终导致疲劳断裂。除了金属材料，一些非金属材料如氧化物陶瓷中也可能发生疲劳现象，例如含碱性硅酸盐玻璃相的氧化物陶瓷。

材料的疲劳是一种严重的失效方式，即在最大应力远低于材料的屈服强度的情况下，材料仍然可能经历裂纹的成核和扩展过程，引发灾难性的断裂事故。与磨损腐蚀类似，疲劳是结构材料主要的失效方式之一。

2.2.6.2 疲劳的分类

① 疲劳按失效形式分类：可分为机械疲劳（由外加应力或应变波动造成）、热机械疲劳（由循环载荷与波动温度联合作用造成的）、蠕变疲劳（由循环载荷与高温联合作用造成的）、腐蚀疲劳（由腐蚀性环境中施加循环载荷而造成的）、接触疲劳（由载荷反复作用与滑移、滚动接触相结合而造成的）、微动疲劳（由循环载荷与表面间来回相对摩擦滑动联合作用造成的）和热疲劳（由周期热应力造成的）等。

② 按加载方式分类：可分为拉压、弯曲、扭转和复合载荷疲劳等。

③ 按控制变量分类：可分为应力疲劳和应变疲劳。前者应力幅值恒定，应力较低，频率高，断裂周次高，又称为高周疲劳；后者应变恒定，应力高（接近或超过屈服强度 δ_s），频率低（$<$10Hz），断裂周次低（$<10^5$），又称为低周疲劳。

2.2.6.3 疲劳断裂的过程

疲劳断裂过程经历了疲劳裂纹成核、疲劳裂纹亚稳扩展和疲劳裂纹失稳扩展三个阶段。现以金属材料的机械疲劳为例加以说明。

（1）疲劳裂纹成核阶段

当材料在循环应力的作用下，不同表面层上产生不规则的滑移，导致挤出峰和挤入槽的形成。这些变形不均会引起疲劳裂纹源或疲劳裂纹核的形成。随着循环应力的持续作用，裂纹源逐渐扩展形成微裂纹，并在切应力作用下从表面向内部扩展，与主应力轴大约呈45°角。裂纹的萌生和初始扩展阶段称为孕育期，而导致裂纹萌生所需的循环次数被称为循环门槛值或孕育循环次数。当应力增加时，孕育期减少，反之亦然。

(2) 疲劳裂纹亚稳扩展阶段

在这个阶段，主要断裂面的特征发生了变化，即原来与拉伸轴呈45°角的滑移面转变为与拉伸轴呈90°角的凹凸不平的断裂面，由平面应力状态转变为平面应变状态。疲劳裂纹的扩展是在拉压力区进行的，不能在压应力区内进行。起初裂纹扩展较慢，之后加快。

(3) 疲劳裂纹失稳扩展阶段

在交变应力作用下，裂纹扩展尺寸一旦达到临界尺寸，裂纹扩展便从亚稳扩展转变到失稳扩展阶段，应力循环进行到最后一次，零部件发生瞬时断裂。在这个阶段，断裂由原来与拉伸呈90°角转变为45°角的方向，受力状态也从平面应变状态转变为平面应力状态。

2.2.6.4 材料的疲劳性能

疲劳大多发生在材料表面，因此表面抗疲劳性能的好坏，通常可用材料的疲劳性能参量来衡量。

(1) 疲劳极限或疲劳强度

材料的疲劳强度是指其抵抗疲劳破坏的能力。常用疲劳极限来描述材料的疲劳强度，疲劳极限是指材料在经过无限次循环应力作用下不发生破坏的最大应力。一般用 σ_r 来表示疲劳极限，其中 $r=\sigma_{min}/\sigma_{max}$ 是应力比。当应力循环对称时，应力比 $r=-1$，对应的疲劳极限被称为对称疲劳极限。而对于一些材料来说，它们并没有无限寿命的疲劳极限，因此我们需要指定一个固定循环次数，并测定在该循环次数下不会发生断裂的最大循环应力，称为条件疲劳极限。例如有色金属及其合金在工程上规定循环数到 10^8 次时的最大应力为其条件疲劳极限。一般钢铁材料虽然有无限寿命的疲劳极限，但为了测试方便，通常取循环周期数为 10^7 次时能承受的最大循环应力为疲劳极限。

(2) 疲劳寿命

疲劳寿命指疲劳断裂的循环周次，可用 N_f 表示。

(3) 疲劳裂纹扩展速率

材料在交变应力作用下，经应力循环 ΔN 次后裂纹扩展量为 Δa，则应力每循环一次时裂纹的扩展量 $\Delta a/\Delta N$ 称为疲劳裂纹扩展速率，其微分形式为 $\mathrm{d}a/\mathrm{d}N$。

(4) 疲劳门槛应力强度因子

从疲劳裂纹扩展机制可知，裂纹的扩展是和裂纹张开相关联的，因此疲劳裂纹扩展速率 $\mathrm{d}a/\mathrm{d}N$ 与裂纹张开位移 σ 有关，即 $\mathrm{d}a/\mathrm{d}N=f\ (\sigma)$，而裂纹顶端张开位移 σ 和裂纹前端的应力强度因子 K 有关，因此，$\mathrm{d}a/\mathrm{d}N$ 应与裂纹前端的应力强度因子的差值 $\Delta K_1=K_{max}-K_{min}$ 有关，即 $\mathrm{d}a/\mathrm{d}N=f\ (\Delta K_1)$

实验证明，当应力强度因子增量 ΔK_1 小于某个阈值 ΔK_{th} 时，裂纹几乎不会扩展。而当 $\Delta K_1>\Delta K_{th}$ 时，裂纹开始扩展。这个阈值 ΔK_{th} 被称为裂纹扩展的门槛值或疲劳门槛应力强度因子。可以根据实验获得的数据得出具体的函数关系。疲劳门槛应力强度因子是一个重要的材料参数，可以用于预测疲劳寿命和评估材料的疲劳性能。

2.2.6.5 疲劳强度的测定

疲劳强度是在交变载荷环境中服役的构件设计中需考虑的力学性能指标之一。测定材料的疲劳强度时，要用较多的试样（至少 10 个），在预测疲劳极限的应力水平下开始试验，若前一试样发生疲劳断裂，则后一试样的应力水平要下降，反之则应力上升，然后作出疲劳曲线，即作出交变应力 σ 与断裂前的应力循环次数 N 的关系曲线。为了准确测定材料的疲劳极限或条件疲劳极限，必须按照规范进行试验。影响材料疲劳强度的因素非常多，包括材料的成分、微观结构、夹杂物、内应力状态、试样尺寸、加工精度以及试验方法等。因此，在进行试样制备和试验时，必须严格按照规范或标准执行，并且要对获得的试验数据进行仔细处理，确保结果的准确性。只有这样才能得出可靠的疲劳强度数据，并为材料的设计和应用提供有意义的参考。用对数正态分布函数与韦伯分布函数等统计方法进行处理，是符合疲劳试验结果和要求的。疲劳试验机按交变载荷有旋转弯曲、拉压、扭转等类型。疲劳试验费时、费力、数据较分散，通常只有在必要时才进行。

2.2.6.6 提高产品表面抗疲劳性能的途径

（1）提高材料表面光洁度

疲劳裂纹常起源于材料表面，光洁度越高，材料的疲劳强度就越高。

（2）改善显微组织稳定性和均匀性

合金组织中若存在疏松、发裂、偏析、非金属夹杂物、铁素体条状组织、游离铁素体、石墨、网状碳化物、粗晶粒、过烧、脱碳、大量的残余奥氏体、魏氏组织等缺陷和不均匀分布，都会降低材料的疲劳强度。

（3）采用表面技术

采用表面技术是提高表面疲劳强度的有效途径。常用的技术有喷丸强化、渗碳、渗氮、低温离子渗氮、碳氮共渗、S-N-C 共渗、渗铬、渗硼、激光表面热处理、离子注入等。

2.3 物理性能

随着新兴技术的发展和材料制备技术的进步，人们对材料的研究从宏观世界逐渐深入到微观世界，涉及分子、原子、电子等小尺度。这也使得我们对材料的热、电、磁、光、声等物理特性以及这些特性与材料性能之间的关系有了更深入的认识。在这个微观世界的视角下，我们能够更好地理解材料的行为和特性，为科学研究和材料应用提供更强大的支持。一系列具有特殊性能的功能材料以及功能与结构一体化材料被开发了出来，在现代科学技术和经济发展中起着十分重要的作用。同样，固体表面的物理性能对于表面技术来说，也是十分重要的；材料的许多物理性能是属于材料整体性的，难于将表面与内部截然分开，但是这些整体物理性能往往与表面技术有着密切的关系。本节主要从一些物理性能的参量着手，介绍它们在产品表面技术中的应用。

2.3.1 热学性能

(1) 材料热学性能参量

① 热容量。描述物质热运动的能量随温度变化的物理量。

② 热传导。材料两端存在温度差时，热量会自动从热端传向冷端，这种现象称为热传导。

③ 热膨胀。表征物体受热时长度或体积增大程度的热膨胀系数也是材料的重要热学性能之一。如果固体受热时不能自由膨胀，则在物体内会产生很大的内应力。这种内应力往往存在很大危害，故在技术上要采取相应的措施，如在铁轨接头处留有空隙等。对许多精密仪器，要使用线膨胀系数小的材料，如石英、殷钢等制造。

④ 热稳定性。指材料承受温度的急剧变化而不致破坏的能力。

⑤ 热应力。热应力产生的原因很多，包括由物体受限制而引起的热胀冷缩，温差引起的应力，以及不同相的热膨胀系数差异等。热应力对材料的影响主要有热冲击破坏、热疲劳破坏和材料性能的变化等。

热冲击破坏有两种类型：一种是材料瞬时断裂，在极短的时间内发生断裂；另一种是材料经过多次热冲击循环作用下，表面开裂、剥落并不断发展，最终导致破裂或变质。对于材料抗热冲击破坏性能的评定，通常采用比较直观的测定方法。

热疲劳破坏主要发生在高延展性材料中，在温度反复变化下，热应力会接近或超过材料的屈服强度，导致疲劳破坏。

材料的热学性能除上述热容量、热导率、膨胀系数之外，还有表征均温能力的导温系数，表征物质辐射能力强弱的热发射率，表征物质吸收外来热辐射能力大小的吸收率等。这些参数都有一系列的重要应用。例如研制高效太阳能集热器，需要太阳吸收率高、热辐射率小的涂层材料，开发高吸收率-低发射率的热控涂层。以上应用将日益扩大，受到产品设计者的广泛重视。

(2) 材料表面热学性能的重要意义

产品使用中遇到的一些问题，经常会涉及其表面的热学性能，现举例如下。

① 镍基高温合金表面热障涂层广泛用于“两机”（航空发动机和燃气轮机），如用来制造燃气涡轮叶片，可承受的最高工作温度在1200℃左右。过去使用温度通常在960～1100℃之间，而现在商用飞机的燃气温度已达到1500℃，军用飞机的燃气温度高达1700℃。为了解决这个问题，人们研制了具有“热障”效应的涂层，在基本上不提高高温合金基体耐热指标的前提下，提高抗燃气温度达200～300℃或更高。对热障涂层的性能要求是：高的熔点和优异的化学稳定性；优良的抗高温氧化性；热导率低且隔热性好；热膨胀系数与基体高温合金匹配良好；涂层及界面有较好的抗介质腐蚀的能力；在交变温度场中热应力较小，有良好的热疲劳寿命；具有稳定的相结构和优良的耐冲击性。由此可见，了解材料的热学性能有重要意义。

② 薄膜中不同类型的应力易引起界面的破坏。例如由薄膜与基材热膨胀系数不同所造成的热应力对于在高温下所制备的薄膜是不可忽视的。这种应力可能是拉应力，也可能是压应力，而拉应力在一般情况下很危险。如果涂层热膨胀系数大于基材的热膨胀系数，那么薄膜从沉积温度冷却下来后，将受到拉应力。在开发薄膜时应从热膨胀系数、弹性模量等方面综合考虑薄膜与基材的最佳配合，尽可能避免薄膜界面处产生拉应力。

③ 金刚石薄膜的开发。天然金刚石稀少而昂贵，人工合成的金刚石晶粒小，一般制作金刚石器件采用热化学相沉积（TCVD）和等离子体化学气相沉积（PCVD）等方法，上述方法制备的薄膜，具有金刚石结构，硬度高达 80～100GPa。纯的金刚石薄膜室温热导率达到 11W/(cm·K)，是铜的 2.7 倍。金刚石是良好的电绝缘体，室温电阻率为 $10^{16}\Omega \cdot cm$，掺杂后可以成为半导体材料。由于金刚石的禁带宽度大、载流子迁移率高、耐击穿电压高，再加上热导率高，故可用来制造耐高温的高频、高功率器件。此外，金刚石薄膜还具有优良的冷阴极发射性能，被证明是下一代高性能真空微电子器件的关键材料。

2.3.2 光学性能

2.3.2.1 材料电学性能参量

（1）电磁波

电磁波以波的形式传播，涵盖从很长的无线电波到很短的伽马射线的范围，在真空中其质点位移方向与传播方向垂直（即为一种横波）。这种波动在传播过程中不需要任何介质，在真空中的速率大约为 $3\times10^{8}m/s$，通常称为光速。光波是一种电磁波，通常分为紫外、可见、红外三个波段。光波与其它电磁波都具有波粒二象性。一定波长的电磁波可认为是由许多光子构成的。电磁波的辐射强度是指单位时间入射到单位面积上的光子数目。电磁辐射与物质的相互作用表现为电子跃迁和极化效应，而固体材料的光学性质，就取决于电磁辐射与材料表面、近表面，以及材料内部的电子、原子、缺陷之间的相互作用。由于光波的频率范围包括了固体中各种电子跃迁所需的频率，故固体材料对于光的辐射所表现的光学性能非常重要。

（2）反射、折射、吸收和透射

光波由某种介质（例如空气）进入另一种介质（例如固体或液体）时，在不同介质的界面上会有一部分被反射，其余部分经折射而进入该介质，如果没有完全被吸收，则剩下的部分就透过介质。

（3）色心

19 世纪人们发现某些无色透明的天然矿石在一定条件下呈现出一定的颜色，而在另一条件下这些颜色又被“漂白”。碱卤晶体在碱金属蒸气中加热后迅速冷却到室温时会出现颜色变化现象，如氯化钠呈现黄色，氯化钾呈现红色。这一过程被称为着色现象，通过吸收光谱分析可知，在可见光的某个范围内存在钟形吸收带。这种着色是由于晶体中出现了能够吸收特定可见光波段的晶体缺陷。这些缺陷被称为色心，俘获电子色心、俘获空穴色心和化学缺陷色心是色心的三种主要类型，它们在形成机制、结构和性质上均不相同。

（4）发光

物质在外界能量的刺激下，原子或分子从基态跃迁到激发态，当它们回到基态时会发出能量，这种能量以电磁辐射的形式表现出来，即发光。发光现象可根据吸收和发射光的时间间隔来分类：如果发射光的滞后时间短于 10^{-8} 秒，则称为荧光；如果滞后时间超过 10^{-8} 秒，则称为磷光。在荧光和磷光过程中，能级跃迁和能量释放会通过一系列中间过程进行。这种发光现象广泛应用于荧光显示器、荧光灯等领域。在荧光中，虽然吸收与发射之间的间隔很小，但实际上激发停止后，荧光并不立即消失。当去掉激发光后，分子的荧光强度降到激发时的荧光最大强度 I_0 的 1/e 所需要的时间，称为荧光寿命。发射的荧光辐射频谱称为荧光光谱。荧光物质的荧光寿命与自身的结构、所处微环境的极性、黏度等条件有关，因此经过荧光寿命测定可以直接了解所研究体系发生的变化，也是选择发光材料、激光材料的依据之一，在化学分析上也有重要应用。日常用的荧光灯，其内壁涂有特殊的硅酸盐或钨酸盐，汞辉光放电产生的紫外线激发这些化合物而发白光。磷光体最重要的应用是显示和照明。由于一些磷光体放射可见光，故适用于探测 X 辐射和 γ 辐射。例如硫化锌在 X 射线的照射下发出黄色光，再与光电导物质配合，就可用来定量测定 X 射线强度。在荧光灯上和阴极射线的使用上，为了提高显色性，可加上一些荧光体。在阴极射线的使用上，黑白电视采用蓝色材料和黄色材料的混合磷光体而获得白色；在彩色电视中，需用蓝、绿、红三种颜色材料的混合磷光体。还有日常生活中用的夜光时码和指针也使用磷光体。

（5）激光

1917 年，爱因斯坦通过对黑体辐射的研究，发现了两种不同的发光方式：自发辐射和受激辐射。在 1958 年人们利用红宝石顺磁共振实现了微波的受激辐射放大，并在 1960 年成功制造出红宝石激光器，实现了光的受激辐射放大。激光是一种新型的光源，与自发辐射为主的普通光源相比，具有以下特点：①亮度较高，聚焦后可以产生高温；②单色性好，谱线比传统光源提高了很多；③方向性好，光束的发散度很小；④相干性好，可以形成干涉图样或稳定的拍频信号。因此，激光可以用于许多领域，如材料处理、精密测量、准直仪器、干涉度量、光学信息处理等。

激光是光学、光谱学与电子学发展到一定阶段和相互交叉融合的必然产物，标志着人们掌握和利用光波进入了一个新阶段，激光在物理、化学、生物、医学、军事和各种工程技术中都有许多重要的应用。

2.3.2.2 材料表面光学性能的重要意义

（1）光学薄膜

光学薄膜是由薄的分层介质合成，用来改变光在材料表面上传输特性的一类光学元件。光学薄膜的光学性质除了具有光的吸收外，更主要是建立在光的干涉基础上，通过不同的干涉叠加，获得各种传输特性。为得到预期的光学性能，需要确定必要的膜层参数，即进行膜系数设计。对于实用的光学薄膜，不仅要考虑光学性能，还要考虑膜层与基底的结合力以及其它物理、化学性能。光学薄膜的各项性能不仅取决于膜系和材料，还依赖于实际制备条件和使用条件。光学薄膜的制备条件包括沉积技术和控制技术。沉积技术分物理沉积和化学沉积两类。物理沉积主要有真空蒸镀、溅射镀膜和离子镀三类。化学沉积有化学气相沉积、液相沉积和溶胶-凝胶法等。调控技术主要有薄膜厚度控制、组分控制、温度控制和气体控制等。光学薄膜在空间、能源、光谱、激光、光电科学以及国民经济中有着广泛的应用，其在光学领域中的地位和作用，是其它材料难以替代的。

（2）光电子材料与镀层

传统的光学薄膜主要以光的干涉为基础，并以此来设计和制备增透膜、反射膜、干涉滤光膜、分光膜、偏振膜和光学保护膜。后来，由于科技发展的需要，光学薄膜涉及的光谱范围已从可见光区扩展到红外和软 X 射线区，光学薄膜的制备技术也有了较大的发展。通过将光学和电子学结合起来形成的光电子学，可以将传统电子学的概念、理论和技术应用于光波段。在光电子学的实际应用中，可以通过各种方式组合各类元器件，构建出具有重要应用价值的光电子学系统。例如光通信系统、电视系统、微光夜视系统等。光电子学的发展使得我们可以利用光的特性来传输信息、进行图像显示和增强低亮度环境中的视觉效果。它在通信、显示技术和夜视等领域的应用，为现代社会的发展和进步提供了新的机遇和挑战。

2.3.3 电学性能

（1）材料电学性能参量

① 导电性　材料导电性能可因材料内部组成和结构的不同而有巨大的差别。导电最佳的物质（银和铜）与导电最差的物质（聚苯乙烯）之间，电阻率约相差23个数量级。

② 超导性　金属的电阻通常随温度降低而连续下降，某些金属在极低温度下，电阻会突然下降到零，这种性质称为超导性。在实验中，若导体电阻的测量值低于10^{-25}欧，可以认为电阻为零。

③ 霍尔效应　当带电导体处于与电流方向垂直的磁场中时，导体中会产生一个附加电场，其方向与电流和磁场的方向都垂直。这一现象称为霍尔效应，所产生的电势为霍尔电势，这个电场称为霍尔电场。

④ 半导体　其特点不仅在于电阻率在数值上与导体和绝缘体的差别，而且表现在它的电阻率的变化受杂质、热、光等条件的影响极大。半导体材料的种类很多，按其化学成分可以分为元素半导体和化合物半导体；按其是否含有杂质，可以分为本征半导体和杂质半导体；按其导电类型，可以分为n型半导体和p型半导体。此外，还可分为磁性半导体、压电半导体、铁电半导体、有机半导体、玻璃半导体、气敏半导体等。主要性能与表征参数有能带结构、带限、载流子迁移率、非平衡载流子寿命、电阻率、导电类型、晶向、缺陷的类别与密度等。不同工况下使用的器件对这些参数有不同的要求。

⑤ 绝缘体　其基本特点是禁带很宽，约为8×10^{-19}J（4～5eV），传导电子数目甚少，电阻率很大。在结构上，它们大多是离子键和共价键结合，其中包括氧化物、碳化物、氮化物和一些有机聚合物等。绝缘体的电子通常是紧束缚的，但许多绝缘体中电子可在弱电场的作用下相对于离子做微小的位移，正负电荷不再重合，形成电偶极子，即发生了电子极化过程和离子极化等。具有这种性质的材料称为电介质。换言之，电介质这个名词一般用来描述具有偶极结构的绝缘体材料。实际上，所有材料都可具有偶极结构，但在导体和半导体中这种结构所产生的效应通常被传导电子的运动所掩盖。

⑥ 离子电导　任何一种物质，只要存在载流子，就可以在电场作用下产生导电电流。电子电导和离子电导是两种不同类型的电导现象。电子电导是指电流的传输是由自由电子的移动所贡献的，而离子电导是指电流的传输是由离子的移动所贡献的。在电子电导中，载流子是电子，它们带有负电荷，通过外加电场的作用而移动。电子受到磁场的影响，当电子在磁场中运动时，会受到洛伦兹力的作用。洛伦兹力的方向垂直于电子的运动方向和磁场的方向。由于电子的质量相对较小，它们很容易受到洛伦兹力的作用而改变运动方向。这就是电子电导会呈现出霍尔效应的原因。而在离子电导中，载流子是离子。离子带有正电荷或负电荷，在外加电场的作用下会移动。然而，由于离子的质量相对较大，它们不容易受到洛伦兹力的影响而改变运动方向。因此，纯离子的电导不会呈现出霍尔效应。电子电导和离子电导具有不同的物理效应，主要是由载流子的差异所致。离子电导具有独特的电解效应：离子迁移过程中伴随有质量变化，电极附近的离子吸收或释放电子而形成新的物质。离子电导可以分为两种类型：本征电导和杂质电导。本征电导以离子和空位的热缺陷作为载流子，在高温下表现显著。而杂质电导则是由于杂质与基体的键合较弱，在相对较低的温度下杂质就能运

动，杂质离子作为载流子的浓度取决于杂质的类型和数量。

（2）材料表面电学性能的重要意义

产品使用表面电学性能广泛的领域包括研究材料的表面电学性能，因为材料表面电荷的动态特性以及衰减特性在某种程度上反映了介质材料表面电学性能的好坏，这种变化会影响材料的极化、抗静电性能和击穿性能。

① 导电薄膜　导电薄膜是一种在材料表面通过特定方法制备的具有良好导电性能的薄膜。导电性能主要受两个因素影响：首先是尺寸效应，当薄膜的厚度与电子的自由程相当时，薄膜表面的影响变得显著，这相当于减小了载流子的自由程，从而降低了电导率；其次是杂质和缺陷的影响。导电薄膜广泛应用于工业中，包括透明导电薄膜、集成电路配线、电磁屏蔽薄膜等。例如，透明导电膜是一种重要的光电材料，具有高的导电性，在可见光范围内具有高的透光性，在红外光范围内具有高的反射性，广泛用于太阳能电池、液晶显示器、气体传感器、幕墙玻璃、飞机和汽车的防雾和防结冰窗玻璃等高档产品。

② 导电涂层　用一定方法在绝缘体上涂覆具有一定导电能力、可代替金属导体的涂层称为导电涂层。其导电率一般在 $10^{-12} \sim 10^{-3}\Omega/m$ 范围内。可分为两种类型：一是本征型，利用某些聚合物本身所具有的导电性；二是掺杂型，以绝缘聚合物为主要膜物质，掺入导电填料。涂层的电阻率可用不同电阻率的材料及不同含量来调节。导电涂层可用作绝缘体表面消除静电，对电磁波进行屏蔽，或利用其导电能力将电能转化为热能。

③ 电阻器用薄膜　电阻器是各类电子信息系统中必不可少的基础元件，占电子元件总量的30%以上，正向小型化、薄膜化、高精度、高稳定、高功率方向发展。薄膜电阻已成为电阻器种类中最重要的一种。薄膜电阻是用热分解、真空蒸镀、磁控溅射、电镀、化学镀、涂覆等方法，将有一定电阻率的材料镀覆在绝缘体表面，形成一定厚度的导电薄膜。按导电物质的不同，导电薄膜可分为非金属膜电阻（RT）、金属膜电阻（RJ）、金属氧化物电阻（RY）、合成膜电阻（RH）等。

④ 超导薄膜　由于超导体是完全反磁性的，超导电流只能在与磁场穿透深度30～300nm的表层范围内流动，因此开发超导薄膜最具有应用价值。超导体的薄膜化，对于制作开关元件、磁传感器、光传感器等约瑟夫逊效应电子器件来说，是必不可少的基础元件。超导薄膜通常采用磁控溅射、蒸镀、分子束外延等方法制备。陶瓷超导膜有BI型化合物膜、三元系化合物膜、高温铜氧化膜三种类型。

⑤ 半导体薄膜　可调控半导体的禁带宽度以及载流子数目和种类，获得所需要的一系列功能。在许多情况下所利用的仅为半导体表面附近极薄层的性能。薄膜技术对半导体元件的微细化是不可缺少的。同质和异质外延生长的半导体薄膜是大规模集成电路的重要材料。半导体薄膜按结构可分为三种类型：一是单晶薄膜，由于其载流子自由程长，迁移率大，通过扩散掺杂可以制得高质量的p-n结，提高微电子器件的质量，而在分子束外延技术中，可以通过交替外延生长得到具有长周期排列的超晶格薄膜，其成为量子电子器件的基础材料；二是多晶薄膜，晶粒取向一般为随机分布，晶粒内部原子按周期排列，晶界处存在大量缺陷，构成不同的电学性能；三是无定形半导体薄膜。例如，用等离子体化学气相沉积等方法制备的非晶硅薄膜，用于太阳能电池的转换效率虽不及单晶硅器件，但它具有适宜的禁带宽度（1.7～1.8eV），太阳辐射峰附近的光吸收系数比晶态硅大一个数量级，宜采用大面积薄膜生产工艺，成本低廉，成为非晶硅太阳能电池的主要材料。

⑥ 介电薄膜　它是以电极化为基本电学特性的功能薄膜。介电薄膜依靠其电学特性（如电气绝缘、介电性、压电性、热释电性、铁电性等）以及光学特性和机械特性等，广泛

用于电路集成与组装、电信号的调谐、耦合和贮能、机电换能、频率选择与控制、机电传感及自动控制、光电信息存储与显示、电光调制、声光调制等。介电薄膜通常由射频磁控溅射、离子束溅射、溶胶-凝胶、金属有机物化学相沉积（MOCVD）、紫外激光熔射等方法制备获得。

⑦ 固体电解质　离子固体在室温下大多为绝缘体。但在20世纪60年代初人们发现有些离子固体具有高的离子导电特性，离子固体被称为固体电解质或快离子导体。最早发现的固体电解质是一些银盐，如碘化银、硫化银等；后来又陆续发现一些金属氧化物等在高温下也具有很好的离子导电特性。按离子传导的性质可以分为阴离子导体、阳离子导体和混合离子导体。在材料类型上，可以分为无机固体电解质和有机高分子固体电解质两类。固体电解质的导电与电子导电不同，即在导电的同时不发生物质的迁移。固体电解质已广泛应用于各种电池、固体离子器件以及物质的提纯和制备等。

2.3.4　磁学性能

（1）材料磁学性能参量

① 磁性　磁性材料可以根据其磁性特性分为顺磁性、抗磁性、铁磁性、反铁磁性和亚铁磁性等类型。其中，铁磁性和亚铁磁性属于强磁性材料，通常所说的磁性材料指的是这两种磁性物质。根据用途和性质，磁性材料可以进一步分为软磁材料、硬磁材料和磁存储材料等三类。此外，还有矩磁、旋磁、压磁、磁光等特殊类型的磁性材料。这些磁性材料可以以单晶、多晶和薄膜等形式存在。磁性器件利用磁性材料的磁性特性和各种特殊效应，实现能量转换、信号传递、数据存储等功能。它们广泛应用于雷达、通信、广播、电视、电子计算机、自动控制和仪器仪表等领域。随着计算机和信息产业的快速发展，磁性器件与电子元器件、光电子器件等相结合，可以实现微电子磁性元器件的制造，从而实现器件的微型化、高性能化。这进一步拓展了磁性材料的应用领域。

② 磁学基本量　一个磁体的两端具有极性相反而强度相等的两个磁极，它表现为磁体外部磁力线的出发点和汇集点。当磁体无限小时就成为一个磁偶极子。根据电磁原理，磁偶极子可以模拟为线圈中流动的环电流，即一个磁偶极子所产生的外磁场与在同一位置上的一个无限小面积的电流回路（电流元）产生的外磁场相等效。磁偶极矩和磁矩都是矢量。单位体积材料内磁偶极矩的矢量和称为磁极化强度$\boldsymbol{J}$，单位是特斯拉（T）；单位体积内材料磁矩的矢量和称为磁化强度$\boldsymbol{M}$。

③ 物质的磁性分类　根据物质的磁化率，可以将材料的磁性大致分为五类，分别是抗磁体、铁磁体、反铁磁体、亚铁磁体和顺磁体。磁化率是一个物质磁化程度的量度，用来反映物质对外加磁场的响应能力。不同类型的材料具有不同的磁化率，这决定了它们对磁场的吸引或排斥程度。抗磁体在外加磁场下会产生反向的磁化效应，即被磁化方向与外加磁场相反；铁磁体则会被磁场磁化，并保持在磁场消失后具有一定的磁化强度；反铁磁体具有自旋排列的反平行特性，即相邻自旋呈反向排列；亚铁磁体则介于铁磁体和反铁磁体之间，具有某种程度的自旋反平行排列；顺磁体在外加磁场下自旋呈平行排列，被磁场磁化并表现出吸引的特性。这些不同类别的磁性材料在实际应用中具有各自特定的磁学性能，可以满足不同领域的需求。

（2）磁性薄膜的应用

随着电子系统向高集成度、高复杂性、轻小、高性能、多功能与高频方向发展，要求在更小的基片上集成更多的元器件。研制小型化、薄膜化的元器件，以减小系统的整体体积和重量，无疑是适应这一要求的一条实际可行的途径。特别是近年来随着物联网、可穿戴智能设备、非平面物件无损检测等领域的快速发展，柔性电子器件需求旺盛，基于磁性薄膜的柔性磁电子器件可以作为传感器和存储器单元集成在智能可穿戴设备中，具有重要的应用前景。以下即对基材表面磁性薄膜分别做介绍。

磁性薄膜（magnetic film）的分类如下。

① 按厚度可分为厚膜（5～100μm）和薄膜（10^{-4}～5μm）两类。薄膜又可分为极薄薄膜（10^{-4}～$10^{-2}$$\mu$m）、超薄膜（$10^{-2}$～$10^{-1}$$\mu$m）和薄膜（$10^{-1}$～1$\mu$m）。

② 按结构可分为单晶磁性薄膜、多晶磁性薄膜、微晶磁性薄膜、非晶态磁性薄膜和磁性多层膜等。

③ 按制备方法可分为涂布磁性膜、电镀磁性膜、化学镀磁性膜、溅射磁性膜等。

④ 按性能可分为软磁薄膜、硬磁薄膜、半硬磁薄膜、矩磁薄膜、磁（电）阻薄膜、磁光薄膜、电磁波吸收薄膜、磁性半导体薄膜等。

⑤ 按磁记录方式可分为水平磁记录薄膜、垂直磁记录薄膜、磁光记录薄膜等。

⑥ 按材料类别可分为金属磁性薄膜、铁氧体磁性薄膜和成分调制薄膜。

磁性薄膜可通过各种气相沉积以及电镀、化学镀等方法来制备，用双辊超急冷法制备非晶态薄带磁性材料，用分子束外延单原子层控制技术制备晶体学取向型磁性薄膜、巨磁电阻多层膜、超晶格磁性膜等；还可以用热处理等方法改变磁性薄膜微观结构、控制非晶态磁性材料的晶化过程，获得具有优异磁学性能的微晶磁性薄膜。

磁性薄膜的主要参数是磁导率、饱和磁化强度、矫顽力、居里温度、各向异性常数、矩形比、开关系数、磁能积、磁致伸缩常数、磁电阻系数、克尔磁光系数、法拉第磁光系数等。

磁性薄膜主要用作记录磁头、磁记录介质、电磁屏蔽镀层、吸波涂层、电感器件、传感器件、微型微压器、表面波器件、引燃引爆器、磁光存储器、磁光隔离器和其它光电子器件等，是一类非常重要且应用广泛的功能薄膜。以下举例说明磁性薄膜的应用。

① 磁头薄膜材料　磁记录系统主要由磁头和磁记录介质组合而成。磁头是指能对磁记录介质做写入、读出的传感器，即为信息输入、输出的换能器。制造磁头的材料，要求是能实现可逆电-磁转换的高密度软磁材料，具有高磁导率和饱和磁化强度，低矫顽力和剩余磁化强度，高电阻率和硬度。这种材料分为两类：一是金属，如 Fe-Ni-Nb（Ta）系硬坡莫合金、Fe-Si-Al 系合金和非晶合金等，一般硬度较低，寿命短，电阻率较低，用于低频范围；二是铁氧体如（Mn，Zn）Fe_2O_4 和（Ni，Zn）Fe_2O_4 等，具有硬度高、寿命长、电阻率高等优点，主要应用于高频范围。目前，常用环形开缝的锰锌铁氧体类或铁硅铝金属类，通过在环上绕的线圈与缝隙处的漏磁场间做电磁信号的相互转换，而对相对运动着的磁记录介质起读出、写入作用。

② 磁记录介质　涂覆在磁带、磁盘、磁卡、磁鼓等上面的用于记录和存储信息的磁性材料称为磁记录介质，通常是永磁材料，要求有较高的矫顽力和饱和磁化强度、矩形比高、磁滞回线陡直、温度系数小、老化效应小、能够长时间存储信息。常用的介质材料有氧化物和金属（如 Fe、Co、Ni 等）两种。磁记录介质磁性层大致为两类：一是磁粉涂布型，它用涂布法制作；二是磁性薄膜型，主要用电化学沉积和真空镀膜方法制作。涂布型介质具有矩形比较小和剩磁不足等缺点，为了使磁记录向高密度、大容量、微型化发展，磁记录介质的发展趋势是从非连续颗粒涂布向连续型磁性薄膜演化。

③ 电磁屏蔽镀层　电磁辐射严重影响人们的身体健康，还会对周围的电子仪器造成干

扰以及泄露信息，因而电磁屏蔽技术迅速发展起来。电磁屏蔽是将低磁阻材料和磁性材料制成容器，将需要隔离的设备包住，限制电磁波传输。电磁波输送到屏蔽材料时发生三种过程：一是在入射表面的反射；二是未被反射的电磁波被屏蔽材料吸收；三是继续行进的电磁波在屏蔽材料内部的多次反射衰减。

2.4 化学性能

2.4.1 耐腐蚀与抗氧化性能

2.4.1.1 腐蚀及其分类

腐蚀是材料与环境介质作用而造成材料本身损坏或性能恶化的现象。金属材料与非金属材料都会发生腐蚀，尤其是金属材料的腐蚀给国民经济带来了巨大的损失。

腐蚀的分类方法有多种。按照腐蚀原理的不同，可分为化学腐蚀（chemical corrosion）和电化学腐蚀（electrochemical corrosion）。金属材料的化学腐蚀是在干燥的气体介质或不导电的液体介质中通过化学反应而发生的。金属材料的电化学腐蚀是在液体的介质中因电化学作用而造成的，腐蚀过程中有电流产生。潮湿大气、天然水、土壤和工业生产中采用的各种介质等，都具有不同程度的导电性，均可统称为电解质溶液。在电解质溶液中，同一金属表面各部位，或者不同金属相接触，都可以因电位不同而构成腐蚀电池，其中电位较负的部分为阳极，电位较正的部分为阴极，阳极上的金属溶解为金属离子进入溶液，放出的电子通过电解质溶液流到阴极被消耗掉。因此，金属腐蚀主要是电化学腐蚀，即为腐蚀电池产生的结果。除上述两类腐蚀外，还有一类是由单纯的物理溶解作用而导致的破坏，称为物理腐蚀，本节不做深入探讨。

另外，根据环境不同，可将腐蚀分为自然环境腐蚀和工业环境介质腐蚀两类；按腐蚀形态不同，可分为全面腐蚀和局部腐蚀；实际上按照金属遭受腐蚀后显示的破坏形态可以将腐蚀分为均匀腐蚀、点蚀、缝隙腐蚀、晶间腐蚀、应力腐蚀、腐蚀疲劳、磨损腐蚀等，这种分类非常方便，在大多数情况下可用肉眼观察，必要时借助仪器。

2.4.1.2 金属的氧化

金属在高温处的氧化是一种典型的化学腐蚀。其腐蚀产物通常是氧化物，大致有三种类型：一是不稳定的化合物，如金、铂等的氧化物；二是挥发性的氧化物，如氧化铝等，它以恒定的、相当高的速率形成；三是在金属表面上形成一层或多层的一种或多种氧化物。

热力学计算表明，大多数金属在室温就能自发地氧化，但在表面形成氧化物层之后，扩散受到阻碍，从而使氧化速率降低。因此，金属的氧化与温度、时间有关，也与氧化层的性质有关。

通常把厚度小于300nm的氧化物层称作氧化膜。由于它很薄，在一般的金属零件表面上引起的破坏效果可以忽略不计，相反还可起保护作用。氧化膜的厚度通常是随温度和时间而变化。例如，钢加热到230～320℃范围，氧化膜厚度随时间延长和温度升高而增大，所产生的光干涉效应使钢的表面从草黄色逐渐变为深蓝色，即所谓的回火色。

氧化物层的厚度大于300nm后，就称为氧化皮，分两种类型。

(1) 保护性氧化皮

保护性氧化皮形成的基本条件是：氧化皮的体积 V_{meo} 比用来形成它的金属体积 V_{me} 大。此时氧化皮是连续的，其形成过程可用图 2-7 来说明。当氧分子开始与金属表面接触时就发生分解，形成了单层的氧原子吸附层，由于氧与电子的亲和力比氧与金属的亲和力大，所以形成负的氧离子，它与正的金属离子结合，逐步生成金属氧化物层，具体反应机理是：在氧化物-金属界面上发生的是氧化反应，即 $Me \longrightarrow Me^{2+} + 2e^-$；在氧化物-氧界面上发生的是还原反应，即 $1/2O_2 + 2e^- \longrightarrow O^{2-}$；总反应便是 $Me + 1/2O_2 \longrightarrow MeO$。可见，发生氧化时金属离子必须向外扩散，或氧离子必须向内扩散，或是两者同时进行。当氧化层增厚时扩散距离增加，氧化层的长大速度减缓。由于其受扩散控制，故氧化的速率应遵循抛物线规律：

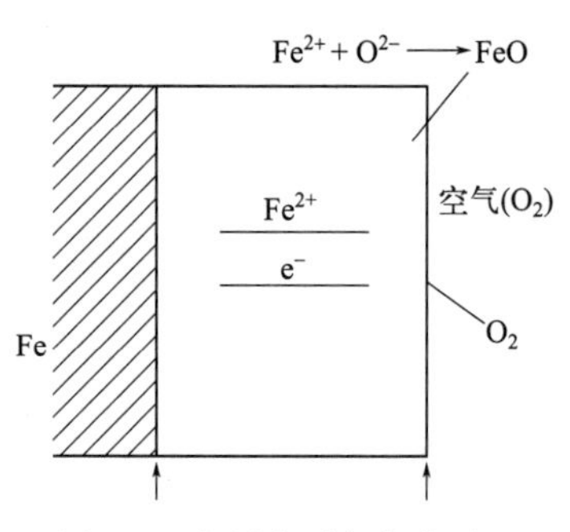

图 2-7 金属离子与氧离子通过氧化物层进行双向扩散

$$W^2 = A_1 t$$

式中，W 为氧化皮的质量；A_1 为取决于温度的常数；t 为时间。这个规律已在许多实验（如铜及铜合金的氧化等）中得到证实。但是有些具有保护性氧化皮的金属却偏离这个规律。

(2) 非保护性氧化皮

如果 V_{meo} 小于 V_{me}，则生成的氧化皮是不连续的、多孔的，这是一类保护性低或不具有保护性的氧化皮（图 2-8）。例如，镁的氧化属于这种类型。这种氧化皮的生长，是气体中的氧通过氧化物层中的缝隙向内扩展与金属作用而实现的，通常遵循直线规律：

$$W = A_2 t$$

式中，A_2 为取决于温度的常数。

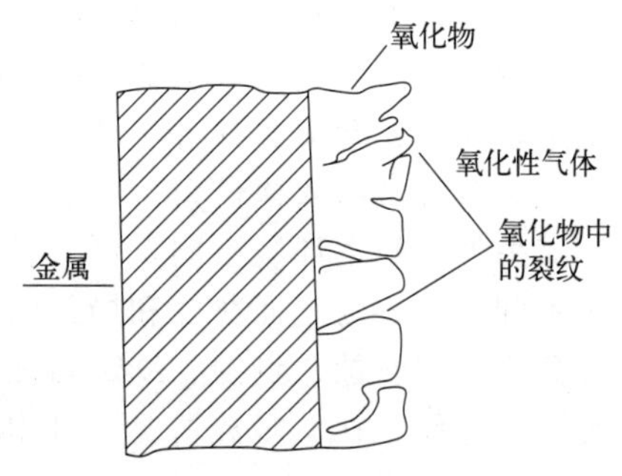

图 2-8 非保护性氧化皮

在钢和合金中加入钨、钼等元素，会降低抗氧化能力。W、Mo 可在金属表面氧化膜内生成含钨和钼的氧化物，而 MoO_3 和 WO_3 具有低熔点和高挥发性，使抗氧化能力变差。

2.4.1.3 抗高温氧化涂层

高温涂层在航空航天以及国防工业领域已获得广泛的应用。高温涂层通常以非金属、金属氧化物、金属间化合物、难熔化合物等为原料，以特定的表面技术涂覆在各种基材上，保护基材不受高温氧化、腐蚀、磨损、冲刷，或赋予材料某种功能。最初有些高温涂层主要用于导弹、火箭等，近年来，部分高温涂层技术转向民用，并且获得迅速的发展。

用于抗高温氧化的膜或涂层，称为抗高温氧化涂层，大多用于金属和合金的高温防护。例如，高温结构材料 Ni_3Al 表面渗铬、渗铝，生成 Cr_2O_3、Al_2O_3 保护层，可明显改善 Ni_3Al 在 900～950℃下的高温抗氧化性能；经过渗硅和离子渗氮复合处理后，铝合金锻模的表面形成了一层 Mo-Si-N 复合保护层。这层保护层使得表面硬度达到了基体硬度的三倍，能够有效地防止氧化失重的发生。在 1000℃以下，氧化失重率只有钼合金的 1/1400。此外，这种锻模能够承受 200 次在 15 秒内从室温升温到 1150℃再降温的冷热循环，且在此过程中表面和基体没有产生裂纹；Ni-15Cr-6Al 合金渗铝层离子注入 Y^{3+}，可改变渗铝层的氧化膜形貌，细化晶粒，增强氧化膜的黏附性，防止剥落；用于石油、化工、冶金等部门的碳钢零件经热浸渗铝处理后，抗氧化性是未浸渗铝的 149 倍，可代替或部分代替不锈钢；用 Si、SiO_2、Si_3N_4 镀层，使不锈钢在 950℃和 1050℃恒温氧化，循环氧化抗力大大提高；0.5mm 厚的氮化硅膜，可使 TiAl 金属间化合物在 1300K 温度下经受 600 多个小时的纯氧气氛中的循环氧化，Si_3N_4 和 Al_2O_3 膜还被用于保护 Ni 及 Ni 基合金免受高温氧化；航空及能源用 Nb 基合金可用多层膜涂层的方法来进一步改善其抗高温氧化性能。

前面述及的高温氧化问题是针对金属材料来分析的，实际上不少非金属的高温氧化也需引起重视。例如，碳化硅材料具有优异的高温力学性能，是高温结构材料和电热元件等材料的优先选择。碳化硅在干燥的高温氧化环境中，当温度超过 900℃时，表面会生成致密的 SiO_2，具有优异的抗氧化性能；但在较高温度下 SiO_2 保护膜发生变化，并且其膨胀系数与碳化硅不同，反复加热冷却易产生裂纹，使碳化硅的电阻率增大，使用寿命缩短。另外，水蒸气及碱性杂质都会加速碳化硅材料的氧化。采取涂层法是提高碳化硅抗氧化能力的有效途径之一。常用的方法有浸渗法、等离子喷涂法、化学气相沉积法、溶胶-凝胶法等。采用莫来石涂层、MoSi 涂层等，可使 SiC 的使用温度达到 1600℃。

此外还有用作含碳耐火材料的抗氧化涂层，涂料采用长石粉、蜡石粉、玻璃和金属氧化物作填料，以改性硅酸作结合剂，加入少量性能调节剂，不需专门烘烤，制成涂料后涂覆在含碳耐火材料（如镁碳砖等）上，可以在 650～1200℃范围内有效保护含碳耐火材料不被氧化。涂层在高温下形成的特殊釉层热震性强，气密性好，可经历多次高低温循环不开裂。

2.4.2 生物相容与抗菌性能

（1）生物相容性概念

生物医用材料在设计和研究过程中需要考虑其生物相容性，即对人体无毒、无致敏、无刺激、无遗传毒性和无致癌性等不产生不良反应的能力。当生物医用材料与组织、细胞、血液等接触时，会引发一系列反应，包括宿主反应（即机体生物学反应）和材料反应，如图 2-9 所示。这些反应会影响材料和机体的功能和性质，并可能导致不同的后果，如图 2-10 所示。

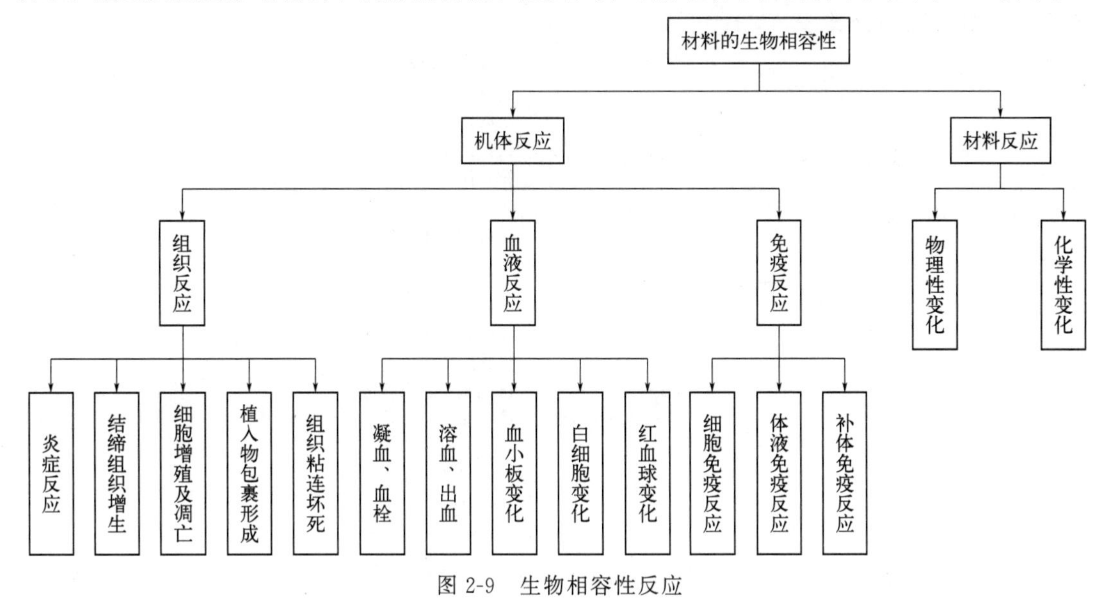

图 2-9 生物相容性反应

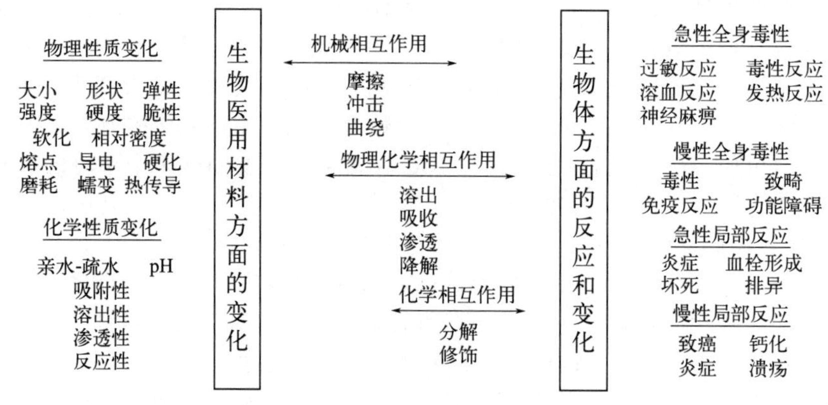

图 2-10　材料与机体相互作用反应

医用材料在植入人体后，会受到多种因素的影响而发生变化。这些因素包括生理运动、细胞活动、新陈代谢、细胞黏附和体液中的各种物质对材料的作用。医用材料的变化会引起人体的组织反应、血液反应和免疫反应。导致生物体反应的因素包括材料中残留的有毒物质，聚合过程产生的有毒单体，灭菌过程中的化学物质和高温引起的裂解，材料的形状、大小、表面光滑度以及酸碱性等。因此，为了确保医用材料的功能和安全性，需要考虑和控制这些因素的影响。

（2）生物相容性分类

生物医用材料的生物相容性分为两类。一类是与血液直接接触的材料，主要考察其血液相容性。另一类是与组织和器官接触的材料，主要考察其组织相容性或一般生物相容性。在医用材料的生物相容性研究中，首先要考虑的是组织相容性问题，即材料与周围组织之间的相互作用。组织相容性的研究涉及各种经典反应，其反应机理和试验方法相对成熟。而血液相容性涉及的各种反应相对复杂，其中许多反应的机理尚不清楚。目前，血液相容性的试验方法除了溶血试验外，其它试验方法还不够成熟，特别是涉及凝血机理中细胞因子和补体系统的分子水平试验方法还需要进一步研究和建立。图 2-11 给出了生物相容性的分类。

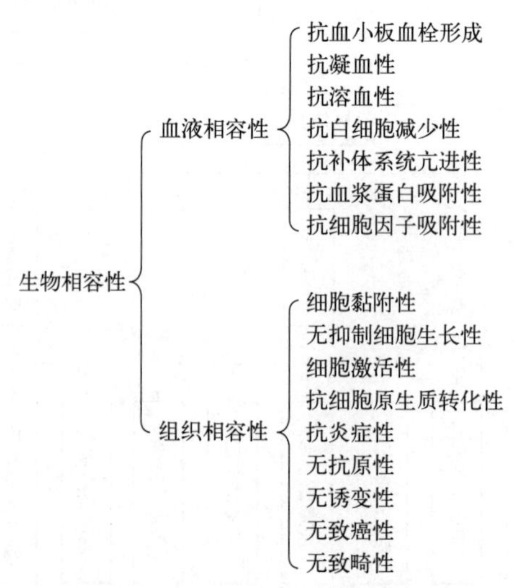

图 2-11　生物相容性分类和要求

（3）生物相容性影响因素

影响医用材料生物相容性的因素包括材料的化学成分、表面的化学成分以及形状和表面的粗糙度。当医用材料被植入人体时，周围组织会对异物产生机体的防御性反应，出现白细胞、淋巴细胞和吞噬细胞的聚集，导致不同程度的急性炎症。如果材料中存在有毒物质渗出，炎症反应会不断加剧，严重时可能导致组织坏死。长期存在的材料会被淋巴细胞、成纤维细胞和胶原纤维包裹，形成纤维性包膜，在材料和正常组织之间形成一屏障。如果材料无毒性、性能稳定，具有良好的组织相容性，那么包膜会逐渐变薄，囊壁中的淋巴细胞会消失，最终形成稳定的无炎症反应的包膜。然而，如果材料的组织相容性差，材料中残留的有毒物质不断渗出，会刺激周围组织形成慢性炎症，导致包囊壁增厚、淋巴细胞浸润，甚至可能引发肉芽肿或发生癌变。因此，在研发和应用生物医用材料时，对其生物相容性的研究和考虑是非常重要的。了解和控制生物相容性的影响因素，可以提高医用材料的安全性和功能性。

（4）抗菌性能

组织相容性关注材料与组织的相互作用，而血液相容性则关注材料与血液的相互作用。所有医用材料和装置都会首先面临组织相容性问题，即一般生物相容性。在实际使用中，可以通过在材料表面附加抗菌剂的方式赋予材料抗菌性能。抗菌剂可以有效抑制微生物的生长繁殖或杀死致病微生物。根据作用方式的不同，抗菌剂可分为杀菌剂和抑菌剂。杀菌剂能够迅速杀死有害微生物，而抑菌剂则能够抑制微生物的生长繁殖。在医用材料中使用抗菌剂，可以有效预防微生物感染所带来的并发症。

抗菌材料通常通过添加抗菌剂来实现。在实际应用中，抗菌材料通常不要求迅速杀灭有害微生物，而是侧重于抑制它们的生长和繁殖，以实现保护环境卫生的目的。抗菌剂按照化学组成可分为无机系、有机系和复合系三大类。

① 无机抗菌剂　无机抗菌剂是在20世纪80年代中期开始发展起来的一类材料。它们具有安全性高、耐热性好、无挥发性、不易产生耐药性和抗菌失效等特点。目前，对于无机抗菌材料的研究主要涉及溶出型抗菌剂、光催化材料抗菌剂和纳米抗菌剂。

② 有机抗菌剂　有机抗菌剂具有杀菌力强、加工便利、种类繁多等特点，广泛应用于塑料、纤维、纸张、橡胶、树脂和水处理等领域。有机抗菌剂可分为天然有机抗菌剂和合成有机抗菌剂两大类。

③ 复合抗菌剂　复合抗菌剂是抗菌剂研究应用的新时代。有机-无机复合抗菌剂结合了有机和无机抗菌剂的优点，既具有有机系的强抑菌性和持久性，又具有无机系的安全性和耐热性。此外，复合抗菌剂价格低廉、用量少、抗菌性能高且稳定性好。

抗菌剂在医用材料中的应用可以有效抑制微生物的生长和繁殖，保护环境卫生，减少感染的风险。各类抗菌剂都有其特点和适用范围，根据实际应用需求选择合适的抗菌剂进行使用。

2.4.3　润湿与催化性能

（1）润湿性概念

润湿是一种常见的现象，是指液体与固体接触形成新的固/液界面取代原有的固/气界面的过程。润湿性是材料表面的重要特性之一，在各个领域都有应用，如润滑、粘接、泡沫、防水等。近年来，人们越来越重视对固体表面润湿性的研究，随着微纳米技术和仿生学研究的发展，通过改变材料的化学组成和微观结构来调控润湿性已经取得了良好的成果。为了实现材料表面的润湿性调控，人们采用了接枝、涂层、腐蚀等方法来改性材料。润湿作用涉及气、液、固三相界面，其中固-液界面经过液体内部到达气-液界面的夹角被称为接触角，以 θ 表示，如图 2-12 所示。

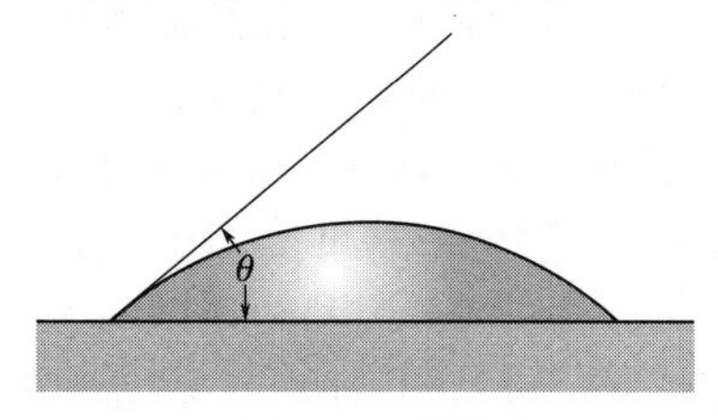

图 2-12 接触角

润湿性是指液体与固体接触时，液体在固体表面的行为和特性。接触角是用于描述液体与固体接触界面的角度。接触角的大小是判断润湿性优劣的一个重要指标。根据接触角的大小，可以将润湿性分为以下几种情况。

完全润湿（$\theta=0°$）：液体完全铺展在固体表面上，不形成小液滴。这种情况表明液体与固体的相互作用力非常强，可以有效地与固体表面接触。

部分润湿（$0°<\theta<90°$）：液体可以在固体表面上铺展，但不完全。接触角越小，润湿性越好。这种情况表明液体与固体之间的相互作用力较强，但仍存在一定程度的抵抗。

不润湿（$\theta=90°$）：液体无法铺展在固体表面上，形成一定的球形。这种情况表明液体与固体之间的相互作用力相等，既不倾向于吸附在固体表面，也不倾向于在固体表面铺展。

完全不润湿（$\theta=180°$）：液体形成独立的小滴，不与固体表面接触。这种情况表明液体与固体之间的相互作用力非常弱，液体倾向于在自身内部形成独立的形态。

需要注意的是，实际表面往往是粗糙、不均匀的，并且受表面污染等因素的影响，因此接触角的测定和润湿性的评价会更加复杂。此外，材料的化学组成和微观结构也会对润湿性产生重要影响。

（2）润湿性的影响因素

材料表面的润湿性受到化学组成和微观结构的双重影响。化学组成主要影响表面能，从而影响润湿性。固体表面的表面能越大，通常越易被液体润湿。然而，需要强调的是，固体表面的化学组成仅取决于表面最外层的原子或原子基团的性质和排列情况。而微观结构主要影响表面的几何形态和粗糙度，对润湿性有着至关重要的作用。通过改变化学组成和微观结构，可以调控材料的润湿性，进而应用于润滑、粘接、泡沫、防水等领域。

在微观结构方面，有两种经典理论被用于解释和分析材料表面润湿性，即 Wenzel 理论和 Cassie 理论，如图 2-13 所示。根据 Wenzel 理论，液滴完全填充在粗糙表面的凹坑中，形成润湿表面。而根据 Cassie 理论，液滴位于粗糙表面的突起顶部，形成复合表面。这两种润湿模式分别对应于 Wenzel 模式和 Cassie 模式。

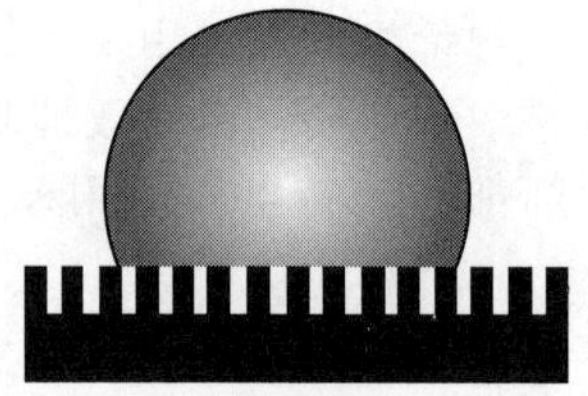

图 2-13 Wenzel 理论和 Cassie 理论模型

荷叶、蝴蝶翅膀和水鸟羽毛等自然界中的物体具有特殊的表面微纳米结构，赋予它们独特的润湿性能。荷叶表面上的微米结构和纳米结构，以及蝴蝶翅膀和水鸟羽毛的特殊微观结构和覆瓦状排列，使得它们具有疏水性和超疏水性。研究发现，固体表面的微观结构与润湿性之间存在着密切的关系。提高材料表面的粗糙度可以增强其疏水性能，而微纳米结构的排列则直接影响液滴在材料表面的行为和润湿性。研究还表明，通过改变材料表面的几何结构，可以实现润湿模式的转变，为通过表面结构改变固体的润湿性提供了依据。

材料表面的润湿性在材料工程中得到广泛应用。例如，润滑油利用其对材料表面的润湿性形成一层保护膜，减小摩擦力，实现润滑效果；涂料的润湿性影响着其对底材的粘接和铺展性能；各种防水材料利用材料表面的疏水性来实现防水效果等。随着科学技术的发展和需求的增加，对材料结构和性能的要求也越来越高。通过调控材料表面的微纳米结构和表面修饰，可以控制材料的润湿性能，进而实现防水、自清洁、润滑等特性，从而改善材料的综合性能，提高其使用价值。

（3）催化与催化剂概念

催化剂是一种可以在反应体系中显著改变反应速率，而其自身的化学性质和数量基本保持不变的物质。催化剂分为正催化剂和负催化剂。催化剂的组成包括主体、载体和其它成分。主体可分为主催化剂、共催化剂和助催化剂。助催化剂又可分为结构助催化剂、电子助催化剂、晶格缺陷助催化剂和扩散助催化剂。主催化剂是催化剂中起催化作用的关键物质，没有它就不存在催化作用。共催化剂是催化剂中同时存在两种具有催化活性的物质，其中活性较强者为主催化剂，活性较弱者为共催化剂。两者的结合可以提高催化活性。助催化剂是提高主催化剂活性、选择性以及改善催化剂耐热性、抗毒性、机械强度和寿命等性能的组分。

催化反应是指在反应中催化剂参与的反应。根据催化剂和反应物在反应体系中的“相”可将催化反应分为均相催化反应和多相催化反应。均相催化反应指催化剂与反应物形成均一的相态，可以是气相或液相。多相催化反应指催化剂和反应物处于不同的相态，催化剂通常为固体。多相催化反应可进一步分为气固催化反应和液固催化反应。除此之外，催化反应还可根据反应中发生的电子传递情况进行分类，如酸碱反应和氧化还原反应。酸碱反应是指在反应中发生电子对转移，而氧化还原反应是指在反应中发生电子的转移。

2.5 多功能一体化

在某些场景下，产品表面常常需要多种功能，以应对外界的力、热、光、辐照等复杂环境的影响。同时，表面多种功能的一体化，还可以赋予表面更为新奇、独特的表现，比如，对于某些超疏水表面赋予其一定的自修复性能，则可以实现较高的腐蚀防护功能。下面以一些特定的例子来介绍表面多功能一体化需求及一些实现路径。

2.5.1 自修复多功能涂层

2.5.1.1 自修复超疏水涂层修复原理及方法

涂层的超疏水性能取决于表面结构和低表面能物质两个因素，当其中一个受到破坏时，疏水性能会下降。有效的表面形貌可以阻止水滴与固体接触，从而提高接触角，减少滑动角；低表面能物质可以降低涂层的表面能。然而，在实际应用中，疏水涂层的表面容易受到机械磨损、化学腐蚀和紫外线辐射等因素的影响，导致表面结构破坏和低表面能物质流失，从而降低疏水性能。因此，实现超疏水性能的自修复可以从恢复受损的表面形貌和补充低表面能物质两方面进行。

（1）表面形貌的修复

涂层在使用过程中容易受到机械磨损和划伤等因素的影响，导致表面结构改变，进而使疏水性能下降。实现自修复表面形貌是超疏水涂层的一个研究难点。有些方法通过变形、再生、溶胀、流动等来恢复表面形貌，以实现超疏水性能的自修复。

① 物质的变形。为了实现超疏水性能的自修复，可以利用基材的内部自我修复能力。这种自修复能力可以通过不同类型的动态共价键和非共价键作用来实现，比如二硫键动态交换、主客体相互作用和金属配位作用等。在宏观上，当涂层的表面形貌受到破坏后，通过适当的刺激条件（如温度、湿度等），基材可以通过变形、溶胀和流动等方式来恢复原有的表面形貌，从而实现超疏水性能的自修复。

另外，形状记忆聚合物是一种具有刺激响应性的材料，能在特定的刺激条件下（如热、光等），从临时形状自发恢复到永久形状。这种材料的特性为实现疏水涂层在表面形貌被破坏后的修复提供了一种设计思路。使用形状记忆聚合物材料作为涂层的组成部分，涂层的表面形貌可以恢复到原始状态，从而实现超疏水性能的自修复。

② 物质的再生。构建具有一定粗糙度的表面形貌，旨在通过将更多空气截留在表面凹陷处，促使液滴从 Wenzel 态转变为 Cassie-Baxter 态。这种表面形貌的设计可以提供一种自修复超疏水性能的途径。此外，表面的气体补偿也是实现超疏水性能自修复的一种方式。

（2）低表面能物质的修复

低表面能物质的补充可以通过涂层表层的润滑液流动来实现。当涂层表面低表面能物质受到机械磨损减少或化学试剂降解时，润滑液可以在涂层内部流动，将低表面能物质补充到表面，从而恢复疏水性能。

润滑液是一种富含低表面能物质的液体，可以在涂层中形成流动层。当涂层表面低表面能物质减少时，润滑液会受到外界刺激，例如温度的变化或液压力的作用，从涂层内部流动到表面，以补充低表面能物质，从而恢复疏水性能。

润滑液流动是一种有效的方式来修复疏水涂层的疏水性能。它可以通过润滑液的流动来补充低表面能物质，从而实现涂层表面的自修复。这种方法不仅能够降低修复过程对外界刺激的依赖性，还可以在大尺度上修复涂层的结构损伤。

2.5.1.2 多功能协同作用涂层的应用

为了提高涂层的整体性能，越来越多的研究集中在开发多功能涂层上，其中包括具有自修复超疏水性能的涂层。多功能涂层的设计不仅仅是简单地将多个功能叠加在一起，更重要的是通过不同性能之间的协同作用实现 1+1>2 的效果。将涂层的自修复超疏水性能与其它性能，如抑菌性、防腐蚀性和导电性等进行协同作用，可以提高涂层的整体性能。例如，在构建具有自修复超疏水性能涂层的同时，可以将抗菌剂引入涂层中，以实现涂层的抑菌性能。这样一来涂层不仅可以自恢复疏水性能，还能抑制细菌的生长，具有更好的防菌效果。类似地，涂层还可以与防腐蚀剂或导电填料相结合，以提高涂层的防腐蚀性能和导电性能。通过将不同性能进行协同作用，多功能涂层可以在多个领域展示出更出色的性能。这种综合性能的涂层可以广泛应用于领域如航空航天、汽车、医疗等，提供更好的保护和性能。

（1）超疏水材料中的多功能纤维

疏水性在纤维领域具有广泛的应用，可以赋予纤维油水分离、自洁等功能。为了满足不同的应用需求，多功能纤维还需要具备抗菌、牢固染色等性能。

（2）超疏水防腐蚀涂层的多功能性

水是金属腐蚀的重要因素之一，通过避免金属与水直接接触可以减缓腐蚀过程。研究者们将实现自修复超疏水涂层作为改善防腐蚀涂层性能的突破口。

（3）超疏水导电涂层的多功能性

涂层是改善材料表面性能的常用方法，但聚集的电子会导致涂层的脱落。导电涂层因能够有效去除电子聚集而得到了广泛关注。结合导电性和超疏水性，可以获得多功能涂层，适用于电子产品包装、生物传感器等领域。

超疏水性具有广泛的应用前景，而自修复性能可以显著延长超疏水涂层的寿命。超疏水性能的自修复可以通过补充低表面能物质和恢复表面形貌来实现。目前，对于修复由磨损引起的表面形貌破坏的方法研究还不充分，而且大多数自修复过程需要外部刺激。未来的研究重点将放在修复大尺度结构损伤、优化自修复条件以及使整个配方更环保、工艺更简单方面。在设计多功能涂层时，协调各种功能、相互促进，以实现涂层整体性能的最优化，将是自修复超疏水多功能涂层研究的发展方向。

2.5.2 基于纳米ATO、TiO_2涤纶多功能涂层

为了满足现代纺织品在日常生产和生活中的多种需求，人们对其功能性提出了更高的要求。特别是户外面料，如帐篷和遮阳伞，不仅要求具备防水和防紫外线功能，还需要具备隔热和遮光能力。为了提高织物的防紫外线和隔热性能，添加适当的纳米材料到防水涂层中是一种有效的方法。实践证明，TiO_2、ZnO、氧化锡锑（ATO）、Mg（$OH)_2$、氧化铝锌（AZO）等材料对于防紫外线和隔热效果是有效的。

采用水性聚氨酯作为涂层整理剂，加入纳米ATO和超细TiO_2等功能材料对涤纶织物进行整理。研究水性聚氨酯含量对织物耐水性的影响，研究纳米ATO和超细TiO_2含量对织物的防紫外线和隔热性能，可为制备多功能户外面料提供参考。

通过使用5.00%（质量分数）的水性聚氨酯、3.00%的超细TiO_2和2.00%的纳米ATO进行涂层整理，整理后的织物耐水压可达12.4kPa，紫外线防护系数（UPF）值为245.9，整理后的织物能够有效降低箱底温度8.1℃。这种功能性涂层具有良好的防水、防紫外线和隔热效果。

通过使用紫外-可见光-近红外分光光度计进行测试，发现整理后的织物对200～2600nm波长的光透过率和反射率均有所下降，同时织物的断裂强力和断裂延伸度也有所提高。

2.5.3 锂硫电池多功能涂层隔膜

（1）锂硫电池的工作原理

在锂硫电池的放电过程中，负极的锂金属会释放出锂离子和电子。锂离子通过有机电解液从负极迁移到正极，电子则通过外部电路流向正极。在正极端，长链硫化物被还原为可溶性的Li_2S和Li_2S_2。这些产物是绝缘的，而且不溶于有机电解液。在充电过程中，锂离子会从正极沉积到负极形成金属锂。此时，放电产物Li_2S和Li_2S_2会逐渐失去电子并被氧化为多硫化物中间体，最终重新形成S_8。在这个过程中，伴随着S—S键的断裂和生成，电能和化学能相互转换。总的化学反应方程式可以描述为$S_8+16Li \longrightarrow 8Li_2S$。

（2）隔膜改性研究的科学问题

碱金属电池循环过程中存在枝晶生长和固体电解质中间相（SEI）层不稳定等问题。聚

乙烯（PE）和聚丙烯（PP）隔膜由于孔隙分布不均匀，导致离子不均匀地传输到电极表面，而碱金属电极表面积小，更容易导致不均匀的离子传输。SEI层对枝晶形成也有影响，深度沉积/剥离、快速充放电会加速体积变化，容易形成不稳定的SEI层。因此，将隔膜包覆并原位转移到金属表面是稳定循环的有效方法。

隔膜是电化学电池中的重要组成部分，在防止短路的同时维持离子扩散路径。多孔聚合物隔膜在常规锂离子电池中能够有效满足需求。然而，在锂硫电池中，会出现穿梭效应和金属锂负极表面腐蚀等问题，导致电池性能显著下降。

为了获得更优性能的锂硫电池，研究人员主要关注以下几个方面：①阻止多硫化物扩散以抑制穿梭效应，重新活化“失活”含硫物质，提高硫的利用率；②抑制锂金属表面的枝晶生长；③提高隔膜的热稳定性以提高电池的热安全性能。

（3）锂硫电池多功能涂层隔膜的研究

1）聚合物改性的多功能涂层隔膜

近年来，研究人员开始将聚合物应用于锂硫电池中，用作正极材料的黏结剂。而现在，越来越多的聚合物用于功能中间层，如放在正极和隔膜之间或隔膜和负极之间，以改善锂硫电池的电化学性能。在这种应用中，具有特殊官能团和链结构的聚合物被涂覆在隔膜表面上。通过这种涂覆，聚合物中的官能团能够与多硫化物等锂硫电池中的活性物质形成物理屏障和化学键。这种物理和化学的隔离作用可以有效地抑制多硫化物的扩散和穿梭效应，提高锂硫电池的循环稳定性和能量密度。因此，这种应用具有很大的潜力来改善锂硫电池的性能。

2）碳材料改性的多功能涂层隔膜

碳材料由于其出色的导电性、较大的比表面积、优异的热稳定性和化学稳定性而备受关注，因此成为锂硫电池隔膜表面修饰的首选材料。在常规隔膜上覆盖一层碳材料，不仅可以形成物理屏障，阻止多硫化物从正极扩散至负极，还可以作为集流体，促进电子向活性材料的传输。这种设计方法能有效抑制多硫化物的穿梭效应，提高锂硫电池的循环寿命，并增强硫正极的电导率，从而提高活性材料的利用率。

3）氧化物改性的多功能涂层隔膜

氧化物修饰隔膜是一种常用的方法，可以通过化学反应或化学键合来固定多硫化物。这种修饰改变了隔膜表面的润湿性，并影响了多硫化物的扩散。一些具有极性表面的金属氧化物如Al_2O_3、MnO_2、TiO_2和La_2O_3被广泛应用作为吸附剂，来抑制多硫化物的穿梭效应。这种修饰方式可以改变隔膜对有机电解液的吸收性能，从而提高锂硫电池的循环寿命和电化学性能。

4）催化纳米粒子改性的多功能涂层隔膜

电催化是一种被广泛认可的提高反应动力学的有效方法。一些具有极性的金属硫化物和磷化物被发现具备催化多硫化物的氧化还原反应的能力，从而可以显著提高锂硫电池的性能。通过引入这些催化剂，可以提高多硫化物的反应速率和电催化活性，从而促进电池的充放电过程，并延长锂硫电池的循环寿命。这些电催化剂在锂硫电池领域具有广泛的应用潜力，可能成为改进储能技术的关键因素之一。

5）特种功能隔膜

① 抑制锂枝晶的功能化涂层隔膜。为了解决锂硫电池中的安全问题和循环寿命问题，主要采用两种策略。一种策略是通过使用具有较高杨氏模量的材料作为机械保护层，以抑制锂树枝晶的形成。例如，可以使用碳基材料、亲水性聚合物和无机金属化合物构建改性的隔

膜中间层，在锂硫电池中创造出功能性的隔膜-电极界面。另一种策略是采用锂离子流调节的方法。这种方法涉及使用与锂离子有强烈相互作用的极性材料，如 ZnO、N 掺杂的石墨烯和极性β-相聚偏二氟乙烯，作为保护层，可以在锂沉积过程中实现均匀的锂离子通量。这些策略旨在改善锂硫电池的安全性和循环寿命，为其在能源存储领域的应用提供更稳定和可靠的解决方案。

② 热安全功能化涂层隔膜。为了提高锂硫电池的热稳定性和安全性，热安全功能化涂层是一种常用的解决方案。这种方法通过在已有商用隔膜的表面涂覆耐热性材料，如耐热聚合物、氧化铝和超薄铜膜等来增强隔膜的热稳定性。这些涂层能够阻止热量的传导和扩散，减少热失控的风险，并提高电池在高温环境中的安全性能。另一种方法是制备热关闭隔膜，这种隔膜表面涂覆特殊聚合物薄层。当电池内部温度异常升高时，聚合物薄层会发生反应并堵塞膜孔，从而完全抑制电池内部离子的转移，有效终止反应的进行。这种机制可以有效地防止电池的过热和热失控，并保护电池和周围环境的安全。这些热安全功能化涂层和热关闭隔膜的策略可以显著提高锂硫电池的热稳定性和安全性，为其商业化应用提供更可靠和可持续的解决方案。

目前对于锂硫电池，最新的研究工作主要集中在以下几个方面。

① 阻止多硫化物的扩散，以阻止穿梭效应和重新活化失活的含硫物质，从而提高硫的利用率。改性涂层隔膜被应用于锂硫电池正极侧，通过静电排斥、空间位阻、物理化学吸附等方式有效地抑制多硫化物的穿梭效应，并降低正极与隔膜之间的界面电阻，从而提高正极活性物质的利用率。具有官能团和独特链结构的聚合物涂层通过形成物理屏障和化学键与多硫化物相互作用，有效地抑制了穿梭效应。一些材料如全氟磺酸（Nafion）、聚多巴胺以及导电聚合物被用作改性涂层。各种多孔碳材料（介孔、微孔或分层多孔碳）以及一些独特结构的碳材料（碳纳米管、石墨烯和炭黑）可作为物理屏障，阻止多硫化物从正极扩散到负极，并提供更好的电子传输通道。具有极性表面的无机金属氧化物通过化学反应或化学键锚定多硫化物，并且催化性能卓越的极性金属化合物可以将可溶性多硫化物转化为不溶性产物。此外，出色的导电性还可提高硫的利用率和电池的倍率性能。然而，也存在一些问题，例如非极性碳材料只能提供较弱的物理吸附效果，导致长循环中多硫化物从碳材料上脱离，造成电池快速衰减。导电性相对较差的金属氧化物可能减慢多硫化物的氧化还原动力学过程。极性金属化合物纳米颗粒易团聚，因此需要提供有限的表面积来吸附和催化多硫化物。这些方面的研究还需要进一步深入。

② 优化隔膜负极接触界面，抑制锂金属表面的枝晶生长。通过在负极和隔膜之间引入具有较高杨氏模量的机械保护涂层，可以有效抑制锂树枝晶的生长。硬质的无机金属氧化物、碳基材料、亲水性聚合物及其复合材料的改性涂层，凭借其良好的杨氏模量，可以防止枝晶穿透，从而提高锂硫电池的安全性。然而，不断形成的锂树枝晶会导致固体电解质中间相（SEI）膜的多次形成和破损，进而增加锂和电解质的消耗量。亲锂性材料（如银、氧化锌、氟化物）可以降低电流密度，引导锂离子均匀沉积，从根本上抑制锂树枝晶的形成。然而，这些亲锂材料大多导电性较低，不可避免地导致锂负极的极化。因此，需要探索更多亲锂、导电和稳定的基质，以制备优化的涂层，增强锂金属负极的电化学性能。

③ 提高隔膜的热稳定性以改善电池的热安全性能。除了在隔膜表面涂覆耐热材料外，还可以通过涂覆聚合物的方法制备热关闭隔膜。通过选择适当熔点的聚合物，调整特定电池的触发温度、热关闭速率和热机械稳定性，以优化关闭反应。目前，在锂离子电池领域已经探索了相关工作。对于锂硫电池来说，由于使用锂金属负极和硫正极，其热安全问题尤为重要。因此，锂硫电池领域的热安全性能研究亟需科研人员进行进一步的研究。

在功能涂层改性聚烯烃隔膜的未来设计中，需要考虑以下几个方面。

① 界面化学因素　设计涂层来修饰隔膜，需要确保涂层具有良好的耐久性和较低的界面电阻，以提高隔膜的性能。

② 控制涂层的物理特性　在实现高效抑硫效果的同时，需要控制涂层的厚度，平衡功能修饰层的体积和质量负载，以减少对电池能量密度的不利影响。

③ 明确电池问题背后的机制　通过使用多种涂层材料（如聚合物/纳米氧化物颗粒），可以实现多功能的隔膜设计，以达到设计目标，并避免不同组分涂层之间的相互干扰。

④ 制造工艺的简单性和成本效益　应该设计简单且可大规模商品化的制造工艺，以降低生产成本，并促进功能涂层改性聚烯烃隔膜的商业应用。对于锂硫电池领域而言，为了开发出具备上述特性的理想隔膜，需要进一步深入研究和探索。

第3章 表面覆盖技术

电化学沉积技术是一种利用电流驱动，在材料表面使金属离子还原为原子形成薄膜或涂层的技术，包括电镀、电刷镀和化学镀等方法。随着科技的不断发展，电化学沉积技术不仅可用于制备耐腐蚀和耐磨损的保护层，还可用于零件的修复和再制造，广泛应用于高端装备制造领域。此外，电化学沉积技术还可制备具有光、电、磁等多功能涂层或薄膜材料。目前，各种电化学沉积技术的发展非常迅速，已经成为表面防护和开发新型功能材料的重要手段。

3.1 电镀、电刷镀与化学镀

3.1.1 电镀技术

3.1.1.1 电镀概述

电化学镀覆技术是一种利用电解作用，在含有待沉积金属离子的电解质溶液中，通过施加一定电流，使金属离子迁移到阴极表面并得到电子，最终还原沉积形成金属镀层的工艺方法。通常情况下，待镀材料作为阴极与负极相连，需沉积的金属作为阳极与正极相连。电镀过程需要利用特定形状的镀槽盛装电解液，因此也称为有槽镀或湿法镀。

电镀层与基体材料具有不同的结构和性能，覆盖有电镀层的零件具有基体和镀层双重特性。举例来说，表面镀镍的钢构件既能保持钢材的强韧性，又能增加镍镀层的腐蚀防护性能。

随着现代工业和科技的发展，电镀技术不断创新，涌现出新的工艺和材料。除了用于防护性和装饰性镀层，电镀技术还可制备具有优良光、电、磁、热等功能的镀层。因此，电化学沉积技术的应用领域得到了广泛拓展，并在现代工业中发挥重要作用。

3.1.1.2 电化学理论基础

(1) 电极电位

在没有外加电场的情况下，当金属电极浸入含有对应金属离子的电解质溶液中时，由于溶液中极性水分子的作用，电极表面的金属离子会发生水合反应，即：

$$M^{n+} \cdot ne^- + mH_2O \longrightarrow M^{n+} \cdot mH_2O + ne^- \quad (3\text{-}1)$$

如果上述水化反应能够克服金属晶体中金属正离子（M^{n+}）与自由电子（ne^-）之间的作用力，表面的正离子就会脱离金属而进入邻近的溶液中，形成水化正离子（$M^{n+} \cdot mH_2O$），同时金属表面必然富集大量过剩的电子（ne^-）。

金属水化反应是失去电子的氧化反应，结果导致金属表面带负电，而与其相邻的溶液层因水化正离子的聚集而带正电，金属与溶液的交界处出现了“双电层”，铁、锌、镉等金属浸入水或酸、碱、盐的水溶液中都会形成这种双电层。在双电层中表面带负电荷的金属，为负电性金属，如图 3-1（a）所示。当金属离子的水化能小于正离子与自由电子的作用力时，处于溶液中的水化正离子将受金属表面的吸引而附于其表面上，使金属表面带正电，与其相邻的溶液层则带负电。铜、银、金等在含有该金属盐的水溶液中会形成这种双电层。在双电层中表面带正电荷的金属，称正电性金属，如图 3-1（b）所示。

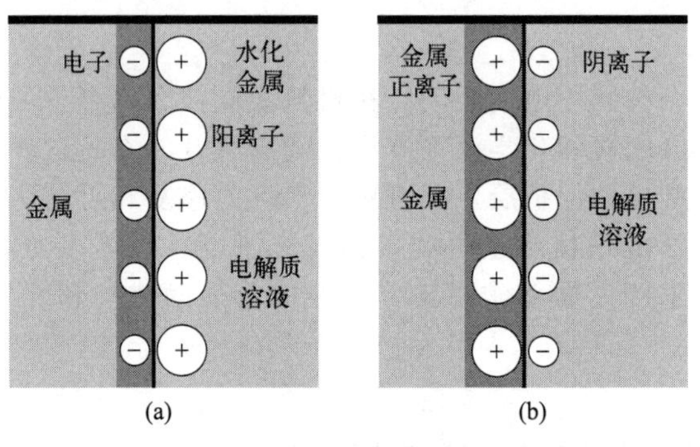

图 3-1　双电层结构

金属与含有相应金属离子的电解质溶液相互作用所形成的界面，存在着相互吸引且相对稳定的正负电荷分布，形成了电位差。这种电位差被称为该金属的平衡电极电位，简称平衡电位，用符号 E_e 表示。平衡电位受到金属本身特性、电解质溶液的温度和浓度等因素的影响。

为了比较不同物质的平衡电位差异，通常在温度为 25℃下，金属离子浓度为 1mol/L 的标准条件下测得的电位被定义为标准电极电位，用符号 $E^{\ominus}$ 表示。通过标准电极电位可以判断电极反应的方向：电极的标准电极电位越正，电极越容易发生还原反应获取电子；而标准电极电位越负，电极越容易发生氧化反应失去电子。

（2）极化

当外加电场施加在金属电极上时，电极的电位会偏离其平衡电位，这一现象被称为电极极化。通常用过电位 ΔE 来表示电极电位与平衡电位之间的差值，$\Delta E = E - E_e$，而电流-电位曲线则被称为极化曲线。在给定的电流密度下，电极上的过电位越大，即电极电位与平衡电位的差值越大。当电极为阳极时，随着电流密度增大，电极电位会逐渐变得正偏离平衡电位，$\Delta E > 0$；而当电极为阴极时，随着电流密度增大，电极电位会逐渐变得负偏离平衡电位，$\Delta E < 0$。过电位受到诸多因素的影响，包括电流密度、电解质溶液的浓度和温度、电极表面的状态等。

电极极化可分为电化学极化和浓差极化两种类型。电化学极化是由电极上的电化学反应速率较慢而引起的，当阴极发生电化学极化时，在较低电流密度下，阴极电位迅速偏移至较负值，形成较大的极化。浓差极化是由电解质溶液中离子扩散速率较慢而引起的，当阴极电流密度较大且接近极限电流密度时，阴极电位急剧增加，形成浓差极化。

3.1.1.3　电镀过程

电镀也被称为电沉积，电镀的过程，实质上是金属离子在电场作用下被还原并沉积的过程，如图 3-2 所示。在外电场的作用下，电解液中的金属离子或络合离子经过电极反应而被还原成金属原子，并在阴极上发生电沉积。电沉积过程中涉及两个电极和电解液之间的电化学反应。

阴极上金属电沉积的过程包括如下几个基本步骤。

(1) 液相传质步骤

液相传质是指水合金属离子或络合离子在溶液中向电极表面移动，并到达电极的双电层溶液一侧。液相传质的主要驱动力是电解液本体与电极表面之间的浓度差异。通常情况下，液相传质通过电迁移、对流和扩散三种方式实现。

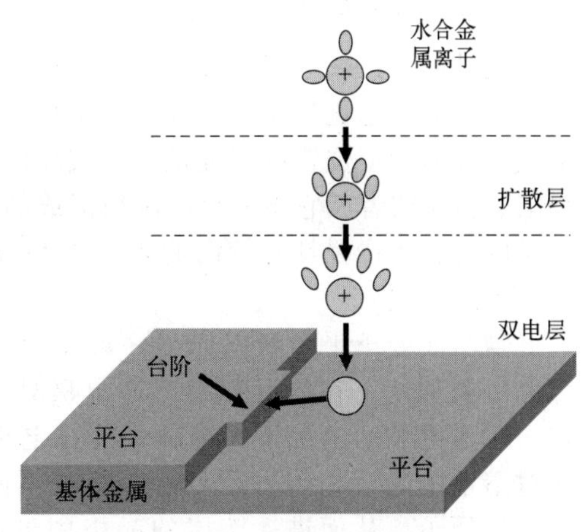

图 3-2　金属电沉积过程

① 电迁移是指溶液中带电粒子在外电场作用下沿电场方向迁移的过程。在电镀液中，除了放电金属离子以外，还存在许多其它离子，它们可能不参与电极反应。这些非放电离子的存在使得向阴极迁移的离子中放电离子的比例很小，因此通过电迁移发生的液相传质的量可以忽略不计。

② 机械搅拌是一种常用的方法，可以增加电镀液内部的对流。在电镀过程中，若未采取搅拌措施，电镀液的流速很小，几乎静止不动。因此，对流通常不是液相传质的主要方式。

③ 在电镀液中，存在浓度差的组分会发生扩散现象，即从高浓度区向低浓度区传输。这种扩散现象在电镀液中普遍存在，因为不同位置的电镀液可能存在密度和温度差异，导致扩散发生。在电沉积过程中，靠近阴极表面的区域，金属离子会被还原放电并且浓度逐渐减小。因此，在阴极附近的电镀液中会形成离子浓度梯度，这种梯度会促使金属离子通过扩散到达阴极表面进行电化学反应。这一区域被称为扩散层，扩散是液相传质的主要方式。

然而，在电镀过程中，我们并不希望液相传质成为电沉积的主要控制因素。这是因为液相传质导致的扩散效应会引起电极浓差极化，从而增加阴极电流密度。当阴极电流密度达到一定极限值时，阴极电位将迅速下降。在这种情况下，阴极表面附近的液相中几乎没有可沉积的离子，容易导致镀层缺陷的产生。因此，在电镀过程中，需要控制好液相传质的影响，以确保获得高质量的镀层。

(2) 表面转化步骤

表面转化步骤是电镀液中电化学反应前的准备过程，它是指各界面处的反应离子在进行电荷交换（电化学反应）前的前置转化步骤，这些反应离子有可能是水化离子也可能是络合离子。这些离子到达阴极表面后，不能直接放电形成金属原子（被还原），而是可能通过脱去水化、配位数降低或配位形式改变等方式，先在电极表面上转化为较简单的离子，从而满足电极表面电化学反应的需要。

(3) 电化学步骤

在实际的电沉积过程中，电化学反应速率是有限的，金属离子也无法完全耗尽阴极表面的电子。因此，随着电沉积的进行，大量电子会在阴极表面积累，导致阴极的电位偏离平衡电位并引起电化学极化。在电沉积过程中，通过控制电化学极化现象，可以获得具有优异性能的细晶镀层。在这种情况下电化学步骤对电沉积过程起到了重要的控制作用。

（4）电结晶步骤

电结晶是指在电沉积过程中，被还原的金属离子在电极表面形成晶体的过程。在电沉积过程中，通过电化学反应，金属离子得到电子并被还原成金属原子。这些金属原子往往会在电极表面的特定位置进行沉积，形成晶体结构。通常情况下，金属原子倾向于在电极表面的缺陷、台阶或者其它不完整的区域形成晶核，并在此基础上逐渐生长，形成细晶粒的镀层。这是因为这些位置具有较高的表面能和吸附能，能够吸引和固定金属原子，促进晶体的生长，见图 3-2。

当溶液处于平衡状态时，一般不会有盐类结晶出来，只有在过饱和状态下才会发生结晶。类似地，在电沉积中，当电极处于平衡电位时，金属是不会被沉积的，只有在存在一定过电位的情况下，金属才能在电极表面被还原沉积下来。外加电场可使金属离子通过溶液中的液相传质运动到达电极表面。在电极表面，金属离子经过电子转移被还原成金属原子，从而进入镀层的晶格中形成新的晶体结构，这就是阴极电沉积的过程。阴极过电位和电流密度对镀层的结晶形态和生长方式有显著影响，过电位是决定电沉积过程中电结晶的主要因素，它影响吸附原子（或离子）的浓度、新晶核的数量以及局部电流密度的分布等。

电沉积金属镀层的过程可以描述为金属形核和生长的过程。电结晶通常以两种方式进行：一是从微小晶核开始，并逐渐生长；二是在基体金属晶格上的外延生长。晶粒尺寸在电沉积过程中受到过电位的影响。在低过电位下，形成的镀层晶粒较大，而在高过电位下，晶粒尺寸较小。这是因为在低过电位下，只有少量金属离子被还原在阴极上，吸附原子的能量较小，基体表面的形核点也较少。此外，由于吸附原子在电极表面的扩散速率较低，整个电结晶速度受到表面扩散的限制，且主要在基体金属晶格上继续生长，很少形成新的晶核。因此，在低过电位下，形成的镀层晶粒相对较大。随着过电位的增加，阴极极化程度提高，吸附原子数量增加，表面扩散变得更容易，形核驱动力和形核速率增加，形核点在单位时间内增多，从而得到细致的镀层结晶。

3.1.1.4 电镀的基本原理

（1）电镀原理

电镀的工作原理如图 3-3 所示，通过在电镀槽内将两个电极（阴极与阳极）分别与外加电源的正、负极相连接，通电后便在两电极间建立起了电场。当电极电位差存在时，阴极上会发生如下反应：

$$Cu^{2+} + 2e^{-} \longrightarrow Cu \tag{3-2}$$

在电沉积过程中，当电极间存在一定的电位差时，Cu^{2+} 从镀液中扩散到阴极和阳极的界面。具体而言，在阴极上，Cu^{2+} 获得电子并被还原成金属 Cu。与此同时，在阳极上，金属 Cu 释放电子并溶解成金属离子 Cu^{2+}：

$$Cu - 2e^{-} \longrightarrow Cu^{2+} \tag{3-3}$$

这两个反应共同构成了电化学反应，也是电沉积过程中最基本的反应。

（2）法拉第定律

电镀过程中，阴极和阳极上发生了电化学反应。在阴极上金属离子被还原成金属沉积下来，而在阳极上金属被氧化并溶解。

法拉第提出了电化学反应中的析出（或溶解）物质与电量之间关系的定律。

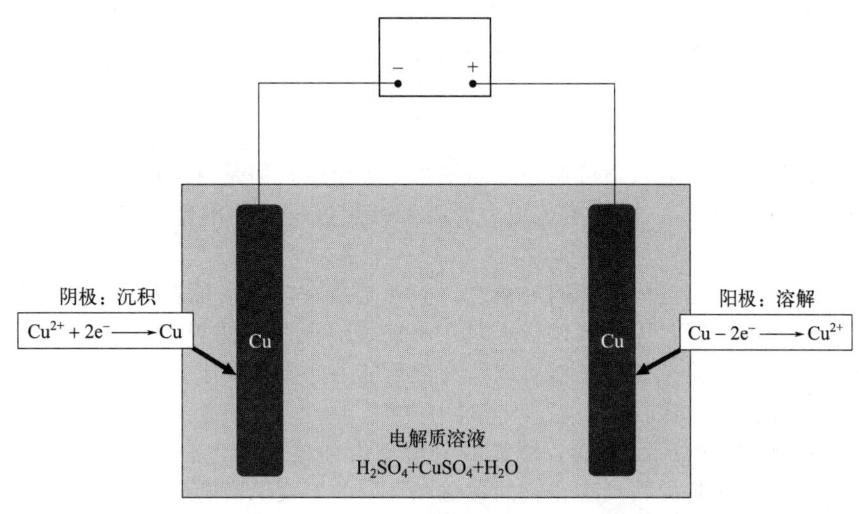

图 3-3　电镀的工作原理

① 法拉第第一定律。电极上析出（或溶解）物质的质量与电化学反应时通过的电量成正比：

$$m=kQ=kIt \tag{3-4}$$

式中，m 为电极上析出（或溶解）物质的质量；Q 为通过的电荷量；I 为电流；t 为通电时间；k 为比例常数，通常被称作电化当量，指的是在单位电量时电极上可以析出（或溶解）物质的质量。利用法拉第第一定律，可以计算一定电镀时间内的镀层厚度。

② 法拉第第二定律。在各种电解液体系中，当通过相同的电量时，电极上会析出或溶解相等的物质的量。根据电化学理论，1mol 任何物质的析出或溶解所需的电量为 9.65×10^4C。

（3）电流效率

在电镀过程中，电极上实际析出或溶解的物质的量与按照法拉第定律理论计算值之间的比例称为电流效率。电流效率受副反应的影响，如阴极上的氢气析出等。副反应会消耗部分电量，导致实际的电镀物物质的量与法拉第定律计算的结果不一致。

电流效率是电镀工艺和应用中的重要指标，通过提高电流效率可以提高沉积速度和生产效率。电流效率与电镀参数和镀液体系等因素有关。例如，镀镍的阴极电流效率可达到96%，而镀铬的阴极电流效率通常只有 8%～16%。硫酸盐酸性镀铜的阴极电流效率接近100%，而氰化盐碱性镀铜的阴极电流效率只有 50%～60%。

（4）电镀液的分散能力和覆盖能力

① 分散能力。也称为均镀能力，是指电镀过程中，镀液在零件表面均匀分布的能力。良好的分散能力意味着镀层可以均匀地沉积在零件的表面上。根据法拉第电解定律，通过的电流越大，析出物质的量越多。因此，实现零件表面镀层的均匀分布，关键是要确保电流在阴极表面上均匀分布。

为了提高镀液的分散能力，常常采用以下方法：添加强电解质和适当的添加剂，使用络合物电镀溶液，采用异型阳极和合理布置阴阳极等措施。这些方法能够改善电流的分布，使得镀液在阴极表面均匀地沉积，从而提高分散能力，实现均匀的镀层沉积。

② 覆盖能力。是指电镀时，在零件的深凹处沉积上金属镀层的能力，也称深镀能力。

电镀时，只有当阴极电位达到某一最小值，电流密度达到临界电流密度时，金属才能够在阴极上沉积出来。实际电镀时电流难以完全均匀分布，在零件深凹部位处的实际电流密度可能远低于临界电流密度，金属就无法在深凹部位沉积出镀层。这种现象越严重，覆盖能力越差。

为了改善镀液的覆盖能力，可适当提高平均电流密度，但是过度提高电流密度会导致阴极凸起部位会出现“烧焦”。影响覆盖能力的因素有阴极材料的本性、基体金属的均匀性和基体的表面状态等。

分散能力和覆盖能力是两个不同的概念，前者是指在阴极表面都覆盖有镀层的情况下，镀层厚度均匀分布的程度，而后者是指金属在阴极表面深凹处能否形成镀层的问题。因此，只要阴极表面处处都覆盖有镀层，就可以认为覆盖能力达到了要求。一般而言分散能力好的电镀溶液，其覆盖能力也比较好。

在需要防护性镀层的产品表面，镀液的分散能力和覆盖能力会明显影响镀层的防护性能，通常期望产品表面防护层具有完整的覆盖和均匀的厚度。而随着电镀技术在电子工业领域的发展和应用，具有良好深孔电镀能力的镀液越来越受到重视，该类镀液通常选择合适的添加剂以调整其填充深孔的能力。

3.1.1.5 电镀溶液的组成

电镀溶液的组成是影响镀层性能最为重要的因素之一，调整镀液组成、开发新型镀液是电镀工业的重要内容。为了满足越来越广泛的应用需求，人们不断开发出多种新型电镀工艺，其中很重要的工作就是电镀液的开发和选择。通常，电镀液包括以下部分。

（1）主盐

主盐是指电镀液中能够溶解并在阴极表面沉积所需金属的离子盐。主盐的浓度对镀液中金属离子浓度、阴极极化特性以及电沉积过程都会产生重要影响，进而影响镀层的质量。适当的主盐浓度对于维持合适的沉积速率和镀层质量非常重要。

主盐浓度较高时，可以使用较高的阴极电流密度，提高溶液的导电性和阴极电流效率。高浓度的金属离子使得沉积速率较快，但同时也会导致镀层晶粒粗大，降低镀液的分散能力和稳定性，增加生产成本。主盐浓度过低时，虽然可以实现较好的分散能力和覆盖能力，但同时也会限制阴极电流密度范围，导致阴极电流效率降低，沉积速率变慢，从而降低生产效率。因此，维持适当的主盐浓度非常重要，需要平衡沉积速率、镀层质量和生产效率。

（2）络合剂

在电镀生产中，通常将能够与主盐中的金属离子形成络合离子的物质称为络合剂。络合剂的存在可以提高电镀液的稳定性，并获得质量较好的镀层。对比而言，不含络合剂的单盐电镀液稳定性较差，所制备的镀层晶粒较大，通常质量不高。络合剂与金属离子形成的络合离子由中心离子和配体组成，其结合稳定并且在电镀液中离解度较低，络合离子电镀液具有更高的稳定性和较大的阴极极化作用。

在络合物电镀液中，络合剂含量的重要性不在于其绝对含量，而在于络合剂与主盐的相对含量。一般通过络合剂的游离量来表示，即随着多余的游离络合剂的增加，阴极极化增大，可以促使镀层晶粒更细致，提高电镀液的分散能力和覆盖能力。然而，此时阴极电流效率会降低，沉积速度减慢。当络合剂游离量过高时，会导致镀层出现针孔，低电流密度区没有镀层，同时还会引起基体金属的氢脆。对于阳极来说，络合剂的存在会降低阳极极化，有利于阳极的正常溶解。电镀液中的络合剂除了与金属离子络合所需的量外，还存在一定量的游离态，称为游离络合剂。因此，电镀液中络合剂的含量通常会高于与金属离子络合所需的量。在络合物电镀液中，最重要的是络合剂的相对含量，而不是其绝对含量。通过增加络合剂的游离量，可以增加阴极极化作用，使得镀层结晶更细致，改善电镀液的分散能力和覆盖能力，并有利于阳极的正常溶解。然而，过高的游离络合剂含量会降低阴极电流效率和沉积速度，甚至在低电流密度区无法形成镀层。而游离络合剂含量过低则会显著降低电镀液的分散能力和覆盖能力，导致镀层晶粒粗大且质量较差。

(3) 缓冲剂

缓冲剂是一种能够稳定电镀液的酸碱度，即保持溶液 pH 值稳定的物质。它通常由弱酸、弱酸盐、弱碱或弱碱盐组成，能够减小电镀液中酸碱度的波动。当电镀过程中某些组分挥发或带出时，可以缓冲溶液 pH 值的变化幅度。只有在适当的 pH 范围内，电镀过程才能正常进行。在电镀生产过程中，为了防止电镀液的 pH 值发生过快的变化，常常单独添加弱酸（碱）或弱酸（碱）盐来平衡溶液。例如，在镀镍溶液中加入硼酸，在焦磷酸盐镀液中加入磷酸氢二钠。

需要注意的是，任何一种缓冲剂都只能在一定范围内发挥较好的缓冲作用。超过这个范围，缓冲剂的作用将不明显，甚至完全没有缓冲效果。因此，缓冲剂的添加量也是至关重要的，必须要有足够的量才能起到稳定溶液 pH 值的作用。由于缓冲剂可以减缓因析氢而导致阴极表面局部 pH 值升高的情况，并将其控制在最佳范围内，因此可以提高阴极极化效果，也有利于提高电镀液的分散能力和镀层质量。

(4) 附加盐（导电盐）

导电盐是一种用于提高电镀液导电性的盐类，也被称为辅助盐，常见的如在电镀液中添加 NaCl。虽然导电盐与金属离子没有络合作用，但是可以扩大阴极电流密度范围，增强阴极极化作用，提高电镀液的分散能力和覆盖能力，降低槽电位，从而改善镀层的质量。导电盐的含量受溶解度的限制，高浓度的导电盐可能会降低其它盐类的溶解度。例如，当电镀液中含有大量表面活性剂时，过多的导电盐会降低其溶解度，导致溶液在较低温度下形成乳浊。因此，导电盐的含量应控制在适当的范围内。

(5) 阳极活化剂

阳极活化剂是在电镀过程中用来消除或减少阳极极化的物质，也被称为极化剂。它能够促进阳极的正常溶解，增加阳极的电流密度。一些常见的阳极活化剂包括镀银溶液中的氯化物和氰化镀铜溶液中的酒石酸盐。阳极活化剂的作用是提高阳极开端的电流密度，使得阳极处于活化状态，从而在电镀过程中能够正常溶解。如果阳极活化剂的含量过低，阳极的溶解就会变得异常，导致主要盐类的含量迅速降低，电镀液的稳定性下降。严重情况下，可能会导致阳极发生钝化，造成槽电压的升高、电流的降低，从而影响电镀过程的正常进行。

(6) 添加剂

添加剂是指向电镀溶液中加入少量物质，以改善溶液性能和镀层质量的物质。尽管添加剂的含量很低，但它们对电镀溶液和镀层性能有显著影响。近年来，添加剂的研发进展迅速，在电镀工业中发挥越来越重要的作用。各种类型的添加剂不断涌现，且越来越多地使用复合添加剂来替代单一添加剂。通过不同添加剂的开发，可以赋予镀层多种多样的功能。通常，按照添加剂在电镀液中的作用，大致可分为以下几种。

① 光亮剂用于增加电镀液中镀层的光泽。常见的初级光亮剂（也称为一类光亮剂）包括糖精、二苯亚砜、对甲苯磺酰胺等。为了获得具有镜面光泽且保持良好韧性的镀层，常与初级光亮剂配合使用次级光亮剂（也称为二类光亮剂），这些次级光亮剂包含不饱和醛、酮、炔、氰和杂环化合物。另外，为了进一步提高镀层的光泽和平整度，常与前两类光亮剂配合使用具有不饱和键的磺酸化合物，如烯丙基磺酸钠、烯丙基磺酰胺、苯乙烯磺酸钠和丙炔磺酸钠等。需要根据不同的电镀液类型和体系，选择适合的光亮剂。

② 整平剂是一种能够改善电镀液中镀层平整性的物质。通过添加整平剂，可以形成较为均匀和平滑的表面，从而提高镀层的平整度。整平剂能够使微观凸起处的镀层厚度变薄，而微观低凹处的镀层厚度增加，从而实现整体镀层的平整化效果。这种整平剂对于处理表面不平整的物体来说尤为重要，能够有效改善镀层的外观和质量。

③ 润湿剂是一种可以降低电极与溶液之间界面张力的物质，能够增强润湿性和铺展性。常见的润湿剂包括十二烷基硫酸钠等。润湿剂还能够帮助气泡从电极表面脱离，从而防止针孔的形成，因此也被称为防针孔剂。

④ 应力调节剂是一种能够降低镀层内部应力、提高镀层韧性的物质。镀层在电镀过程中常常会产生内部应力，当应力过大时会导致镀层出现开裂或剥落等问题。因此，通过添加适量的应力调节剂，可以有效地降低镀层的内部应力，提升镀层的韧性和力学性能。

⑤ 晶粒细化剂是一种能够促进镀层晶粒细化和致密化的物质。在电镀过程中，晶粒细化剂会干扰晶体生长过程，使得晶粒的生长周期被打断并重新形核，从而达到细化晶粒的效果。通过使用晶粒细化剂，可以显著减小镀层的晶粒尺寸，提高镀层的致密性和表面光滑度。

3.1.1.6 金属共沉积

随着电子信息、航空航天等高端装备制造技术的发展，对材料表面功能性的要求越来越高。传统的单一金属镀层已经不能满足需求，因此采用电化学方法实现金属共沉积成为众望所归。通过金属共沉积，可以得到具有高耐蚀性、高耐磨性、高钎焊性以及优良的光、电、磁、热性能的合金镀层。

目前，已经有超过 200 种实用的电镀合金，主要是二元合金，其次是三元合金。虽然获得组成恒定的四元以上的合金镀层相对困难，但已经有一些研究成功制备了四元、五元合金镀层甚至高熵合金镀层。合金镀层通常根据合金中含量最高的元素进行分类，例如铜基合金、银基合金、锌基合金、镍基合金等。这些合金镀层可以实现不同的功能需求，为各个领域提供了更多的选择。

（1）金属共沉积的条件和类型

金属共沉积的条件包括以下两点。

① 至少有一种金属能够以单独的形式从含有其盐类的水溶液中沉积出来。例如，某些金属（如钨、钼、钛等）本身无法直接从水溶液中电沉积，但可以通过与铁系金属（如铁、钴、镍等）共沉积的方式实现沉积，这种沉积方式被称为诱导电沉积。

② 两种金属的析出电位差异较小。如果电位差异过大，电位较正的金属会优先沉积，而电位较负的金属则难以还原析出。因此，选择两种电位相近的金属进行共沉积更为理想。

为了减小两种金属之间的析出电位差，可以采取以下措施。

① 使用适量的络合剂，以促使两种金属的析出电位接近。络合剂的适度添加可以降低电位较正金属的平衡电位并增加阴极极化，这是实现金属共沉积最有效的方法之一。

② 添加适量的添加剂，尽管某些添加剂对金属的平衡电位影响较小，但可以显著改变金属的阴极极化，从而明显改变金属的析出电位。

③ 调整金属离子的浓度，增加电位较负金属离子的浓度以使其电位向正方向移动，或减少电位较正金属离子的浓度以使其电位向负方向移动，从而减小两种金属之间的析出电位差，实现共沉积。

以上措施可根据具体情况进行灵活调整，以获得理想的金属共沉积效果。

根据合金电沉积的动力学特征、镀液组成和工艺条件，金属电沉积可以分为以下五种类型。

① 正则共沉积　沉积过程受扩散控制，金属离子在阴极扩散层中的浓度决定了合金镀层中电位较正金属的含量。通过调整电解液中金属离子的浓度、降低阴极电流密度、提高电解液温度或增加搅拌强度等方式，可以加快共沉积速率。像 Ni-Co、Cu-Bi、Pb-Sn、Ag-Pb 和 Cu-Pb 等合金的镀液一般属于正则共沉积类型。

② 非正则共沉积　沉积过程受阴极电位控制。在某些电解液中，沉积行为符合扩散规律，而在其它电解液中则与扩散理论相矛盾。非正则共沉积主要出现在络合物电镀体系中，如 Cu-Zn、Ag-Cd 合金的氰化物电沉积。

③ 平衡共沉积　在低电流密度下（无明显的阴极极化）发生，合金沉积层中各组分金属的含量基本上等于电解液中各金属的浓度比。当两种金属浸入处于化学平衡的电解液中时，它们的平衡电位最终相等，从而发生共沉积。能够发生平衡共沉积的体系较少，如在酸性电解液中 Cu-Bi、Pb-Sn 合金的电沉积。

④ 异常共沉积　电位较负的金属首先沉积。在特定的电解液浓度和工艺条件下才会出现异常共沉积，一旦条件改变，将出现其它共沉积形式。异常共沉积相对较少见，其中含有一种或多种铁系金属的合金以这种形式实现共沉积，例如 Ni-Co、Fe-Co、Fe-Ni、Zn-Ni、Fe-Zn 和 Ni-Sn 合金。

⑤ 诱导共沉积　在铁族金属的诱导下，一些不能单独从水溶液中沉积的金属可以与铁族金属一起共沉积。例如，钨、钼可以与铁族金属共沉积，形成合金镀层。一般将能促使难沉积金属共沉积的铁族金属称为诱导金属。与其它共沉积类型相比，很难建立诱导共沉积的电镀参数与合金镀层成分之间的关系。一些能够发生诱导共沉积的合金包括 Ni-Mo、Co-Mo、Ni-W 和 Co-W 等合金。

一般将正则共沉积、非正则共沉积和平衡共沉积称为正常共沉积，而将异常共沉积和诱导共沉积称为非正常共沉积。正常共沉积的特点是在电解液中电位较正的金属会优先沉积，通过测量共沉积金属在溶液中的平衡电位，可以定性地判断它们在合金镀层中的相对含量。

（2）影响金属共沉积的因素

影响合金共沉积过程和合金镀层组成的因素有很多，大致可分为镀液组成和电镀工艺参数。

① 镀液中金属离子浓度比　通过改变溶液中共沉积金属离子的浓度比，可以影响合金镀层的化学组成。一般来说，增加相对较正电位金属离子的浓度，可以增加合金镀层中相应金属元素的含量。在正则共沉积中，合金镀层中的合金元素含量与镀液中相应金属离子的浓度成正比。然而，在非正则共沉积中，尽管增加镀液中金属离子的浓度可以增加合金镀层中相应金属的含量，但这种增加不成比例。

② 镀液中金属的总浓度　在保持镀液中金属离子浓度比不变的情况下，提高金属离子的总浓度会对正则共沉积合金镀层的化学组成产生明显的影响，会增加电位较正金属离子在

镀层中的含量。然而，对于非正则共沉积、异常共沉积和诱导共沉积而言，提高金属离子的总浓度对合金镀层的组成影响较小，因为合金中电位较正的金属离子的含量受到镀液体系和金属在镀液中的浓度比等因素的影响，合金元素含量存在一定的不确定性。

③ 络合剂的浓度　对于单一络合剂镀液：当增加络合物的含量时，特定金属离子的析出电位相对于其它金属离子的析出电位会显著降低，导致该金属在合金镀层中的含量降低。例如，在酸性氟化物镀液中镀 Sn-Ni 合金，增加氟化物的含量会导致镀液中锡离子的析出电位负移，从而降低合金镀层中锡的含量。

对于混合络合剂镀液：在含有不同络合剂的镀液中，改变其中一种络合剂的含量将导致该络合剂络合离子浓度发生变化，进而影响镀层中某金属的含量。例如，在氰化物镀液中镀 Cu-Sn 合金，铜被氰化物络合，锡被碱络合。当增加氰化物浓度时，铜络合离子的稳定性增加，导致铜的析出较为困难，进而降低合金镀层中铜的含量。同样地，增加碱的含量也会导致合金镀层中锡的含量降低。

④ pH 值　pH 值的变化不会对含有简单离子的合金镀液中的化学组成产生显著影响。然而，在含有络合物的合金镀液中，pH 值的变化会影响金属离子的络合形式，进而影响合金镀层的组成。较高的 pH 值通常会促使金属离子形成更稳定的络合物，这可能导致某些金属离子的沉积较少，从而影响合金镀层中各金属的含量。因此，pH 值的控制对于获得所需的合金镀层成分至关重要。

⑤ 电流密度　通常情况下，提高电流密度可以增加阴极极化程度，从而促进较负电位金属的析出，增加合金镀层中相应金属的含量。然而，在某些情况下，可能会出现与预期相反的结果。总体而言，电流密度对于正常共沉积的影响可预测，但不能对其它非正常共沉积现象进行准确预测。

⑥ 温度　随着温度的升高，溶液中的物质扩散和对流速率增加，导致阴极表面的溶液层中优先沉积具有较正电位的金属，因此合金镀层中这些金属的含量会增加。同时，温度的升高也会影响阴极电流效率，使得那些电流效率提高较多的金属在合金镀层中的含量增加。

⑦ 镀液流动　通过搅拌镀液或移动阴极，可以减少阴极表面的扩散层厚度，从而直接影响合金镀层的化学组成。扩散作用会增加扩散层中电位较正金属离子的浓度，进而提高合金镀层中该金属的含量。搅拌对于正则共沉积影响较为显著，但对于非正则共沉积或异常共沉积则影响较小。

（3）共沉积合金镀层的特点

通过电沉积的方法可以获得各种不同结构和形态的合金镀层，其中许多合金镀层是无法通过其它方法制备的。通过调整电沉积过程中的工艺参数，可以改变合金镀层的相结构。因此，可以通过调节电沉积的工艺参数来获得所需的合金镀层结构和性能。

与凝固得到的合金相比，电沉积合金镀层具有以下特点。

① 通过合金电镀可获得热平衡相图中没有的合金　电化学方法能够制备出合金镀层，这些合金是在非平衡状态下形成的，与热力学平衡相图中的合金不完全一致。例如，在 Ag-Cd 合金中，通过电沉积方法可以获得平衡相图中所没有的合金组成。这些非平衡合金在电镀过程中是不稳定的，但通过适当调整电化学沉积条件，可以改变合金镀层的结构和性能。另外，对于一些低熔点合金，如 Sn-Pb、Sn-In、Sn-Zn 合金，通过在较高温度下进行电化学沉积，可以得到具有稳定相结构的合金镀层。

② 合金具有较高的溶解度　某些合金在高温下可以形成完全溶解的固溶体，但当冷却到室温时，它们的溶解度变得非常小，固溶体的形成几乎无法观察到。然而，在电化学沉积

过程中，这些合金可以形成高溶解度的固溶体。例如，Cu-Pb 合金在平衡凝固时，铅的最大溶解度仅为 0.04%（质量分数），而通过电沉积制备 Cu-Pb 合金时，可以达到高达 12%的铅溶解度。利用电化学沉积，还可以轻松地制备那些熔点相差很大以及在平衡条件下难以获得的合金，如 Sn-Ni 合金。

③ 合金具有结构多样性　电沉积合金镀层的结构多样化，其中一些非晶态和亚稳态合金至今仍无法通过其它方法制备。尽管合金的组成相同，但电沉积合金层的相结构和物理性能通常与凝固合金不同，这与沉积电位、镀液成分、工艺参数和热处理等因素有关。通过加热非平衡态合金镀层，可以转变为相图上出现的平衡态结构，但相变温度通常远高于室温，因此并不影响介稳态合金镀层的实际应用。

④ 镀层晶粒细小　电沉积的合金镀层通常具有细小而致密的晶粒结构，例如 Ag-Pb 合金的镀层就具有非常细小的晶粒，并且几乎没有铅的偏析现象。

（4）共沉积合金镀层的性质

由于其特殊的化学组成和微观结构，电沉积合金具有许多独特的性能，包括优异的物理、化学和力学性能等。因此，电沉积合金在传统工业和新兴技术领域都得到了广泛应用。电镀合金的独特性能包括。

① 硬度　电镀合金具有较高的硬度。合金沉积的镀层通常以固溶体的形式存在，当溶质含量较低时，随着溶质含量的增加，镀层的硬度明显提高，直到达到最大值。此外，一些合金镀层（如 Ni-P、Co-P 和 Co-W 等）在热处理后会形成高硬度的金属间化合物的第二相颗粒，这些颗粒通常很小，从而产生弥散强化效应，大大提高了镀层的硬度。然而，一旦达到最大硬度值，随着热处理温度的进一步升高或加热时间的延长，镀层中的晶粒和第二相颗粒会继续生长，导致细晶强化和弥散强化效应减弱，从而使镀层的硬度降低。

② 应力　电沉积合金镀层的应力状态对镀层的性能和稳定性有着重要影响。拉应力是合金镀层中常见的一种应力形式。较大的拉应力不仅会导致镀层晶格扭曲，还可能引起镀层内部或表面的裂纹和气泡，甚至导致镀层脱落。因此，在电镀过程中，需要调整和控制合金镀层的应力状态。影响镀层应力的因素有很多，包括镀液的成分、工艺条件、添加剂种类和含量以及杂质等。此外，镀层的晶粒尺寸和厚度也会对应力状态产生显著影响。一般来说，电沉积合金镀层的韧性较单一金属镀层小。

③ 电阻率　电沉积合金与凝固合金类似，由于其中含有其它元素，导致电阻率增加。特别是含有非金属元素的合金镀层，其电阻率增加更为明显。这是因为非金属元素的引入导致合金中形成固溶体，从而引起更大的晶格畸变。然而，经过适当的热处理，合金镀层的电阻率可以降低。

④ 磁性　电沉积合金中的一些含有铁族金属（Fe、Co、Ni）的合金镀层常具有磁性。目前，电沉积磁性合金主要应用于计算机的存储和记忆装置。常见的电沉积硬磁合金镀层包括 Co-P、Ni-P、Co-Ni-P 等，而软磁合金镀层则包括 Ni-Fe 等。合金镀层的磁性能受到多个因素的影响，包括镀层厚度、元素组成、晶粒尺寸、晶粒取向以及内部应力状态等。

⑤ 耐蚀性　电沉积合金具有良好的耐蚀性。相比于单一的金属镀层，电镀合金镀层的耐蚀性可以提高数倍。

3.1.1.7　金属与合金的电镀

（1）镀锌层的性质及用途

对于钢铁基底而言，镀锌层是一种典型的阳极保护层，具有良好的抗腐蚀性能。镀锌层的抗腐蚀能力主要取决于其厚度和孔隙率。厚度越大，孔隙率越低，抗腐蚀性能越好。不同环境下，镀锌层的抗腐蚀性能有所不同（表3-1），通常要求镀锌层的厚度能够在设定的使用寿命期间有效地发挥作用。一般来说，镀锌层的厚度在7～20μm之间，在恶劣条件下的使用，镀锌层的厚度应大于25μm。在相同厚度的情况下，经过钝化处理的镀锌层的抗腐蚀能力可提高5～8倍。

表3-1 不同环境下镀锌层的腐蚀速度

环境	大陆气氛	城市气氛	工业气氛	海洋气氛
年腐蚀量/(μm/a)	1.0～3.4	1.0～6.0	3.8～19	2.4～15

经钝化处理后，镀锌层的钝化膜可以呈现彩色、白色、黑色、草绿色等不同颜色。彩色钝化膜一般比白色钝化膜更厚，而且具有自修复的特性，因此其耐蚀性比白色钝化膜更高，可以达到白色钝化膜的5倍以上。因此，在镀锌工艺中常采用彩色钝化。白色钝化膜外观纯白、洁净，常用于五金制品表面的装饰和保护。此外，镀锌层在钝化完成后还进行烘干处理，以提高钝化膜的硬度和耐蚀性。

镀锌具有成本低、优异的耐蚀性、美观以及良好的储存性能等优点，广泛应用于轻工、仪器仪表、机械、电器和国防等领域。但由于锌镀层对人体有害，不适宜在食品工业中应用。

（2）电镀铜及铜合金的性质及用途

因为铜元素活性高，铜镀层常作为阴极性镀层，比如以锌、铁等金属作为基体的铜镀层。当这些镀层有缺陷或被破坏时，金属基体处于腐蚀环境中，这些锌、铁等金属部分暴露在阳极地区，会加速腐蚀，远比没有铜镀层的裸金属腐蚀速率快。因此，镀铜层很少单独作为防护和装饰性镀层使用，而是经常用作金、银、镍等金属镀层的底层，以提高表面镀层与基体金属的结合强度。利用“厚铜层（底镀层）/薄镍层”的组合，不仅能有效减少镀层孔隙率，还能节约金属镍的用量，降低生产成本。

此外，由于不同元素在铜层中的扩散能力不同，因此常使用镀铜层来保护不需要进行化学热处理的部分。特别是在渗碳（氮）处理时，镀铜层可以有效防止碳和氮的渗透，称为防渗碳（氮）镀铜。

铜具有良好的导电性能，在钢丝和铝线上获得厚的镀铜层可以提高其强度，减轻重量，并且减少铜的使用量。这在电力工业中特别适用于高频使用的同轴电缆、射频电缆和电子元器件引出线等领域。

随着电子工业和信息产业的发展，镀铜层在印制电路板制造中的应用日益广泛。它可以用于制造电解铜箔，然后利用铜箔制作具有特定规格的覆铜板。镀铜层还可用于印制电路板的通孔电镀和布线，实现微米级布线，进一步提高印制板的集成度。

随着新的镀铜技术和各种添加剂的不断发展，现代电镀工业可以从成本较低的镀铜液中获得高光亮度、平整度好、韧性高的镀铜层。镀铜层仍然是一种重要的防护和装饰性镀层，在现代工业中仍有广泛应用。

（3）电镀镍及镍合金的性质及用途

镍金属具有优良的耐腐蚀性能和化学稳定性，在空气中形成一层薄而坚硬的钝化膜，能够有效地防止氧化和腐蚀作用。镀镍层广泛应用于装饰和防护性涂层，以及在各种工业领域中起到保护和提升材料性能的作用。首先，镀镍层常用于装饰性镀层，提供镜面般的光泽和抗氧化性，被广泛应用于汽车、家具、钟表、首饰等产品的表面处理。镀镍还可以作为基础层，使金属表面更容易与其它材料进行结合，例如黏合剂和涂料。其次，镀镍层也常用于功能性镀层，为材料表面提供额外的优势。例如，在航空航天和汽车制造中，镀镍层可以提供耐磨性和耐腐蚀性，保护金属表面免受摩擦和化学作用的损害。此外，镀镍层还可以在电子器件中提供良好的电导性，减少电阻和能量损耗。此外，由于镍的导磁性能，镀镍层常用于电子和通信设备中的电磁屏蔽。镀镍能够有效吸收和抑制电磁波，提供屏蔽效果，避免干扰和泄露。因此，在无线通信、电视、雷达等领域中，镀镍层被广泛应用于射频电缆、天线、电子封装等部件。镀镍层在装饰和功能性应用中都发挥着重要的作用，具有优良的抗氧化、耐腐蚀、耐磨性和电磁屏蔽性能。随着材料科学和工艺技术的不断发展，镀镍层在各个领域的应用前景仍然广阔。

3.1.1.8 复合电镀

复合电镀是一种电化学沉积方法，用于制备复合材料镀层。该方法通过将不溶性固体颗粒分散于电镀液中，并利用电沉积过程将固体颗粒与金属共沉积在基体表面上。这种含有固体颗粒的特殊镀层称为复合镀层。复合镀层由两种物质组成，一种是通过阴极还原形成镀层的金属，称为基质金属；另一种是不溶性固体颗粒，也被称为复合相、第二相、分散相或增强相。因此，复合镀层可以看作是金属基复合材料，具有组成相的优点。根据基质和分散相的不同，复合镀层具有高硬度、高耐磨性、自润滑性、耐高温性和抗腐蚀性等功能特性。复合电镀也是现代表面技术中最具活力的领域之一。

(1) 复合电镀的特点

① 工艺简单　复合电镀是一种特殊的电镀方法，通过向电镀液中加入非金属或其它金属的固体颗粒，使其与金属共同沉积在基体表面，形成复合镀层。这种方法不仅可以使基体表面具有金属的特性，还可以获得固体颗粒的独特性能。复合电镀可以通过调整电镀液中的固体颗粒浓度和尺寸，以及电镀工艺参数来控制镀层的组织结构和性能。该方法简单易行，无需复杂的设备和条件，因此被广泛应用于各种工业领域，如汽车、航空航天、电子等。

② 镀层为复合材料　复合镀层可以根据添加不同的固体颗粒类型和浓度来实现特定的功能和性能，如高硬度、耐磨性、耐蚀性等。为了实现复合镀层的制备，可以在普通电镀液中添加不溶性固体颗粒，并通过机械搅拌或超声波震荡等手段使固体颗粒均匀分散或悬浮在电镀液中，这样就可以获得复合镀层而无需额外的设备和条件。复合镀层的制备方法简单、成本较低，因此被广泛应用于各种领域，如汽车、航空航天、电子等。

③ 基质、复合颗粒及复合镀层的多样化　在电镀过程中，可以在基质金属或合金的镀层中添加一种或多种复合颗粒，从而形成具有特殊性能和功能的复合镀层。不同的复合颗粒类型、尺寸和含量可以根据具体需求进行选择和调整，以获得所需的性能。例如，在镍基镀层中可以添加硅碳化物（SiC）、氧化铝（Al_2O_3）、氮化钛（TiN）等复合颗粒，从而制备Ni/SiC、Ni/Al_2O_3、Ni/TiN等复合镀层。一般来说，任何能够稳定存在于电镀液中的固体颗粒，无论是金属颗粒、陶瓷颗粒还是有机物颗粒，都可以用作复合镀层的分散相。甚至一些在高温下容易分解的物质颗粒或纤维也可以作为不溶性固体颗粒添加到镀层中，形成各种类型的复合镀层。最近，低维碳材料如碳纳米管和石墨烯也被广泛应用于制备复合镀层。

可以通过简单调整制备工艺，将不同的固体颗粒沉积到不同的基质金属或合金中，以获得多样化的复合镀层。例如，可以在镀液中添加碳化硅颗粒，制备Ni/SiC、Ni-Co/SiC、Ni-W/SiC、Zn/SiC、Cu/SiC等复合镀层。基质金属可以是单一的金属，也可以是多元合金。一般来说，只要能够在获得的金属镀层的镀液中添加适当的复合颗粒，就可以制备复合镀层。通过调整工艺参数和选用不同的复合颗粒，可以获得具有各种不同结构和性能的复合镀层。这使得复合电镀成为一种非常有灵活性和可定制性的技术。

另外，在复合电镀的基础上，还可以通过后续处理获得普通电镀无法实现的镀层及性能。例如，将铬粉添加到 Fe-Ni 合金电镀液中制备 Fe-Ni/Cr 复合镀层，然后进行热处理，可以获得无裂纹的 Fe-Ni-Cr 三元合金镀层。这种方法可以进一步提升镀层的性能，拓展电镀技术的应用范围。

(2) 复合电镀的机制

相较于传统的单金属电沉积过程，复合电沉积的机制更为复杂，相关的机理也有多种观点存在。一般来说，复合电沉积的过程包括基质金属离子与分散相颗粒之间的复合运动和交换。在整个过程中，金属离子被还原，同时固体颗粒也被嵌入还原的金属中。许多观点认为，在电镀液中，带电的颗粒粒子会吸附在不带电的非金属颗粒的表面，形成带电的"离子团"，然后在外加电场的作用下，这些带电的颗粒会迁移到阴极表面，并在表面吸附。之后，它们会被后续沉积的基质金属所掩埋，实现复合沉积。这一过程是电镀液中带电颗粒在电场驱动下的迁移与阴极表面的吸附现象，也是复合电沉积的关键机制。当然，复合电镀的实现也对颗粒有一定的要求。

① 颗粒状态　复合电镀需要使颗粒在镀液中均匀悬浮，以获得镀层内均匀分散的复合颗粒。对于一些特殊尺寸或形状的颗粒，可以事先将它们固定在阴极表面上，以实现复合电镀。

② 颗粒尺寸　复合电镀溶液中的颗粒尺寸需要适当选择。过小的颗粒容易聚集在一起，导致镀层内颗粒的分布不均匀以及颗粒与基质金属的结合性差；过大的颗粒则难以均匀悬浮在镀液中，导致镀层中的颗粒含量较低。一般来说，不溶性固体颗粒的尺寸应控制在 10nm～40μm 之间。对于大于 40μm 的固体颗粒或长纤维，可以采用人工布粒或布线的特殊复合电镀方法。

③ 颗粒性质　复合电镀中的固体颗粒需要具有良好的化学稳定性，在镀液中不溶解且不会污染镀液。

④ 颗粒表面状态　颗粒能否均匀分散在镀层中取决于其在镀液中的润湿性、表面电荷以及与电极和基质金属的亲和性等。在复合电镀前，除了对颗粒进行必要的清洗和润湿等预处理外，还需要采取适当措施使固体颗粒具有良好的亲水性，且表面带正电荷，有利于其向阴极迁移。在复合电镀工艺中，选择合适的表面活性剂是实现颗粒和镀液之间良好润湿的重要方式。

(3) 复合电镀的过程

复合电镀的过程可分为三个阶段，如图 3-4 所示。

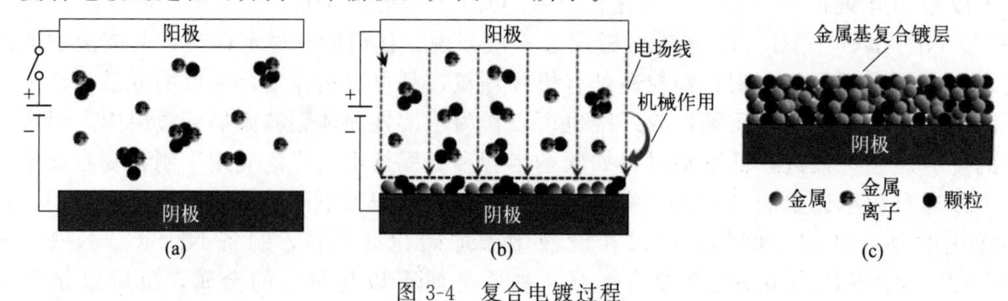

图 3-4　复合电镀过程

第一阶段：悬浮在镀液中的颗粒在机械搅拌或超声波的作用下，逐渐向阴极迁移，并以物理吸附的方式吸附在阴极表面。机械搅拌或超声波的强度和阴极的形状等因素会影响颗粒的运动和吸附过程。搅拌强度过低会减弱颗粒迁移的驱动力，而搅拌强度过高则可能影响颗粒在阴极表面的物理吸附。

第二阶段：物理吸附在阴极表面的带电颗粒，在电场作用下，进入界面双电层并受到电场力的强烈吸引，最终吸附在阴极表面。在这个阶段，吸附的方式转变为化学吸附，吸附强度增加。这个过程是动态的、可逆的，颗粒会不断在阴极表面吸附和脱附，受到颗粒形状和尺寸、搅拌方式和强度、电极材料、镀液成分和操作条件等因素的影响。

第三阶段：基质金属离子被还原并不断沉积，使得被化学吸附在阴极表面的颗粒被牢固地嵌入连续沉积的金属基质中。然而，在这个过程中，颗粒仍可能因受到外界冲击而脱落并重新进入溶液中。一般认为，只有当颗粒在基质中至少嵌入其尺寸的 2/3 时，颗粒才真正与金属基质发生“嵌合”，实现分散相颗粒与基质金属的共沉积。

（4）复合镀层的组成和颗粒准备

复合电镀是通过将固体颗粒与金属基质一同沉积在阴极表面而形成的一种特殊的镀层。复合电镀的工艺和性能受到多方面因素的影响。首先，基质金属的选择对复合镀层的性能有重要影响。可作为基质金属的有 Ni、Cu、Co、Fe、Zn、Cr、Ag 等单金属，以及 Ni-Co、Ni-Fe、Ni-W、Ni-P、Ni-B、Ni-Fe-Cr 等合金。同时，作为分散相的固体颗粒也起着关键作用，包括碳化物、氧化物、硫化物、氮化物、金属粉末、高分子化合物、金刚石和石墨烯等微纳米碳材料。

另外，镀液的组成对复合电镀的过程和性能也有显著影响。不同镀液体系中，即使是相同的基质金属和固体颗粒，其共沉积过程也可能存在明显差异。以铜和 Al_2O_3 为例，酸性硫酸铜溶液中，几乎无法实现共沉积，而在碱性氰化物镀铜溶液中，则能够较容易地形成 $Cu\text{-}Al_2O_3$ 复合镀层。因此，选择合适的镀液体系对于实现理想的复合电镀至关重要。常见复合镀层的种类见表 3-2。

表 3-2　常见复合镀层的种类

基质材料	分散相颗粒
Ni	Al_2O_3、TiO_2、ZrO_2、SiO_2、SiC、B_4C、TiC、WC、BN、MoS_2、PTEE、金刚石、碳纳米管、石墨、石墨烯等
Cu	Al_2O_3、TiO_2、ZrO_2、SiO_2、SiC、WC、B_4C、TiC、BN、PTEE、石墨等
Fe	Al_2O_3、SiC、WC、ZrC、Fe_2O_3、MoS_2、PTEE 等
Co	Al_2O_3、WC、BN、PTEE、金刚石等
Cr	Al_2O_3、ZrO_2、CeO_2、ZrO_2、TiO_2、SiC、WC 等
Au	Al_2O_3、SiO_2、TiO_2、TiC、WC、Y_2O_3、BN、PTEE、石墨等
Zn	Al_2O_3、SiO_2、TiO_2、TiO_2、Al、PTEE 等
Pb	Al_2O_3、TiO_2、SiC、Si 等
Ni-Co	Al_2O_3、SiC、BN 等
Ni-Mn	Al_2O_3、SiC、Cr_3C_2、BN 等
Ni-P	Al_2O_3、TiO_2、SiC、PTEE、金刚石等
Ni-B	Al_2O_3、Cr_2O_3、BN 等

对于复合电镀中的颗粒来说，在加入电镀液之前通常需要进行活化处理以达到最佳的悬浮和润湿效果，并且使颗粒表面带有电荷。一般来说，活化处理可以通过以下三种方法进行。

① 碱处理：将颗粒放入含有10%～20%（质量分数）的NaOH溶液中，煮沸5～10分钟，然后用清水多次清洗，最后用10%～20%的HCl或H_2SO_4溶液中和。

② 酸处理：将颗粒放入20%～25%的HCl溶液中，在60～80℃下加热10～30分钟，然后用清水多次清洗，以去除颗粒中的铁等重金属杂质。

③ 表面活性剂处理：对于具有超疏水性的颗粒，在加入电镀液之前，可以与适当的表面活性剂混合，并进行高速搅拌数小时，然后静置待用，以提高颗粒的亲水性。

（5）典型复合电镀工艺

复合电镀的原理与普通电镀相同，但由于固体颗粒的共沉积，电镀液组成和操作条件与纯金属和合金的电镀有所不同。目前常见的复合电镀工艺涉及不同基质金属和不同颗粒组合，表3-3是常见的镍基复合电镀工艺。

表3-3 不同镀液体系的镍基复合镀层电镀工艺

电镀液组成和操作条件	MoS_2 体系	SiC 体系	PTFE 体系
氯化镍/(g/L)		60	45
硫酸镍/(g/L)		250	280
氨基磺酸镍/(g/L)	320		
硼酸/(g/L)	34	35	40
二硫化钼/(g/L)	0.25～20		
碳化硅/(g/L)		50	
聚四氟乙烯/(g/L)			60
pH	2～5	4.2	4.2
温度/℃	45～55	45～48	50
阴极电流密度/(A/dm^2)	2.5	3	4

（6）影响颗粒共沉积的因素

① 镀液中分散相颗粒的含量　在复合电镀体系中，添加固体颗粒会对镀液的黏度、pH值和电导率等性质产生影响，随着颗粒浓度的增加，颗粒在镀液中的悬浮量也会增加。当颗粒浓度较低时，颗粒容易在单位时间内到达阴极表面并进入镀层中。然而，当镀液中颗粒浓度达到一定程度后，进一步增加颗粒浓度不会提高镀层中颗粒的含量，甚至可能导致镀层中颗粒含量略有下降。因此，需要在合适的搅拌速率下控制颗粒的添加量，以实现理想的复合电镀效果。

② 电流密度　在复合电镀过程中，阴极电流密度的提高可以加快基质金属的沉积速度，缩短电镀时间。然而，电流密度的增加对颗粒的嵌入影响有两个方面。一方面，电流密度的增加可以提高阴极过电位，增强电场力，从而增加颗粒在阴极表面的吸附力，促进颗粒的嵌入。另一方面，随着电流密度的增加，基质金属的沉积速率也会加快。通常情况下，颗粒嵌入速率的提高不及金属沉积速率的增加，这可能导致镀层中的颗粒含量下降。因此，在复合电镀中需要找到适当的电流密度，以平衡基质金属沉积速度与颗粒嵌入速度，从而获得理想

的复合镀层。

③ 搅拌　在复合电镀过程中，搅拌方式对镀层中颗粒含量有明显的影响。适当的搅拌可以使颗粒均匀地悬浮在镀液中，增加其与阴极接触的机会，从而提高镀层中颗粒的含量。然而，过强的搅拌力会导致颗粒与阴极表面的频繁碰撞，造成已吸附或未完全吸附的颗粒脱落，从而减少颗粒的共沉积量。对于密度较小或粒径较小的颗粒，它们较容易在镀液中悬浮并到达阴极表面，因此不需要过强的搅拌力。而对于密度较大或粒径较大的颗粒，搅拌的影响就更为显著。因此，在复合电镀中，应该选择适当的搅拌方式和搅拌强度，以实现最佳的颗粒分散和共沉积效果。

④ 镀液组成及镀液 pH 值　采用不同类型的镀液制备复合镀层时，颗粒的共沉积行为受到多种因素的影响。其中，镀液的 pH 值、表面活性剂的添加以及颗粒的特性等都会对颗粒的共沉积量产生显著影响。一般来说，在酸性镀液中，随着 pH 值的降低，颗粒的共沉积量会增加。这是因为在酸性环境中，镀液中的 H^+ 浓度增加，使颗粒更容易与镀液中的金属离子共同沉积。然而，在不同的镀液体系中，颗粒的共沉积行为可能会有所不同，需要进行具体的实验和研究来确定最佳的操作条件。同时，在复合电镀过程中，合适的表面活性剂的选择和添加，可以改善颗粒的分散性和润湿性，进一步增加颗粒的共沉积量。因此，在复合电镀中，需要仔细选择镀液组成和操作条件，以获得理想的颗粒共沉积效果。

⑤ 镀液的温度　镀液温度的升高会改变镀液的物理和化学性质，从而对颗粒的共沉积行为产生影响。通常情况下，随着温度的升高，镀液的黏度减小，离子的运动速度增加，这会导致颗粒较难均匀地悬浮在镀液中。另外，温度升高也会降低颗粒表面对离子的吸附能力，并减弱颗粒与阴极表面的相互作用力，从而减少颗粒进入镀层的可能性。因此，随着镀液温度的升高，镀层中的颗粒含量通常会减少。

除了温度，颗粒的几何尺寸、表面性质、表面活性剂的添加、电流波形以及外加超声波和磁场等因素也对颗粒的共沉积产生重要影响。一般而言，具有较大尺寸和导电性的颗粒更容易被共沉积到基体金属中，而小尺寸的非导电颗粒则较难嵌入。此外，添加和选择适当的表面活性剂能够改变颗粒的分散性和润湿性，促进颗粒与基体金属的共沉积。电流波形的改变甚至外加超声波和磁场的应用也可以影响颗粒的共沉积行为。因此，在复合电镀过程中，需要综合考虑这些因素，以优化颗粒的共沉积效果。

（7）复合镀层的种类

复合电镀技术已经广泛应用于制备具有特殊功能的复合镀层。这些复合镀层以镍合金、钴、锌、铬等金属作为基质，通过共沉积固体颗粒如氧化铝、碳化硅、碳化钨等，具有高硬度和耐磨损性能。根据基质金属的不同，这些复合镀层可分为镍基、钴基、铬基和贵金属基复合镀层等类型。随着科学技术的发展，我们可以预见更多新型的复合镀层将被开发出来，以满足不同领域的需求。

① 镍基复合镀层　镍基复合镀层是一种以镍为基质金属并添加固体颗粒作为分散相制备的复合镀层。这些复合镀层具有出色的硬度和耐磨损性能，可以作为硬铬镀层的替代品。举例来说，电沉积 Ni/SiC 复合镀层可以提高 40%～70% 的耐磨性能，适用于汽车发动机铝合金零部件和气缸内腔的表面强化，相较于硬铬镀层，成本降低了 20%～30%。而氟化石墨复合镍镀层［Ni/（CF）$_n$］，可以用于在铸造设备的结晶器内壁进行沉积，可以在不需要额外润滑剂和振动结晶器的情况下，轻松将铸件从结晶器中拉出，并且获得良好的表面质量。此外，将 Ni/PTFE 复合镀层应用于增塑聚氯乙烯的热压模具内壁，无需使用脱模剂即可轻松脱模。

② 钴基复合镀层　钴基复合镀层通常具有出色的高温耐磨性能。一种常见的钴基复合镀层是 Co-Cr_3C_2 镀层，它在接触摩擦面上能形成一个玻璃状的氧化钴层，这能够有效提高镀层在高温下的耐磨性能。实验表明，Co-Cr_3C_2 复合镀层在 400～600℃的环境下具有优异的耐磨性能，因此被广泛应用于飞机发动机的活塞环、制动器以及起动装置等零件上。这种复合镀层的出色性能可以大大提高零件的使用寿命和可靠性，满足高温高压环境下的工作需求。

③ 铬基复合镀层　铬是一种常见的金属基质，具有出色的耐磨性和抗氧化性能，常用于制备复合镀层。通过在 CrO_3-H_2SO_4 体系中电沉积，可以得到 Cr-SiC、Cr-WC、Cr-Al_2O_3 等复合镀层。这些复合镀层的硬度可达到 1200～1400HV，其耐磨性能比纯铬镀层提高了 2～3 倍。因此，这些复合镀层常被用于需要高耐磨性的应用领域。

④ 贵金属复合镀层　金、银镀层在电子行业中常用于电接触和电连接件，由于其优良的导电性和低接触电阻而被广泛应用。然而，这些镀层的耐磨性较差，摩擦系数大，导致使用寿命不理想。为了改善这一问题，人们通过电沉积的方式制备 Au/WC、Au/BN 等复合镀层，这些镀层具有高硬度和耐磨性能，能显著提高电接点的使用寿命。另外，电沉积 Au$(CF)_n$ 复合镀层具有较低的摩擦系数（仅为 0.11～0.22），约为纯金镀层的 1/10～1/8，因此可应用于连接器件，在减小插拔力并提高使用寿命的同时，仍能保持良好的电接触性能。

3.1.2　电刷镀

电刷镀是一种特殊的电镀方法，将特制的刷镀笔与正极电源连接以供应电镀液，并将基体与负极电源连接，当刷镀笔在基体表面擦拭时，电镀液中的金属离子会快速沉积在擦拭区域形成镀层。电刷镀不需要借助电镀槽，也被称为无槽镀。由于其灵活性、沉积速度快、可选择不同种类的镀层、强度高、适用范围广且对环境友好，电刷镀已成为许多领域中表面修复和增强的重要技术手段。

3.1.2.1　电刷镀的基本原理

电刷镀是一种基于电化学原理的镀层沉积技术，其工作原理类似于传统电镀方法，如图 3-5 所示。在电刷镀中，使用特制的刷镀笔作为阳极，将镀液浸湿的刷镀笔在一定压力和速度下在基体表面移动，基体作为阴极。在刷镀笔与基体表面的接触区域，电场作用下镀液中的金属离子迁移到基体表面，并在阴极表面被还原成金属原子，形成沉积结晶的镀层。随着刷镀时间的增加，镀层厚度逐渐增加。由于刷镀过程中刷镀笔与工件表面始终发生相对运动，因此对流传质成为金属离子向阴极迁移的主要方式之一，浓差扩散的影响可以忽略。

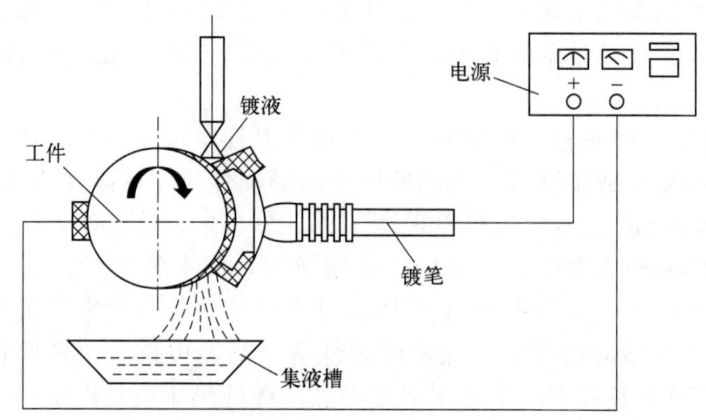

图 3-5　电刷镀工作原理

3.1.2.2 电刷镀的特点

① 电刷镀具有高电流密度、快速沉积速度和低能耗的特点。相比常规电镀，电刷镀的电流密度可高达 $500A/dm^2$，沉积速度可快 5～50 倍，但能耗仅为常规电镀的几十分之一。这是因为电刷镀时，刷镀笔与基体表面发生相对运动，散热条件良好，避免了过热问题。

② 电刷镀使用的镀液通常是金属有机络合物的水溶液，具有良好的稳定性。与常规电镀相比，电刷镀镀液中金属离子的含量通常高出数十倍，可以在广泛的电流密度和温度范围内操作，而不会影响镀液的平衡。

③ 电刷镀设备简单且便于移动。电刷镀设备通常是携带式或可移动的，体积小、重量轻，方便在现场或野外操作。

④ 电刷镀工艺简便、操作灵活。电刷镀不需要使用镀槽和挂具，通常由人工操作，因此工艺简便、操作灵活。通过刷镀笔接触的表面可以形成金属或合金镀层，适用于修复几何形状复杂的零件表面。

⑤ 电刷镀所得镀层具有优良的质量和力学性能。电刷镀的高电流密度可制备具有细小晶粒的镀层，且镀层具有高硬度和耐磨性，同时镀层与基体结合紧密，能满足不同修复性能要求。

⑥ 电刷镀存在劳动强度大和材料消耗大的问题。操作时需要手持镀笔不停地在工件表面移动，劳动强度较大。同时，镀液溅落和消耗较多，阳极包裹材料的消耗也较大。

⑦ 电刷镀应用有一定限制。电刷镀不适用于大面积、大批量的零件表面镀覆，也不适用于装饰性镀层的制备。

3.1.2.3 电刷镀设备

电刷镀设备通常由专用直流电源、镀笔和供液、集液装置等组成，其中镀笔是电刷镀的关键设备。镀笔通常由阳极、绝缘手柄和散热装置等组件构成，如图 3-6 所示。在电刷镀过程中，要根据不同的镀种使用专用的镀笔，并及时更换磨损的阳极包套，严格避免镀笔被污染。

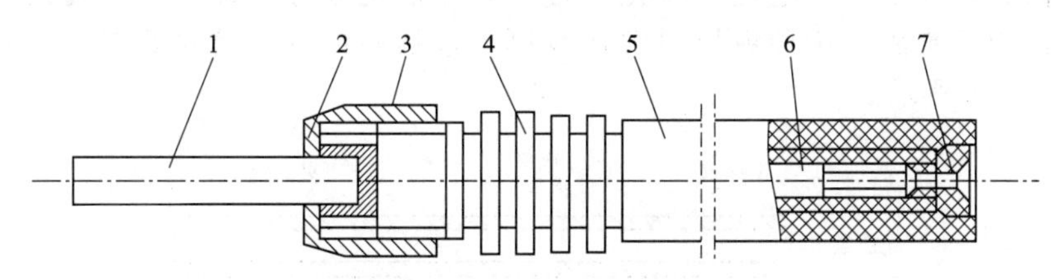

图 3-6 电刷镀镀笔结构

1—阳极；2—密封垫；3—锁紧螺母；4—散热器；
5—绝缘手柄；6—导电杆；7—电缆插座

① 对于电刷镀来说，选择良好的阳极材料至关重要。阳极材料需要具备良好的导电性，能够持续通过高电流密度，不会污染镀液，并且易于加工。通常采用不溶性阳极，如高纯度、细致结构和良好导电性的高纯石墨。根据零件的材料、尺寸、形状和镀液的特点，还可以选择使用 Pt-Ir 合金、不锈钢、镀铂钛阳极等其它材料。

② 阳极的形状根据被镀零件表面的几何形状、尺寸和工艺要求来确定，包括外圈镀笔、内孔镀笔、平面镀笔、旋转镀笔和微量镀笔等。阳极可以根据需要加工成图 3-7 所示的不同的形状，一般表面积约为被镀面积的 1/3。

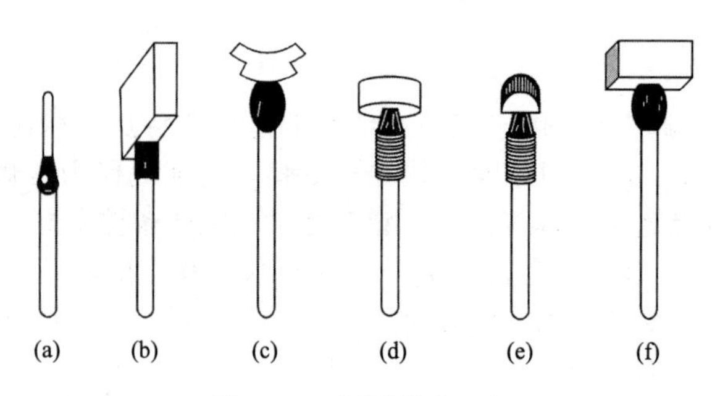

图 3-7　不同形状的阳极
（a）圆柱形；（b）平板形；（c）瓦片形；（d）圆饼形；（e）半圆形；（f）板条形

③ 阳极通常需要包裹，以防止阳极直接与被镀零件接触。常见的包裹材料有脱脂棉、针织套或泡沫塑料等。这些材料具有耐磨性和吸水性，并且不会对镀液造成污染。包裹材料的厚度应适中，过厚会增加电阻，降低刷镀效率；太薄则储液量不足，可能导致过热现象，影响镀层质量。

④ 为确保操作人员的安全，通常会在阳极上安装绝缘手柄。绝缘手柄一般由塑料或胶木制成，并套在导电杆的外部。导电杆的两端分别与散热片和电源电缆接头相连接。

⑤ 为了及时散热，镀笔通常会安装散热装置。散热装置通常由不锈钢或铝合金制成，能够有效散发刷镀过程中产生的热量。对于较大尺寸的镀笔，可以选择使用铝合金制作的散热装置。

在刷镀过程中，根据被镀零件的大小，可以采用不同的方式为镀笔供液，如蘸取式、浇淋式或泵液式。关键是要保持连续供液，以满足电沉积过程的需要。镀液可以通过塑料桶或塑料盘进行收集和循环使用。

3.1.2.4　电刷镀工艺

电刷镀常采用的工艺路线包括镀前预处理、零件刷镀和镀后处理。具体工艺路线为基底表面整修、表面清理、电化学净化处理、表面活化处理、镀底层、镀尺寸层、镀夹心层和镀工作层等步骤。这种镀层通常比较厚，包括底镀层、尺寸镀层、夹心镀层和工作镀层，如图 3-8 所示。

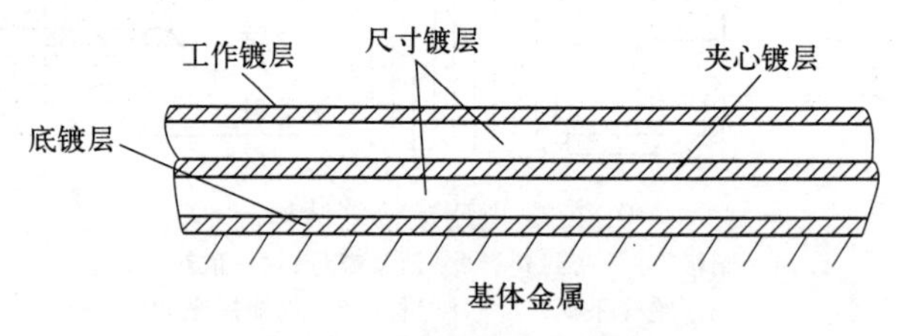

图 3-8　电刷镀层的结构

（1）基底表面整修

基底表面整修是利用机械手段，例如打磨、抛光等方法，将待镀基底表面的毛刺、凸起和疲劳层等缺陷去除，提升表面的平整度和光滑度，并让基底材料的正常组织暴露。通常情况下，经整修后的基底表面粗糙度 Ra 应低于 $5\mu m$。此外，对于较深的腐蚀凹坑或划伤，还需要进行适当修整，以便刷镀笔能更好地接触到沟槽和凹坑的底部。

（2）表面清理

表面清理的主要目的是清除基底表面可能出现的油污、锈斑等污染物，以提高镀层与基底之间的结合力。一般的表面清理过程包括使用机械方法去除表面锈蚀物，然后用一些有机溶剂如乙醇或丙酮和化学脱脂剂来去除残留的油污，最后用清水冲洗表面。

（3）电化学净化

电化学净化与槽镀工艺中的电化学脱脂工序类似。不同的基底金属在电刷镀过程中使用的脱脂溶液基本相同，但不同的基底金属对电压和脱脂时间的要求是不同的。一般来说，电净过程中使用正向电流（零件接负极），通电后，在零件表面产生大量氢气，使油膜破裂并脱离表面。同时依靠电净溶液对油的乳化和皂化作用，以及刷镀笔的擦拭作用，实现脱脂处理的目的。对于有色金属以及对氢脆非常敏感的特高强度钢，使用反向电流（零件接正极）。电净后的表面应无油痕迹，能良好地被水湿润，不出现水珠。

（4）表面活化处理

表面活化处理通过电解刻蚀和化学腐蚀来除去基底表面的锈蚀、氧化膜或疲劳层，使表面被活化并展现金属的结晶组织，确保金属离子能在新鲜的基底表面上还原并与基底牢固结合，形成具有高结合强度的镀层。一般而言，阳极活化（刷镀笔接负极）是常用的活化方法。

（5）底镀层

在某些特殊情况下，直接电刷镀不易实现镀层与基底材料表面的优良结合，容易出现开裂或剥落等问题，因此通常需要先刷镀一层打底镀层作为过渡层，以提高镀层的结合力。镍镀层是最常用的打底镀层，适用于不锈钢、铬、镍等材料和高熔点金属基底。对于一些特殊情况，为了防止镀层内孔隙中残存的酸液对基底的腐蚀，不适宜使用酸性镀镍溶液的材料，例如铸钢件、铸铁件、锡制件和铝制件等，采用碱性铜溶液刷镀打底层。

（6）尺寸镀层

对于磨损严重或加工误差较大的零件，常选择沉积速度较快的镀液，在零件上形成较厚的镀层，以快速恢复零件的表面尺寸，这种镀层称为尺寸镀层。尺寸镀层位于工作镀层和底镀层之间，可以是单一镀层，也可以是几种镀层的复合层状镀层。

（7）夹心镀层

由于镀层中的内应力随着厚度的增加而增大，因此，单一镀层的厚度应在一定范围内进行控制。当厚度超过安全范围时，镀层内应力过大，容易导致镀层的开裂、剥离、结合力不佳和表面粗糙等缺陷。为了避免超过安全厚度的单一镀层产生裂纹、剥离、结合力低和表面粗糙等问题，通常需要在尺寸镀层之间夹镀一层或多层过渡性质的镀层，即夹心镀层，以改善镀层内应力的分布。常用的夹心镀层镀液有低应力镍、快速镍、碱性铜、特殊镍和碱性铜等，夹心镀层的厚度一般约为 $5\mu m$。

（8）工作镀层

工作镀层是指在零件表面最后刷镀的镀层，它的作用是满足表面的力学、物理、化学和装饰等特殊需求，能够直接承受负荷，具有耐磨、减摩或防腐等防护作用。

(9) 镀后处理

刷镀完成后，需要立即进行镀后处理。这包括烘干、打磨、抛光、涂油等操作，以彻底清除镀件表面的水迹、残留镀液等残留物。同时，还需采取适当的保护措施，以确保刷镀零件具有较长的储存期和使用寿命。

3.1.2.5 电刷镀的应用

电刷镀是一种设备简单、工艺灵活的方法，不仅适用于修复其它方法无法修复的受损设备和零件，还可以制备耐磨、耐蚀和防护装饰等功能的镀层。因此，在机械、冶金、能源、石油化工、轨道交通、航空航天、海洋船舶、兵器等各行业都得到广泛应用。

(1) 提高零件的耐磨性

工程机械的零部件通常需要具备高硬度和耐磨性。为了实现这一要求，可以使用电刷镀镍或镍合金，镀层的硬度可达到45～55HRC。通过选择适当的镀液和工艺条件，还可以实现非晶态镀层的刷镀。当条件发生变化时，非晶态镀层会转变，并析出分散的第二相，从而提高镀层的硬度和耐磨性。为了形成高耐磨性的复合镀层，可以向刷镀液中添加金刚石、二氧化硅、氧化铝、碳化硅等耐磨颗粒。需注意，当需要表面具有良好的减摩性时，可以选择刷镀铟、锡、Pb-Sn-Ni合金、巴氏合金等镀层材料，以降低摩擦因数并防止高负荷下的黏着磨损。

机床导轨在机械设备中起到保证部件直线运动的作用。一般情况下，机床导轨是由铸铁制成的。导轨的失效形式通常为工作面的磨损、划伤和拉伤。划伤通常表现为不规则、位置不固定、宽窄不一、深浅不等的沟槽。使用其它修复方法往往难以处理这些损伤，而电刷镀则可以方便地修复受损的机床导轨。修复过程通常包括表面整修、脱脂、活化等步骤，然后采用弱碱快速镍或中性镍进行打底镀。如果需要更厚的镀层，可以适当增加夹心层的层数。但是，在每次刷镀厚度层经过刮削处理后，都需要重新进行电净、活化和清洗。导轨表面的工作层应具备一定的强度、硬度、耐磨性以及较好的润滑性和较小的摩擦因数。通常选择快速镍进行刷镀，并确保工作层厚度不小于20μm，以防止过早磨损。根据承受的载荷大小，工作层厚度通常在40～100μm范围内选择。通过刷镀处理后，导轨的耐磨性和使用寿命显著提高。

(2) 提高耐蚀性

根据工件的使用条件，可以选择刷镀镍、铬、锡、锌、镉等镀层，或者使用复合镀层来提高其抗腐蚀性能。

举例来说，增压注水泵在工作过程中，接触的介质为含有氯离子、硝酸根和碳酸根等阴离子，以及钾、钠、钙和镁等阳离子的原油污水。泵的阀箱材料为35CrMo钢，阀套材料为45钢。由于介质的腐蚀作用，阀箱内孔表面和阀套外圆表面会产生麻点腐蚀，最大直径可达3mm，深度可达0.05～1mm，导致泵无法正常工作。采用电刷镀修复的方法可以解决这个问题。先进行电化学净化和活化处理，然后采用特殊镍进行打底镀层，最后刷镀快速镍。在修复过程中，工作电压为10～14V，阴阳极相对运动速度为8～16m/min。经过一年多的使用，修复后的注水泵未发生任何腐蚀现象，修复效果非常好。

(3) 提高物理性能

刷镀技术在电子工业领域广泛应用，可用于修复组装电路触点受磨损的镀金层，以及修复印制线路板上的漏镀处、凸缘和触点的损坏。刷镀锡层能够显著改善线路板和电子元器件的钎焊性能，确保电子设备的可靠性。

3.1.3 化学镀技术

在电子工业领域，化学镀技术得到了广泛应用。它是一种无需外加电流的镀层制备技术，可以在基体表面形成薄而均匀的金属镀层。在化学镀过程中，待镀基体浸入含有金属离子的化学镀液中。在化学反应的作用下，镀液中的金属离子被还原成金属，沉积在基体表面。这种方式不仅可以修复被磨损的部位，还可以修复印制线路板上的漏镀处、凸缘和触点的损坏。

化学镀的应用也十分重要。如化学镀锡能够显著改善线路板和电子元器件的钎焊性能，确保电子设备的可靠性。与传统电镀技术相比，化学镀无需外加电流，设备相对简单，投资成本较低。此外，化学镀还能够在复杂形状和内壁等难以电镀的部位提供均匀且高质量的镀层。它对基体材料的适应性也更广，不仅适用于金属，还可以应用于非金属和半导体表面的表面处理。

3.1.3.1 化学镀的基本原理

化学镀还原沉积时的反应式为

$$AH_n + Me^{n+} = A + Me + nH^+ \tag{3-5}$$

式中，AH_n 为还原剂；Me^{n+} 为被沉积金属离子；Me 为被还原的金属；A 为类金属物质。

化学镀同样具有局部原电池（或微原电池）的电化学反应机理，如图 3-9 所示。首先将基体表面处理后，镀液中的还原剂分子 AH_n 在基体表面形成吸附态分子 $A \cdot H_n$，受催化的基体金属活化后，共价键减弱直至失去电子被氧化为产物 A（化合物、离子或单质），释放出 H^+ 或 H_2。金属离子获得电子还原成金属，同时吸附在基体表面的类金属单质 A 与金属原子共沉积形成了合金镀层。

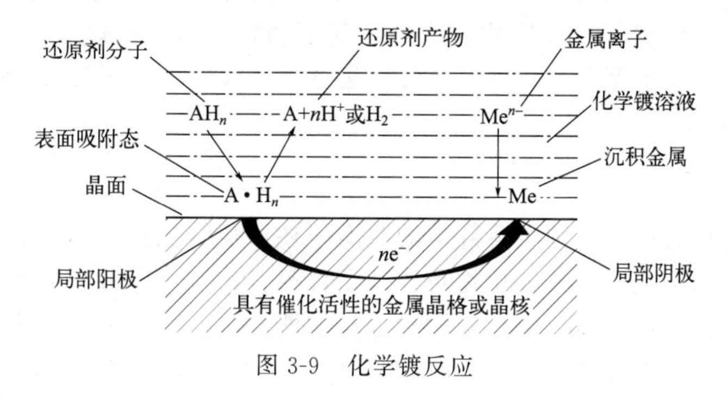

图 3-9 化学镀反应

3.1.3.2 化学镀的溶液组成

化学镀液的组成直接影响着所得到的化学镀层的质量和性能，通常由以下几种成分构成。

① 主盐 含有待沉积金属的盐类，提供金属离子进行沉积反应。常用的主盐有氯化镍、硫酸镍和醋酸镍等。

② 还原剂 通过提供电子，将金属离子还原并沉积在基体表面。合适的还原剂能够促

进沉积速度和镀层质量，常用的还原剂有次磷酸盐和硼氢化物等。

③ 络合剂　与金属离子形成稳定络合物，防止主盐沉淀或水解，并改善镀层的性能和外观。常见的络合剂有乳酸、氨基乙酸和氢氧化钠等。

④ 稳定剂　是防止镀液自然分解和还原反应的物质。稳定剂的添加能提高镀液的稳定性，常用的稳定剂有铅离子和硫脲等。

⑤ 缓冲剂　控制镀液的 pH 值，防止镀液的 pH 值剧烈变化。常用的缓冲剂有柠檬酸和琥珀酸等。

⑥ 加速剂　提高沉积速度的物质，常见的有丁二酸和氨基酸等。

⑦ 其它添加剂　如表面活性剂可减少镀层孔隙率，有机物和无机物改善镀层外观，硫化物改善镀层的应力状态等。

合理选择化学镀液组分可以获得高质量和高性能的镀层。化学镀技术已广泛应用于不同领域，如石化、机械、纺织和汽车等方面，并且随着现代技术的不断发展和创新，化学镀在航空航天、电子、信息技术、核能和国防工业等领域的应用也将日益扩大。

3.1.3.3　化学镀的工艺要求

为了获得高质量的化学镀层，需要满足以下几个条件。

① 化学镀液中的还原剂电位要比欲沉积金属的电位更低。

② 化学镀液要具备良好的稳定性和使用寿命。

③ 基体表面要具备良好的催化活性或自催化活性以促进化学镀反应。

④ 镀液中的产物积累不能阻碍化学镀的进行。

⑤ 需要有调节沉积速度、镀液 pH 值、镀液组成和镀层质量的方法或措施。

3.1.3.4　化学镀镍

化学镀镍是一种成熟且发展迅速的表面处理技术，其溶液具有高稳定性、良好的镀液分布性、简便的操作和长期的使用寿命等优点。化学镀镍广泛应用于工业、农业和国防等领域，其镀层具有较高的硬度、良好的耐磨性、耐腐蚀性、易于钎焊和良好的润滑性能。此外，经过热处理后，化学镀镍的硬度甚至可以超过硬铬镀层。化学镀镍在化学镀市场中占据了超过 90%的市场份额。

（1）化学镀镍机制

化学镀镍是一种利用还原剂将溶液中的镍离子还原成金属镍并沉积在基体表面的方法。常用的还原剂包括次磷酸盐、硼氢化物和氨基硼烷等。其中，采用次磷酸盐作为还原剂的酸性镀液是最常用的化学镀镍液。通过在活性金属如铁、钴、钯、铑、铂等的催化下共沉积镍和磷，可以获得化学镀镍合金层（如 Ni-P 和 Ni-B 合金层）。在化学镀镍过程中，氢气的生成作为副反应会消耗电子，并加速镀液的自发分解。因此，为了保持镀液的稳定性和沉积速度，需要控制镀液的 pH 值或添加合适的络合剂和稳定剂。

（2）化学镀镍工艺

化学镀镍可以用不同的还原剂，如次亚磷酸钠、硼氢化物和二甲氨基硼烷等。其中，以次亚磷酸钠为还原剂的化学镀 Ni-P 溶液是最常用的，分为酸性镀液和碱性镀液两种类型。酸性镀液具有快速沉积速率、高磷含量和优异的耐蚀性，但对施镀温度要求较高，能耗也较大。碱性镀液稳定性高，但沉积速率较慢，磷含量较低，且镀层具有较大的孔隙率和较差的耐蚀性。此外，还有以硼氢化物和二甲胺基硼烷为还原剂的化学镀 Ni-B 溶液也可用于特定应用。不同镀液体系的化学镀镍工艺见表 3-4。

表 3-4 不同镀液体系的化学镀镍工艺

镀液类型	组成与含量/(g/L)				
	酸性 Ni-P	碱性硫酸盐镍磷 Ni-P	碱性氯化物镍磷 Ni-P	硼氢化物 Ni-B	二甲胺基硼烷 Ni-B
硫酸镍($NiSO_4 \cdot 7H_2O$)	20～25	20～35			
氯化镍($NiCl_2 \cdot 6H_2O$)			20～30	25～30	20～30
次磷酸钠($NaH_2PO_2 \cdot H_2O$)	25～30	20～35	18～25		
硼氢化钠($NaBH_4$)				0.4～0.6	
二甲胺基硼烷(DMAB)					2～4
乙二胺[$(CH_2)_2(NH_2)_2$,98%]				60	
柠檬酸($C_6H_8O_7 \cdot H_2O$)	15～20				20～30
柠檬酸铵[$(NH_4)_2HC_6H_5O_7$]			30～40		
乙酸钠($CH_3COONa \cdot 3H_2O$)	30～35				
苹果酸[$CHOHCH_2(COOH)_2$]		18～35			
丁二酸[$(CH_2)_2(COOH)_2$]		16～20			
乳酸($CH_3CHOHCOOH$,88%)					20～30
硼酸(H_3BO_3)			35～45		
氢氧化钠(NaOH)				40～50	
pH	5～6.5	4.5～6	8～9	>13.5	6～6.5
温度/℃	85～90	85～95	85～90	85～90	45～50

(3) 化学镀镍合金层的结构和性能

化学镀镍合金层的组织结构与镀液中磷和硼的含量密切相关。晶态镀层主要在镀液中磷或硼的含量较低时出现，而高磷或高硼含量会导致镀层呈现微晶态或非晶态结构。一般来说，Ni-P 合金镀层中磷的含量小于 4.5%（质量分数）时是晶态，7%～8%时为微晶态，而磷的含量大于 9%时呈现非晶态结构。Ni-B 合金镀层中，当硼的含量小于 4%时是晶态，而含量在 4%～6%之间时则为非晶态。此外，热处理温度也会对化学镀镍合金层的晶体结构产生影响。提高加热温度可以导致非晶态向晶态转变，并引发第二相的析出，如 Ni_3P 和 Ni_3B，从而提高镀层的硬度和耐磨性能。

化学镀镍合金层的具有以下性能。

① 密度。化学镀合金层的密度比电镀层低，化学镀 Ni-P 和 Ni-B 层的密度分别在 $7.85\sim8.50g/cm^3$ 和 $7.80\sim8.60g/cm^3$ 之间，随着磷和硼含量的增加而降低。

② 电阻率。化学镀合金层的电阻率相对较高，比电镀层更高。化学镀的 Ni-P 层和 Ni-B 层的电阻率在 $30\sim80\mu\Omega \cdot cm$ 和 $5\sim90\mu\Omega \cdot cm$ 之间变化，在这个范围内的具体值取决于镀液的组成、操作条件、磷和硼的含量等因素。随着磷和硼含量的增加，合金镀层的电阻率也会增加。此外，在热处理过程中，释放的氢气以及第二相的析出等因素也会降低合金镀层的比电阻。

③ 热膨胀系数和热导率。化学镀 Ni-P 层在 0～100℃范围内热膨胀系数为 13μm/（m・℃），而 Ni-B 合金层在 21.7～100℃范围内热膨胀系数为 12.3～13.6μm/（m・℃）。热处理过程中，镀层会发生晶化转变、第二相析出和晶格畸变减轻等变化，从而影响热膨胀系数。

④ 硬度。在镀态条件下，Ni-P 和 Ni-B 合金镀层通常都是过饱和的镍基固溶体，因此具有较高的硬度和强度。Ni-P 镀层的硬度通常在 400～500HV 之间，而 Ni-B 镀层的硬度则在 700～800HV 之间。经过热处理后，镀层中的磷（硼）原子会扩散和偏聚，导致晶粒细化，从而提高了硬度。此外，当镀层中出现 Ni-P 或 Ni-B 的第二相析出时，细晶强化和弥散强化共同作用，使得硬度迅速增加，最高硬度可达到 1100HV 和 1300HV。然而，随着温度升高，镍基固溶体晶粒长大，Ni_3P 和 Ni_3B 的第二相粒子聚集粗化，导致镀层变软，硬度下降。

⑤ 耐磨性。化学镀 Ni-P 合金层的耐磨性优于电镀镍层，而 Ni-B 镀层的耐磨性又优于 Ni-P 和硬铬镀层。镀层的摩擦因数很少受热处理影响，但对耐磨性有一定影响。当镀层的硬度和韧性能够匹配时，其耐磨性最佳。通常情况下，高温加热时镀层较不容易变脆且具有较高的延展性，同时还具备一定的硬度，从而提高与基体的结合力，因此其耐磨性相对于低温加热时更好。

⑥ 耐蚀性。化学镀合金层具有比电镀层更优异的耐腐蚀性能，同时具有良好的化学稳定性。高磷（硼）合金镀层比低磷（硼）镀层具有更好的耐腐蚀性，即非晶态镀层的抗腐蚀性能优于晶态镀层。相比碳钢和电镀镍，化学镀 Ni-P 合金镀层具有更好的耐腐蚀性能，在某些腐蚀介质中甚至可以超过镀铬和不锈钢。然而，由于 Ni-B 镀层的内应力较高，其耐腐蚀性不及 Ni-P 镀层。

（4）化学镀镍合金层的应用

由于化学镀镍工艺的简便性及镀层独特的性能，化学镀镍合金层的应用几乎遍及工程领域的各个部门。

1）化学镀 Ni-P 合金层

① 表面强化。通过化学镀镍来强化模具可以提高其硬度和耐磨性，从而延长使用寿命，并产生固体润滑效果。此外，使用化学镀镍在工模具上还可以提高抗擦伤和抗咬合性能，使脱模更容易，从而增加模具的使用寿命。化学镀镍层与模具基体结合强度高，能够承受一定的剪切应力，使其适用于一般的冲压模和挤压模。此技术具有出色的耐腐蚀性能，特别适用于塑料和橡胶制品模具的表面处理。化学镀镍层的厚度均匀可控，可解决挤塑模和注塑模等形状复杂模具的变形问题，并可以修复尺寸超差的模具。

② 表面防护。在严酷的石油天然气开发环境中，材料常受到盐水、二氧化碳、硫化氢等腐蚀性介质的侵蚀，同时还承受着高温、高压和高速等有害作用。化学镀 Ni-P 合金镀层具有高度的化学稳定性和低孔隙率，镀层厚度均匀，对碱、盐、海水和有机酸等介质具有良好的耐腐蚀性能。甚至在管件和复杂零件的内表面，镀层也能均匀分布，为基体材料提供了出色的机械保护作用。因此，化学镀 Ni-P 合金镀层作为一种耐蚀的镀层材料常被广泛应用于石油化工等行业。

化学镀 Ni-P 合金具有优良的抗蚀性和耐磨性性能，广泛应用于航海船舶仪表、矿井液压支柱、反应器、换热器、连杆泵和泥浆泵等的表面防护和强化。

③ 其它用途。化学镀 Ni-P 合金镀层可方便地应用于机车工程塑料零部件的电镀，常用作底镀层。此外，在汽车工业中，Ni-P 合金镀层也是主要的耐磨镀层，用于发动机主轴、

差动小齿轮、喷油嘴、发电机散热器和制动器接头等表面。该镀层不仅提高了零部件的硬度和耐磨性，还能增强其耐热性、抗腐蚀性和焊接性能。

对于飞机、坦克、火炮等武器装备来说，工作环境极其恶劣，因此需要材料具备抗腐蚀、耐磨、耐冲击和抗微振磨损等性能。化学镀 Ni-P 合金层具有均匀致密的特点，能够满足这些要求，因此广泛应用于引信装置、雷达波导管、迫击炮雷管和反光镜等。

此外，在电子信息行业中，除了要求材料具有耐腐蚀和耐磨的特性外，还需要具备良好的防扩散性、焊接性、导电性和磁性等。通过调节镀层中磷的含量，可以改变其晶体结构，从而调节镀层的性能。因此，化学镀 Ni-P 合金层常用于计算机硬盘的非晶态底镀层、电子设备的电磁屏蔽层，以及导线框架和连接器的耐磨防扩散层等应用领域。

2）化学镀 Ni-B 合金层

① 取代贵金属镀层。需要电镀金层的仪器仪表、印制线路板、集成电路、管壳和电接点等部件，在焊接时会出现金溶解于焊料的问题，导致焊缝弱化。此外，铜和电镀镍容易扩散进金层，形成氧化物，使焊接性能下降并增加接触电阻。化学镀 Ni-B 合金可以有效防止铜和纯镍的扩散，保持良好的焊接性能。此外，在多种环境下仍能保持良好的电学性能，可作为电子元器件中金层的替代品。

对于碳膜电位器旋转片和固定片，采用化学镀 Ni-B 合金镀层后，接触电阻仅为 0.126Ω。在负载耐磨、额定功率电负载和恒定湿热等方面，镀层的接触电阻变化符合技术要求。此外，该镀层具有噪声小、手感好、耐磨和稳定接触电阻等优点，是一种优良的替代银镀层的电接触镀层材料。

以往变压器的铜触点需要镀金层达到 0.7μm，但金镀层常在使用 500 小时后失效。而采用厚度为 2.5～3.8μm 的 Ni-3%B 合金镀层的铜触点，在使用 700 小时后仍保持完好，不会出现失效的情况。

② 润滑镀层。Ni-B 镀层具有与玻璃间的高黏附温度以及良好的滑动性能。因此，它可以作为制造玻璃制品金属模具的表面防粘模耐磨层的材料。

③ 耐磨镀层。Ni-B 镀层常被用作工模具的替代硬铬镀层。它可以应用于纺织机械上的导杆、绕线筒和喷嘴等耐磨表面，从而延长这些部件的使用寿命，降低成本。

多元化学镀镍技术具有优异的综合性能，并广泛应用于各个国民经济部门。为了进一步改善化学镀镍的性能，研究人员还开展了多元化学镀镍的合金化、化学复合镀、纳米化学镀等方面的研究。通过这些研究，获得了性能各异的镀层，例如 Ni-Cu-P、Ni-W-P、Ni-Mo-P、Ni-Co-B、Ni-P-B、Ni-Fe-B、Ni-P-Al_2O_3、Ni-B-SiC、Ni-P-PTFE、Ni-P-MoS_2 合金等。这些多元化学镀镍和复合化学镀镍合金层克服了二元化学镀镍层的不足之处，具有出色的综合性能。它们的开发将推动化学镀镍技术的发展，并且扩大化学镀镍技术在航空航天、电子、信息、汽车、精密仪器等高技术领域的应用范围。

3.1.3.5 化学镀钴

以金属钴为基础的化学镀钴合金层在电子、信息、计算机、通信等行业中具有广泛应用。由于钴的标准电位较低，化学还原能力较镍弱，因此在酸性镀液中，钴的沉积速度缓慢，甚至难以获得钴的镀层。只有在碱性镀液中，钴的沉积速度较高，反应可以正常进行，从而得到钴的化学镀层。

随着信息产业的迅速发展，对磁记录和磁光记录介质等的需求不断增加。化学镀钴层以其出色的磁性能和方便的化学镀工艺受到了更多关注，并且研究、开发和应用的速度也显著加快。

(1) 化学镀钴反应机制

针对化学镀钴的机制，现有几种理论。初生态原子氢理论认为，在碱性镀液中以次磷酸盐为还原剂时，化学镀钴的共沉积依赖于镀件表面的催化作用。这种催化作用导致次磷酸根离子（H_2PO^{2-}）分解出初生态原子氢（[H]），[H] 将 H_2PO^{2-} 还原成磷（P），同时与钴一起沉积形成 Co-P 镀层。在这个过程中，氢气同时逸出。

而化学镀 Co-B 体系则使用硼氢化物或二甲基胺硼烷作为还原剂。由于硼氢化物只能在强碱性溶液中稳定存在，在中性或酸性溶液中会迅速水解，并释放出大量氢气。因此，使用硼氢化物作为还原剂时，必须在强碱性条件下进行化学镀钴反应。

(2) 化学镀钴工艺

与化学镀镍溶液的组成基本相似，化学镀钴溶液也是由主盐、还原剂、络合剂、缓冲剂等构成。不同镀液体系的化学镀钴工艺见表 3-5。

表 3-5 不同镀液体系的化学镀钴工艺

镀液类型	组成与含量/(g/L)			
	Co-P(1)	Co-P(2)	Co-B(1)	Co-B(2)
硫酸钴($CoSO_4 \cdot 7H_2O$)	15～25			25～32
氯化钴($CoCl_2 \cdot 6H_2O$)		25～35	7～11	
次磷酸钠($NaH_2PO_2 \cdot H_2O$)	20～30	20～27		
硼氢化钠($NaBH_4$)			0.6～0.8	
二甲胺基硼烷(DMAB)				3～5
氯化铵(NH_4Cl)				60～70
酒石酸钾钠($KNaC_4H_4O_6 \cdot 4H_2O$)	130～150			
柠檬酸钠($Na_3C_6H_5O_7 \cdot 2H_2O$)		57～62		70～80
硫酸铵[$(NH_4)_2SO_4$]	60～80			
酒石酸钠($Na_2C_4H_4O_6 \cdot H_2O$)			60～80	
四硼酸钠($NaB_4O_7 \cdot 10H_2O$)			2～3	
硼酸(H_3BO_3)		30～35		
氢氧化铵(NH_4OH)				60～70
pH	9.5～10.5	7.0～8.0	>13	9.0～9.5
温度/℃	75～85	85～90	35～45	80～85

氯化钴和硫酸钴是化学镀钴溶液中的重要主盐，用来提供二价钴离子。次磷酸钠、硼氢化物、二甲胺基硼烷等常被用作还原剂，通常只在碱性条件下起作用，能够还原出金属钴。柠檬酸盐、酒石酸盐等则作为络合剂，用于维持镀液平衡，控制二价钴离子的浓度。氯化铵、硫酸铵等铵盐是缓冲剂，不仅可以辅助控制二价钴离子的浓度，还能对溶液的 pH 值起到缓冲作用，防止发生剧烈波动，从而保证沉积过程的正常进行。然而，由于铵离子容易与钴形成稳定的二价钴络合物，并迅速将二价钴氧化为三价钴，因此镀液中钴离子的浓度必须控制在适当的范围内，以免降低沉积速率。

（3）化学镀钴合金层的结构和性能

1）化学镀钴合金层的组织结构

在施加镀层过程中，溶液的酸碱度对于镀层中金属元素的含量有显著的影响。一般来说，溶液的酸碱度越高，磷和硼的含量就越低。此外，化学镀钴二元合金的晶体结构与镀层中类金属元素的含量密切相关，当磷和硼的含量增加时，镀层的非晶态特性就会更加显著。在低磷、低硼的化学镀钴合金层的镀态下，磷和硼存在于密排六方结构的 α-Co 中，随着温度的升高，无论是化学镀的 Co-P 合金镀层还是 Co-B 合金镀层，都会发生 α-Co 向面心立方结构的 β-Co 的同素异构转变，并且会析出 Co_2P 和 Co_2B 等第二相。

2）化学镀钴合金层的性能

① 显微硬度。在镀层状态下，Co-1.1%P 合金的显微硬度为 482.4HV。化学镀 Co-P 合金的硬度与镀层中的磷含量相关，当 P 的质量分数为 1.0%～5.54%时，镀层的微观硬度随磷含量的增加而提高。经过 1h 的热处理后，随着温度的升高，镀层的显微硬度先升高后降低，当热处理温度为 400℃时，镀层硬度达到最高值 832HV。

Co-5.1%B 合金镀层在镀态下的显微硬度为 643.7HV，镀层中的硼含量越高，硬度也越高。热处理后，Co-B 合金镀层的显微硬度呈现先增加后减少的趋势，经过 400℃1.5h 的热处理，显微硬度可达 1073.4HV。

② 磁性。化学镀 Co-P 的磁性在镀层中表现为磁晶各向异性。磁畴壁的移动和旋转程度直接影响矫顽磁力和矩形比。矫顽力和矩形比受镀液的 pH 值、镀层厚度和热处理温度等因素的影响。

（4）化学镀钴合金层的应用

化学镀钴层主要在信息记录和存储器件中被广泛使用，而在结构零件方面的应用较为有限，主要是由于镀液成本相对较高。

磁记录介质一般要求矫顽力高、剩磁感应强度高、矩形比大、温度稳定性好、分辨率高、对磁头磨损小。图 3-10 显示了化学镀磁盘的截面结构，磁盘基材为铝合金，底层涂有化学沉积的非磁性 Ni-P 膜，其中 P 的质量分数>12%。为了确保磁头的稳定工作，需要保持磁头和介质之间的间隙均匀，因此必须对化学镀 Ni-P 镀层进行精整抛光。接下来，在磁记录介质上再进行化学镀一层厚度适当的 Co 基合金膜。最后，通过旋转涂敷法或烧结法制备一层 SiO_2 保护膜，并在其表面上涂一层润滑剂作为润滑膜。

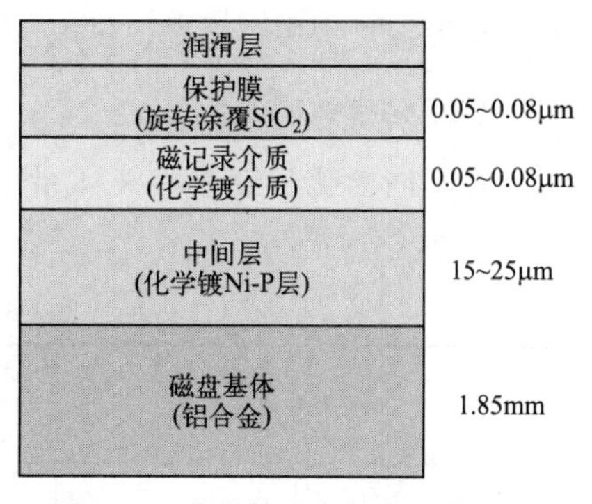

图 3-10 化学镀磁盘的截面结构

为了进一步提高化学镀钴的磁性能，研究人员开发了多种多元化学镀钴合金。这些合金包括 Co-Ni-P 合金、Co-Fe-P 合金、Co-Zn-P 合金、Co-Ni-B 合金、Co-Fe-B 合金、Co-W-P 合金、Co-Ni-W-P 合金、Co-Ni-Mn-P 合金以及 Co-Me（Cu、Mo、Re）-P 合金。在磁记录和磁光记录领域，多元化学镀钴合金层具有更加广泛的应用价值。

钴可以像镍一样具有自催化性能，在化学镀合金镀层中充当主要金属。虽然铁、铜、钙、铝、锌等金属离子在含钴盐溶液中没有催化作用，但它们不会对钴的自催化沉积性能产生负面影响，同时容易被还原，可以与 Co-P、Co-B 等物质共同沉积，形成化学镀钴基多元合金。通常来说，Co-P 系多元合金在硬磁性能上表现更佳，而 Co-B 系多元合金则展示出良好的软磁性能。相较于 Co-P 合金，Co-Ni-P、Co-Zn-P、Co-Ni-W-P 这几种合金具备更高的矫顽力和矩形比，常被应用于计算机磁记录系统。

在化学镀 Co-B 合金溶液中添加稀土元素可以提高镀层的硬度、饱和磁化强度、磁导率，降低矫顽力，显著改善了镀层的软磁性能。尽管稀土元素具有极负的电极电位，但在适当的络合剂作用和铁族元素的诱导下，它们可以与钴基合金发生化学共沉积。

采用化学镀的方法可以成功制备出 Co-Ni-Mn-P、Co-Ni-Re-P 和 Co-Ni-Re-Mn-P 等垂直磁记录合金薄膜。在这些合金的制备过程中，通过添加锰和钨来实现钴基合金的 *C* 轴与基底表面垂直，从而得到了良好的垂直各向异性。同时，锰的加入还能够有效提高矫顽力，而添加铼则可以降低退磁的大小。

磁光记录介质利用 Kerr 效应工作，当磁介质的磁化方向与表面垂直时，偏振面旋转达到最大。因此，磁光记录中常采用带有垂直磁各向异性的薄膜作为磁介质。Co-P 系合金中加入钪、钇、锌等金属元素后，具备优越的垂直磁各向异性。制作磁光记录介质的方法是先在玻璃基底表面化学镀一层 Ni-W-P 合金，然后再施加镀 Co-Ni-W-Re-P 合金，从而得到高质量的磁光记录镀层。

3.1.3.6 化学镀铜

化学镀铜层的物理、化学性质与电镀法所得的铜层基本相似，化学镀铜主要用于非导体材料的表面金属化处理。目前，化学镀铜的最重要应用是印制电路制造过程中的通孔镀。化学镀铜技术能够在非导体孔壁和导线上形成一层均匀厚度的镀铜层，从而极大地提升印制电路的可靠性。近些年，化学镀铜的应用还扩展至射频和电磁屏蔽等领域。

（1）化学镀铜机制

化学镀铜常用的还原剂包括甲醛、次磷酸钠和硼氢化钠等。目前最常使用的还是甲醛。在化学镀铜过程中，甲醛提供电子，使得铜离子在催化表面还原成金属铜。

（2）化学镀铜工艺

在不同的化学镀铜溶液体系中，选用的络合剂不同。不同镀液体系的化学镀铜工艺见表 3-6。

表 3-6　不同镀液体系的化学镀铜工艺

镀液类型	组成与含量			
	酒石酸钾钠	EDTA	酒石酸钾钠＋EDTA	柠檬酸钠
硫酸铜（$CuSO_4 \cdot 5H_2O$）	5	10	14	6
甲醛（OCHO）	10	5		
乙二胺四乙酸（EDTA）		20	20	
次磷酸钠（$NaH_2PO_2 \cdot H_2O$）				28
酒石酸钾钠（$KNaC_4H_4O_6 \cdot 4H_2O$）	25		16	
柠檬酸钠（$Na_3C_6H_5O_7 \cdot 2H_2O$）				15
氢氧化钠（NaOH）	7	14	12	
硼酸（H_3BO_3）				30
硫酸镍（$NiSO_4 \cdot 7H_2O$）				0.5

续表

镀液类型	组成与含量			
	酒石酸钾钠	EDTA	酒石酸钾钠+EDTA	柠檬酸钠
碳酸钠(Na_2CO_3)			45	
硫脲[$(NH_2)_2CS$]				适量
pH	12.8		12.5	9.2
温度/℃	15～25	40～60	15～50	65

硫酸铜是化学镀铜液中的主盐。随着铜离子浓度的增加，沉积速度也会加快，但当达到一定值时，沉积速度的改变不明显。铜离子的浓度对镀层的质量和性能的影响不大，但镀铜液中的杂质可能会影响镀层的性质。甲醛和次磷酸钠被用作还原剂，甲醛的还原能力会随着浓度的增加而提高。酒石酸钾钠、EDTA、柠檬酸钠作为化学镀铜液中的络合剂，能够与铜离子形成络合物，避免生成 $Cu(OH)_2$ 沉淀。选择适当的配位剂不仅可以增加镀液的稳定性，还能提高沉积速度和镀层质量。氢氧化钠的作用是调节镀液的 pH 值，以维持溶液稳定，并为甲醛提供碱性环境，具备较强还原能力。

甲醛的还原反应与镀液的酸碱度密切相关，只有当镀液的 pH 值大于 11 时，甲醛才能表现出还原铜的能力。镀液的酸碱度越高，甲醛还原铜的效果越显著，从而导致沉积速率加快。然而，为了避免镀液的自发分解，降低镀液的稳定性，pH 值不宜过高。因此，甲醛作为还原剂的化学镀铜溶液 pH 值通常控制在 12 左右。在进行化学镀铜时，反应温度也需要严格控制。虽然升高温度可以增加沉积速度、提高铜层韧性和降低内应力，但同时也会增加 Cu_2O 的生成量，导致镀液的稳定性降低。为了避免温度过低导致硫酸钠析出并附着在镀件表面，造成铜的沉积受阻，以及产生针孔和绿色斑点，化学镀铜的工作温度应在 15～25℃之间进行控制。在化学镀铜过程中，常使用机械搅拌和空气搅拌的方法。搅拌可以使被镀工件表面的溶液浓度尽可能与槽内整体溶液的浓度一致，确保有足够的 Cu^{2+} 被还原成 Cu 镀层，进而提高镀液的沉积速率。同时，搅拌还能够除去停留在镀件表面的气泡，减少镀层的针孔和起泡现象，还有助于 Cu^{+} 氧化成 Cu^{2+}，抑制 Cu_2O 生成，改善镀液的稳定性。

(3) 化学镀铜合金层的结构和性能

① 化学镀铜合金层的显微结构与基体材料、表面状态等因素相关。当化学镀铜层沿着基体晶体学方向生长时，能够呈现明显的择优取向。因为 Pd/Sn 胶体催化剂可以高度分散在非导体表面上，所以它可以被用作化学镀铜的非自发成核的核心。当经过催化的非导体基体表面开始结晶时，会形成等轴状微晶，随着镀层厚度的增加，这些微晶会逐渐转变为粗大的柱状晶体。非晶态晶体（例如 Pd-Cu-Si）的表面，初次形成的化学镀铜层有可能是无定形的，也可以是微晶体的。后者的出现是因为非晶态表面具有许多催化活性中心，从而导致化学镀铜的结晶核形成速度较高，所生成的镀层非常细小。

② 由于化学镀铜层主要应用于印制电路板的制造，因此化学镀铜合金层的特性取决于镀层与基体的结合强度，这是一个非常重要的参数。镀层的延展性、抗拉强度、内应力、孔隙率以及纯度等对结合强度产生显著影响，而结合强度则直接关系着印制电路板在制造和使用过程中对机械冲击和热冲击的承受能力。

化学镀铜层与电镀铜层相比，其杂质含量较高，内应力更大，硬度、抗拉强度和电阻也更高，而密度和延展性较低，具体数据可参见表 3-7。无论采用何种工艺制备化学镀铜层，其力学和物理性能都会受到镀液组成、操作条件以及沉积速度等多种因素的影响。

表 3-7 化学镀铜和电镀铜的性质

项目	镀层中的铜含量（质量分数）/%	密度/(g/cm^3)	抗拉强度/MPa	延展性/%	硬度/HV	电阻/($\mu\Omega\cdot cm$)
化学镀铜	≥99.2	8.8±0.1	207～550	4～7	200～215	1.92
酸性电镀铜	≥99.9	8.92	205～380	12～25	45～70	1.72

（4）化学镀铜合金层的应用

① 印制电路板生产中，覆铜板被广泛应用于制造印制电路板。化学镀铜在此过程中起着重要的作用，它通过向通孔镀上导电层来增加电路的导电性。对于非覆铜板制造的印制电路板，化学镀铜除了要实现通孔导电外，还必须进行表面选择性金属化。在多层印制电路板中，通孔化学镀铜既要连接外层表面的电路，还要连接内芯层的电路。因此，必须同时保证化学镀铜层与绝缘材料的结合强度，以及化学镀铜层与芯层电路铜层的结合强度。

② 当对塑料件进行装饰镀时，需要对其进行表面金属化处理。一般先使用化学镀铜层作为底镀层，然后进行电镀增厚。最后一道镀层可以选择镀镍、镀铬、镀金、镀银或镀铜合金（仿金）等其它装饰性镀层。这样可以使塑料件具有金属的光泽，被广泛应用于家电、汽车、轻工等行业。

③ 随着电子、信息和计算机工业的迅猛发展，电磁波干扰和信息泄露问题日益严重，电磁环境变得越来越恶劣。许多电子元器件都采用塑料机箱，然而塑料外壳的抗电磁干扰能力较差。通过在表面进行化学镀铜处理，可以大幅度提升电子产品的电磁屏蔽性能。

④ 为了增强混合电路和微电子器件模制电路板上模制互连器件的基材与镀层的结合力，通常可以选择使用热塑性塑料作为基材，并在其表面先后施加化学镀铜层。混合组合互连器件是替代铝材制造双面电磁屏蔽同模制互连器件的一种方式。考虑到结构重量和加工成型性能等因素，通常采用塑料材料制造这类器件，并通过化学镀铜的方式形成导电路径以及对电磁波干扰进行有效屏蔽。在大规模集成电路制造中，一般使用选择性真空沉积金属铝作为导电互连材料。但是在高分辨率、低功耗硅器件迅速发展的过程中，金属铝导电性的不足严重限制了其应用。化学镀铜层替代金属铝显著提升了导电性能，目前已实现产业化，并显著提高了大规模集成电路的性能。

⑤ 电子元器件电极厚膜混合电路的导电带、陶瓷电容器及电阻器的端电极材料一般由贵金属银电子浆料等印制而成，成本很高，且 Ag 导体作为电极会引发 Ag^+ 的迁移问题。通过在陶瓷基体等表面进行化学镀铜，可在不降低电性能、焊接性能的前提下，替代银作为电极材料，具有高性价比。

3.1.3.7 化学复合镀

目前，化学镀方法制备的复合镀层在工程技术中得到了广泛的应用。化学复合镀指的是将不溶性固体颗粒加入化学镀溶液中，通过一定的条件使颗粒与基质金属共沉积，从而形成具有不同物理、化学性能的复合镀层。化学复合镀赋予了镀层许多新的功能特性，使得化学镀在应用领域上有了极大的拓展。

与复合电镀层一样，化学复合镀层也是由镀层的基质金属和不溶性固体颗粒组成，基质金属是均匀的连续相，而颗粒通常是不连续地分散于基质金属之中。所以，化学复合镀层同时具备了基质金属与固体颗粒两类物质的综合性能。例如，金刚石、碳化硼等材料的硬度很高，耐磨性很好，但它们的抗拉强度低，抗冲击能力差，不易加工成型，限制了它们的应用。通过在镀镍层中镶嵌金刚石、碳化硼等颗粒，可以弥补硬质颗粒易脆的缺点，保留其耐磨特性，用作表面强化的复合镀层，广泛应用于各种磨削工具，如成型磨削、高速磨削、地质钻探和石油开采等领域。当将具有减摩功能的微米级颗粒，如石墨和聚四氟乙烯，与金属镀层混合时，产生的复合材料具备优异的耐磨性和自润滑性。

选用的颗粒大小通常为 0.3～3μm，过细的颗粒会增加比表面积，导致团聚和镀液分解。相反，过大的颗粒在镀液中难以均匀悬浮，受重力作用影响较大，不易在工件表面吸附。因此，制备合格的化学复合镀层需解决两个问题：一是需稳定镀液，减轻或消除颗粒的不稳定作用；二是需采用适当的分散与搅拌方式，使粒子均匀悬浮在镀液中，提高复合镀的吸附能力。

（1）化学复合镀层的分类

根据粒子与镀层的相对关系，化学复合镀层一般可归为图 3-11 中显示的几类。图 3-11（a）显示了通过颗粒与单金属共沉积形成的复合镀层。图 3-11（b）展示了颗粒与镍基合金共沉积形成的合金复合镀层，例如 Ni-P-SiC 镀层。图 3-11（c）描绘了两种颗粒与单金属共沉积形成的复合镀层。图 3-11（d）展示的是经加热扩散处理的含颗粒复合镀层形成的均一合金镀层。例如，热处理铝粉与镍磷合金化学共沉积得到的镀层会导致铝与镍基合金相溶，从而生成 Ni-Al-P 合金镀层。

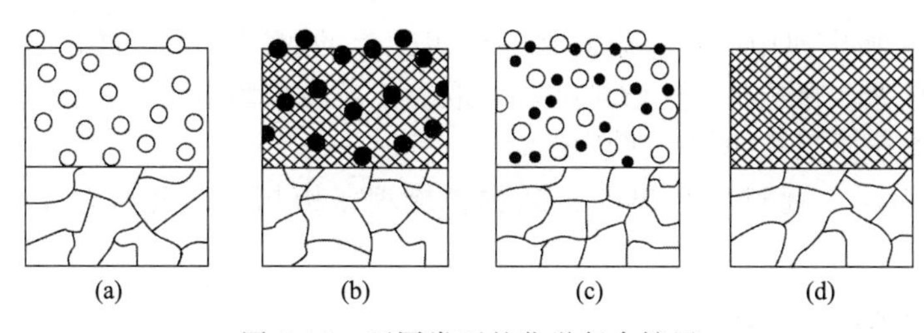

图 3-11　不同类型的化学复合镀层

按照镀层的功能特性及用途，可将化学复合镀层分为耐磨镀层、自润滑镀层和脱模性镀层等。

（2）化学复合镀的特点

① 镀层组织稳定、可用颗粒的种类多　利用粉末冶金法、爆渗法以及热挤压法等热处理工艺来制备复合材料时，通常需要在高温环境下进行。这样一来，制备含有有机物和高温分解的不稳定复合材料就变得困难重重。此外，高温下的形成过程中，基底金属与固体颗粒之间会发生扩散和化学反应等现象，从而导致它们的属性发生变化，使复合镀层的性能下降。

水溶液中形成的化学复合镀层，通常镀覆温度不超过 95℃。因此，除了常见的陶瓷颗粒，许多在热加工中不能使用的物质，也可以作为不可溶性固体颗粒分散于镀液中，制成各种类型的复合镀层。低温下，基质金属与分散相颗粒基本上不发生相互作用，均能保持各自特性，不对镀层产生不利影响。根据需求，可以热处理化学复合镀层，提升其性能。

② 投资小、操作方便　与热加工制备复合材料相比，化学复合镀的生产设备要求简单，操作方便，易于控制，并且能耗小，材料利用率较高，生产成本较低。此外，化学复合镀还不需要保护性气体。

③ 镀层种类齐全、性能多样　一个基质金属能方便地与多种性质不同的固体颗粒组合，同样地，一个固体颗粒也能与多个不同的基质金属组合。通过改变固体颗粒与金属共沉积的

条件，我们可以在复合镀层中调整颗粒的含量，从零到50%或更高的范围内变化。因此，我们可以获得具有不同化学组成、基质金属和颗粒比例的各种复合镀层。利用化学复合镀技术，我们能够方便地调控复合镀层的力学、物理和化学性能。

④ 节约贵重金属、提高经济效益　材料表面的耐磨性、减摩性、抗划伤能力以及抗高温氧化性能等，直接影响着零件的使用寿命。在很多情况下，可以通过化学沉积的方式在普通的基体材料上获得具有卓越性能的复合镀层，从而替代使用其它制备方法得到的整体贵重金属材料。通过这种方式，可以在保持或提高功能特性的前提下，带来巨大的经济效益和环境效益。

（3）化学复合镀的步骤

颗粒与基质金属的化学共沉积过程，一般由以下几个步骤完成。

① 颗粒向零件表面迁移　在搅拌过程中，溶液中的分散颗粒被输送到零件表面，发生物理吸附。

② 试样表面上的颗粒黏附　颗粒与零件表面之间的相互作用力的强弱决定了颗粒是否能够牢固地黏附在表面，这是形成复合镀层的必要条件。颗粒的特性、镀液的组成和性能以及化学镀的工艺条件等均会对颗粒与零件之间的相互作用力产生影响，并进而影响颗粒的黏附性。

③ 颗粒陷入基质金属中　颗粒附着在零件表面上的时间越长，被化学沉积的基质金属捕获的可能性就越大。颗粒是否能够被捕获，取决于颗粒的附着力、镀液对零件表面上颗粒的冲击力以及金属还原沉积的速度等因素。

④ 形成复合镀层　通过将析出的金属颗粒掩埋于镀层中，复合镀层得以在基体表面形成。

（4）化学复合镀的机制

在化学镀过程中，由于零件表面所具备的催化性能，因此金属离子在零件表面和溶液中的电位存在差异。这导致溶液中的金属离子有目标地吸附到零件表面，从而形成了具有吸附双电层的表面。

化学复合镀时，微米级粉末在镀液中表现出像胶体一样的性质。当颗粒从溶液中选择性地吸附某些离子后，表面会形成双电层结构，由紧密层和扩散层组成。当颗粒与镀液相对运动时，紧密层中的离子仍然与颗粒保持联系，而扩散层中的一部分离子则有可能被液体带走。此外，运动颗粒的外层一直被溶剂包裹着，形成了一个可移动的液/液界面。在这个界面上，存在着特定的电位。当颗粒在零件表面物理吸附时，颗粒表面的水化膜会阻碍颗粒与金属直接接触，从而使得颗粒无法与金属同时发生化学共沉积。当颗粒表面有选择性地吸附某些阴离子时，所吸附的阴离子水化程度较低，使得颗粒的水化膜与零件表面直接接触，从而可增强颗粒与零件表面之间的相互作用力。这就导致了第二步吸附的发生，其中颗粒被基质金属捕获，伴随着基质金属的还原，实现了颗粒与基质金属的共沉积，形成了化学复合镀层。

（5）化学镀复合工艺

化学复合镀常采用镍基合金作为基材金属，可共沉积 SiC、Al_2O_3、B_4C、TiN 等固体颗粒。镀覆过程中，活化处理颗粒等操作与复合电镀类似。同时，还可采用共沉积方式将颗粒与 Ni-P、Ni-B、Ni-Cu-P、Ni-Co-P 等合金一同沉积，形成复合镀层。

（6）影响化学复合镀的因素

要得到均匀的、高性能的化学复合镀层，必须严格控制以下因素。

① 颗粒含量　通常随着化学镀液中颗粒添加量的增加，化学复合镀层中固体颗粒的含量几乎呈线性增加，并且很快达到最大值。由于颗粒与金属相对沉积速度存在着差异，固体颗粒达到最大值后，再进一步提高颗粒在化学镀液中的浓度时，镀层中颗粒的含量会出现下降或维持在某一恒定值的现象。

与电镀不同，化学复合镀层可以通过在镀液中加入少量的颗粒来实现高含量颗粒的沉积。举例来说，只需在化学镀镍溶液中添加 3g/L 的 SiC 颗粒，就可以得到 SiC 含量达到 7.72%（质量分数）的 Ni-P-SiC 复合镀层。而如果要在电镀镍层中实现相同含量的 SiC 颗粒，则需要在镀液中添加 120g/L 的 SiC 颗粒。

② 搅拌强度　在镀液中，颗粒需要通过搅拌来实现均匀悬浮并传输到零件表面。因此，搅拌强度对颗粒在复合镀层中的含量有重要影响。对于密度和粒径较小的颗粒而言，当其在镀液中的浓度较低时，它们很容易实现均匀悬浮和充分输送，此时并不需要很高的搅拌强度。而对于颗粒粒径和密度较大的情况，搅拌的影响变得显著。只有在强烈搅拌的情况下，才能够提升颗粒在镀液中的均匀分布。

一般来说，随着搅拌强度的增加，镀液的流动速度逐渐上升，颗粒在镀液中的有效浓度也逐渐增加，输送到零件表面的颗粒数量也随之增多，复合镀层中的颗粒含量也相应增加。然而，如果搅拌强度过高，颗粒在镀液中的运动速度也会增加，从而增加了镀液对零件表面的冲击力。这样一来，颗粒会更难黏附在零件表面上。而且在镀液的冲击下，一些颗粒可能会从零件表面脱离，并重新进入镀液中，即使它们已经部分黏附在零件表面上，但与基质金属的结合还不牢固。因此，随着搅拌强度的增加，颗粒在镀层中的含量可能会先上升到最大值，然后再下降。

③ 镀液的稳定性　与常规化学镀溶液相比，化学复合镀液的稳定性较差，这对产生合格的化学复合镀层带来了不利影响。

颗粒的活性对电镀液的稳定性有显著影响。在化学复合镀层的形成过程中，金属离子不仅可以在零件表面发生还原和沉积反应，还可能在悬浮于电镀液中的固体颗粒表面上发生还原反应。换言之，电镀液中的固体颗粒可能作为催化活性中心，降低化学镀液的稳定性，从而加速电镀液的自发分解。不同的固体颗粒对化学镀液的稳定性产生不同程度的影响。一般来讲，固体颗粒的催化活性越高，其对镀液稳定性的影响就越显著。因此在进行化学复合镀时，应当避免选择比基质金属更活泼的物质作为共沉积颗粒。否则，更活跃粒子的表面将迅速被取代，产生一层基质金属膜。随后，许多被基质金属膜包覆的颗粒表面将经历剧烈的化学还原反应，使镀液迅速失效。因此，在进行化学复合镀时，常常使用碳化物、氧化物、氮化物等物质作为固体颗粒，以降低基质金属的催化活化能力，从而减缓镀液的分解速度。同时，在满足镀层中颗粒含量要求的前提下，适当降低化学镀液中固体颗粒的浓度，可以提高化学复合镀液的稳定性。

此外，化学复合镀液中的沉淀物（如化学镀镍中的亚磷酸盐和氢氧化镍等）以及空气中的灰尘等，会形成催化活性的核心，进一步促进化学复合镀液的分解。为了解决化学复合镀液的分解问题，可以加入更多的稳定剂来抑制其分解，但过多的稳定剂会降低镀层沉积速度。常用有机酸或有机酸盐作为稳定剂，既能减弱金属离子的还原反应，又能起到缓冲镀液 pH 值的作用。同时，采用连续过滤的方法能够及时去除镀液中的沉淀和尘埃，提高镀液的稳定性。控制合适的装载比可以避免还原反应过于激烈，防止化学复合镀液浓度在短时间内发生过大的变化，从而降低其自发分解的趋势。一般来说，化学复合镀液中的装载比不超过 $1.25dm^2/L$。

（7）化学复合镀层的分类和应用

不同的基质金属与不同的颗粒相配合，可以用于不同的场合。常见化学复合镀层种类与颗粒的关系见表 3-8。

表 3-8 常见化学复合镀层种类与颗粒的关系

镀层类型	微粒种类
耐磨	CaF_2、$(CF)_n$、MoS_2、PTFE、石墨等
自润滑	Al_2O_3、Cr_2O_3、TiO_2、ZrO_2、SiC、Cr_3C_2、B_4C、BN、金刚石等
脱模性	CaF_2、$(CF)_n$、MoS_2、PTFE、石墨等

①耐磨复合镀层主要通过在镀层中嵌入高硬度颗粒而实现，这些颗粒可以细化镀层基质金属的晶粒，并且其高硬度和弥散强化效应显著提高了镀层的耐磨性能。这种镀层常被应用于气缸壁、压辐、模具、仪表、轴承等需要表面强化的部分。

② 自润滑镀层通过一些固体润滑剂颗粒在镀层中嵌入实现，这些颗粒能够降低摩擦，起到润滑效果。这种镀层主要用于气缸壁、活塞环、活塞头、轴承等部件上。

③ 脱模性镀层通过分布一些能够改善表面润湿性能、提高模具脱模性能的颗粒来实现。这些颗粒可以减轻被加工材料与模具表面的黏附，用于拉深、热压等模具上。

3.2 表面化学处理

3.2.1 化学转化膜

化学转化膜技术是一种利用化学或电化学方法，在金属表面形成稳定的化合物膜层的技术。这些化合物膜层被称为化学转化膜。化学转化膜是在特定条件下，金属与特定介质接触时发生化学反应，在表面形成一层可以抵御腐蚀介质侵蚀的保护膜。由于化学转化膜是由金属直接参与反应形成的，因此其结合力比电化学沉积层等其它层要高得多。

3.2.1.1 化学转化膜基础

化学转化膜技术是一种通过金属与特定介质发生化学反应，在金属表面形成一层稳定的化合物膜层的技术。金属在介质中的反应比较复杂，包括了各种化学、电化学和物理化学行为。化学成膜的典型反应可由下式表示：

$$mM + nA^{z-} \longrightarrow M_mA_n + nze^- \tag{3-6}$$

式中，M 为表面层的金属原子；A^{z-} 为介质中的阴离子；z 为阴离子的价态。

化学转化膜可以提供耐腐蚀和抗磨损的性能，从而保护金属基体免受腐蚀和磨损的侵害。化学转化膜技术包括多种方法，如磷化、钝化、氮化、氧化等，具体选择的方法取决于金属的种类和应用要求等因素。通过化学转化膜技术形成的膜层通常具有较好的结合力和致密性，能够有效地防止腐蚀介质的侵蚀，并且具有良好的耐磨性能。然而化学转化膜只能提供有限程度的腐蚀保护，对于严苛酸碱条件或强腐蚀介质下的金属保护效果有限。因此，在特殊条件下还需要结合其它的防护措施，如涂层、电镀等，以提供更全面的保护。

3.2.1.2 化学转化膜的分类

（1）按成膜介质或外观分类

① 氧化物膜：金属在含有氧化剂的溶液中形成的膜，反应过程称为氧化。

② 磷酸盐膜：金属在磷酸盐溶液中形成的膜，反应过程称为磷化。

③ 铬酸盐膜：金属在含有铬酸或铬酸盐的溶液中形成的膜，习惯上称其反应过程为钝化。

④ 着色膜：金属在有着一定的组成和工艺条件的溶液中获得的一定色彩的膜层。

（2）按反应过程特点分类

① 转化膜层：金属表面原子与介质中的阴离子直接反应形成的膜层。

② 准转化膜层：金属表面原子与介质中的阴离子通过二次反应形成的膜层。

（3）按基体材料分类

有铝材转化膜、钢材转化膜、锌材转化膜、铜材转化膜、钛材转化膜、镁材转化膜等。

（4）按用途分类

有防护性转化膜、涂装底层转化膜、塑性加工转化膜、装饰性转化膜、耐磨转化膜、减摩转化膜、绝缘转化膜等。

3.2.1.3 化学转化膜的形成方式与制备方法

（1）形成方式

① 利用非成膜型处理剂：金属表面原子与不含重金属离子处理液中的阴离子反应成膜。

② 利用成膜型处理剂：虽然基体金属与处理液之间也存在某种程度的溶解，但是主要还是依靠处理液本身含有的重金属离子而成膜。

（2）制备方法

化学转化膜技术可以应用于不同的金属和合金，根据形成机制分为电化学法和化学法两大类。电化学方法是采用阳极化法进行处理；而在化学法中，可以使用浸渍法、喷淋法、刷涂法、滚涂法、蒸汽法、喷射法等不同的施工方式。根据处理方法和处理液组成的不同，可以分为电化学法、化学氧化法、草酸盐处理法、磷酸盐处理法、铬酸盐处理法等几种类型。在上述不同的处理方法中，电化学法和化学氧化法得到的是氧化物膜，而草酸盐处理法、磷酸盐处理法和铬酸盐处理法则得到相应的草酸盐膜、磷酸盐膜和铬酸盐膜等膜层。由于不同金属和合金的特性以及应用需求的不同，不同的转化膜技术会相应选择适合的工艺，金属与合金化学转化膜的制备方法及转化膜类型见表 3-9。

表 3-9 金属与合金化学转化膜的制备方法及转化膜类型

材质	电化学法（阳极法）	化学法（浸渍法、喷淋法、刷涂法、滚涂法等）				转化膜类型
		化学氧化	草酸盐处理	磷酸盐处理	铬酸盐处理	
Zr、Ta、Ge	√	—	—	—	—	●
Ti 合金	√	—	—	—	√	●○
Mg 合金	√	—	—	√	√	●○▲

续表

材质	电化学法（阳极法）	化学法（浸渍法、喷淋法、刷涂法、滚涂法等）				转化膜类型
		化学氧化	草酸盐处理	磷酸盐处理	铬酸盐处理	
Al及Al合金	√	√	—	√	√	●○▲
Cu及Cu合金	√	√	—	√	√	●○▲
Fe-C合金	√	√	√	√	√	●○▲△
Zn及Zn合金	—	—	—	√	√	○▲
Cd	—	—	—	—	√	○
Cr	—	—	—	—	√	○
Sn	—	—	—	—	√	○
Ag	—	—	—	—	√	○

注：●—氧化膜，○—铬酸盐膜，▲—磷酸盐膜，△—草酸盐膜。

3.2.1.4 化学转化膜的用途

化学转化膜比较致密，覆盖在金属表面将其与腐蚀介质隔绝开，而且膜层难溶于水，故具有较好的防护性能。

① 在一般防锈场合，可以使用较薄的化学转化膜作为底层，但在需要具备更高防腐性能且承受挠曲、冲击等作用的零件上，需要施加均匀、致密且较厚的化学转化膜层。

② 化学转化膜在金属摩擦副表面具有减摩和耐磨作用，特别是金属的化学转化膜能够吸收润滑油，在摩擦副接触面形成油膜，显著提高其耐磨性能。

③ 晶粒细小、均匀和致密的化学转化膜层可作为涂装的底层，能够提高涂层与基体的结合力。

④ 钢管材、线材等在冷拔、拉伸等塑性成型过程中，使用磷酸盐膜能够降低拉拔力，同时减少被加工材料与模具表面的黏附，延长模具的使用寿命。

⑤ 许多化学转化膜层具有绝缘性能和耐热性，适合用作绝缘膜层，如用于硅钢片等材料。

3.2.2 轻合金阳极氧化与微弧氧化

3.2.2.1 阳极氧化

阳极氧化是一种利用电化学方法，在工件表面形成一层致密、坚硬的氧化膜的技术。在阳极氧化过程中，待处理的工件连接到电源的正极作为阳极，而石墨等材料作为阴极。将阴阳极置于含有适当电解液的溶液中，在外部加入一定的电压，从而在工件表面通过氧化反应形成氧化膜层，其基本原理如图3-12所示。此氧化膜层具有良好的耐腐蚀性、硬度和装饰性，广泛应用于航空航天、汽车、建筑等领域。

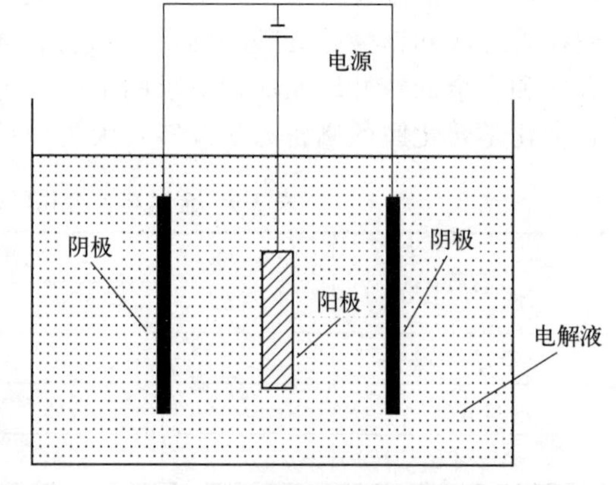

图3-12 阳极氧化基本原理

阳极氧化技术能够提高金属的耐腐蚀性和耐磨损性，同时还能为涂层和胶水提供更好的附着力。阳极氧化后的氧化膜层具有广泛的用途，厚而多孔的氧化层能够吸附染料，薄而透明的氧化层则可以增加干涉效应，提升装饰性。阳极氧化还可以防止带螺纹零件的卡死，并作为电解电容器的绝缘膜使用。该技术在保护铝合金方面应用广泛，也适用于保护钛、镁等合金。然而，阳极氧化对于铁和碳钢并不适用，因为经过氧化后的铁锈会剥落并继续腐蚀基材金属。

阳极氧化可以改变金属表面的显微结构和晶体结构。通常情况下，厚的氧化层具有多孔性，为了提高耐腐蚀性，需要对氧化层进行封孔处理。举例来说，虽然经过阳极氧化处理的铝表面比纯铝更硬，但是为了增加耐磨损性，需要增加氧化层的厚度或者使用适当的封孔物质。虽然阳极氧化膜层与涂层和金属镀层相比通常具有更强的结合力，但是它们更加脆弱，容易因受热应力产生裂纹，因此在时效和磨损情况下容易开裂。

3.2.2.2 微弧氧化

微弧氧化技术是在普通的阳极氧化过程中引入了电弧放电，以提高金属表面氧化膜的质量。它是一种用于增强处理铝、镁、钛等轻金属表面的重要工艺方法。微弧氧化也称为火花阳极氧化或等离子体电解氧化。在该工艺中，高电压施加于阳极上，产生火花和离子化反应，在金属表面形成结晶良好的陶瓷型涂层。微弧氧化工艺易于控制，操作简单，处理效率高，并且无污染。形成的陶瓷膜具有优异的耐磨和耐蚀性能，以及较高的显微硬度和绝缘电阻。

铝合金微弧氧化工艺的主要研究状况、存在问题和发展趋势及应用前景如下。

（1）电参数的研究

最初的微弧氧化工艺使用直流恒流电源，但由于难以控制金属表面的放电特性，因此目前使用较少。使用正弦交流电进行微弧氧化可以获得更好的膜层质量，但处理时间较长。现在常用的交流电源有非对称交流电源和脉冲交流电源。非对称交流电源可以有效避免电极表面形成的附加极化作用，并通过改变正、负半周期的电容输出，调节正、反向电位的大小，扩大涂层形成过程的控制范围。非对称交流电源的优点在于无需升高电压即可实现大功率处理，过程易于控制，并且节约能源，因此得到了广泛应用。

电流密度是影响陶瓷膜生长和性能的重要参数。在其它条件不变的情况下，随着阳极电流密度与陶瓷膜上的电场强度增加，陶瓷膜的厚度也逐渐增加，生长速率加快。研究结果表明，使用高电流密度制备的陶瓷膜主要含有 $\alpha\text{-}Al_2O_3$，而使用低电流密度制备的陶瓷膜主要含有 $\gamma\text{-}Al_2O_3$。增大阴极电流密度不利于 $\alpha\text{-}Al_2O_3$ 的形成。陶瓷膜中 $\alpha\text{-}Al_2O_3$ 的含量、表面孔隙度和颗粒尺寸都取决于阳极电流密度的大小。高电流密度有利于获得 $\alpha\text{-}Al_2O_3$ 含量较高的陶瓷膜，但同时也会导致孔隙度和颗粒尺寸增大，使得硬度分布不均匀。因此，在一定范围内增大电流密度会增加陶瓷膜的硬度，但过大的电流密度会导致硬度下降。目前 UL 值（阴极电流密度与阳极电流密度之比）对陶瓷膜硬度的影响规律还不清楚。在放电过程中，还需要进一步研究陶瓷膜表面离子密度和种类对陶瓷膜性能的影响。另外，增大电流密度会导致陶瓷膜孔隙度和颗粒尺寸增大，使表面更加粗糙，从而降低耐磨性能。

微弧氧化工艺一般工作电压为 500V 左右，能耗较高，合适的起弧电压选择对实现低能耗微弧氧化工艺和提高放电均匀性非常重要。在实际应用中可以通过优化电解液组成和脉冲宽度来降低起弧电压。当正向电压和负向电压单独提高时，陶瓷膜的厚度增加，$\alpha\text{-}Al_2O_3$ 的质量分数增大，表面粗糙度减小，其中负向电压的影响较大；当正向电压和负向电压同步变化时，对陶瓷膜厚度和表面粗糙度的影响是正向和负向电压单独作用的综合效果。随着电压的增加，陶瓷膜生长速率提高，但电压也不宜过高，否则会破坏膜层，而且能耗也会增加。

脉冲放电模式属于场致电离放电，其特点是火花存活时间短，放电能量大，有利于较早地形成致密层。在高脉冲频率下，致密层的质量分数增加，表面粗糙度减小，膜层硬度增加，耐磨性能也提高，形成的陶瓷膜层性能优异。随着脉冲频率的增加，膜层的生长速率先增加后减小，而能耗的变化规律与之相反。

脉冲占空比是影响陶瓷膜特性的重要因素之一，脉冲宽度决定了电火花放电的持续时间和密度。脉冲宽度增加有利于提高 $\alpha\text{-}Al_2O_3$ 的质量分数和陶瓷膜硬度，但过高的脉冲宽度会导致放电更加剧烈，从而增加陶瓷膜的表面粗糙度。

（2）电解液组成、浓度、温度和添加剂的研究

铝合金微弧氧化的电解液分为碱性和酸性两类。酸性电解液因对环境的污染较多，目前应用较少。弱碱性电解液广泛研究和使用，其优点在于阳极生成的铝离子可以轻易转变为带负电的胶体粒子而得到再利用。碱性电解液主要包括硅酸盐、氢氧化钠、磷酸盐和铝酸盐等四种体系。在实际应用中，电解液的组成必须与所处理的铝合金材料相匹配。其中，硅酸盐电解液是应用最广泛的，与其它体系相比，硅酸盐电解液无环境污染问题，但其溶液的使用寿命较短且能耗较高。在这四个电解液体系中，陶瓷膜的生长规律基本相同，微弧氧化的初始阶段成膜速率较快，其中以氢氧化钠和铝酸盐体系尤为明显。超过一定的氧化时间后，成膜速率会有所下降。电解液的种类对陶瓷膜中 $\alpha\text{-}Al_2O_3$ 的含量有很大影响，硅酸盐溶液生成的陶瓷膜表面相对较粗糙，而氢氧化钠溶液生成的陶瓷膜则较为平滑。不同溶液体系对微弧氧化制备的陶瓷膜硬度的影响趋势相似。目前多数采用复合电解液，并根据陶瓷膜的不同用途（如耐磨、耐腐蚀、装饰、隔热和绝缘等），选择具有针对性的复合电解液。

调整电解液浓度可以改变溶液的电导率，从而降低起弧电压和正常工作电压。提高电解液浓度会增加膜层厚度和成膜速率，同时提高膜层的致密度。然而当电解液浓度过高时，放电电流过大会导致膜层表面放电，陶瓷膜的致密度和均匀性下降，粗糙度增大，硬度降低。此外，当电解液浓度较高时，连续雪崩式的动态波动效应会对陶瓷膜的成膜速率和硬度产生较大的波动，因此需要合理控制电解液的浓度。

适当提高电解液温度可以促进氧等离子体在试样表面的扩散，加快成膜速率。然而，当溶液温度超过 40℃时，成膜速率会下降。为了确保反应顺利进行，需配备冷却系统，合理控制电解液的温度，防止电解液飞溅和陶瓷膜局部烧焦。

（3）微弧氧化对铝合金基体力学性能影响的研究

微弧氧化可以显著提高轻质合金的硬度和弹性模量，结合力好，对基体合金的拉伸及疲劳性能影响较小。研究表明，2024 铝合金经过微弧氧化后，随着膜厚的增加，屈服强度、抗拉强度和弹性模量会略微下降，但降幅在 5%以内。此外，微弧氧化膜还可以显著提高 LY12 铝合金的抗弯曲能力。例如，在 50mm 的跨距下，厚度为 120μm 的氧化膜可以使基体合金的最大弯曲应力提高 50%。上层氧化膜在挠度达到 6mm 时会发生破裂，而下层氧化膜在挠度超过 20mm 后虽然存在较多的裂纹，但仍然保持完整。

3.3 表面涂覆

3.3.1 涂料与涂装

涂料是一种将材料施加在物体表面形成固态薄膜的材料。它可以通过各种施工工艺来实现，形成具有一定强度和黏附力的涂膜。涂料可以分为有机涂料和无机涂料，通常所说的涂

料是指有机涂料，它在材料或制品表面形成固态涂膜，具有保护、装饰、绝缘、防腐和标志等特殊性能。

涂料的原料可以是天然物质，也可以是合成化工产品。无论是传统的以植物油为主要原料的涂料，还是现代以合成化工产品为原料的涂料，都属于有机化工高分子材料，所形成的涂膜为高分子化合物。涂料属于精细化工产品，是一种多功能的工程材料，可以在建筑、汽车、船舶、电子设备和家居等领域得到广泛应用。

涂料的施工过程称为涂装，涂料的研发和涂装技术在国民经济的发展中起重要作用。随着科技的进步，涂料的研究和开发不断取得新进展，涂料的性能和功能得到不断提升，为各行各业提供了更好的解决方案。

（1）涂料的功能

① 保护功能　涂料可以对物体进行保护，包括防腐、防水、防油、耐化学品、耐光、耐温等。在大气中，物体容易受到氧气、水分等的侵蚀，导致金属锈蚀、木材腐朽、水泥风化等破坏。通过在物体表面涂上涂料，可以形成一层保护膜，有效阻止或延缓这些破坏的发生和发展，从而延长材料或器件的使用寿命。

② 装饰功能　涂料可以赋予物体颜色、光泽、图案和平整性等。不同材质的物体经过涂料的处理，可以呈现出丰富多样、绚丽多彩的外观，从而美化人类生活环境，提升物质生活和精神生活。

③ 特殊功能　涂料还具有一些特殊功能，如标记、防污、绝缘等。现代涂料可以提供多种不同的特殊功能，如电绝缘、导电、屏蔽电磁波、防静电产生、防霉、杀菌、杀虫、防海洋生物黏附、耐高温、保温、示温和温度标记、防止延燃、烧蚀隔热、反射光、发光、吸收和反射红外线、吸收太阳能、屏蔽射线、标志颜色等。这些特殊功能使得涂料在各个领域有着广泛的应用，如工业、建筑、汽车、电子、航空航天等。

涂料不仅能保护物体表面，延长使用寿命，还能通过装饰和提供特殊功能，为人们的生活和工作环境创造更美好的条件。随着科技的进步，涂料的性能和功能不断提升，将在更多领域发挥出更多的特殊功能。

（2）涂料的组成

涂料由成膜物质、颜料、溶剂和助剂组成。

① 成膜物质是涂料的基础，决定了涂料和涂膜的性能。树脂是常用的成膜物质，可以是天然树脂或合成树脂，如醇酸树脂、丙烯酸树脂、氯化橡胶树脂和环氧树脂等。

② 颜料给涂膜提供颜色，具有遮盖能力，起装饰和保护作用。颜料分为天然颜料和合成颜料，无机颜料和有机颜料，按作用可分为着色颜料、体质颜料和特种颜料。

③ 溶剂将成膜物质溶解或分散为液态，便于施工成膜，施工后再挥发至大气。溶剂有水、无机化合物和有机化合物等，还有反应活性剂或活性稀释剂。

④ 助剂是涂料的辅助材料，不能独立形成涂膜，但能改进涂料或涂膜的某些性能。助剂种类多样，如消泡剂、润湿剂、防流挂剂、防沉降剂、催干剂、增塑剂、防霉剂等。

（3）涂料的分类

经过长期的发展，涂料的品种繁多，分类方法也很多，可按如下方法进行分类。

按照涂料形态分为粉末、液体；

按成膜机理分为转化型、非转化型；

按施工方法分为刷、辗、喷、浸、淋、电泳；

按干燥方式分为常温干燥、烘干、湿气固化、蒸汽固化、辐射能固化；

按使用层次分为底漆、中层漆、面漆、腻子等；

按涂膜外观分为清漆、色漆；无光、平光、亚光、高光、锤纹漆、浮雕漆等；

按使用对象分为汽车漆、船舶漆、集装箱漆、飞机漆、家电漆等；

按漆膜性能分为防腐漆、绝缘漆、导电漆、耐热漆、防火漆、防水漆等；

按成膜物质分为醇酸、环氧、氯化橡胶、丙烯酸、聚氨酯、硅树脂、氟树脂、聚脲。

以上的各种分类方法各具特点，但是无论哪一种分类方法都不能把涂料所有的特点都包含进去，所以世界上还没有统一的分类方法。我国国家标准 GB/T 2705—2003 采用以涂料中的成膜物质为基础的分类方法。

（4）涂料的成膜机理

在涂料施工过程中，涂饰只是涂料成膜的第一步，之后需要进行干燥或固化的过程，才能形成完整的固态涂膜。不同种类和组成的涂料有不同的成膜机理，成膜机理受成膜物质性质的影响。一般来说，涂料的成膜机理可以分为以下两类。

① 非转化型　这种成膜方式主要依靠涂膜中的溶剂或其它分散介质的挥发，使得涂膜的黏度逐渐增大，形成固态涂膜。例如，丙烯酸涂料、氯化橡胶涂料、沥青漆、乙烯涂料等。

② 转化型　这种成膜方式涉及涂料中成膜物质发生化学反应的过程，通过聚合反应形成高聚物涂膜。可以说，这是一种特殊的高聚物合成方式，完全符合高分子合成反应机理。例如，醇酸涂料、环氧涂料、聚氨酯涂料、酚醛涂料等。

（5）常用涂料的性能

1）酚醛树脂涂料分类

① 改性酚醛树脂涂料主要以松香为主要成分，具有干得快、耐水、耐久等特点，广泛用于建筑和家用涂料，价格较低廉。

② 纯酚醛树脂涂料由纯酚醛树脂和植物油制成，具有优异的耐水性、耐化学腐蚀性、耐候性和绝缘性，适用于船舶、机电产品等。

2）醇酸树脂涂料

醇酸树脂涂料是一种由多元醇、多元酸和脂肪酸缩聚而成的特殊聚酯树脂涂料。该涂料成膜后具有良好的柔韧性、附着力和强度，颜料和填料能均匀分散，颜色均匀且具有良好的遮盖力。然而，该涂料的耐水性较差。在我国涂料市场上，醇酸树脂涂料的产量居首位，广泛用于各个领域。

3）氨基树脂涂料分类

① 氨基醇酸烘漆是目前应用最广泛的工业用漆，其成膜温度低、时间短，具有良好的耐化学药品性、不易燃烧和良好的绝缘性能。

② 酸固化型氨基树脂涂料在常温下能够固化成膜，具有光泽度高、外观丰满等特点，但耐温度和耐水性较差，主要应用于木材、家具等涂装领域。

③ 氨基树脂改性的硝化纤维素涂料通过使用氨基树脂，增强了硝基透明涂料的耐候性和保光性能，同时提高了固体分含量。

④ 水溶性氨基树脂涂料的物理化学性能优于溶剂型氨基醇酸树脂涂料，但耐老化性能不如溶剂型氨基醇酸树脂涂料。

4）丙烯酸树脂涂料

丙烯酸树脂涂料由丙烯酸、酯类或甲基丙烯酸酯单体经加聚反应得到。有时也会与其它乙烯类单体共聚。这类涂料可分为热塑性和热固性两种。共同特点是涂膜具有高光泽、耐紫外线照射、长期保持色彩和光亮度，并具有良好的耐化学药品性和耐污性。应用广泛，如汽车、冰箱、仪器仪表等领域。

5）聚氨基甲酸酯涂料

聚氨基甲酸酯涂料成膜后硬度高、耐磨性好、附着力强、防腐性能出色，广泛应用于化工、石油、航空、机车、木制品、建筑等领域，既能起到防护作用，又能满足装饰需求。

6）涂料技术的发展与进步

目前，许多涂料在涂装时会排放出挥发性有机化合物（VOC）或其它有害空气污染物（HAPs），对健康造成一定危害。这些 VOC 进入大气后，会产生光化学反应，对臭氧层造成损害，导致皮肤癌、白内障，并削弱免疫系统。为此，减少涂料中的 VOC 含量和控制涂装过程中 VOC 的排放已成为涂料技术发展的重要方向。为降低 VOC 的排放，应采用以下四类环境友好型涂料。

① 高固体分涂料是一种替代传统溶剂型涂料的新型涂料，它的特点为在相同施工黏度下含有更多的固体分，同时可以减少溶剂含量。由于固体分增多，涂料的覆盖面积比传统涂料更大，因此可以减少涂料的使用量，同时也可降低 VOC 含量。

② 水性涂料是一种使用水作为溶剂或分散剂的涂料，相比传统涂料，它具有较低的毒性和火灾风险，并且可以减少涂装过程中 VOC 的排放。然而，水性涂料的使用需要对工件表面进行较高要求的前处理，严格控制干燥过程中的温湿度，并使用不锈钢设备。此外，在使用静电设备时，还需要将电源接地以减少电压突变可能造成的损害。

③ 粉末涂料是一种由干燥的涂料粒子组成的涂料，其 VOC 含量低于 4%（质量分数）。这些涂料粒子通过静电吸附在工件表面，并经过烘烤形成连续的薄膜。粉末涂料具有出色的耐腐蚀性、装饰性和耐候性，对环境污染较少。它已被广泛应用于工程机械行业，技术已非常成熟。

④ 紫外光和电子束固化涂料主要由低分子量的聚合物组成。通过紫外线（UV）或电子束（EB）照射，涂膜发生辐射聚合、交联和接枝反应，将低分子量物质迅速转变为高分子量产物。这种涂料的固化直接在不加热的底材上进行，体系中几乎不含溶剂或仅含少量溶剂，涂膜在辐照后几乎 100%固化，因此 VOC 排放量极低。虽然紫外光和电子束固化涂料已被广泛应用于木制品和塑料制品的涂装，但在金属制品上的应用因为其性能受到一定的限制。

3.3.2 粘接与粘涂

（1）胶接与粘涂技术

胶接与粘涂是一种实用而新颖的表面工程技术，已经发展成为一门新兴的边缘学科。它具有性能高、品种多、成本低、操作简便等特点，因此被广泛应用于各个行业的产品制造和设备维修中。通过这种技术，可以赋予物体表面多种不同的功能，比如减少摩擦、耐磨、耐腐蚀、耐高温、耐低温、绝缘、导电等。同时，它还可以用于连接、固定、密封、堵漏等处理，适用于相同或不同材料。胶接与粘涂的优点在于它们灵活、快速、简便、可靠、高效、经济、节能、环保。此外，针对一些机械零件如印刷机滚筒、机床导轨等的特殊性能要求，已经开发出了专用的修补胶。为了满足特殊工况要求，还可以研制专用胶黏剂。

粘涂技术是将添加特殊材料（也称为骨材）的胶黏剂涂覆于零件表面，以赋予其特殊功能的一种表面新技术。这些特殊材料可以使涂层具有耐磨损、耐腐蚀、绝缘、导电、保温、防辐射等功能。形成粘涂层的过程是通过粘料与固化剂的化学反应来实现的。粘涂层与基体结合强度高，耐磨性和耐腐蚀性能也比普通涂料强。特殊的填料对涂层的性能有重要影响。与粘接相比，粘涂层不含有机溶剂，黏度较高，通常为双组分。粘涂层与基体的结合强度高，可达 10.6MPa。此外，粘涂层中的骨材使其具有耐磨性和耐腐蚀性能，这是普通涂料所无法比拟的。

（2）表面粘涂的基本原理

表面粘涂技术是一种与粘接技术密切相关的技术，被广泛应用于零件的耐磨损、耐腐蚀、缺陷填补和堵漏等领域。这种技术的核心是使用复合材料胶黏剂或修补剂作为功能性涂层材料。除了具备一般胶黏剂的功能外，这些涂层还赋予零件耐磨损、耐腐蚀等特殊功能。实现这些特殊功能主要依靠特殊填料（也称为骨材），通过选择合适的黏合剂基材来实现。例如，金属骨材能够赋予涂层良好的金属加工性，而陶瓷骨料则能够赋予涂层耐磨性和耐蚀性等特性。

以耐磨修补剂为例，它主要由超硬陶瓷、金属碳化物骨材和树脂基材组成复合材料涂层。该涂层广泛应用于设备的耐冲蚀和磨料磨损修复以及预防保护涂层。耐磨修补剂兼具陶瓷材料和聚合物的优点，所形成的复合材料涂层的耐磨性能可达碳钢和耐磨铸铁的 2～8 倍。

（3）粘涂工艺的优点及适用范围

粘涂技术是粘接技术的一种发展，拥有涂层修复和强化等优点。与其它修复技术相比，如堆焊、电镀、电刷镀和热喷涂，粘涂技术更为简便，无需专用设备，只需将修复剂涂覆在待修复零件表面即可。该技术在常温下固化，没有热影响导致零件变形。通过粘涂技术，可以赋予零件表面耐磨、耐腐、绝缘和导电等特性，是一种快速且经济的修复和预保护工艺。粘涂技术具有广泛的适用范围，可以应用于金属、陶瓷、塑料和水泥制品等各种材料。与电镀、电刷镀和热喷涂等技术相比，粘涂层的厚度可以达到几毫米至几厘米。近年来，在设备维修领域，粘涂技术的应用得到了迅速发展。除了常用的绝缘、导电、密封和堵漏外，粘涂技术还广泛应用于零件的耐磨损、耐腐蚀修复和预保护涂层，以及各种缺陷的修补，如裂纹、划痕、尺寸超差和铸造缺陷等。国内外许多研究机构在粘涂层的开发、涂覆工艺和应用方面已取得了显著的成果。

3.3.3 溶胶-凝胶涂层

溶胶-凝胶法是一种制备涂层的方法，其基本原理是将金属醇盐或无机盐作为前驱体，溶解在溶剂中形成均匀的溶液。溶液中的前驱体与溶剂发生水解或醇解反应，生成几个纳米级别的粒子，并形成溶胶。然后，使用这个溶胶来处理各种基材，形成溶胶膜。溶胶膜经过凝胶化和干燥处理后，形成干凝胶膜。最后，在一定温度下进行烧结处理，从而得到所需的涂层，如图 3-13 所示。

3.3.4 热喷涂

热喷涂是一种利用气体、液体燃料或电弧、等离子弧、激光等热源，将金属、合金、金属陶瓷、氧化物、碳化物、塑料、尼龙和它们的复合材料等喷涂材料加热至熔融或半熔融状

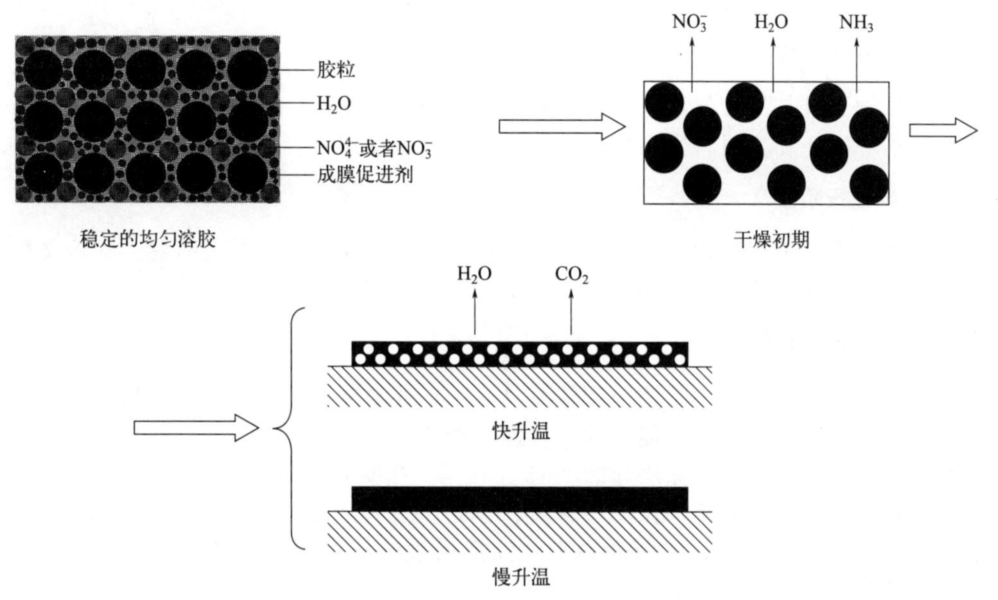

图 3-13　无机前驱体 sol-gel 膜的成膜机制

态，通过热源自身的动力或外加高速气流使其雾化，然后以一定速度喷向经过预处理的工件表面，形成附着牢固的表面层（图 3-14）。

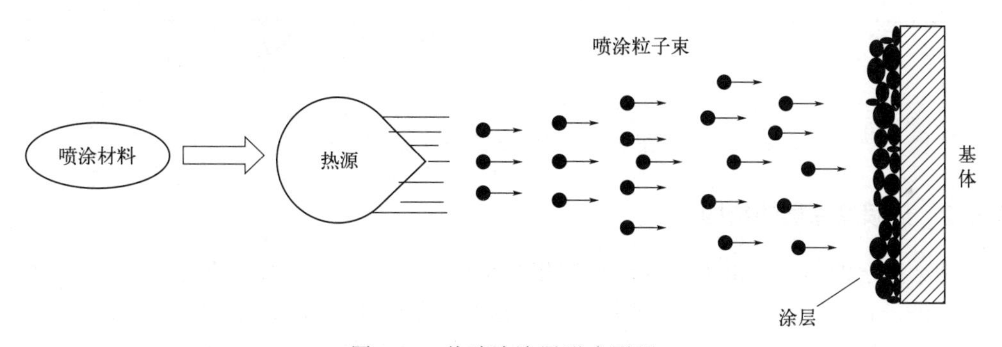

图 3-14　热喷涂涂层形成原理

热喷涂技术是一种多功能的表面处理方法，几乎所有的固体材料都可以用作喷涂材料。通过热喷涂技术，在基体表面上可以形成具有多种特殊功能的涂层，如耐磨损、耐蚀、隔热、抗氧化、绝缘、导电、润滑和防辐射等。热喷涂适用于金属、合金、陶瓷、水泥、塑料、石膏、木材等材料的表面处理，具有工艺灵活、施工方便、适应性强、生产效率高等特点。同时，喷涂层的厚度可根据需要进行调节，一般可控制在 0.5mm～5mm 之间，而且对基体材料的组织和性能的影响较小。热喷涂技术已广泛应用于航空航天、国防、机械、冶金、石化、勘探、交通、建筑和电力等领域，同时在宇航和生物工程等高端技术领域也发挥着重要作用。

3.3.4.1　热喷涂技术原理与涂层的形成

（1）加热熔化阶段

使用线材或棒材作为喷涂材料，端部进入高温区域，被加热熔化形成熔滴。粉末材料则在送入高温区域的行进过程中被加热至熔化或半熔化状态。

（2）喷射雾化阶段

这个阶段通过外加压缩气流或热源自身射流作用，使线材熔滴脱离，并雾化成更细小的熔滴进行喷射。对于粉末材料，它们在气流或热源射流作用下直接进行喷射。

（3）颗粒飞行阶段

在此阶段，雾化或半熔化的微小颗粒首先加速形成颗粒流，并向前喷射。随着飞行距离的增加，颗粒流的速度逐渐减慢。

（4）颗粒碰撞沉积阶段

具有高温和快速移动速率的微小颗粒流具有一定的动能，撞击到待涂的物体表面，产生强烈碰撞。颗粒的动能转化为热能并部分传递给物体表面，颗粒在表面流动并产生变形，形成扁平状态并迅速凝固成薄片涂层［图 3-15（a）］。在凝固之后的 0.1s 内，环境和热气流继续影响已形成的涂层。随后，微小颗粒流持续运动并撞击物体表面，每隔 0.1s 形成一层扁平状涂层［图 3-15（b）］，后续的扁平状涂层通过已形成的薄片进行热传导，逐渐形成层状结构的涂层［图 3-15（c）］。

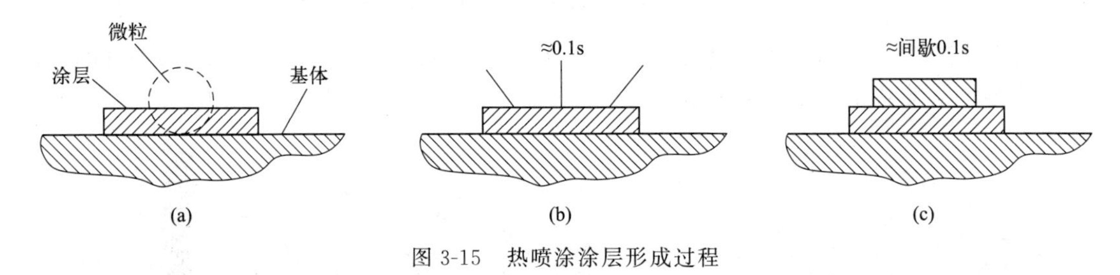

图 3-15　热喷涂涂层形成过程

3.3.4.2　热喷涂涂层的结构

热喷涂涂层的结构是由无数变形颗粒相互交错、波浪状堆叠而成的层状组织。涂层中存在着夹杂物、孔隙、空洞等缺陷（图 3-16）。这些缺陷是由喷涂过程中发生的多种因素导致的。首先，熔融的微细颗粒与周围介质发生化学反应，导致表面涂层中出现氧化物。其次，由于熔滴在平行喷射到表面时，变形颗粒冷凝收缩，形成的小薄片难以完全无缝重叠。此外，碰撞的颗粒有时会被反弹散失，导致形成孔隙或空洞。孔隙或空洞的数量取决于热源、材料和喷涂条件。采用等离子弧高温热源、超声速喷涂或保护气氛等方法可减少甚至消除氧化物夹杂和气孔，从而改善涂层的结构和性能。

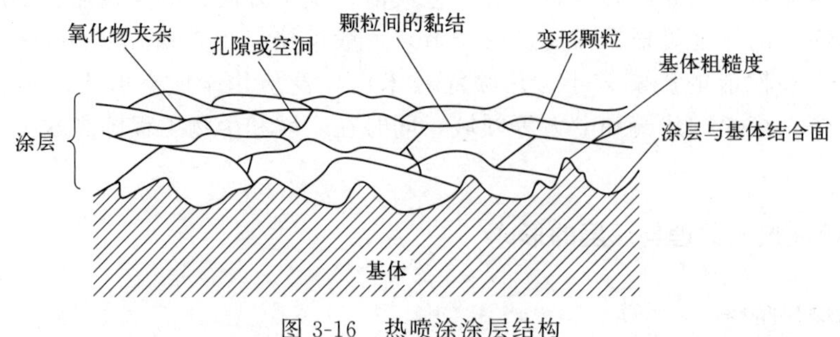

图 3-16　热喷涂涂层结构

热喷涂涂层的层状结构使涂层的性能呈现出明显的方向性，在垂直和平行涂层方向上的性能有显著差异。对涂层进行适当的处理如重熔，既能够使层状结构转变为均质结构，还可以消除涂层中的氧化物夹杂和气孔。

（1）热喷涂涂层与基体的结合

热喷涂涂层的结合方式可以分为涂层与基体表面的结合以及涂层内部颗粒之间的结合。其中，涂层与基体表面的结合被称为结合力，涂层内部颗粒之间的结合被称为内聚力。由于材料的差异以及涂层的形态和组成的不同，涂层与基体的结合方式也会有所不同。

① 机械结合　熔融态的微细颗粒在撞击基体表面后会铺展开来，与基体表面的微观起伏相互嵌合形成机械咬合。一般而言，涂层与基体表面的结合主要是机械结合。机械结合的强度与基体表面的微观粗糙程度密切相关，在一定的粗糙度下，涂层与基体能够牢固结合。因此，在进行热喷涂操作时，通常需要对待喷涂的零件表面进行粗化处理，这是一项不可或缺的重要预处理工序。

② 物理结合　当高速运动的熔融颗粒撞击基体表面并且充分变形后，涂层原子或分子与基体表面原子之间的距离接近晶格的尺寸（点阵常数），这时就会形成范德华力或次价键的结合，从而使分子（原子）附着于基体表面形成涂层。尽管物理结合力通常较小，在涂层与基体的结合中它也是一种不容忽视的结合方式。

③ 冶金结合　冶金结合是指熔融的微细颗粒高速撞击基体表面时，通过扩散和合金化过程，使涂层与基体形成金属间化合物或固溶体的结合方式。此过程中，涂层材料的结晶基本上不是基体晶格的外延，而是通过涂层与基体之间的反应来实现。当进行热喷涂涂层的重熔时，涂层与基体的结合主要依靠冶金结合来实现。

在热喷涂形成涂层的过程中，通常存在多种结合方式的共存，但机械结合往往起主导作用。涂层与基体的结合强度受多种因素的影响，例如熔融液滴对基体表面的润湿能力、涂层的孔隙率、凝固颗粒表面氧化物的结构，以及基体表面的清洁程度、粗糙度和温度等。在同一零件上，可以同时存在上述不同的结合方式，但通常机械结合起主要作用。

④ 涂层的残余应力　由于热喷涂过程中的组织应力和热应力，热喷涂涂层常常存在明显的残余应力。涂层与零件的成分、组织结构、比容不同，或者在热喷涂过程中，涂层发生相变，比容也随之改变，这些因素都会导致产生组织应力。而热应力则是由于熔融颗粒高速撞击基体表面并迅速冷却凝固，导致涂层发生微观收缩效应，因此涂层受到拉应力作用，容易形成微裂纹。

这些残余应力会降低涂层的结合强度，并且对涂层的质量产生影响。涂层的残余应力主要受热喷涂工艺、喷涂条件以及涂层与基体热膨胀系数的差异等因素的影响。为了降低残余应力，其中一个有效的方法是采用过渡涂层。

过渡涂层的引入可以帮助缓解涂层与基体之间应力不匹配的问题，从而减少残余应力的产生。过渡涂层的选择和设计需要考虑涂层与基体的热膨胀系数匹配性，以及过渡涂层与涂层之间的附着性等因素，以确保涂层的结合强度得到有效提升。

（2）热喷涂的分类与技术特征

1）热喷涂技术的分类

根据热源和喷涂材料的不同，热喷涂技术可以分为喷涂和喷焊两种类型。在喷涂过程中，涂层不会完全熔化，主要通过机械结合与基体结合。而喷焊则需要对涂层加热进行重熔，从而实现涂层与基体之间的冶金结合，显著提高结合强度。

不同的热喷涂工艺不仅热源温度不同，喷涂速度也有很大差异，这些因素对涂层的形成过程、涂层的结构、涂层与基体的结合强度以及残余应力等方面都会产生重要影响。

2）热喷涂技术的特点

① 适用面广　热喷涂技术的应用范围广泛，几乎所有工程材料都可以作为喷涂基材，包括金属、陶瓷、塑料、非晶态材料，甚至木材、布料和纸张等。在涂层材料方面，也有各种选择，包括金属及其合金、塑料、陶瓷以及它们的复合材料等。这些涂层材料可以制备出各种具有优异性能的防护层和功能涂层。

② 工艺灵活　喷涂过程无需考虑工件的尺寸和形状限制，可以进行整体喷涂或局部喷涂。无论是大型结构件如桥梁和铁塔，还是尺寸微小的槽和孔，都可以方便地形成涂层。此外，喷涂可以在真空或控制气氛下进行，也可以在野外施工中使用，具有很高的灵活性和适用性。

③ 成分、厚度可调　热喷涂涂层的化学成分和厚度可以根据零件的性能和应用需求进行调整。在同一种涂层材料中，可以通过调整成分比例和工艺参数来获得所需的涂层成分和性能。涂层的厚度可以在几微米到几毫米之间进行调节，甚至可以制备出厚膜涂层。

④ 零件变形小　热喷涂过程中温度一般不超过 250℃，零件的基体通常不会承受过高的温度，一般不超过 250℃。由于基体受热影响较小，其组织和性能基本不会发生变化，因此零件在喷涂加工过程中几乎不会发生变形。

⑤ 生产率高　大多数喷涂工艺都能够达到每小时数千克的喷涂量，有的生产效率甚至可超过 50kg/h。

⑥ 节约贵金属　在满足零件使用性能的前提下，将全部由贵金属制造的零件改成贵金属工作面和普通材质基体构成的复合结构，降低了贵金属的用量，节约了成本。

⑦ 制造零件　一些热喷涂工艺可以实现涂层 20 毫米甚至更厚的厚度，可以先在模具表面进行喷涂成型，待脱模后再进行精加工等后处理，以获得所需的零件成分和尺寸。

与其它表面处理技术相比，传统的热喷涂技术仍存在一些局限性，例如涂层孔隙率较高、能源消耗较大、粉末溅射浪费严重、操作人员工作环境较差以及涂层与基体结合强度有待提高等问题。但随着热喷涂技术的进步和自动化水平的提高，这些问题已经得到了显著改善。此外，正是利用涂层易产生孔隙的特性，可以制备用于减小摩擦、气敏元件等方面的多孔结构涂层。

（3）热喷涂的工艺步骤

为了保证涂层具有良好的结合强度和使用性能，在实施热喷涂工艺过程时，必须进行相应的前、后处理。通常，热喷涂包括预处理、热喷涂和后处理，其工艺流程为：工件的表面准备预热—喷涂底镀层—喷涂工作层—后处理。

1）预处理

在喷涂之前对基体表面进行预处理，是保证喷涂工艺正常实施和获得理想涂层的重要工序。热喷涂预处理包括表面准备（对基体表面的清洗、脱脂、除氧化膜、表面粗化处理）和预热处理。

① 表面准备　表面清洗主要是通过碱洗、溶液洗涤或蒸汽清洗等方法，去除基体表面的油污和杂质。脱脂过程则是利用溶剂或碱性溶液将基体表面的油脂去除。除氧化膜一般通过化学方法，如酸洗，去除基体表面的氧化层，以提高涂层与基体的结合强度。表面粗化处理则是通过喷砂、机加工或化学腐蚀等方法，增加基体表面的粗糙度，使涂层能更好地附着在基体上。

② 预热处理　预热处理是在喷涂之前对基体表面进行加热，以降低涂层与基体的温度差，减少内部应力，避免涂层龟裂和剥落。预热还有助于去除基材表面的水分，加速熔融微粒的变形，增强微粒与基体的结合，提高喷涂速率。预热处理通常采用喷枪或电阻炉等加热方式进行，预热温度一般不能过高。为了避免预热不当导致基体表面的氧化膜影响结合强度，预热处理可以在表面清洗之前进行。

2）热喷涂

经过预处理后的工件应尽快进行喷涂，以免表面再次氧化或污染，导致涂层结合强度下降。

① 喷涂打底层　热喷涂之前在工件表面形成底涂层的目的是进一步提高涂层与基体的结合强度，一般用放热型的镍包铝或铝包镍粉末构成厚度为0.10～0.15mm的打底层。

② 喷涂工作层　涂层的质量和性能与具体的喷涂方法、工艺参数等有关。

3）后处理

热喷涂后处理的主要目的是改善涂层的外观、内在质量和结合强度。

① 为了获得所需的尺寸和表面粗糙度，可以使用手工或机械方法对涂层表面进行磨光和精加工处理。

② 封闭处理是为了提高涂层的防护性能，通常使用封闭剂来封闭涂层的孔隙。常见的封闭剂包括高熔点蜡类和耐蚀、减摩的合成树脂，如烘干酚醛、环氧酚醛和水解乙基硅酸盐等。

③ 高温扩散处理是将涂层加热到高温，以提高涂层元素的扩散系数。这样可以使合金原子向基体内扩散，在涂层与基体的界面形成类似冶金结合，提高涂层的结合强度和防护性能。

④ 激光束处理是利用激光束作为热源，对涂层进行加热或重熔的处理方法。这样可以促使涂层中的气体逸出，消除气孔和裂纹，使涂层与基体之间形成更好的冶金结合，提高涂层的结合强度、耐磨性和耐蚀性。

3.4 气相沉积

气相沉积工程是一种通过在材料或产品表面沉积单层或多层薄膜来提供所需性能的方法。它是表面工程领域中发展最快的技术之一，涉及许多高新技术，具有广泛的应用前景。本节首先简要介绍薄膜的特点、类型和应用，以及气相沉积的分类。详细介绍各种气相沉积的原理、特点、技术和应用。

3.4.1 物理气相沉积

3.4.1.1 真空蒸镀

（1）真空蒸镀原理

真空蒸镀是一种利用高真空环境下的蒸发特性进行涂膜的方法。该工艺中，工件被放置在真空室内，并通过加热使膜料蒸发或升华，随后在工件表面凝结形成薄膜。由于蒸发过程在高真空环境中进行，因此可以防止工件和薄膜的污染和氧化，形成洁净、致密的膜层，并且对环境没有污染。电阻加热蒸发真空镀膜设备如图3-17所示。

① 准备工作　清洁和处理工件表面，确保表面干净和光滑。

② 装载工件　将准备好的工件放入真空镀膜室。

③ 抽真空　开始抽取室内空气，建立高真空环境，通常要达到纳帕级或更高的真空度。

④ 加热膜料　通过加热源加热膜料，使其升华或蒸发。加热源可以是电阻加热、电子束加热或感应加热。

⑤ 蒸发或升华　膜料在加热的作用下，由固态直接转变为气体态并升华到真空室内。

⑥ 沉积膜层　膜料的蒸发物质在真空室内沉积到工件表面上，形成薄膜层。

⑦ 控制参数　控制膜料的蒸发速率、膜层的厚度、温度和沉积时间等参数，以得到所需的膜层特性。

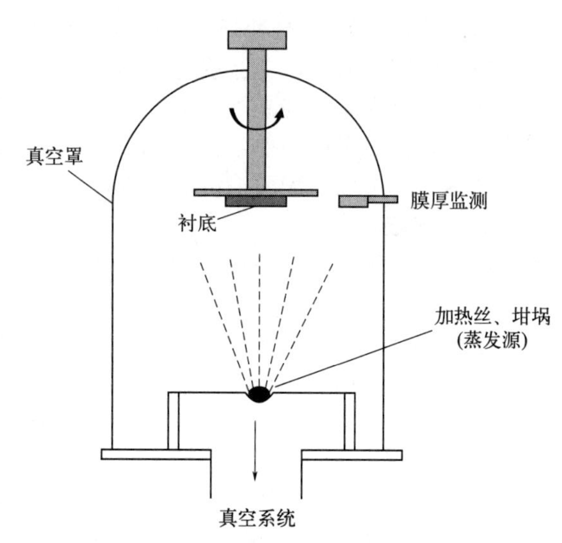

图 3-17　电阻加热蒸发真空镀膜设备

⑧ 结束过程　蒸镀完成后，停止膜料的加热和抽真空操作。可以通过冷却或其它手段降温并停止真空。

（2）真空镀膜技术

真空蒸镀可以通过多种方式进行，常用的方式包括电阻加热蒸发、电子束蒸发、高频加热蒸发、激光加热蒸发和电弧加热蒸发等。其中，电阻加热蒸发是最常见的方法。

在电阻加热蒸发中，使用高熔点的导电材料制成适当形状的蒸发源，将膜料放置其中并接通电源。通过电阻加热膜料，使其升华或蒸发。这种方法具有设备简单、成本低、功率密度较小的特点，主要用于蒸镀低熔点材料，如铝（Al）、银（Ag）、金（Au）、硫化锌（ZnS）、氟化镁（MgF_2）、三氧化二铬（Cr_2O_3）等。

蒸发源材料的基本要求是具有高熔点、低蒸气压，在蒸发温度下不会与膜料发生化学反应或互溶，并具有一定的机械强度。对于电阻加热蒸发，还要求蒸发源材料与膜料易于润湿，以确保蒸发过程的稳定性。常用的蒸发源材料包括钨、铜、石墨和氮化硼等。

根据蒸发的要求和特性，蒸发源可以制成丝状或舟状。对于能够加工成丝状的膜料，通常将其制成丝状，并放置在钨丝、钼丝或钽丝绕制的螺旋丝蒸发源上。对于不能加工成丝状的膜料，可以将其粉状或块状膜料放置在钨舟、铜舟、石墨舟或导电氮化硼舟中。螺旋锥形丝管通常用于蒸发颗粒状或块状膜料，以及与蒸发相容的膜料。

真空蒸镀工艺是根据产品要求的，一般非连续镀膜的工艺流程是：镀前准备—抽真空—离子轰击—烘烤—预热—蒸发—取件—镀后处理—检测—成品。

真空蒸镀的基本过程包括准备工作、工件清洗、蒸发源制备和清洗、真空室和工件架清洗、安装蒸发源、膜料清洗和放置、装载工件等。这些步骤对于获得高质量的薄膜至关重要。针对不同的基材或零件，准备工作的清洗方法各异。例如，对于玻璃，需要除去表面的污垢和油污，可以用水擦洗或刷洗，然后用纯水冲洗，最后进行烘干或使用无水酒精擦干。金属材料在水冲洗后，需要进行酸碱洗，然后再次冲洗和烘干。对于表面较粗糙或有孔的基板，通常在清洗时使用超声波洗净。对于塑料等工件，由于易带静电，需要对其进行消除静电处理，否则会影响膜层的质量。

在工件放入真空室后，首先进行真空抽取，降低室内气压至 0.1～1Pa，进行离子轰击。

离子轰击是通过给真空室内的铝棒施加高压电，产生辉光放电，使电子获得高速度，从而使工件表面带有负电荷。在这种负电荷作用下，正离子会击中工件表面，与工件表面吸附层和活性气体发生化学反应，进一步清洗工件表面。离子轰击一定时间后，关掉高压电，提高真空度并进行加热烘烤，以促使工件和工件架上吸附的气体快速逸出。在达到一定真空度后，开始对蒸发源通电，先进行膜料的预热或预熔，然后再通入规定功率的电流，使膜料迅速蒸发。

真空蒸镀目前已得到了广泛应用。根据镀膜要求的不同，可以选择合适的镀膜设备或者设计制造新的设备。镀膜设备的类型多种多样，包括立式、卧式和箱式等不同形状，根据生产需求可分为间歇型、半连续型和连续型。真空镀膜设备主要由镀膜室、真空抽气系统和电控系统等组成。镀膜室内部配有蒸发源、挡板、工件架、转动机构、烘烤装置、离子轰击电极和膜厚测量装置等设备。镀膜室的结构可以选择钟罩式或前开门式。钟罩式结构通常用于较小的镀膜设备，而前开门式结构一般用于较大的镀膜设备。真空镀膜设备的真空抽气系统需要根据实际需求来配置，常用的主泵是油扩散泵和带旋片的机械泵。扩散泵的上方设有水冷阱和高真空阀。在较大的镀膜设备中，为了提高 $10^{-2}\sim10^{2}$ Pa 的真空镀膜范围的抽气速率，可以在扩散泵和机械泵抽气系统中增加机械增压泵。真空测量规管安装在镀膜室中，可以真实反映出真空度而不被膜蒸气污染。设备的电源主要用于供给真空泵、蒸发源和离子轰击电极等部分。电控系统用于膜的顺序控制和安全保护控制。

在光学镀膜中，测量和控制膜厚非常重要，尤其是对于需要多层膜的产品，每一层膜的厚度可能只有几纳米。目前常用的两种测量方法是光干涉极值法和石英晶体振荡法。光干涉极值法：光线垂直入射到薄膜上，薄膜厚度的变化会导致透射率和反射率的变化，适用于透明光学薄膜的测量，所需仪器包括调制器、单色仪或滤光片以及光电倍增管。石英晶体振荡法：石英晶片的振荡频率会随着沉积薄膜厚度的变化而变化，这种方法已经被广泛应用，所需仪器包括石英晶体振荡片、频率计数器以及微分电路或数字电路等。

3.4.1.2 溅射镀膜

（1）溅射镀膜原理

溅射是一种物理现象，通过高能粒子轰击材料表面，使表面原子获得足够的能量而溅出，从而进入气相的过程。这种复杂的粒子散射过程可以应用于刻蚀、成分分析（二次离子质谱）和镀膜等领域。在真空条件下进行的溅射被称为真空溅射镀膜。被高能粒子轰击的材料被称为靶材。产生高能粒子的方法有两种。一种是通过阴极辉光放电产生等离子体，被称为内置式离子源。由于离子容易在电磁场中被加速或偏转，所以一般使用离子作为高能粒子。这种溅射过程被称为离子溅射。另一种方式是使用独立的离子源产生高能离子束，轰击置于高真空环境中的靶材，从而产生溅射和薄膜沉积。这种溅射过程被称为离子束溅射。

溅射产额是指每个入射离子所溅射出的原子个数，通常以原子/离子个数为单位。溅射产额的大小影响着薄膜的生成速度。许多因素会影响溅射产额，主要可以分为以下方面。

与入射离子相关的因素包括入射离子的能量、入射角度、离子的质量和种类等。当入射离子的能量降低时，溅射产额会迅速下降，直到达到溅射阈值能量的时候，溅射产额为零。对于大多数金属材料而言，溅射阈值能量一般在 20～40eV 范围内。当入射离子能量增加时，溅射产额会与能量的平方成正比关系；当能量增至 150～400eV 范围内，溅射产额与能量成正比关系；当能量增至 400～5000eV 时，溅射产额与能量的平方根成正比关系，之后达到饱和；而当能量增至数万电子伏时，此时离子注入的数量增多，溅射产额开始减少。

与靶相关的因素包括靶原子的原子序数（即原子量和在周期表中的位置）、靶表面原子的结合状态、结晶取向以及靶材的材料。溅射产额与靶材的原子序数呈现一定的周期性变化，随着靶材原子的内层电子数目的增加，溅射产额变大。例如，铜、银、金等金属的溅射产额较高，而钛、锆、铌、钼、铪、钽、钨等金属的溅射产额较低。

一般来说，溅射产额在某一温度范围内与升华能相关，而在超过该范围时，溅射产额会迅速增加。溅射产额通常在 10^{-1} 到 10 个原子/离子之间。溅射出的粒子的动能大致在 10eV 以下，主要由中性原子和少量离子组成，而溅射得到的离子（二次离子）一般占总产物的 10%以下。在实际应用中，也需要考虑溅射产物的其它方面，包括产生哪些溅射产物、它们的状态、如何产生这些产物，以及溅射产物的溅射产额、能量分布和角度分布等。

直流辉光放电是一种在真空容器中利用稀薄气体进行放电的现象。当在两个电极之间施加高电压时，会在 10^{-2}～10Pa 的真空度范围内产生辉光放电。辉光放电是离子溅射镀膜的基础，通过气体放电产生入射离子，用于离子溅射镀膜的工艺中。

（2）溅射镀膜技术

溅射镀膜的特点溅射镀膜与真空蒸镀相比，有以下几个特点。

① 溅射镀膜利用动量交换使固体材料中的原子和分子进入气相，并沉积在基底表面上。溅射出的粒子的平均能量约为 10eV，迁移到基底表面时仍具有足够的动能，因此膜层质量较好且与基底结合牢固。

② 溅射镀膜适用于各种材料，与材料的蒸发特性相比，溅射特性差别较小。即使是高熔点材料，也可以通过溅射进行镀膜。此外，合金和化合物材料易制备与靶材成分比例相同的薄膜，因此溅射镀膜应用非常广泛。

③ 溅射镀膜中的入射离子一般通过气体放电方法获得，因此工作压力在 10^{-2}～10Pa 范围内。在飞行到基底之前，溅射粒子通常会与真空室内的气体发生碰撞，导致其运动方向发生随机偏离。此外，溅射通常是从较大的靶表面射出，因此相比真空蒸镀更容易得到均匀的膜层。对于具有沟槽、台阶等形状的镀件，溅射技术可以减小因阴极效应引起的膜层厚度差异。但是，较高压力下溅射会导致膜层中包含较多的气体分子。

④ 溅射镀膜除了磁控溅射外，一般沉积速率较低，设备复杂且价格较高。然而，操作简单，工艺的重复性好且易实现工艺控制自动化。溅射镀膜非常适用于大规模集成电路、磁盘、光盘等高新技术产品的连续生产，也适用于大面积高质量镀膜玻璃等产品的连续生产。

3.4.1.3 离子镀

离子镀是一种在真空条件下进行的镀膜技术，可以利用气体放电将气体或蒸发物质离子化，并将其沉积在基底上。离子镀结合了蒸发镀的高沉积速度和溅射镀的清洁表面效果，具有膜层附着力强、绕射性好和适用范围广的优点，因此得到了广泛的应用和发展。

为了实现离子镀，有两个关键条件：首先需要创造一个气体放电的空间；其次需要将镀料原子（金属原子或非金属原子）引入放电空间，使其部分离化。目前离子镀的种类繁多，涉及不同的镀料气化方式和气化分子或原子的离化和激发方式。不同的蒸发源和离化、激发方式又有不同的组合。实际上，许多溅射镀从原理上可以归类为离子镀，也被称为溅射离子镀。一般所说的离子镀通常指的是采用蒸发源的离子镀。这两种方法的镀层质量相当，但溅射离子镀的基底温度明显较低。

对于采用蒸发源的离子镀，其沉积原理可以简单描述如下：首先将真空室抽至 10^{-4}～10^{-3}Pa 真空度，然后注入一定量的气体，使真空度达到 10^{-1}～1Pa。当对基片（工件）施加负高压后，基片和蒸发源之间形成一个等离子体区域。处于负高压状态的基片会被等离子体包围，并不断受到来自等离子体中的离子轰击，这有效地清除了基片表面吸附的气体和污物，从而保持了膜层的清洁状态。同时，蒸发源中的蒸气粒子受到等离子体中的正离子和电子的碰撞，部分被电离成离子。在负高压电场的作用下，这些正离子会被吸引到基片上并形成膜层。

离子镀是一种利用气体放电在真空条件下进行的镀膜技术。在离子镀过程中，通过施加负高压（负偏压）来加速离子，增加其沉积能量。离子镀与真空蒸镀和溅射镀膜的主要区别在于施加负偏压。如果在真空蒸镀和溅射镀膜的基片上施加一定的负偏压，则可将其归类为蒸发离子镀和溅射离子镀。

离子镀技术具有以下特点。

① 膜层附着力强：离子轰击可以清洗基片表面，增加其粗糙度和加热效应，从而提高膜层附着力。

② 膜层组织致密：离子轰击产生的压力和热效应可以使膜层组织更加致密。

③ 绕射性能好：膜料在等离子区内部分离化为正离子，沿电力线方向停止在基片上的不同位置。同时，在真空度较高的条件下，膜料粒子需要与气体分子多次碰撞后才能到达基片表面，使得沉积均匀。

④ 沉积速率快：离子轰击和加热使得离子镀的沉积速率通常快于其它镀膜方法。

⑤ 适用范围广：离子镀可以在各种材料上进行，包括金属、塑料、陶瓷和橡胶等。

3.4.2 化学气相沉积

化学气相沉积（chemical vapor deposition，CVD）是一种化学反应过程，要求满足热力学和动力学条件，并符合特定的技术要求。CVD 法要求在特定的沉积温度下满足以下条件：反应需要的物质有足够的蒸气压；参与反应的物质为气态（也可以是由液态蒸发或固态升华得到的气态）；生成物除所需的涂层材料为固态外，其它物质也必须是气态。

CVD 法可以使用气态、液态和固态的源物质。其过程包括：反应气体到达基材表面；反应气体分子被基材表面吸附；在基材表面发生化学反应并形成核心；生成物从基材表面脱离；生成物在基材表面扩散。CVD 法所使用的设备包括气体的生成、净化、混合和输送装置、反应室、基材加热装置和排气装置。基材加热可以采用电阻加热、高频感应加热和红外线加热等方法。为了获得高质量的膜层，必须仔细选择反应条件。主要的工艺参数包括基材温度和气体流动状态。这些参数决定了基材附近的温度、反应气体的浓度和速度分布，从而影响薄膜的生长速率、均匀性和结晶质量。

CVD 法可以控制薄膜的化学组成和结构，可以制备半导体外延膜如 SiO_2、Si_3N_4 等绝缘膜，金属膜以及金属的氧化物、碳化物和硅化物等。CVD 法最初主要用于半导体领域，后来扩展到金属等不同基材上，现在已成为制备薄膜的常用方法，广泛应用于各个领域。

3.4.2.1 化学气相沉积技术的分类

CVD 技术可以根据不同的激发方法进行分类，主要包括热 CVD、等离子体 CVD、光激发 CVD 和激光（诱导）CVD。热 CVD 是利用高温加热反应室中的气体，使其发生化学反应并沉积在基材上。等离子体 CVD 是将气体通过等离子体电离，产生活性粒子进行沉积。光激发 CVD 和激光（诱导）CVD 则是使用光激发或激光辐射来促进化学反应和沉积。

此外，CVD 技术还可以根据反应室的压力进行分类，包括常压 CVD 和低压 CVD。常压 CVD 在正常大气压下进行，而低压 CVD 则是在较低的压力下进行反应。

根据反应的温度，CVD 技术可以分为超高温 CVD（1200℃以上）、高温 CVD（900～1200℃）、中温 CVD（500～800℃）和低温沉积（小于 200℃）。常压 CVD 通常被称为常规 CVD，而低压 CVD、等离子体 CVD 和激光 CVD 等被列为非常规 CVD。

另外，CVD 技术还可以根据使用的源物质进行分类，如金属有机化合物 CVD、氯化物 CVD 和氢化物 CVD 等。

除了上述的分类方法，CVD 技术还可以根据其重要特征进行综合分类，例如热激发 CVD、低压 CVD、等离子体 CVD、激光（诱导）CVD 和金属有机化合物 CVD 等。

3.4.2.2 几类化学气相沉积技术的简介

① 热化学气相沉积（thermo chemical vapor deposition，TCVD）是一种利用高温激活化学反应进行气相生长的方法。根据其化学形式，TCVD 可以分为化学输运法、热解法和合成反应法。化学输运法主要用于块状晶体的生长，并能够制备薄膜，但应用较有限。热解法通常用于沉积薄膜，通过高温下的化学反应将气体物质转化为固态沉积物。合成反应法则可以同时适用于块状晶体和薄膜的制备。热化学气相沉积技术广泛应用于半导体和其它材料的制备中。金属有机化学气相沉积和氢化物化学沉积是 TCVD 技术的两个重要应用领域，并且在实际制备过程中发挥着重要作用。

② 低压化学气相沉积（low pressure chemical vapor deposition，LPCVD）是一种在气相环境下进行的沉积技术。与传统的常压 CVD 相比，LPCVD 的特点是采用较低的反应压力进行沉积。由于低压下分子的平均自由程增加，气体分子的输运速度加快，反应物质在基材表面的扩散系数增大，从而提高了薄膜的均匀性。对于受表面扩散动力学控制的外延生长过程，低压外延能够改善外延层的均匀性，这对于大面积大规模的外延生长是非常有必要的，比如在大规模硅器件工艺中的介质膜外延生长中。然而，对于质量输运受控的外延生长过程，LPCVD 并没有明显的效果。此外，LPCVD 需要精确的压力控制系统，这增加了设备成本。因此，在选择外延生长技术时，需要考虑到具体的应用需求以及设备的要求。

③ 等离子体化学气相沉积（plasma chemical vapor deposition，PCVD）是一种常规化学气相沉积技术的改进形式。在常规 CVD 中，化学反应的能量来源是热能，而在 PCVD 中，除了热能外，还通过加入外部电场的方式引起放电，使原料气体转变为等离子体状态。在等离子体状态下，原料气体中的分子、原子、离子和原子团等被激发，从而加速了化学反应的进行，并在基材表面形成薄膜。相比于常规 CVD，PCVD 具有一些独特的特点。首先，PCVD 可以通过等离子体参与化学反应，降低基材温度，减少对基材的热损伤。其次，PCVD 有利于促进化学反应的进行，使通常从热力学角度来说难以发生的反应成为可能。这样就有助于开发出具有不同组成比例的新材料。

④ 金属有机化合物化学气相沉积（metal organic compound chemical vapor deposition，MOCVD）是一种利用金属有机化合物热分解反应进行气相外延生长的方法。该方法通过将含有外延材料组分的金属有机化合物与载气一起输送到反应室，然后在一定温度下进行外延生长。MOCVD 主要应用于化学半导体气相生长领域。MOCVD 能实现组分和界面的高精度控制，因此广泛应用于生长低维材料，如Ⅱ-Ⅵ族化合物半导体超晶格量子阱。通过该方法，可以在晶格中引入不同的外延材料，并实现对材料性质的精确调控，从而满足不同电子器件对材料性能的需求。

⑤ 光热化学气相沉积（photo-thermal chemical vapor deposition，PTCVD）是一种利用激光束的光热效应来促进化学气相沉积过程的方法。在 PTCVD 中，通过使用激光器产生高能量的光子束来激发和加热化学反应中的原料气体，从而促使沉积物在基材表面形成。

PTCVD 的设备通常由激光器、光路系统和激光功率测量装置组成，在传统的化学气相沉积设备的基础上进行了改进。为了提高沉积薄膜的均匀性，基材的支架可以通过程序控制在多个方向上进行运动。在 PTCVD 过程中，使用的激光器通常是准分子激光器，发出波长在 157～350nm 之间的紫外光。这些高能量的光子可以激发并分解原料气体中的分子、原子、离子和原子团等，从而促进化学反应的进行。激光功率是另一个重要的工艺参数，一般设置在 3～10W/cm^2 的范围内。

LCVD 相较于常规 CVD，具有降低基材温度的显著优势，可以防止基材中的杂质分布受到破坏，并且能够在不耐高温的基材上进行薄膜合成。例如，在使用传统 CVD 制备 SiO_2、Si_3N_4、AlN 薄膜时，基材需要被加热到 800～1200℃的高温，而通过 LCVD 只需在 380～450℃的温度区间即可实现相同的薄膜生长。

3.4.2.3 化学气相沉积的特点

① 薄膜的组成和结构可以通过化学气相沉积来控制。通过控制反应气体的成分、流量和压力等参数，可以制备半导体外延膜、金属膜、氧化物膜、碳化物膜、硅化物膜等各种组成和结构的薄膜，应用广泛。

② 化学气相沉积薄膜的内应力较低。与物理气相沉积不同，化学气相沉积的薄膜内应力主要来自热应力，而非本征应力。这使得化学气相沉积方法制备的薄膜更厚。

③ 化学气相沉积可以在复杂的三维工件上获得均匀的沉积薄膜。通过控制反应气体的流动状态，可以在工件的深孔、凹槽和阶梯等不规则表面上实现均匀的薄膜沉积。

④ 不需要昂贵的真空设备。许多化学气相沉积反应可以在大气压下进行，因此不需要真空设备。

⑤ 化学气相沉积需要较高的沉积温度，这可以提高镀层与基材的结合力，改善结晶完整性。然而，常规 CVD 工艺需要在高温（900～1200℃）下进行，这限制了许多基材的选择和使用。

⑥ 化学气相沉积使用的反应气体和产生的副产品可能具有毒性，因此需要加强安全防护措施。

3.4.2.4 化学气相沉积的应用

① CVD 技术在微电子工业中的应用已经广泛。它被应用于半导体的外延、钝化、刻蚀、布线和封装等工序，成为微电子工业的基础技术之一。

② CVD 技术在机械工业中也有广泛应用。可以用来制备各种硬质镀层，根据化学键的特征进行分类，如金属键型镀层（如 TiC、VC、WC、TiN、TiB_2）、共价键型镀层［如 B_4C、SiC、BN、Si_3N_4、C（金刚石）］以及离子键型镀层（如 Al_2O_3、ZrO_2）。这些硬质镀层常被用于制造工具、模具，以及需具备耐磨、耐蚀性的机械零部件。

第 4 章

表面改性技术

表面改性是表面技术的一个重要组成部分，不同于表面覆盖技术，表面改性是用机械、物理、化学等方法，改变材料表面及近表面的形貌、化学成分、相组成、微观结构、缺陷状态或应力状态，以获得某种表面性能的技术。

材料的表面改性技术发展迅速，近些年已经开发出众多种类的表面改性技术，并广泛应用于各种产品表面。对于各类不同材质的产品及产品表面性能要求，表面改性技术具有不同的特点和内容。本章分别阐述金属材料、无机非金属材料和有机高分子材料的表面改性工程。

4.1 金属表面形变强化

4.1.1 金属表面形变强化的主要方法

金属表面形变强化是通过机械变形的方法，在金属表层产生一定深度的形变硬化层，在该形变层内，材料组织结构发生一系列的变化，包括亚晶粒细化、位错密度增加以及晶格畸变度增大，并且在该形变层内形成高的残余压应力，从而大幅度地提高金属材料的疲劳强度和抗应力腐蚀等性能。

表面形变强化技术的强化效果显著，并且成本低廉，是国内外广泛研究、应用的表面改性技术之一。常用的技术有滚压、内挤压和喷丸等，具体介绍如下。

(1) 滚压

圆角、沟槽等可通过滚压获得表层形变强化，如图 4-1（a）所示，能够在表面产生约 5mm 深的残余压应力 σ_r，其分布如图 4-1（b）所示。目前，滚压强化用的滚轮、滚压力大小等尚无标准。

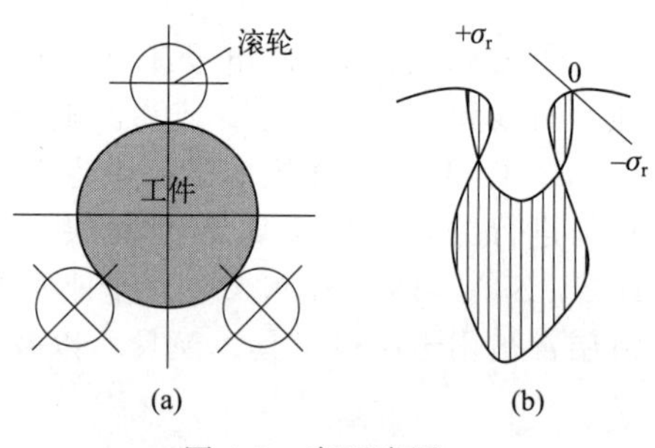

图 4-1　表面滚压

(2) 内挤压

内挤压可以明显使孔的内表面获得形变强化。

(3) 喷丸

喷丸是利用高速弹丸强烈冲击零部件表面，使之产生形变硬化层并引入残余压应力的工艺，如图 4-2 所示。目前，喷丸技术已广泛用于弹簧、齿轮、链条等零部件，可显著提高抗弯曲疲劳、抗腐蚀疲劳、抗应力疲劳能力及耐点蚀能力等。

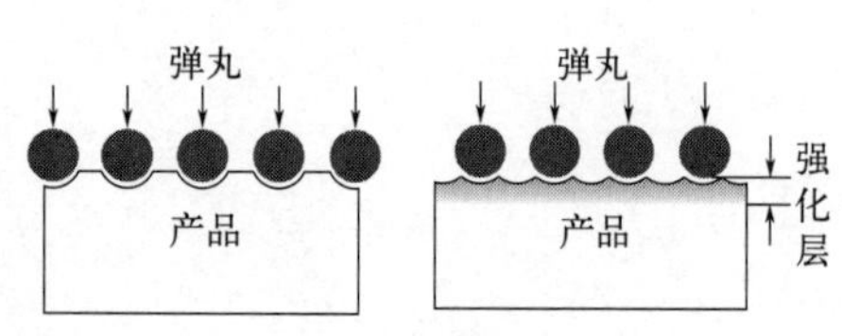

图 4-2　喷丸

上述几种表面形变强化方法中，尤以喷丸强化技术的应用最为广泛。在实际应用中，喷丸技术不仅用于强化材料，而且还广泛用于产品表面清洗、光整加工和工件校形等。

4.1.2 喷丸强化技术

喷丸强化是用高速运动的弹丸流喷射材料表面，弹丸反复击打使材料表层发生明显的塑性变形，并最终在材料表面形成一层强化层，可有效提高零部件疲劳寿命和应力腐蚀抗力。

（1）喷丸用弹丸材料

弹丸材料材质包括：铸铁丸、钢丝切割丸、玻璃丸、陶瓷丸、聚合塑料丸、液态喷丸介质等，如图 4-3 所示。强化用的弹丸与清理、成型、校形用的弹丸不同，弹丸表面光滑不能有棱角毛刺，否则会损伤零件表面，且应呈球形或椭球形，其尺寸和硬度符合相关标准规定。一般来说，黑色金属制件可以用铸铁丸、铸钢丸、钢丝切割丸、玻璃丸和陶瓷丸。有色金属如铝合金、镁合金、钛合金和不锈钢制件表面强化用喷丸则须采用不锈钢丸、玻璃和陶瓷丸。

图 4-3　几种不同材质的弹丸

（2）喷丸强化设备

喷丸采用的专用设备按驱动弹丸的方式可分为机械离心式喷丸机和气动式喷丸机两大类。喷丸机又有干喷和湿喷之分。干喷式工件条件差，湿喷式是将一定量的弹丸与液体以一定比例混合成悬浮状，然后喷丸，因此工件条件有所改善。

机械离心式喷丸机又称叶轮式喷丸机或抛丸机。工作时，弹丸由高速旋转的叶片和叶轮离心力加速抛出，弹丸的速度取决于叶轮转速和弹丸的重量。

气动式喷丸机以压缩空气驱动弹丸达到高速后撞击工件的表面。这种喷丸机工件室内可以安置多个喷嘴，因其调整方便，能最大限度地适应受喷零件的几何形状，而且可通过调节压缩空气的压力来控制喷丸强度，操作灵活，一台喷丸机可喷多个零件，适合于喷丸强度不高，种类繁多，批量不大，外形复杂，体积小的零件。它的缺点是功耗大，生产效率低。

气动式喷丸机根据弹丸进入喷嘴的方式又可分为吸入式、重力式和直接加压式三种。吸入式喷丸机结构简单，多使用密度较小的玻璃弹丸或小尺寸金属弹丸，适用于工件尺寸较小、数量较少、弹丸大小经常变化的场合，如实验室等。重力式喷丸机结构比吸入式复杂，适用于密度和直径较大的金属弹丸。

不论哪一种设备，喷丸强化的全过程必须实行自动化，而且喷嘴距离、冲击角度和移动（或回转）速度等的调节都稳定可靠。喷丸设备必须具有稳定重现强化处理强度和有效区的能力。

（3）喷丸强化工艺参数

合适的喷丸强化工艺参数要通过喷丸强度试验和表面覆盖率试验来确定。

喷丸强度试验，是将一块薄板试片固定在夹具上，然后进行单面喷丸操作。由于弹丸的冲击作用，喷丸面发生了塑性伸长变形，导致喷丸后的试片呈现出向喷丸面凸起的球面弯曲变形。

喷丸强化后表面弹丸坑占有的面积与总面积的比值称为表面覆盖率。表面覆盖率是衡量喷丸强化质量好坏的一个重要指标，也是评定喷丸工艺是否合理可行的标准之一。一般认为喷丸强化零件需要表面覆盖率达 100％即完全覆盖后，才能有效提高抗疲劳性能及抗应力腐蚀性能。对于复杂形状或大厚度件来说，采用较长的喷丸时间是必要的。然而，在实际的生产过程中，应当尽可能地缩短不必要的喷丸时间。试验结果表明，金属材料的疲劳强度和抗应力腐蚀性能并非随着喷丸强度的增加而呈线性提升，而是存在一个最佳喷丸强度，该强度由实验结果所确定。

（4）喷丸表面质量及影响因素

① 喷丸表面的塑性变形和组织变化　金属塑性变形的主要来源包括晶面滑移、孪生、晶界滑动、扩散性蠕变等晶体运动，而晶面间的滑移则是其中最重要的因素。位错和空位在晶体生长过程中相互吸引形成了一个稳定结构，即共晶点或界面处存在着由原子排列所决定的取向关系，这就是位错与空位之间的相互作用力。晶体内位错的运动促进了晶面间的滑移。在一定条件下可以观察到位错或孪晶形成时出现的“台阶”现象。经过喷丸处理后，金属表面呈现出大量凹坑形态的塑性变形，同时表层所含的位错密度显著提高，组织结构将产生变化，由喷丸引起的不稳定结构向稳定态转变。例如，在渗碳钢层的表层，存在着大量残留的奥氏体，当进行喷丸处理时，这些奥氏体可能会转变为马氏体，从而提升零件的疲劳强度；奥氏体不锈钢特别是镍含量偏低的不锈钢喷丸后，表层中部分奥氏体转变为马氏体，从而形成有利于电化学反应的双相组织，使不锈钢的抗腐蚀能力下降。

② 弹丸粒度对喷丸表面粗糙度的影响　光洁金属表面在喷丸后，会增加表面粗糙度，并随着弹丸粒度的增加呈现上升趋势。但在实际生产中，往往不是采用全新符合规范的球形弹丸，而是采用含有大量细碎粒的弹丸工作混合物，这对受喷表面的质量有重要影响。

③ 弹丸硬度对喷丸表面形貌的影响　弹丸硬度提高时，塑性往往下降，弹丸工作时容易保持原有锐边或破碎产生新的锐边。反之，硬度低而塑性好的弹丸，则能保持圆边或很快重新变圆。因此，不同硬度的弹丸工作时将形成具有各自特征的工作混合物，直接影响受喷工件的表面结构。具有硬锐边的弹丸容易使受喷表面刮削起毛，锐边变圆后，起毛程度变轻，起毛点分布不均匀。

④ 弹丸形状对喷丸表面形貌的影响　球形弹丸高速喷射到工件表面后，将留下直径小于弹丸直径的半球形凹坑，被喷面的理想外形应是大量球坑的包络面。这种表面形貌能消除前道工序残留的痕迹，进而使外表美观。同时，凹坑起储油作用，可以减少摩擦，提高耐磨性。但实际上，一方面，弹丸撞击表面时，凹坑周边材料被挤隆起，凹坑不再是理想半球形。另一方面，部分弹丸撞击工件后破碎（玻璃丸、铸铁丸甚至铸钢丸均可能破碎），弹丸混合物包含大量碎粒，使被喷表面的实际外形比理想情况复杂得多。

锐边弹丸喷射的表面与球形丸喷射的表面有很大差别，肉眼感觉比用球形弹丸喷射的表面光亮，细小颗粒的锐边弹丸更容易得到所谓的“天鹅绒”式外观。细小颗粒的锐边弹丸对工件表面有均匀轻微的刮削作用，经刮削的表面起毛使光线散射，微微出现银色闪光。

通过喷丸处理，可以有效改善零件表面残留应力的分布情况。表面的塑性变形和金属相变是导致喷丸后残余应力产生的主要原因，尤其是不均匀的塑性变形对残余应力的影响至关重要。在进行工件喷丸后，材料的强度和硬度与其表层塑性变形量以及由此产生的残余应力之间存在紧密的关联。当材料的强度达到一定水平时，其表层所承受的最大残余应力也会相应增加。但在相同喷丸条件下，强度和硬度高的材料，压应力层深度较浅；硬度低的材料产生的压应力层则较深。

常用渗碳钢经过喷丸处理，其表层残余奥氏体相当一部分会转变为马氏体，由于在相变过程中体积膨胀还会引起压应力，由此使表层残余应力场向较大压应力转变。同一喷丸压力下大直径弹丸喷丸后压应力更小，压应力层更深；小直径弹丸在喷丸过程中表面压应力较大，压应力层变浅，压应力值随着深度的增加而迅速减小。当表面存在凹坑，凸台和划痕缺陷或者表面脱碳时，一般都会选择大尺寸弹丸以便得到更深的压应力层，从而最大限度地降低表面缺陷所引起的应力集中。

4.2 表面热处理

表面热处理是指仅对零部件表层加热、冷却，从而在不改变成分的情况下改变表层组织和性能的一种工艺，是最基本、应用最广泛的表面改性技术之一。当工件表面层快速加热时，工件截面上的温度分布不均匀，工件表层温度高且由表及里逐渐降低。如果表面的温度超过相变点达到奥氏体状态时，随后的快冷可获得马氏体组织，而体相仍保留原组织状态，从而得到硬化的表面层，即通过表面层的相变达到强化工件表面的目的。

表面热处理工艺包括：感应加热表面淬火、火焰加热表面淬火、接触电阻加热表面淬火、浴炉加热表面淬火、电解液加热表面淬火、高密度能量的表面淬火及表面保护热处理等。

4.2.1 表面淬火

4.2.1.1 感应加热表面淬火

(1) 感应加热表面处理的基本原理

生产中常用工艺是高频和中频感应加热淬火。后来又发展了超音频、双频感应加热淬火工艺。其交流电流频率范围见表 4-1。

表 4-1 感应加热淬火用交流电流频率

名称	高频	超音频	中频	工频
频率范围/Hz	$(100\sim500)\times10^3$	$(20\sim100)\times10^3$	$(1.5\sim10)\times10^3$	50

① 感应加热的物理过程：如图 4-4 所示，当感应线圈通电后，产生交流磁场。被加热的零件在感应线圈内引发感应电动势，从而导致零件内产生闭合电流，即涡流。涡流的方向与感应线圈中电流的方向相反。由于金属零件的电阻很小，涡电流非常强大，可以快速加热零件。而对于铁磁材料来说，除了涡流加热效应外，还有磁滞热效应，可以加快零件的加热速度。

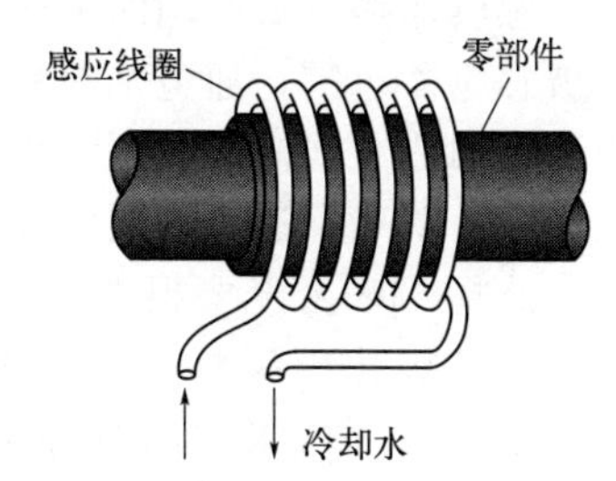

图 4-4 感应加热表面淬火

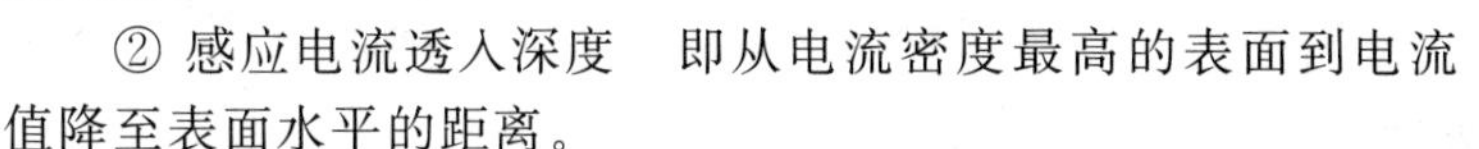
② 感应电流透入深度 即从电流密度最高的表面到电流值降至表面水平的距离。

③ 硬化层深度 硬化层深度总小于感应电流透入深度。这是由工件内部传热能力较大所致。即频率越高，涡流分布越陡，接近电流透入深度处的电流强度越小，发出的热量也就

比较小，又以很快的速度将部分热量传入工件内部，因此在电流透入深度处不一定达到奥氏体化温度，所以也不可能硬化。若延长加热时间，则可增加实际硬化层的深度。实际上，感应加热表面淬火硬化层的深度取决于加热层的深度、淬火加热温度、冷却速度以及材料的淬透性等一系列因素。

④ 感应加热表面淬火后的组织和性能　通过感应加热表面淬火处理，可以得到细小的马氏体，并且碳化物呈弥散分布。与普通淬火相比，表面硬度增加且耐磨性提高。这是由快速加热过程中，细小奥氏体内大量亚结构残留在马氏体中所导致的。喷水冷却时，这种差别会更大。通过相变体积膨胀，表面产生的压应力可以降低缺口敏感性，从而显著提高疲劳强度。感应加热可以使工件表面氧化和脱碳减少，在淬火过程中变形也较小，从而保证了工件质量的稳定。感应加热表面淬火具有快速的加热速度、高热效率和生产率，便于实现机械化和自动化。

(2) 中、高频感应加热

感应加热是一种广泛应用的表面处理方法，适用于不同温度下的退火、正火、淬火、回火和化学热处理等多种热处理工艺。感应加热类型和特性见表 4-2。

表 4-2　感应加热类型和特性

特性	感应加热类型	
	传导式加热(表层加热)	透入式加热(热容量加热)
含义	电流热透入深度小于淬硬层深度，其温度的提高来自热传导	电流热透入深度大于淬硬层深度，淬硬层的热能由涡流产生，层内温度基本均匀
热能产生部位	表面	淬硬层内为主
温度分布	按热传导定律	陡，接近直角
表面过热度	快速加热时较大	小(快速加热时也小)
非淬火部位受热	较大	小
加热时间	较长(按分计)，特别在要求淬硬层深度大、过热度小时	较短(按秒计)，在要求淬硬层深度大，过热度小时也相同
劳动生产率	低	高
加热热效率 w	低，当表面过热度 $\Delta T=100$℃时 $w=13\%$	高，当表面过热度 $\Delta T=100$℃时 $w>30\%$

感应加热方式有同时加热和连续加热。用同时加热方式淬火时，零件需要淬火的区域整个被感应器包围，通电加热到淬火温度后迅速浸入淬火槽中冷却。此法适用于大批量生产。用连续加热方式淬火时，零件与感应器相对移动，使加热和冷却连续进行。适用于淬硬区较长，设备功率又达不到同时加热要求的情况。

选择功率密度要根据零件尺寸及其淬火条件而定。电流频率越低、零件直径越小及所要求的硬化层深度越小，因此选择的功率密度值也越大。在直径较小、硬化层深度较浅的情况下，常采用高频淬火。而在大直径工件和硬化层深度较深的情况下，常采用中频淬火。

(3) 超高频感应加热表面处理

① 超高频感应加热淬火。又称超高频冲击淬火或超高频脉冲淬火，是一种利用超高频率产生的强烈趋肤效应，在短暂的时间内迅速加热零件表层至高温，然后依靠自身散

热迅速冷却，从而实现淬火的目的。由于表层加热和冷却极快，畸变量较小，不必回火，淬火表层与基体间看不到过渡带。超高频感应加热淬火主要用于小、薄的零件，如录音器材、照相机械、打印机、钟表、纺织钩针、安全刀片等零件部件，可明显提高质量，降低成本。

② 大功率高频脉冲淬火。所用频率一般为200～300kHz（对于模数小于1的齿轮使用1000kHz），振荡功率为100kW以上。因为降低了电流频率，增加了电流透入深度（0.4～1.2mm），故可处理的工件较大。一般采用浸冷或喷冷，以提高冷却速度。大功率高频脉冲淬火在国外已较为普遍地应用于汽车行业，同时在手工工具、仪表耐磨件、中小型模具上的局部硬化方面也得到应用。

（4）双频感应加热淬火和超音频感应加热淬火

双频感应加热淬火。对于凹凸不平的工件如齿轮等，当间距较小时，无论用什么形状的感应器，都不能保持工件与感应器的施感导体之间的间隙一致。因此，间隙小的地方电流透入深度就大，间隙大的地方电流透入深度就小，难以获得均匀的硬化层。要使低凹处达到一定深度的硬化层，难免会使凸出部过热，反之低凹处得不到硬化层。

双频感应加热淬火是使用两种频率交替进行加热，在用较高频率加热时，凸起部分的温度较高；而在用较低频率加热时，凹陷部分的温度较高。这样，加热温度在凹凸部位变得更加均匀，从而实现了均匀硬化。

超音频感应加热淬火。尽管使用双频感应加热淬火可以实现硬化层的均匀性，但设备复杂，成本高，所需功率大。而且对于低淬透钢，高、中频淬火很难实现凹凸零部件硬化层的均匀分布。使用20～50kHz的频率，可以得到对中小模数齿轮表面的均匀硬化层。由于频率高于20kHz的波被称为超音频波，因此这种处理被称为超音频感应热处理。

（5）冷却方式和冷却介质的选择

感应加热淬火的冷却方式和冷却介质可根据工件材料、形状、尺寸、采用的加热方式以及硬化层深度等综合考虑确定。

4.2.1.2 火焰加热表面淬火

火焰加热表面淬火是利用氧-乙炔或其它可燃气体对零件表面进行加热，然后进行淬火冷却的一种工艺。相较于感应加热表面淬火等方法，火焰加热表面淬火具备设备简单、操作灵活、适用钢种广泛、零件表面清洁、一般无氧化和脱碳、畸变小等优点。该方法常用于大型工件，特别适用于批量少、品种多的零件或局部区域的表面淬火，例如大型齿轮、轴、轧花板和导轨等。然而，由于加热温度不易控制，噪音较大，劳动条件较差，混合气体不够安全，很难获得薄的表面淬火层。

（1）氧-乙炔火焰特性

碳化焰和氧化焰，其火焰又分为焰心区、内焰区和外焰区三层。火焰加热表面淬火的火焰有一定的选择灵活性，常用氧、乙炔混合比为1.5的氧化焰。氧化焰较中性焰经济，减少乙炔消耗量20%，火焰温度仍然很高，而且可降低因表面过热而产生废品的风险。

（2）火焰加热表面淬火方法和工艺参数的选择

火焰加热表面淬火方法可分为同时加热方法和连续加热方法。其操作方法、工艺特点和适用范围见表4-3。

表 4-3 火焰加热表面淬火方法

加热方法	操作方法	工艺特点	适用范围
同时加热	固定法(静止法)	工件和喷嘴固定,当工件被加热到淬火温度后喷射冷却或浸入冷却	用于淬火部位不大的工件
	快速旋转法	一个或几个固定喷嘴对旋转(75～150r/min)的工件表面加热一定时间后冷却(常用喷冷)	适用于处理直径和宽度不大的齿轮、轴颈、滚轮等
连续加热	平面前进法	工件相对喷嘴做 50～300mm/min 直线运动,喷嘴上距火孔 10～30mm 处设有冷却介质喷射孔,使工件淬火	可淬硬各种尺寸平面型工件表面
	旋转前进法	工件以 50～300mm/min 速度围绕固定喷嘴旋转,喷嘴上距火孔 10～30mm 处有孔喷射冷却介质	用于制动轮、滚轮、轴承圈等直径大表面窄的工件
	螺旋前进法	工件以一定速度旋转,喷嘴以轴向配合运动,得螺旋状淬硬层	获得螺旋状淬硬层
	快速旋转前进法	一个或几个喷嘴沿旋转(75～150r/min)工件定速移动,加热和冷却工件表面	用于轴、锤杆和轧辊等

工艺参数的选择应考虑火焰特性、焰心至工件表面距离、喷嘴或工件移动速度、淬火介质和淬火方式、淬火和回火的温度范围等。

(3) 火焰淬火的质量检验

① 外观。表面不应有过烧、熔化、裂纹等缺陷。

② 硬度。表面硬度应符合表 4-4 的规定。

表 4-4 表面硬度的波动范围

工件类型		表面硬度波动范围(不大于)					
		HRC		HV		HS	
		⩽50	＞50	⩽500	＞500	⩽80	＞80
火焰淬火回火后,只有表面硬度要求的零件	单件	6	5	75	105	8	10
	同一批件	7	6	95	125	10	12
火焰淬火回火后,有表面硬度、力学性能、金相组织、畸变量要求的零件	单件	5	4	55	85	6	8
	同一批件	6	5	75	105	8	10

4.2.1.3 接触电阻加热表面淬火

接触电阻加热表面淬火是利用触点(铜滚轮或碳棒)和工件之间的电阻接触,在保持工件变形小的同时,通过热传导来实现冷却淬火。这种方法所采用的设备简单,操作灵活,淬火后无需进行回火处理。使用电阻加热来进行表面淬火可以显著提高工件的耐磨性和抗擦伤能力,不过淬硬层较薄(0.15～0.30mm),导致金相组织的均匀性和硬度都较差。目前该方法主要适用于机床铸铁导轨的表面淬火,同时也可用于气缸套、曲轴、工模具等工件的淬火处理。

4.2.1.4　浴炉加热表面淬火

浴炉加热表面淬火的步骤是将工件浸入高温盐浴（或金属浴）中，经过短时间的加热使表层达到淬火温度，然后采用激冷方法进行淬火。这种方法的优点是不需要特殊设备，操作简便，尤其适合单件或小批量生产。各种可淬硬的钢种都可以在浴炉中进行加热表面淬火，但中碳钢和高碳钢是较适宜的选择，而高合金钢在加热前需要进行预热。

浴炉加热表面淬火加热速度比高频和火焰淬火低，采用的浸液冷效果没有喷射强烈，所以淬硬层较深，表面硬度较低。

4.2.1.5　电解液加热表面淬火

如图 4-5 所示，电解液加热表面淬火的原理是将工件的淬火部分置于电解液中作为阴极，而金属电解槽则充当阳极。当电路接通时，电解液发生电离现象，阳极释放氧气，而阴极的工件则释放出氢气。阴极工件周围形成了氢气膜，该膜具有很大的电阻，从而将通过的电流转化为热能，使工件表面快速升温至超过临界温度。电路被断开后，气膜消失，工件在电解液中实现了淬火冷却。这种方法的设备简单，淬火过程中变形很小，适用于生产形状简单的小件产品。

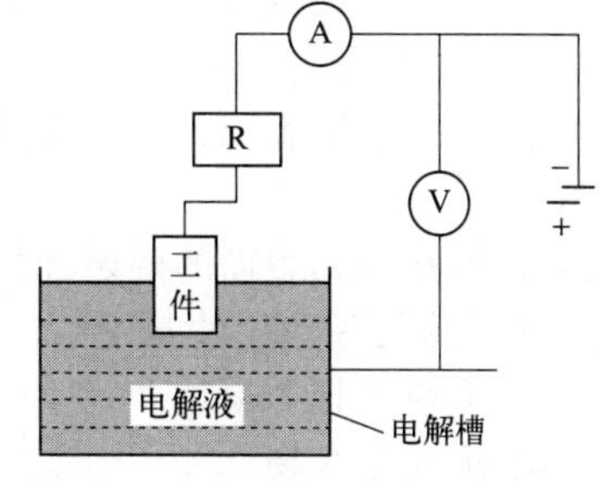

图 4-5　电解液加热表面淬火原理

4.2.1.6　高密度能量的表面淬火

高密度能量包括激光、电子束、等离子体和电火花等，其原理和应用分别参见有关章节。

4.2.1.7　表面光亮热处理

对高精度零件进行光亮热处理有两种方法，即真空热处理和保护处理。最先进的方法是真空热处理。真空热处理设备投资大，维护困难，操作技术比较复杂。保护热处理分为涂层保护和气氛保护。气氛保护热处理的工艺多种多样。有的设备投资大，气体消耗多，成本高，因此常采用保护气体箱。涂层保护热处理投资少，操作简便，虽然目前国内研制的涂层的自剥性和保护效果还不能令人满意，价格也较贵，但涂料品种多，工艺成熟，应用广泛。表面光亮热处理在各种钢材的淬火、固溶、时效、中间退火、锻造加热或热成型时均可应用。

（1）涂层保护光亮热处理

涂层的一般要求。涂料应耐高温、抗氧化、稳定、不与零件表面反应，并能防止零件表面加热时烧损、脱碳或形成氧化皮。涂料应安全无毒，成本低，操作简单；涂层在室温下具有一定强度，操作过程不易脱落，但在一次处理后能自行脱落。

（2）涂层成分

一般处理涂层多数采用有机材料与无机材料混合配制的涂料。这类涂料在常温下可以通过有机黏结剂组成均匀完整的涂层。在热处理时，涂层中的有机组分被分解或炭化，而其余的组分如玻璃、陶瓷等材料则转变为一层均匀致密的无机涂层，能起到隔绝周围气氛与金属的作用，冷却后，由于涂层与金属的热膨胀系数不同，涂层能自行脱落，从而起到保护被处理金属表面的作用。

4.2.2 表面化学热处理

4.2.2.1 概述

金属表面化学热处理利用元素扩散性能的热处理工艺，通过使合金元素渗入金属表层来实现。其基本工艺过程如下。首先，将工件放入含有渗入元素的活性介质中，加热至特定温度。这样可使活性介质分解，释放出所需渗入元素的活性原子。随后，这些活性原子会被吸附并溶入工件表面。最终，这些原子在金属表层中扩散并渗入，形成一定厚度的扩散层。这个操作过程会改变表层的成分、结构和性能。

金属表面化学热处理的目的如下。

① 提高金属表面的强度、硬度和耐磨性。

② 提高材料疲劳强度。例如，通过渗碳、渗氮和渗铬等渗层的相变过程，引起体积的变化，从而使金属表层产生巨大的残余压应力，进而提高疲劳强度。

③ 增加金属表面的防黏附和防咬合能力以及减少摩擦系数，比如通过渗入硫等方法进行。

④ 增强金属表面的耐腐蚀性能，例如采用渗入氮、渗入铝等方式。

化学热处理渗层的基本组织类型如下。

① 形成单相固溶体。

② 形成化合物。

③ 化学热处理后，一般可同时存在固溶体、化合物的多相渗层。

化学热处理可使金属表层、过渡层和心部的成分、组织和性能发生显著变化。强化效果既取决于各层的性能，也与各层之间的相互联系有关，如表层渗碳的碳含量、分布、渗碳层的深度和组织等，都对渗碳后的材料性能产生影响。

根据渗入元素介质状态的不同，化学热处理分为以下几种类型。

① 固体法：粉末填充、膏剂涂覆、电热旋流、覆盖层扩散（如电镀层、喷镀层）等。

② 液体法：盐浴、盐浴电解、水溶液电解等。

③ 气体法：固体气体、间接气体、流动粒子炉等。

④ 等离子法。

4.2.2.2 渗硼

渗硼的主要目的是增加金属表面的硬度、耐磨性和耐腐蚀性，可应用于钢铁材料、金属陶瓷以及特定的有色金属材料，例如钛、钽和镍基合金。该方法的成本较为高昂。

① 渗硼原理　渗硼的原理是将工件放置在富含硼原子的介质中，然后加热至特定温度，并在一定时间内进行加热保持，从而在工件表面形成坚硬的渗硼层。

② 渗硼层的性能　渗硼层的硬度很高；在盐酸、硫酸、磷酸和碱中具有良好的耐蚀性，但不耐硝酸；加热硬性高，在800℃时仍保持高的硬度；在600℃以下抗氧化性能较好。

③ 渗硼方法　固体渗硼（粉末渗硼与膏剂渗硼）、液体渗硼、气体渗硼、等离子体渗硼。

4.2.2.3 渗碳、渗氮、碳氮共渗

渗碳、渗氮以及碳氮共渗等方法能够有效地提升材料表面的硬度、耐磨性和疲劳强度，在工业领域得到了广泛的应用。

（1）渗碳、碳氮共渗

① 结构钢的渗碳。通过渗碳，结构钢的表面可以获得高硬度、耐磨性、耐侵蚀磨损性、接触疲劳强度和弯曲疲劳强度等特性，而其心部仍保持一定强度、塑性和韧性。目前常用的渗碳方法包括以下三种。

一是气体渗碳。这是生产中应用最为广泛的一种方法，即在含碳的气体介质中通过调节气体渗碳气氛来实现渗碳目的，一般有井式炉滴注式渗碳和贯通式气体渗碳两种。

二是盐浴渗碳。通过将待处理的零件浸入盐浴渗碳剂中进行加热，使其分解产生活性的碳原子进行渗碳。

三是固体渗碳。使用固体渗碳剂进行渗碳。其中，膏剂渗碳方式工艺简单方便，适用于单件生产、局部渗碳或返修零件。为了提高渗碳速度和质量，引入了快速加热渗碳法、真空渗碳、离子束渗碳、流态层渗碳等先进工艺。

② 高合金钢的渗碳。目前，高合金钢（尤其是高铬钢和工具钢）的渗碳已经引起了广泛的关注。渗碳后，工具钢的表面能够具备更高的强度、耐磨性和热硬性。相比传统模具钢制造的工具，其使用寿命也能够得到显著提高。

③ 碳氮共渗。液态碳氮共渗技术过去被称为氮化处理。碳氮共渗工艺相较于单纯的碳渗工艺，具有更低的渗碳温度和更小的变形量。此外，氮的渗入不仅提高了渗碳速率，还增加了材料的耐磨性。

（2）渗氮、氮碳共渗

渗氮、氮碳共渗是在含有氮，或氮、碳原子的介质中，将工件加热到一定温度，钢的表面被氮或氮、碳原子渗入的一种工艺方法。渗氮工艺复杂，时间长，成本高，所以只用于耐磨、耐蚀和精度要求高的零部件，如发动机汽缸、排气阀、阀门、精密丝杆等。

钢经渗氮后获得高的表面硬度，使零件具有高的疲劳极限和耐蚀性，在自来水、潮湿空气、气体燃烧物、过热蒸气、苯、不洁油、弱碱溶液、硫酸、醋酸、正磷酸等介质中均有一定的耐蚀性。

（3）渗氮的分类

大致分为以下两类。

一是低温渗氮。渗氮温度低于600℃，包括气体渗氮、液体渗氮和离子渗氮等。主要适用于结构钢和铸铁。目前最常用的是气体渗氮法，即将待渗氮的零件放入密封渗氮炉中，然后通入氨气，并加热至500～600℃。氨分解生成活性氮原子，渗入钢表面，形成一层具有一定深度的氮化层。

二是高温渗氮。高温渗氮是指在共析转变温度（600～1200℃）以上进行的氮渗，主要应用于铁素体钢、奥氏体钢以及难熔金属如钛、钼、铌、钒等的渗氮。

4.2.2.4 渗金属

（1）渗金属概述

渗金属是一种能使工件表面生成金属碳化物层的工艺方法。这种工艺方法是利用渗入元素与工件表面的碳结合生成化合物层，如 $(Cr, Fe)_7C_3$、VC、NbC、TaC 等，而次层则为过渡层。这种工艺方法适用于高碳多渗入元素，如 W、Mo、Ta、V、Nb、Cr 等碳化物生成元素。为了确保碳化物层的形成，在基材中的碳质量分数需要超过0.45%。

(2) 渗金属层的组织

渗金属形成的化合物层一般很薄，0.005～0.02mm。层厚的增长速率符合抛物线定则。经过液体介质扩渗的渗层组织光滑而致密，呈白亮色。当工件的碳质量分数为45%时，除碳化物层外还有一层极薄的贫碳层。当工件碳的质量分数大于1%时，只有碳化物层。

渗金属层的硬度极高，耐磨性好，抗咬合和抗擦伤能力也很高，并且具有摩擦系数小等优点。

(3) 渗金属方法

① 气相渗金属法。有两种常用的方法：一种是在适当温度下，可挥发的金属化合物从金属卤化物中析出活性原子，沉积在金属表面上与碳形成化合物，这项工艺的步骤是将工件放入含有渗入金属卤化物的容器中，然后通入 H_2 或 C 进行置换反应，从而释放出活性原子，然后进行金属渗透操作；另一种方法是使用含有杂质的化合物，在低温下进行分解，实现表面沉积。

② 固相渗金属法。固相渗金属法中较广泛使用的方法是膏剂渗金属法。该方法将渗金属膏剂均匀涂布在金属表面上，并在一定温度下加热，以促使渗入元素进入工件表面层。通常膏剂由活性剂、熔剂和黏结剂组成。活性剂通常为纯金属粉末，其尺寸为0.050～0.071mm。熔剂的作用在于与渗金属粉末相互作用，形成相应化合物的卤化物（即被渗原子的载体）。

黏结剂一般用四乙氧基甲硅烷制备，黏结后形成膏剂。

4.2.2.5 表面氧化和着色处理

在金属加热过程中，随着水蒸气的作用，在一定温度下金属表面会形成氧化物。经过水蒸气处理后，金属表面的摩擦系数显著降低。使用阳极氧化法可形成铝、镁表面的氧化铝、氧化镁膜，从而提升其耐磨性和其它性能。

金属着色是金属表面加工的一个环节。用硫化法和氧化法等可使铜及铜合金生成氧化亚铜（Cu_2O）或氧化铜（CuO）的黑色膜。钢铁包括不锈钢也可着黑色。铝及铝合金可着灰色和灰黑色等多种颜色，起到了美化装饰作用。

4.2.2.6 电化学热处理

相比化学热处理，电化学热处理可以有效降低时间，解决局部防渗问题，并减少能耗、设备和材料消耗以及环境污染等问题，因而获得了较快的发展。

电化学热处理的优点主要有以下几点。首先，与普通化学热处理相比，电化学热处理的温度更高，这加速了渗剂的分解和吸附。其次，随着温度的升高，工件表面附着物更容易挥发或与介质反应，使工件表面更干净、更活性，也促进了渗剂的吸附。这就是电化学热处理比一般化学热处理优越的原因之一。

加热速度快、保温时间短的快速电加热通常先对工件进行加热，而渗剂可以直接镀或涂在工件表面。这种方法能够减少渗剂挥发和烧损的可能性，有利于元素渗扩。同时，由于存在特殊的物理化学现象，加速了渗剂分解和吸附过程。

电化学热处理比常规化学热处理的温度更高，从而显著提高了元素的扩散速度。快速的电加热会在工件内部和介质中形成较大的温度梯度，有助于介质在界面上的分解。此外，外层的介质温度较低，不容易发生氧化或分解反应，因此有助于更好地利用渗剂。

4.2.2.7 电解化学热处理

电解渗碳原理是将低碳零件放置于加热的盐浴中，通过电化学反应使碳原子渗入工件表层。该方法采用碱土金属碳酸盐作为主要渗碳介质，并添加一些溶剂以调整盐浴成分的熔点和稳定性。在这个过程中，石墨作为阳极，而工件则作为阴极，通过直流电通电，盐浴电解产生 CO，然后 CO 分解产生新的活性碳原子，这些原子随后渗入工件表层。

电解渗硼是在盐浴中进行的一种表面处理方法。在此方法中，工件作为阴极，而耐热钢或不锈钢板作阳极。这种方法操作简单，处理速度快，并且可以使用成本较低的渗剂。通过调整电流密度可以控制渗层的相组成和厚度。电解渗硼常被应用于有耐磨和耐蚀性需求的模具和零件。

电解渗氮，又被称为电解气相催渗渗氮，使用的电解液是氯化钠水溶液，其中含有盐酸。在该方法中，石墨作为阳极，而工件则充当阴极。该方法具备设备简单、成本低廉、操作方便等优点，同时催渗效果良好，并满足大规模渗氮的生产需求。

4.2.2.8 真空化学热处理

真空化学热处理是一种在无气环境下进行的热处理方法，在该过程中，工件被加热，并且金属或非金属元素也会被渗入其中，以改变材料表面的化学成分、组织结构和性能。

真空化学热处理包含三个基本的物理和化学过程。

① 在真空加热条件下，活性介质可以有效防止氧化、分解和蒸发，从而增加活性分子的活性和数量。

② 在真空环境下，材料表面呈现光滑无氧化的状态，这对于活性原子的吸附非常有利。

③ 在真空条件下，由于表面吸附的活性原子浓度较高，与内部形成较大的浓度差，从而促进表层原子向内部扩散。

真空化学热处理适用于非金属和金属元素的渗碳、氮、硼等过程，不仅能使工件免于氧化和脱碳，还能保证其表面光洁，且变形率低，质量优良。此外，渗入速率快，生产效率高，能源利用率也得以提升。相对而言，该方法对环境污染较少，且劳动条件优越。不过，这种处理方式设备费用较高，且操作技术要求较高。

4.3 激光表面处理

激光表面处理是以高能量密度激光对材料进行表面改性的方法，可以快速加热表面，具备有选择性的改性能力，此方法变形小、生产效率高。与电子束和离子束一样，激光是高能量密度能源之一，激光表面技术是应用最广泛的高能量密度表面处理技术。在一定条件下它具有传统表面技术或其它高能密度表面技术无法拥有的特点，这使得激光表面技术在表面处理的领域内占据了一定的地位，目前，激光表面技术已成为高能粒子束表面处理方法中的一种最主要的手段。

激光表面处理的目的是改变表面层的成分和显微结构，激光表面处理工艺包括激光相变硬化、激光熔覆、激光合金化、激光非晶化和激光冲击硬化等（图 4-6）。激光表面处理的优异效果是与快速加热和随后的急速冷却分不开的。目前，激光表面技术已应用于汽车、冶金、石油、机车、机床、军工、轻工、农机以及刀具、模具等领域，逐渐显示出越来越广泛的工业应用前景。

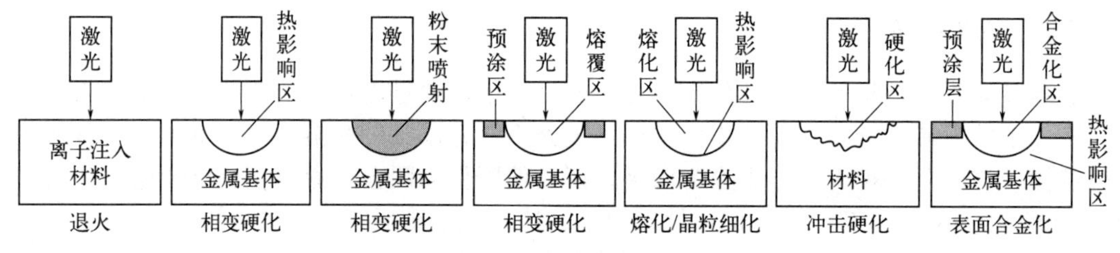

图 4-6 激光表面技术简图

（1）激光的产生

激光指的是通过外界光子的刺激，引发电子能级发生变化，进而发射出具有与外界光子完全一致的频率、相位、传输方向和偏振态的相干光波。激光是一种高方向性、高亮度、高单色性和高相干性的光源。

激光是由激光发生器产生的，激光发生器由激光工作物质、激活能源和谐振器构成，主要有固体、液体和气体等。固体激光器具有激活离子密度大、振荡频带宽、力学性能和化学性能好等特点。CO_2 气体激光器的光电转换效率高、输出功率大、能长时间稳定工作、易于控制、成本较低，在工业上得到了最广泛的应用。

以 Cr^{3+}-Al_2O_3 红宝石激光器来说明激光器的工作原理和激光产生的过程。

一般情况下，首先将红宝石加工成柱状，并对两端进行高度抛光，使其互相平行。其中一个端面部分进行镀银，以实现部分透光效果；而另一个端面则完全进行镀银，用于完全反射光波，构成激光器的谐振腔（图 4-7）。在激光器谐振腔内，通过氙气闪光灯对红宝石进行照射。在辐照之前，红宝石中的 Cr^{3+} 处于基态。在波长为 560nm 的保气闪光灯照射下，电子受到激发，由基态转变为高能态，导致粒子数反转。当高能态的电子从受激能态直接返回基态时，会同时发射光子。这种光子发射产生的光并不具备激光的特性。如果高能电子受激衰变为不稳定态，在停留 3ns 后回到基态并释放光子，即可产生激光。在电子运动期间，3ns 是相当长的时间，因此在不稳定能级上有足够的时间来积聚大量电子。当一些电子自发地从不稳定态返回基态时，将会引起更多电子像“雪崩”一样返回基态，从而产生越来越多的光子。那些与红宝石轴向运动基本平行的光子，有些透过部分镀银端而另一些则被反射回来，沿着红宝石轴向来回传播，光波的强度逐渐增加。此时，从部分镀银端面发射出的光束是高度准直的、具有高强度的相干波，这种单色激光的波长为 694.3nm。

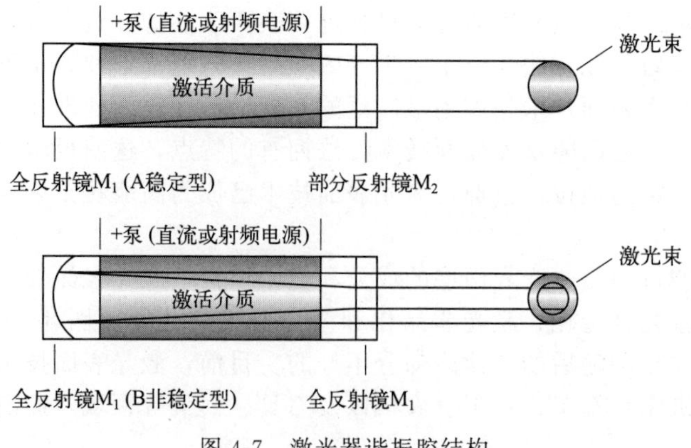

图 4-7 激光器谐振腔结构

（2）激光的特点

① 方向性强。激光光束发散角度可小于一至几个毫弧度，可视为光束几乎平行。

② 亮度高。激光器发射的光束极强，可以通过聚焦会聚到微小范围内，实现高能量密度或功率密度。

③ 单色性好。激光具有相同的相位和波长，故激光的波长特性很好。

④ 高能量密度。激光光束强度高，易于聚焦，聚焦后的功率密度可达 $10^{14}W/cm^2$，光斑中心温度高达上千或上万摄氏度，可以以极高的速度将需处理部位加热到临界温度以上，或熔化表面合金材料。

⑤ 平行的光束。激光光束的发散角极小，光束基本是平行的，可实现表面选择加工，热影响区小，变形小。

⑥ 自动化程度高。激光光束投向的部位都可发生物理、力学性能的改变，易于自动化操作。

（3）激光表面处理的原理与种类

1）激光表面处理的基本原理

当激光光束辐照到材料表面时，发生了电子激发作用。一部分激光被反射，另一部分激光被材料表面吸收转化为热能，使表层温度迅速升高并向内部传输。材料表面对激光能量的吸收与激光的功率密度、辐照时间、光束模式、材料的反射率及吸收率等有关。一般来说，材料的电导率越高、表面粗糙度越小、激光波长越长，对激光的反射率越高。

材料表面吸收激光能量后，骤然升至很高的温度，使表面发生了固态-固态转变、固态-液态转变或固态-气态转变。在激光光束移开后又发生快速冷却，组织结构也随着转变。在快加热、快冷却的过程中，材料表面呈现不同的改性行为。

2）激光表面处理的种类

适当调节激光工艺参数，在一定的条件下，对不同的材料可以进行激光淬火、激光熔覆、激光熔凝、激光表面合金化、激光冲击硬化处理、激光非晶化、激光气相沉积、激光增强电镀等，主要激光改性技术及特征见表 4-5。

表 4-5　主要激光表面改性技术及特征

工艺方法	功率密度 /(W/cm^2)	加热温度范围	冷却速度 /(℃/s)	处理深度 /mm	特征
激光淬火	10^3～10^5	表面温度高于钢的相变临界温度	10^4～10^5	0.2～1.0	自淬火相变硬化，硬度和耐磨性高
激光表面熔凝	10^5～10^7	表面温度高于材料的固相线温度	10^5～10^7	0.2～1.0	表面快速熔化并激冷，铸态组织细小、致密，硬度和耐磨性高
激光表面合金化	10^4～10^6	表面温度高于合金粉末与基体的液相线温度	10^4～10^6	0.2～2.0	合金粉末与基体表面同时熔化、快速凝固，改变了表层的成分、结构、性能，合金层与基体呈冶金结合，提高零件的硬度、耐磨性和耐蚀性
激光表面熔覆	10^4～10^6	表面温度高于预覆合金的液相线温度	10^4～10^6	0.2－5.0	预覆合金层熔化，基体表面微溶，预覆层成分基本不变，仅邻近界面处产生“稀释”，硬度和耐磨性高

续表

工艺方法	功率密度 /(W/cm^2)	加热温度范围	冷却速度 /(℃/s)	处理深度 /mm	特征
激光非晶化	10^7～10^8	表面温度高于材料的液相线温度	10^7～10^{10}	0.001～0.1	表面爆化，高于临界冷却速度得到非晶态表面，有高的强度、耐磨性、耐蚀性、磁性和电性能
激光冲击硬化	10^8～10^{11}	表面温度高于材料的汽化温度		0.05～0.1	激光脉冲作用表面汽化，产生的等离子体对表面形成巨大冲击力，增加了表面的亚结构和压应力，有高的强度、硬度和疲劳强度

（4）激光淬火

1）激光淬火的优点

① 硬度和耐磨性高。激光加热温度高于普通淬火和感应加热淬火，加热时间短，硬化层晶粒细小，硬度和耐磨性高。

② 变形小。由于是高温快速加热，且热影响区小，变形小，适宜细长杆件、薄壁件等处理。

③ 选择性淬火。平行的激光束可实现微区辐照，适宜局部选择性淬火或凹槽、孔、沟等难处理部位的淬火，节约能源。

④ 自冷淬火。激光加热与环境的温差大，可实现自冷淬火，无需淬火介质，无污染。

2）激光淬火工艺

大部分激光淬火采取的是连续淬火方式，使零件与激光束保持相对移动的状态，以得到一定面积的淬硬层。因此，确定合适的相对运动速度、激光束功率、加热温度等对防止表层熔化、获得良好的组织与性能是十分重要的。

另外，激光淬火时的零件通常是经过精加工的，表面粗糙度较低的零件表面不利于对激光能量的吸收。因此，激光淬火前一般要对零件表面进行“黑化处理”，以获得具有高吸收率的黑色薄膜，常用的黑化方法有磷化、碳素和涂漆法。

3）激光淬火层的组织与性能

碳钢、合金钢、铸铁等都可以进行激光淬火，表层不仅具有高的硬度和耐磨性，还因压应力而提高了疲劳强度。

（5）激光表面合金化

激光表面合金化是一种既改变表层的物理状态，又改变其化学成分的激光表面技术。方法是用镀膜或喷涂等技术把所需合金元素涂覆在金属表面（预先或与激光照射同时进行），激光照射时涂覆层合金元素和基体表面将合金粉末或预覆合金层与基体同时熔化、混合，迅速冷却得到包含预覆合金和基体组元的合金层，从而提高表层的耐磨性、耐蚀性和高温抗氧化性等，赋予零件表面以新的功能特性。碳钢、铸铁、铝、铜、镍、钛等都可以进行激光表面合金化处理，预覆层的材料有铬、镍、钨、钛、钼、锰、硼、钒、钴等金属或合金。可采用喷涂、电镀、电刷镀、气相沉积等方法在零件表面预覆合金层，也可以用气流送粉法预覆。除了提高零件硬度、耐磨性和耐蚀性外，激光表面合金化还能强化非相变硬化材料铜、镍等。

（6）激光表面涂覆

激光表面涂覆主要用于激光涂覆陶瓷层和有色金属激光涂覆。火焰喷涂、等离子喷涂和爆燃枪喷涂等热喷涂的方法广泛用于陶瓷涂覆。但所有这些方法获得的涂层含有过多的气孔、熔渣夹杂和微观裂纹，而且涂层结合强度低，易脱落，这会导致高温时由于内部硫化、剥落、机械应变降低、坑蚀、渗盐和渗氧而使涂层早期变质和破坏。使用激光进行陶瓷涂覆，可避免产生上述缺陷，提高涂层质量，延长使用寿命。激光表面涂覆可以从根本上改善工件的表面性能，很少受基体材料的限制。这对于表面耐磨、耐蚀和抗疲劳性都很差的铝合金来说意义尤为重要。

（7）激光气相沉积

激光气相沉积以激光束作为热源在金属表面形成金属膜，通过控制激光的工艺参数可精确控制膜的形成。目前已用这种方法进行了镍、铝、铬等金属成膜试验，所形成的膜非常洁净。还可以在金属表面用激光涂覆陶瓷以提高表面硬度，用激光气相沉积可以在低级材料上涂覆与基体完全不同的具有各种功能的金属或陶瓷，这种方法节省资源效果明显，受到人们的关注。

4.4 电子束表面改性

电子在高速运动时表现出波动性。当高速电子束照射到金属表面时，这些电子能够深入金属一定的深度，并与金属的原子核和电子发生相互作用。电子与原子核的碰撞可以视为弹性碰撞，因此能量的传递主要通过电子束的电子与金属表层电子的碰撞来实现。传递的能量立即以热能的形式传递给金属表层的原子，从而使得被处理金属表面的温度迅速升高。与激光加热相比，电子束加热的原理有所不同。在激光加热中，金属表面吸收光子能量，而激光不会穿过金属表面。目前，电子束加速器的电压可以达到125kV，输出功率达到150kW，能量密度高达10^3MW/m^2，这是激光无法与之媲美的。所以，与激光相比，电子加热的深度和尺寸更大。

电子束表面改性是利用高速电子流轰击材料表面产生的能量转换，迅速将表面加热到高温，以实现表面改性的高密度能量表面技术。电子束表面处理的作用、功能和用途与激光表面处理基本相同。

（1）电子束表面处理原理及特点

当高速电子束射向材料表面时，电子能穿透表面并进入一定的深度，电子束与基体表面的原子核、电子都发生了碰撞。由于与前者发生的是弹性碰撞，因此与后者的作用主要承担能量的传输，由动能转化为热能，从而使表面的温度急剧升高。

其特点如下。

① 快速实现加热和冷却。将金属材料表面从室温加热至奥氏体化温度、熔化温度仅需几分之一到千分之一秒，而其冷却速度可达10^6～10^8℃/s。

② 与激光相比，其制造成本相对较低。电子束设备的初次投资比激光设备少（大约为激光设备的1/3），而且电子束的实际使用成本仅为激光处理的一半。

③ 电子束的结构简单，它通过磁场偏转和扫描进行工作，无需工件的旋转、移动以及光传输装置。

④ 电子束与金属表面结合能力强。除了在特别小的角度（3°～4°）上，电子束与表面的结合不受反射的影响，与激光相比，电子束的能量利用率更高。因此，在进行电子束处理之前，工件的表面不需要额外涂覆吸收层。

⑤ 为了确保在处理过程中不会发生氧化，电子束需要在真空中工作，但这也带来了一些不便之处。

⑥ 相比于激光束，电子束的能量控制更加便利，可以通过调整灯丝电流和加速电压来实现精确地控制。

⑦ 电子束加热时能量散布面广，有半数电子作用区几乎在同一时间融化。电子束加热的液态温度较低，相比激光加热，温度梯度较小且维持时间较短。

⑧ 电子束会激发表面 X 射线，使用时需采取防护措施。

（2）电子束表面处理工艺

1）电子束表面相变强化处理

采用散焦方式对金属工件表面进行电子束轰击，控制加热速度在 10^3～10^5 ℃/s 范围内，将金属表面加热到超过相变点，接着以高速冷却（冷却速度可达到 10^8～10^{10} K/s）的方式制造马氏体等相变强化组织。该方法适用于碳钢、中碳低合金钢和铸铁等材料的表面强化处理。例如，用 2～3.2kW 电子束处理 45 钢和 T7 钢的表面，束斑直径为 6mm，加热速度为 3000～5000℃/s，钢的表面生成隐针马氏体，45 钢表面硬度达 62HRC；T7 钢表面硬度达 66HRC。

2）电子束表面重熔处理

通过利用电子束轰击工件表面，在产生局部熔化后迅速凝固，可以实现组织细化，并达到硬度和韧性的最佳匹配。对于某些合金材料而言，电子束重熔可以重新分布各相中的化学元素，减少显微偏析程度，改善工件表面的性能。目前，电子束重熔主要应用于工模具的表面，以在保持或改善韧性的同时提高表面强度、耐磨性和热稳定性。例如高速钢孔冲模的端部刃口经电子束重熔处理后，获得深 1mm、硬度为 66～67HRC 的表面层，该表层组织细化，碳化物极细，分布均匀，具有强度和韧性的最佳配合。

由于电子束重熔是在真空条件下进行的，表面重熔时有利于去除工件表层的气体，因此可有效地提高铝合金和钛合金表面处理质量。

3）电子束表面合金化处理

先将具有特殊性能的合金粉末涂覆于金属表面上，然后经过电子束加热熔化处理，或同时加入所需合金粉末并在电子束作用下使其熔融于工件表面，从而形成一种具备优异耐磨、耐蚀、耐热等性能的新型合金表层。实施电子束表面合金化时，所需的电子束功率密度为相变强化所需功率密度的 3 倍以上，同时还可延长电子束辐照时间，以实现对基体表层的一定深度内的熔化。

4）电子束表面非晶化处理

电子束表面非晶化处理与激光表面非晶化处理相近，不同之处在于所使用的热源。利用聚焦的电子束所独有的高功率密度和短时间作用等特性，能够使工件表面在极短的时间内迅速熔融，而工件内层传入的热量可以忽略不计。因此，在基体和熔融表面之间形成了巨大的温度梯度。所以，这一外表几乎完全保持了熔化时金属液体的一致性，可以直接使用，也可以作进一步处理以满足特定要求。

电子束表面非晶化处理有待深入研究。此外，电子束覆层、电子束蒸镀及电子束溅射也在不断发展并得以应用。

(3) 电子束表面处理设备

相应设备包括：高压电源、电子枪、低真空工作室、传动机构、高真空系统和电子控制系统。其最主要的部件是电子枪，由灯丝、电子加速阳极、电磁透镜等组成（图 4-8）。灯丝发射出电子，经加速形成电子束，再由电磁透镜聚焦电子束并使之发生偏转，射向并透入待处理零件表面，瞬间将其加热至奥氏体化温度或熔点以上。

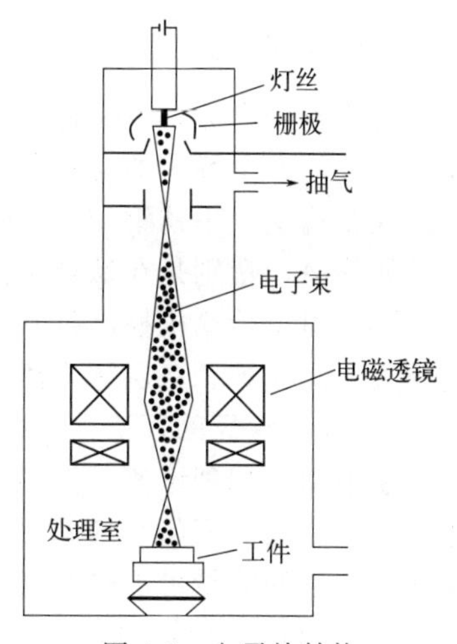

图 4-8 电子枪结构

(4) 各电子束表面技术的对比

利用高能量密度的电子束可以进行表面淬火、表面熔凝、表面合金化、表面熔覆、表面非晶化等处理。调整合适的工艺参数，对材料表面进行相应的处理能够充分表现出其优势，部分处理的特点见表 4-6。

表 4-6 部分电子束表面改性工艺的特征

工艺方法	电子束表面淬火	电子束表面熔凝	电子束表面合金化
处理的材质	45 钢(正火态)	高速钢模具	45 钢＋Ni60＋WC
表层组织状态	隐晶;淬硬层深:0.2～0.3mm	组织细化,碳化物细小、弥散分布、硬化层深	细树枝晶
表层性能	800～830HV	870～900HV;高的耐磨性和热稳定性	980～1300HV;高的耐磨、耐蚀和耐热性
技术特征	变形小	表层合金元素重新分布、偏析小;真空脱气、熔凝层质量高;无需黑化	合金化层稀释小
适宜处理的材料	碳钢,中碳低合金钢,铸铁等	工具钢、模具钢;铝合金;钛合金等	碳钢、不锈钢＋Ni 基、Co 基合金粉末(或含金属陶瓷粉末)

4.5 等离子体表面改性

(1) 等离子体的物理概念

等离子体是一种电离度超过 0.1%的气体，是由离子、电子和中性粒子（原子和分子）所组成的集合体。等离子体整体呈中性，但含有相当数量的电子和离子，表现出相应的电磁学等性能，如等离子体中有带电粒子的热运动和扩散，电场作用下的迁移。等离子体是一种能量较高的物质聚集状态，被称为物质的第四态。产生等离子体的方法有很多种，包括利用粒子的热运动、电子的碰撞、电磁波的能量以及高能粒子等。低温等离子体的主要产生方法是通过气体放电。

当离子撞击阴极表面时，会产生一系列物理和化学过程。这些过程包括离子轰击阴极表面时产生的阴极溅射现象（也可称为蒸发过程），阴极溅射出的粒子与靠近阴极表面的活性原子结合形成的产物在阴极表面吸附的凝附现象，阴极释放出的二次电子以及局部区域的原子扩散和离子注入等现象。

（2）离子渗氮

辉光离子渗氮，也被称为离子渗氮，是一种在低于 105Pa 的气氛中利用工件（阴极）和阳极之间产生稀薄的含氮气体来进行辉光放电渗氮的工艺。这种工艺目前认为是成熟技术，在结构钢、不锈钢和耐热钢的渗氮方面得到了应用，同时也扩展到了黑色金属渗碳和有色金属渗氮，特别是在钛合金渗氮方面取得了良好的效果。

除了引入计算机控制技术实现工艺参数优化和自动控制外，离子渗氮设备还开发了脉冲电源离子渗氮炉、双层辉光离子渗金属炉等设备，旨在节能、节材并提高效率。

1）离子渗氮的理论

溅射和沉积理论离子渗氮时，渗氮层是通过反应阴极溅射形成的。在真空炉内，稀薄气体在阴极、阳极间的直流高压下形成等离子体，N^+、H^+、$NH_4{}^+$ 等正离子轰击阴极工件表面，轰击的能量可加热阴极，使工件产生二次电子发射，同时产生阴极溅射，从工件上打出 C、N、O、Fe 等。Fe 可以与阴极附近的活性氮原子结合形成 FeN。随后，由于背散射效应，FeN 在阴极表面沉积。FeN 进一步分解为 FeN—Fe_2N—Fe_3N—Fe_4N，其中释放出的氮原子主要渗透到工件表面，部分则返回等离子体区域。

氮氢分子离子化理论　1973 年，M. Hudis 提出了分子离子化理论，并对 40CrNiMo 钢进行了离子渗氮研究。研究结果表明，溅射虽然明显，但并非离子渗氮的主要控制因素。他认为决定渗氮的关键是氮氢分子离子化，并指出氮离子也能够起到渗氮效果，只是渗层硬度稍低、深度较浅。

中性原子轰击理论　1974 年，Gary. G. Tibbetts 在将纯铁和 20 钢置于 N_2+H_2 混合气中进行渗氮实验。试样与一个网状栅极相隔 1.5mm，同时施加 200V 的反偏压。实验结果表明，对离子渗氮起作用的主要是中性原子，而 NH_4^+ 分子离子化的作用则较次要。然而，Tibbetts 并未明确指出活性的中性氮原子是如何产生的。

碰撞离析理论　根据我国科学家的观点，只要离子能量达到要求，无论是在 NH_3、N_2+H_2 还是纯 N_2 中，都可以借助碰撞产生大量渗氮所需的活性氮原子。

显然，上述四种理论都有一定的实验和理论分析基础，氮从气相转移到工件表层可能并不限于一种模式，哪种模式起主要作用可能与辉光放电的具体条件如气体种类、成分、压力、电压等有关。

2）离子渗氮的主要特点

① 离子渗氮速度较快，尤其是在浅层渗氮方面表现更为显著。举例而言，当渗氮层深度为 0.3～0.5mm 时，离子渗氮所需的时间仅为普通气体渗氮时间的五分之一至三分之一。这种差异的存在是因为感应表面活化在加速渗氮过程中起到了主要作用。通过粒子的轰击作用，金属表面的原子被激发为活性原子。同时，在高温环境下，非金属元素如 C、N、O 会从金属表面分离出来。这个过程不仅可以还原金属表面的氧化物和碳化物，还可以对表面起到清洗作用。此外，它还可以增加表面的氮浓度，加速氮元素向试样内部的扩散。试样表面吸附了由轰击产生的 Fe 和 N，增加了试样表面的氮浓度。Fe 还通过催化作用分解出氮，进一步提高了氮浓度。此外，阴极溅射导致表面脱碳，增加了位错密度，加快了氮向内部扩散的速度。

② 高效能，节约资源，热利用率较高。

③ 涉及渗氮过程中氮、碳、氢等气体的控制，可得到 5～30μm 深度的单相层，该层脆性较低，或得到 8μm 厚度的韧性层，也可获得无化合物的高韧性渗氮层。

④ 离子渗氮方法使用氨气作为离子源，操作压力和氨气用量较低，因此有较低的污染

程度和良好的劳动条件。

⑤ 在低于400℃的温度下进行离子渗氮可减小工件的畸变。然而，准确测定工件温度比较困难，当不同零件同时进行离子渗氮时，各部分的温度难以保持均匀。

⑥ 可用于有色金属如不锈钢、粉末冶金件以及钛合金等材料进行渗氮处理。渗氮过程中，工件表面的钝化膜可被清除，这是由离子溅射和氢原子还原作用导致的。此外，还可以实现局部渗氮。

⑦ 由于设备较复杂，投资大，调整维修较困难，对操作人员的技术要求较高。

3）离子渗氮的设备

图 4-9 为离子渗氮装置，设备装有电压、电流、温度、真空度和气体流量的测试仪表，同时有温控和记录系统。

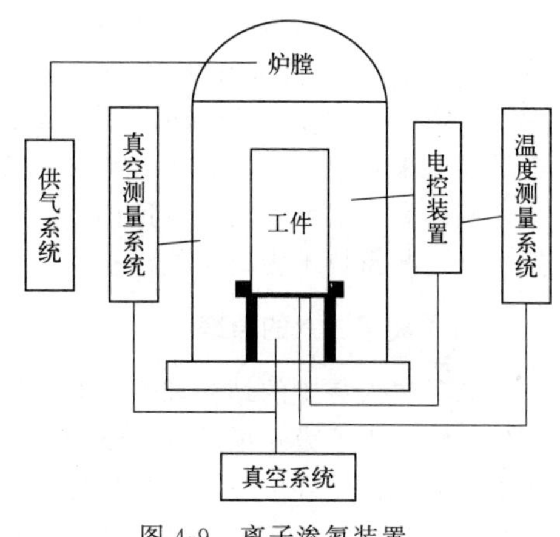

图 4-9　离子渗氮装置

（3）离子渗碳、离子碳氮共渗

离子渗碳（亦可称为等离子体渗碳）、离子碳氮共渗以及离子渗氮的工艺类似。以上工艺均在压力低于一定范围的渗碳或碳氮混合气氛中进行，并利用工件（阴极）和阳极之间的辉光放电进行渗碳，或是同时渗碳氮。

离子渗碳是一项较为先进的渗碳技术，具有快速、高质量、低能耗和无污染等优点。其原理与离子渗氮相似，工件所需的活性碳原子或离子可以通过热分解反应或对工作气体进行电离来获得。

离子渗碳具有以下特点。渗碳浓度高、渗层渗碳深度大且易于控制，可用于难渗碳的烧结件和不锈钢件渗碳。渗碳速度快且渗层致密。渗剂的渗碳效率高，渗碳件表面不会产生脱碳层，无晶界氧化，表面清洁光亮，畸变小，处理后的工件具有较高的耐磨性和疲劳强度，优于一般的渗碳件。

离子氮碳共渗与离子渗碳原理相似，区别在于运用了含氮气体。离子氮碳共渗速度比常规碳氮共渗快 2～4 倍。在特定设备条件下，可以采用碳渗与氮渗交替进行，得到碳化物和氮化物复合渗层。这种复合渗层工艺更短且性能更优。

（4）离子渗金属

① 离子渗金属的特点　它是将待渗金属在真空中电离成金属离子，然后在电场的加速下轰击工件表面，并渗入其中。这类技术具有渗速快、渗层均匀以及劳动条件好等特点，但成本较高。

② 离子渗金属的方法　要实现离子渗金属，必须使待渗金属在真空中电离成金属离子。目前主要有气相电离、溅射电离和弧光电离等方法。

4.6 离子注入表面改性

（1）离子注入技术的发展概况

离子注入是在室温或较低温度及真空条件下，将所需物质的离子在电场中加速后高速轰击工件表面，使离子注入工件一定深度的表面改性技术。其中离子的来源有两种：一是由离子枪发射一定浓度的离子流来提供，这样的离子注入可称为离子束注入技术；二是由工件表面周围的等离子体来提供。本节所介绍的离子注入表面改性技术主要是离子束注入技术。

20 世纪 60 年代以来，离子注入技术应用于半导体器件和集成电路的精细掺杂工艺之中，形成了微细加工技术，为蓬勃发展的电子工业作出了重要的贡献。在 20 世纪 70 年代初，离子注入法被广泛应用于金属表面合金强化的研究，在表面非晶化、表面冶金、表面改性以及材料与离子相互作用等方面取得了显著的研究成果，尤其是在工件表面合金化方面取得了重要进展。目前，离子注入技术已经成为电子设备制造过程中重要的技术之一。通过采用离子注入方法，可以在工件表面形成高度过饱和的固溶体、亚稳定相、非晶态和平衡合金等不同的组织结构形态，从而显著提高工件的使用性能。离子束混合技术是将离子束和薄膜技术相结合，为制备许多新的亚稳非晶态相提供了新的途径。金属蒸发真空弧离子源（MEVVA）的推出，以及其它金属离子源的问世，为离子束材料的改性提供了一种强大的金属离子来源。离子注入可以与各种沉积技术、扩散技术结合，形成复合表面处理的新工艺，例如离子束增强沉积（IBED）、等离子体源离子注入（PSII）以及 PSII-离子束混合等技术。这些新技术为离子注入技术的发展开辟了更为广阔的前景。

（2）离子注入的原理

离子注入装置的结构如图 4-10 所示。该装置由离子源、质量分析仪（分选装置）、加速聚焦系统、离子束扫描系统、试样室（靶室）以及排气系统等组成。离子生成器产生的离子经由几万伏电压导引至质量分析器（通常采用磁分析器），筛选出一定质量/电荷比的离子，在几万至几十万伏电压下经加速系统加速，获取高能量，并通过扫描机构扫描工件表面（扫描是为了增大注入面积和提高注入元素分布的均匀性）。离子进入工件表面后，会与工件内的原子和电子发生一系列碰撞。这一系列碰撞包括三个主要的独立过程。

① 核碰撞。入射离子与工件的原子核发生弹性碰撞，导致固体中产生离子的大角度散射和晶体中的辐射损伤等。

② 电子碰撞。入射离子与工件内的电子发生非弹性碰撞，其结果可能导致离子激发原子中的电子，或使原子获得电子、电离或发射 X 射线等。

③ 离子与工件内原子作电荷交换。任何碰撞都会导致离子损失能量，并在经过多次碰撞后停止运动，作为杂质原子留在固体中。离子在进入工件后所经过的路径称为射程。入射离子的能量、离子和工件的种类、晶体取向、温度等因素都会影响射程及其分布。离子的射

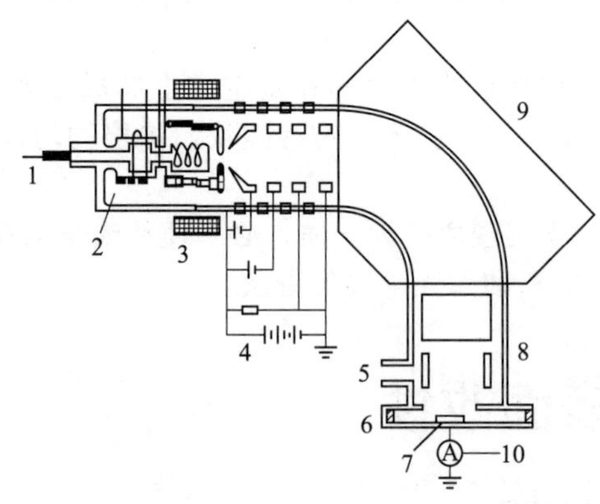

图 4-10　离子注入装置简图

1—进气口；2—放电室；3—离子源；4—静电加速器；5—真空通道；6—注入室；7—试样；8—xy 扫描；9—质量分析仪；10—电流积分器

程通常决定离子注入层的深度，而射程分布决定着浓度分布。研究表明：离子注入元素的分布根据不同的情况有高斯分布、埃奇沃思分布、皮尔逊分布和泊松分布。在工件内，具有相同初始能量的离子的投影程（即离子在离子入射方向上的射程的投影）服从高斯函数分布。

当离子进入固体后，除了离子与固体发生的化学作用外，还有辐照损伤（离子轰击产生晶体缺陷）和离子溅射作用对固体表面性能的影响，它们在改性过程中都具有重要意义。

（3）沟道效应和辐照损伤

离子高速运动注入金属表层时，会与金属内部原子碰撞。金属的原子是有序排列的晶体。当高能离子垂直注入晶体主轴方向时，可能会与晶格中的原子产生随机碰撞。如果离子穿过晶格同一行原子附近时偏转很小，然后进入表层深处，这就是沟道效应。很明显，离子注入晶体后的射程分布会受沟道效应的影响。实验证明，当离子沿着晶向注入时，它们的穿透深度较大；而当离子沿着非晶向注入时，穿透深度较浅。此外，实验还发现，随着离子剂量的增加，沟道离子的射程分布会减少，这表明入射离子对晶格造成了损伤。离子束偏离晶向也会显著影响沟道离子的射程分布。随着靶温的升高，沟道效应会减弱。

除了增加注入元素含量，离子注入还会在注入层中引入大量的空位、间隙原子、位错、位错团、空位团、间隙原子团等缺陷。这些缺陷对注入层的性能会产生显著影响。

入射离子具有充足能量，与被撞出的离位原子与晶格原子相碰。晶格原子可能会吸收足够的能量而发生离位，离位原子最终停留在晶格间隙，形成一个间隙原子。这个间隙原子和留下的空位共同构成空位-间隙原子对，这就是辐照损伤的过程。只有核聚变引起的能量流才会导致辐照损伤，而电子撞击通常不会引起损伤。

辐照会加速原子在晶体中的扩散速率。由于注入损伤使空位密度比正常情况高得多，原子在此区域的扩散速率比正常晶体高出几个数量级。这一现象被称为辐照增强扩散。

（4）离子注入技术的优缺点

1）优点

① 无温度限制。离子注入温度可以是高温、低温或室温，注入在真空下进行，零件不发生氧化、变形或退火软化。

② 注入元素与基体范围广。几乎所有的元素都可以注入任意的金属基体中，且不受固溶度和扩散系数的限制，可以获得相图上不存在的非平衡合金，为新材料的研发提供了很好的途径。

③ 控制方便、使用灵活。调整离子源和离子束能量，可以精确控制注入离子的数量、深度和分布。控制扫描结构，既能在较大的面积上实施离子注入，又可以完成小区域的局部改性。

④ 改性层不剥落。由于注入离子与基体金属之间没有界面，所以不存在注入层剥落的问题。

⑤ 尺寸精度高。注入层较薄，不改变零件的几何尺寸和表面粗糙度，适宜精密零件的表面改性。

2）缺点

① 注入层薄。

② 不能处理复杂形状的零件。离子束只能直行，不能绕行，对复杂形状、有凹槽、深孔等零件难以进行离子注入。

③ 成本高。设备价格昂贵，加工成本高。

(5) 离子注入的改性原理

选择良好的离子注入设备和适当的工艺方法和参数（如注入元素的种类、剂量、离子能量、束流、注入表面温度、时间等），可以改善金属材料的许多性能。

① 力学性能。主要有耐磨、摩擦系数、疲劳强度、硬度、塑性、韧性、附着力等性能。

② 化学性能。主要有耐腐蚀、抗氧化以及催化、电化学等性能。

③ 物理性能。主要有超导、电阻率、磁学、反射等性能。

离子注入涉及直接注入、级联碰撞、离子溅射、辐射损伤、热峰效应、增强扩散、原子沉积、等离子化学反应等较为复杂的机理。离子注入可以将一种或多种元素选择性地注入金属材料表面（未经涂覆工或经过涂覆），并且可以偏离热力学平衡，得到过饱和固溶体、介稳相、非晶结构等，以及大量溶质原子、空位、位错等各种缺陷。这些在材料改性中都有重要的作用。

① 离子注入提高硬度、耐磨性和疲劳强度的机理。研究发现，硬度提升的原因是注入的离子进入了位错附近或者固溶体中，从而产生了固溶强化效应。当注入非金属元素时，常常会与金属元素形成化合物，如氮化物、碳化物或硼化物的弥散相，由此实现了弥散强化。另外，离子轰击会产生表面压应力，也会导致冷作硬化效应，这些因素共同作用使得离子注入的表面硬度显著提高。

② 离子注入之所以能提高耐磨性，其原因是多方面的。离子注入可以导致表面成分和结构的改变。大量的杂质被注入离子轰击产生的位错线周围，形成柯氏团簇，能够加固位错表层。加上高硬度析出物的弥散，使得表面硬度提高，进而提高了耐磨性。另外一种观点指出，离子注入起着减少摩擦系数的主要作用，从而提高耐磨性。这种观点还提出，磨损颗粒的润滑效果可能与此有关。因为与未注入的表面磨损颗粒相比，离子注入表面磨损颗粒更加细小且接近等轴形状，从而可改善润滑性能。

有人认为，通过离子注入改善疲劳性能是因为产生的高损伤缺陷可以阻止位错的移动和凝聚，形成具有可控性的表面强化，从而大幅提高了表面的强度。研究分析表明，离子注入后会在接近材料表面区域形成大量细小的、均匀分布的第二相硬质颗粒，这些颗粒起到了强化的作用。此外，离子注入还会使表面承受压应力，有效地抑制了裂纹的形成，从而有效延长了疲劳寿命。

③ 离子注入提高抗氧化的机理。离子注入显著提高抗氧化性的原因主要有四个方面。第一，注入的元素会在晶界富集，从而阻塞了氧气的短程扩散通道，起到了防止氧气进一步向内扩散的作用；第二，通过形成致密的氧化物阻挡层，如 Al_2O_3、Cr_2O_3、SiO_2 等，这些氧化物能够形成致密的薄膜，阻止其它元素扩散通过，进而起到了抗氧化的作用；第三，离子注入可以改善氧化物的塑性，减少氧化过程中产生的应力，防止氧化膜开裂。第四，注入元素可改变膜的导电性，抑制了阳离子的向外扩散，进而降低了氧化速率。

④ 离子注入提高耐磨腐蚀性的机理。离子注入不仅会形成致密的氧化膜，还可改变材料表面的电化学性能，进而提高材料的耐蚀性。例如，当将铬离子注入 Cu 中时，可以形成一种新的亚稳态表面相，这是常规冶金方法所无法获得的。这种表面处理能够显著改善钢材的耐腐蚀性能。类似地，如果在 Ti 中注入铅离子，则在浓度为 1mol/L 的 H_2SO_4 溶液中，其耐蚀电位可以接近纯铅的水平，显著提高了 Ti 的耐腐蚀性。

第 5 章

表面加工与复合表面技术

5.1 表面加工技术

5.1.1 超声波加工

超声波是一种高频振动波，通常指频率高于 16kHz 的振动波。它的上限频率取决于发生器，一般不超过 5000MHz。超声波可以在气体、液体和固体介质中传播，和声波一样，但基于其频率高、波长短、能量大的特点，传播过程中往往会出现反射、折射、共振和能量损耗等现象。超声波具有下列主要性质：一是能传递很强的能量，能量密度可达 $100W/m^2$ 以上；二是具有空化作用，即超声波在液体介质传播时局部会产生极大的冲击力、瞬时高温、物质的分散、破碎及各种物理化学作用；三是通过不同介质时会在界面发生波速突变，产生波的反射、透射和折射现象；四是具有尖锐的指向性，即超声波换能器为小圆片时，其中心法线方向上声强极大，而偏离这个方向时，声强就会减弱；五是在一定条件下，会产生波的干涉和共振现象。

超声波加工又称超声加工，不仅能加工脆硬金属材料，而且适合加工半导体以及玻璃、陶瓷等非导体。同时，它还可应用于焊接、清洗等方面。

超声波加工硬脆材料的原理如图 5-1 所示。由超声波发生器产生的 16kHz 以上的高频电流作用于超声换能器上，产生机械振动，经变幅杆放大后可在工具端面（变幅杆的终端与工具相连接）产生纵向振幅达 0.01～0.1mm 的超声波振动。工具的形状和尺寸取决于被加工面的形状和尺寸，常用韧性材料制成，如未淬火的碳素钢。工具与工件之间充满磨料悬浮液（通常是在水或煤油中混有碳化硼、氧化铝等磨料的悬浮液，称为工作液）。加工时，由超声换能器引起的工具端部的振动传送给工作液，使磨料获得巨大的加速度，猛烈地冲击工件表面，再加上超声波在工作液中的空化作用，可实现磨料对工件的冲击破碎，完成切削功能。通过选择不同工具端部形状和不同的运动方法，可进行不同的微细加工。

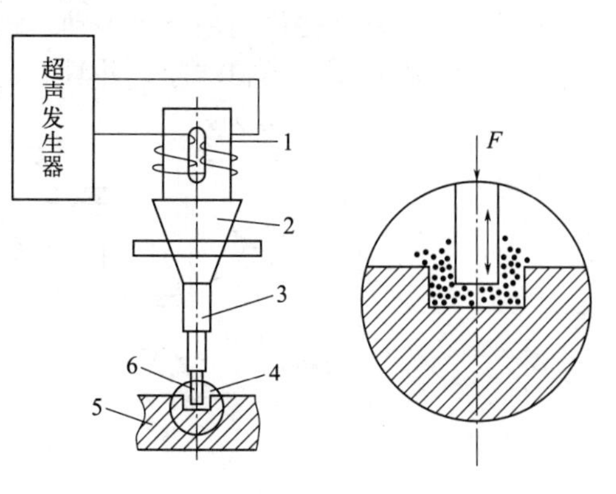

图 5-1　超声加工原理
1—换能器；2、3—变幅杆；
4—工作液；5—工件；6—工具

超声波加工适合于加工各种硬脆材料，尤其是不导电的非金属硬脆材料，如玻璃、陶瓷、石英、铁氧体、硅、锗、玛瑙、宝石、金刚石等。对于导电的硬质金属材料如淬火钢、硬质合金等，也能进行加工，但加工效率较低。加工的尺寸精度可达 ±0.01mm，表面粗糙度可达 $Ra=0.63\sim0.08\mu m$。主要用于加工硬脆材料的圆孔、弯曲孔、型孔、型腔等，可进行套料切割、雕刻以及研磨金刚石拉丝模等。此外，也可加工薄壁、窄缝和低刚度零件。

超声加工在焊接、清洗等方面应用广泛。超声波焊接是两焊件在压力作用下，利用超声波的高频振荡，使焊件接触面产生强烈的摩擦作用，接触表面得到清理，并且局部被加热升温而实现焊接的一种压焊方法。用于塑料焊接时，超声振动与静压力方向一致，在金属焊接时超声振动与静压力方向垂直。振动方式有纵向振动、弯曲振动、扭转振动等。接头可以是焊点，相互重叠的焊点形成连续的焊缝，用线状声极一次焊成直线焊缝，用环状声极一次焊成圆环形、方框形等封闭焊缝。相应的焊接机有超声波点焊机、缝焊机、线焊机、环焊机。超声波焊接适用于焊接高导电、高导热性金属，以及焊接异种金属、金属与非金属、塑料等，广泛用于微电子器件、微电机、铝制品工业以及航空、航天领域。

超声清洗是表面工程中对材料表面常用的清洗方法之一。其原理主要是基于超声波振动在液体中产生的交变冲击波和空化作用。图 5-2 为超声清洗装置示意图。清洗液常常使用汽油、煤油、酒精、丙酮、水等液体。当超声波在清洗液中传播时，液体分子高频振动形成交替出现的冲击波，声强达到一定值后，液体中突然出现微小的气泡并迅速闭合，形成微冲击波，从而破坏材料表面的污染物，使其从材料表面脱落下来，即使是窄缝、细小深孔、弯孔中的污物，也很容易被清洗干净。

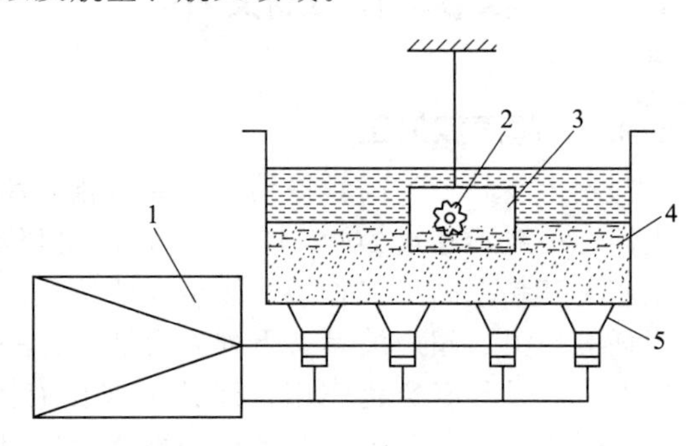

图 5-2　超声清洗装置

1—超声波发生器；2—被清洗工件；3—清洗篮；4—清洗槽；5—换能器

5.1.2　磨料加工

磨料加工是利用特定方法，将磨料作用于材料表面，进行加工处理的一种技术。以下介绍几种在表面工程中使用的磨料加工技术。

（1）磨料喷射加工

磨料喷射加工时高速气流由磨料细粉和压缩气体混合形成，经过喷嘴喷射而出。它以高速冲击和抛磨作用的方式，可有效去除工件表面的毛刺和其它多余材料。图 5-3 为磨料喷射加工示意图。磨料室往往利用一个振动器进行激励，以使磨料均匀混合。压气瓶装有二氧化碳或氮气，气体必须干燥和洁净，并具有适当的压力。喷嘴靠近工件表面，并具有一个很小

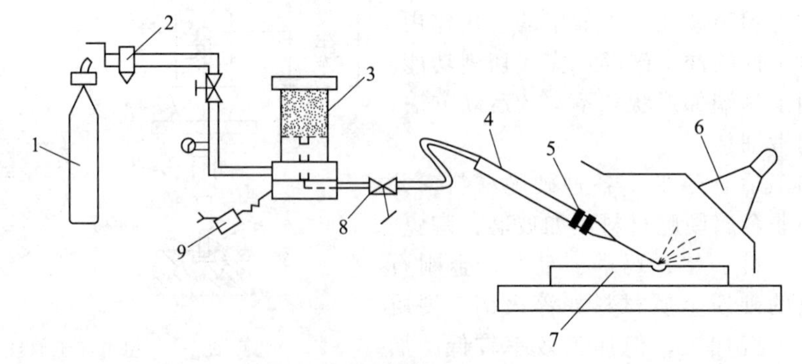

图 5-3　磨料喷射加工

1—压气瓶；2—过滤器；3—磨料室；4—手柄；5—喷嘴；6—集收器；7—工件；8—控制阀；9—振动器

的角度。喷射是在一个封闭的防尘罩内进行的，需安置能排风的集收器，以防止粉尘对人体的危害。不能用氧作为运载气体，以避免氧与工件屑或磨料混合时可能发生强烈的化学反应。

磨料喷射加工有不少用途。如脆硬材料的切割、去毛刺、清理和刻蚀；小型精密零件和一些塑料零件的去毛刺；不规则表面的清理；磨砂玻璃、微调电路板、半导体表面的清理；混合电路电阻器和微调电容的制造等。

（2）磁性磨料加工

磁性磨料加工在精密仪器制造业中使用广泛，适用于对精密零件进行抛光和去毛刺。目前这类加工主要有两种方式。一是利用磁性磨料进行研磨加工，其本质与机械研磨类似，但磨料是具有导磁性的，它在工作表面施加磁场形成磨削力。二是采用磁性磨料电解研磨加工，它在普通磁性磨料研磨技术基础上，添加了电解研磨的阳极溶解作用，以加速阳极工件表面的平整过程，提高工艺的效果。

图 5-4 为磁性磨料研磨加工示意图，它是以圆柱面磁性磨料研磨加工为例。将磁场垂直于工件圆柱面轴线方向，使工件位于一对磁极 N 和 S 所形成的磁场之间。在这个磁场中，填充磁性磨料，将工件置于磁性磨料中。磁性磨料会被吸附在磁极和工件表面，根据磁力线方向排列，形成具有一定柔性的“磨料刷”或“磁刷”。旋转工件，使磁刷与工件产生相对运动。磁性磨粒在工件表面上的运动状态通常有滑动、滚动和切削三种形式，当磁性磨粒受到的磁场力大于切削阻力时，磁性磨粒处于正常的切削状态，从而将工件表面上很薄的一层金属及毛刺去除掉，使表面逐步整平。

图 5-5 为磁性磨料电解研磨加工示意图。其中三个因素协同作用，实现了工件表面的整平效果：首先是电化学阳极溶解作用，即工件表面的原子失去电子进入电解液，或形成氧化膜、钝化膜；其次是磁性磨料的切削作用，特别是对于表面有氧化膜、钝化膜的工件，能去除这些膜，使新金属原子暴露出来；最后是电场作用，通过改变工件表面的电势，诱导金属原子溶解和沉积。这三个因素共同作用，产生了对工件表面的整平效果。一个重要的作用是磁场可以加速和强化电解液中正、负离子的运动。在磁场的作用下，洛伦兹力对离子作用，使得离子的运动轨迹变得复杂，并且运动长度增加，进一步提高了电解液的电离程度，促进了电化学反应，减小了浓差极化。

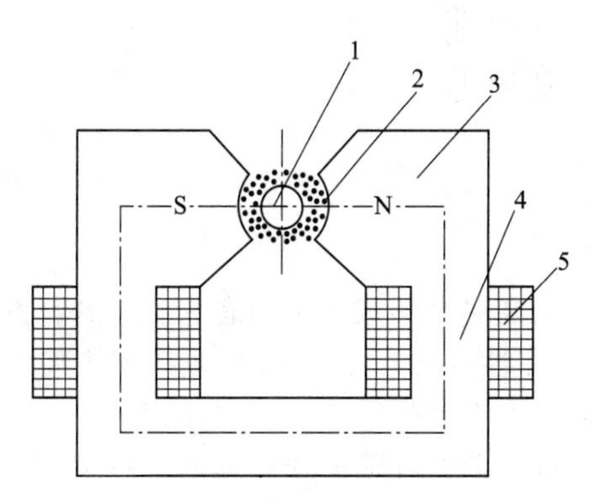

图 5-4 磁性磨料研磨加工
1—工件；2—磁性磨料；3—磁极；
4—铁心；5—励磁线圈

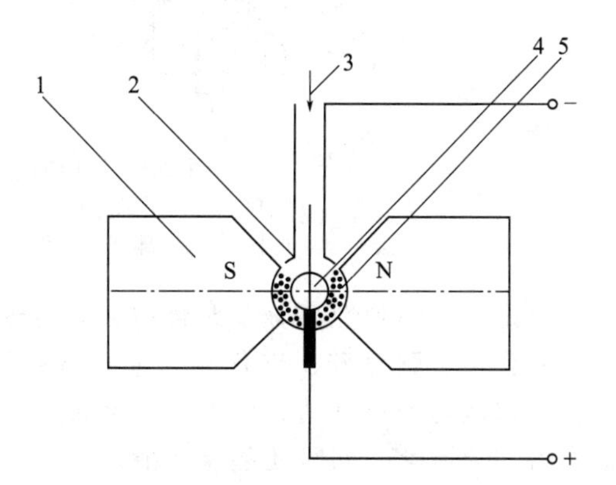

图 5-5 磁性磨料电解研磨加工
1—磁极；2—阴极及喷嘴；3—电解液；
4—工件；5—磁性磨料

磁性磨料既有对磁场的感应能力，又有对工件的切削能力。常用的原料包括两种类型：

一是铁粉或铁合金如硼铁、锭铁、硅铁；二是陶瓷磨料如 Al_2O_3、SiC、WC 等。磁性磨料的常规制备方法包括混合、烧结和粉碎等步骤：首先混合一定粒度的铁粉与 Al_2O_3 或 SiC，然后进行烧结，最后对烧结后的材料进行粉碎和筛选，制得各种尺寸的磁性磨料。此外，也可将两种原料混合后使用环氧树脂等黏结剂制成块状，再经过粉碎和筛选得到不同粒度的磁性磨料。

磁性磨料加工的特点是只要将磁极形状大体与加工表面形状吻合，就可精磨有曲面的工件表面，因而适用于一般研磨加工难以胜任的复杂形状零件表面的光滑加工。

（3）挤压珩磨

挤压珩磨又称磨料流动加工，最初主要用于去除零件内部通道或隐蔽部分的毛刺，后来扩大应用到零件表面的抛光。

挤压珩磨的原理如图 5-6 所示。工件被夹具固定在上下料缸之间，黏弹性流体磨料被密封在夹具、工件以及上下料缸构成的封闭空间中。加工时，磨料首先填充到下料缸中，然后在外力的作用下（通常是液压力），料缸活塞将磨料挤压通过工件的通道，最终到达上料缸。工件的通道表面即为需要加工的表面，该加工过程与珩磨相似。当上料缸活塞到达顶部时，上料缸活塞开始向下推压磨料，然后通过工件的通道返回到下料缸，从而完成一个加工循环。在实际加工过程中，上、下活塞同步移动使磨料反复通过被加工表面。通常经过几个循环即可完成加工。

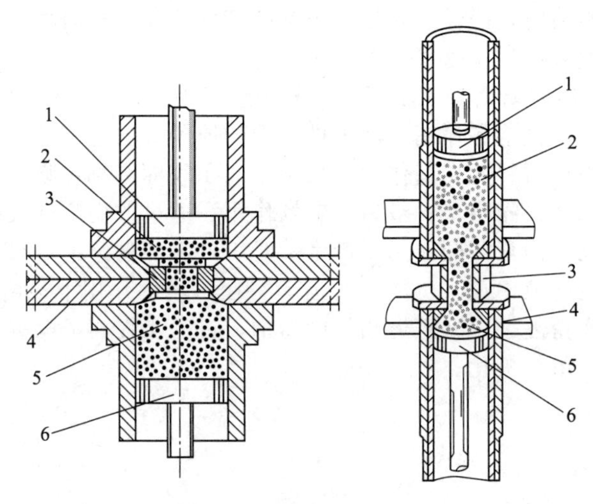

图 5-6　挤压珩磨的原理

1—上活塞；2—上部磨料室和黏性磨料；3—工件；
4—夹具；5—下部磨料室和黏性磨料；6—下活塞

流动磨料是指由黏弹性高分子聚合物和磨料按一定比例混合形成的半固态物质。磨料的种类可以是氧化铝、碳化硅、碳化硼、金刚石粉等。黏弹性高分子聚合物是磨料的主要成分，它能够均匀地与磨料黏结，但不会与金属工件黏附，也不会挥发。其主要作用是传递压力，保证磨料均匀流动，同时还起着润滑作用。流动磨料根据实际需要还可加入一定量的添加剂如减粘剂、增塑剂、润滑剂等。

挤压珩磨能适应各种复杂表面的抛光和去毛刺，有良好的抛光效果，可以去除在 0.025mm 深度的表面残留应力以及一些表面变质层等。它的另一个突出优点是抛光均匀，目前已广泛应用于航空航天、机械、汽车等制造部门。

5.1.3 化学与电化学加工

5.1.3.1 化学加工

化学加工是一种利用化学溶液（如酸、碱、盐溶液等）与金属进行化学反应的加工方法，通过溶解金属，改变金属工件的尺寸、形状或表面性能。化学加工的种类较多，主要有化学蚀刻、化学抛光、化学镀膜、化学气相沉积和光化学腐蚀加工等方法。本节对化学蚀刻和化学抛光做简单介绍，化学镀膜和化学气相沉积已在前面做了介绍，本节不再重复。光化学腐蚀加工简称光化学加工，是将光学照相制版与光刻（化学腐蚀）相结合的一种微细加工技术。与化学蚀刻相比，光化学加工不需要依靠样板人工刻形和划线，而是运用照相感光技术来确定工件表面的蚀刻图形和线条。因此，该技术可以实现高精度的图形加工，这种加工方法在表面微细加工领域占有非常重要的地位，将在后面做单独介绍。

（1）化学蚀刻

化学蚀刻加工原理如图 5-7 所示。首先，将工件未加工的表面采用耐蚀涂层进行保护，以便将需要加工的表面暴露出来。然后，将工件浸入化学溶液中进行腐蚀，使金属的特定部位发生溶解，从而实现加工的目标。

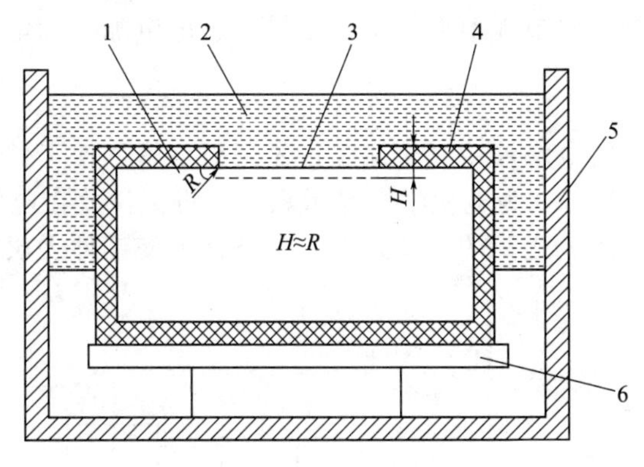

图 5-7 化学蚀刻加工

1—工件材料；2—化学溶液；3—化学腐蚀部分；
4—保护层；5—溶液箱；6—工作台

金属的溶解作用不仅沿工件垂直深度方向进行，而且在保护层下面的侧向也发生溶解，并呈圆弧状，如图中的 H 为化学刻蚀的深度，R 为保护层下方侧向溶解的圆弧半径，其中 $H \approx R$。化学蚀刻主要用于较大工件金属表面的厚度减薄加工，适宜于对大面积或不利于机械加工的薄壁、内表层的金属进行蚀刻，蚀刻厚度一般小于 13mm。也可以在厚度小于 1.5mm 的薄壁零件上加工复杂的型孔。

化学蚀刻有三个主要工序：一是在工件表面涂覆耐蚀保护层，约为 0.2mm 厚度；二是刻形或划线，一般用手术刀沿样板轮廓切开保护层，把不需要的部分剥掉；三是化学腐蚀，按要求选定溶液配方和腐蚀规范进行加工。

（2）化学抛光

化学抛光是通过抛光溶液对样品表面凹、凸不平区域选择性溶解、消除磨痕、浸蚀整平的一种方法，该方法可提高工件表面的质量，使其平滑且有光泽，通常使用抛光溶液。抛光溶液一般含有硝酸或磷酸等氧化剂，在特定条件下对工件表面进行氧化处理，产生的氧化物会填平表面的凹凸不平，生成的氧化层逐渐溶入抛光溶液，表面微凸处氧化速率快、氧化产物多，微凹处氧化较慢且氧化产物少。同样，凸起处的氧化层比凹处扩散快，可更多地溶解到溶液中，按此法可使工件表面逐渐整平。

金属材料化学抛光时，有时在酸性溶液中加入明胶或甘油等添加剂。溶液的温度和时间要根据工件材质和溶液成分经试验后确定最佳值，然后严格控制。经机械研磨整平后，硅、锗等半导体基片最终利用化学抛光去除表面杂质和变质层，所用的抛光溶液常采用氢氟酸、硝酸和硫酸的混合溶液，或双氧水和氢氧化铋的水溶液。化学抛光可以大面积实施，也可对薄壁、低刚度零件进行多件抛光，化学抛光精度较高，抛光产生的破坏深度较浅，这种方法可以对形状复杂且内部表面光洁度要求高的零件进行抛光，且无需外部电源供应，操作简便，成本较低。然而其缺点是抛光速率较慢，抛光质量不如电解抛光好，对环境污染严重。

5.1.3.2 电化学加工

电化学加工指在电解液中利用金属工件作为阳极，通电后发生电化学溶蚀或金属离子在阴极沉积的方法。根据其作用原理，可以将其分为三类：第一类是利用电化学阳极溶解进行加工，主要包括电解加工和电解抛光；第二类是利用电化学阴极沉积进行加工，主要包括电镀和电铸；第三类是电化学加工与其它加工方法相结合的电化学复合加工，例如电解磨削、电解电火花复合加工、电化学阳极加工等。这些复合加工都是阳极溶解与其它加工（机械刮除、电火花蚀除）的复合。本节扼要介绍电化学抛光、电解加工和电铸。

（1）电化学抛光

电化学抛光是指在一定电解液中对金属工件做阳极溶解，使工件表面的粗糙度下降，产生一定金属光泽的方法。图 5-8 为电化学抛光示意图。将工件放在电解液中，并使工件与电源正极连接，接通工件与阴极之间的电流，在一定条件下使工件表层溶解，表面不平处可变得平滑。

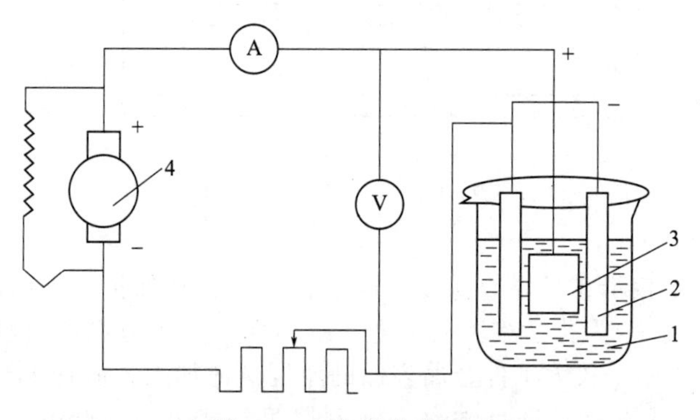

图 5-8 电化学抛光加工

1—电解液；2—阴极；3—阳极；4—发电机

电化学抛光时，工件（阳极）表面上可能发生以下一种或几种反应。

① 金属氧化成金属离子溶入电解液；

② 阳极表面生成钝化膜；

③ 氧气的析出；

④ 电解液组分在阳极表面的氧化。

电解液有酸性、中性和碱性三种，具体种类较多，通用性较好的酸性电解液为磷酸-硫酸系抛光液。在抛光液中加入少量添加剂可显著改善溶液的抛光效果。

电化学抛光的工艺主要由三部分组成。一是预处理，先使工件表面粗糙度达到抛光前的基本要求，即 Ra 达到 0.16～0.08μm，然后进行化学处理，去除工件表面上的油脂、氧化皮、腐蚀产物等。二是电化学抛光，先将抛光液加热到规定温度，将夹具与工件一起放入抛光液中，工件上部离电解液表面 15～20mm；接通电源，控制好电流密度和通电时间，操作过程要加强搅拌，到预定时间后切断电源，用流动水冲洗，然后及时干燥。三是后处理，要保持清洁和干燥，对于钢件，为了显著提高其表面耐蚀性，在冷水清洗后，再放入质量分数为 10%的 NaOH 溶液中，在 70～95℃条件下进行 15～20min 的碱蚀处理，以增强钢件表面钝化膜的致密性。最后在 70～90℃的热水中清洗后，用冷水清洗干净并及时干燥。

电化学抛光后，材料表层的性能会发生变化，如摩擦系数降低，可见光反射率增大，耐蚀性能显著提高，变压器钢的磁导率可增大 10%～20%，而磁滞损失降低，强度几乎不变。电化学抛光一方面能消除冷作硬化层，降低工件的疲劳极限，另一方面表面光滑化能提高疲劳极限，因此工件的疲劳极限是提高还是降低，需由综合因素来决定。

电化学抛光具有机械抛光及其它表面精加工所无法比拟的高效率，能消除加工硬化层，材料耐蚀等性能得到提高，表面光滑、美观，并且适用于几乎所有的金属材料，因而获得了广泛的应用。

（2）电解加工

电解加工是利用电化学阳极溶解的原理对工件进行加工，可用于打孔、切槽、雕模、去毛刺等。

电解加工的特点是：加工不受金属材料本身硬度和强度的限制；加工效率为电火花加工的 5～10 倍；可达到 Ra＝1.25～0.2μm 的表面粗糙度和±0.1μm 的平均加工精度；不受切削力影响，无残余应力和变形。其主要缺点是难以达到更高的加工精度和稳定性，并且不适宜进行小批量生产，电解液有腐蚀性。

电解加工时，将预先制成的辅助电极与工件平行相对放置在电解液中，两者距离一般为 0.02～1mm，辅助电极为负极，工件接电源正极，两极间的直流电压为 5～20V，电解液以 5～20m/s 的速度从两极间隙流过，被加工面上的电流密度为 25～150A/cm^2。加工开始时，工具与工件相距较近的地方通过的电流密度较大，电解液的流速也较高，工件（正极）溶解速度也较快。工件表面不断被溶解（溶解产物随即被高速流动的电解液冲走）的同时，工具电极（负极）以 0.5～3.0mm/min 的速度向工件方向推进，工件被不断溶解，直到形成与工具电极工作面基本相符的形状，达到所需尺寸为止。

电解液通常为 NaCl、$NaNO_3$、NaBr、NaF、NaOH 等，要根据加工材料的具体情况来配置。电解加工除上述用途外，还可用于抛光。

例如，将电解与其它加工方法复合在一起，构成复合抛光技术，显著提高了生产效率与抛光质量。而电解研磨复合抛光是把工件置于 $NaNO_3$ 水溶液（$NaNO_3$ 与水的质量比为 1：10 至 1：5）等“钝化性电解液”中产生阳极溶解，同时借助分布在透水黏弹性体上（无纺布之类的透水黏弹性体覆盖在工具表面）的磨粒，刮擦工件表面随着电解过程产生的钝化膜。工件接在直流电源的正极上，电解液流至加工区，磨料含在透水黏弹性体中或浮游在电解液中。这种抛光技术能以很少的工时使钢、铝、钛等金属表面成为镜面，甚至可以降低波纹度和改善几何形状精度。

目前，微机控制等先进技术已引入电解加工，开发出不少新工艺和新设备，从而使电解加工的应用有了扩展。例如，用周期间歇脉冲供电代替连续直流供电的脉冲电流电解加工技术，从根本上改善了电解加工间隙的流场、电场及电化学过程，从而可采用较小的加工间隙

（如小于 0.1mm），得到较高的集中蚀除能力，在保证加工效率的前提下大幅度提高电解加工精度。又如精密电解加工（PECM）技术，代表了新的发展方向。它具有下列特点：一是阴极工具进行 30～50Hz 的机械振动；二是脉冲电流的脉宽与频率可通过编程控制；三是可按需要，实现正负脉冲的组合；四是可随时从传统电解加工（ECM）模式切换到 PECM 模式；五是可识别电流波形的异常变化，实现自动断电，短路保护时间为 200ns；六是工艺参数控制系统智能化。PECM 的成型精度一般为 0.03～0.05mm，最高为 0.003～0.005mm，而 ECM 的一般成型精度为 0.25～0.45mm，最高为 0.08～0.1mm。

（3）电铸

电铸（electroforming）的原理与电镀相同，即金属离子阴极电沉积原理。然而，电镀仅仅用于在工件表面涂布一层金属薄膜，用于保护或赋予某种特定的使用性能。相比之下，电铸是将一层与芯模完全贴合、具有一定厚度但附着力较弱的金属层镀在芯模表面，然后将镀层与芯模分离，从而得到与芯模表面凹凸相反的电铸件。

电铸的特点如下。

① 能精密复制复杂型面和细微纹路。

② 能获得尺寸精度高，表面粗糙度优于 0.1μm 的复制品，生产一致性好。

③ 芯模材料可以是铝、钢、石膏、环氧树脂等，使用范围广，但用非金属芯模时，需对表面做导电化处理。

④ 能简化加工步骤，可以一步成型，而且需要精加工的量很少。

⑤ 主要缺点是加工时间长，如电铸 1mm 厚的制品，简单形状的需 3～4h，复杂形状的则需几十个小时。电铸镍的沉积速度一般为 0.02～0.5mm/h；电铸铜的沉积速度为 0.04～0.05mm/h。另外，在制造芯模时，需要精密加工和照相制版等技术。电铸件的脱模也是一种难度较大的技术，因此与其它加工相比电铸件的制造费用较高。

电铸加工的主要工艺过程为：芯模制造及芯模的表面处理—电镀至规定厚度—脱模、加固和修饰成品。

芯模制造前要根据电铸件的形状、结构、尺寸精度、表面粗糙度、生产量、机械加工工艺等因素来设计。芯模分永久性的和消耗性的两大类。前者用在长期制造的产品上，后者用在电铸后不能用机械方法脱模的情况下，因而要求选用的芯模材料可以通过加热熔化、分解或用化学方法溶解掉。为使金属芯模电铸后能够顺利脱模，通常要用化学或电化学方法使芯模表面形成一层不影响导电的剥离膜，而对于非金属芯模则需用气相沉积和涂覆等方法使芯模表面形成一层导电膜。

从电镀考虑，凡能电镀的金属均可电铸，然而顾及性能和成本，实际上只有少数金属如铜、镍、铁、镍钴合金等的电铸才有实用价值。根据用途和产品要求来选择电镀材料和工艺。

电镀后，除了较薄电铸层外，一般电铸层的外表面都很粗糙，两端和棱角处有结瘤和树枝状沉积层，故要进行适当的机械加工，然后再脱模。常用的脱模方法有机械法、化学法、熔化法、热胀或冷缩法等。对某些电铸件如模具，往往在电铸成型后需要加固处理。为赋予电铸制品某些物理、化学性能或为提高其防护与装饰性能，还要对电铸制品进行抛光、电镀喷漆等修饰加工。

电铸制品包括分离电铸和包覆电镀两种。前者是在芯膜上电镀后再分离，后者则在电镀后不分离而直接制成电镀制品。目前电铸制品的应用主要有以下四个方面。

① 复制品。如原版录音片及其压模、印模，以及美术工艺制品等。

② 模具。如冲压模、塑料或橡胶成型模、挤压模等。

③ 金属箔与金属网。电铸金属箔是将不同的金属电镀在不锈钢的滚筒上，连续一片地剥离而成。例如印刷电路板上用的电铸铜箔片。电动剃须刀的刀片和网罩，食品加工器中的过滤帘网，各种穿孔的金属箍带，印花滚筒等均属于电镀金属网与箔的应用。

④ 其它。雷达和激光器上用的波导管、调谐器，可弯曲无缝波导管，火箭发动机用喷射管等。

电铸与其它表面加工一样，引入一些现代先进技术来提高电铸质量和效率，扩展应用范围。例如，在芯模设计和制造上，开发了现代快速成型技术，是由CAD模型设计程序直接驱动的快速制造各种复杂形状三维实体技术的总称。具体方法较多，直接得到芯模的方法有光固化成型（SL工艺）、熔丝堆积成型（FDM工艺）、激光选择性烧结（SLS工艺）、激光分层成型（LOM工艺）等；间接得到芯模的方法有三维印刷（3DP工艺）、无模铸型制造（PCM工艺）等。又如微型电铸与微蚀技术相结合，现在已发展成为微细制造中的一项重要的加工技术。

5.1.4 电火花加工

电火花加工是一种通过脉冲火花放电，在介质中将工件材料熔化、汽化或在工件表面沉积材料的加工方法。电火花表面涂覆已在第4章中做了介绍，这里仅简略介绍用电火花加工去除材料的过程、特点和工艺。

（1）电火花加工过程

电火花加工主要利用工件电极和工具电极之间产生的火花放电，这种放电必须在具有一定绝缘性能的液体介质中进行。通常情况下，使用低黏度的煤油、煤油和机油的混合液或变压器油作为介质进行电火花加工。此类液体介质的主要作用是：在达到击穿电压之前非导电，达到击穿电压时电击穿瞬间完成，在放完电后迅速熄灭火花，火花间隙就能消除电离，具有较好的冷却作用，并带走悬浮的切削粒子。火花放电有脉冲性和间隙性两种，放电延续时间一般为10^4～10^7s，电火花加工采用脉冲电源，其放电所产生的热量不会扩散到工件的其它部分，不会烧伤表面。

工件电极与工具电极之间的间隙一般为0.01～0.02mm，视加工电压和加工量而定。当放电点的电流密度达到10^4～10^7A/mm^{2}时，将产生5000℃以上的高温。间隙过大，则不发生电击穿；间隙过小，则容易形成短路接触。因此，在电火花加工过程中，工具电极应能自动进送调节间隙。经实验分析，每次电火花蚀除材料的微观过程是电力、磁力、热力和流体动力等综合作用的结果，连续经历电离击穿、通道放电、熔化、汽化热膨胀、抛出金属、消除电离、恢复绝缘及介电强度等几个阶段。

（2）电火花加工的特点

① 脉冲放电的能量密度相对较大，可以应用于处理各种硬度、脆性、韧性、软性以及高熔点的导电材料。

② 通过电热效应实现加工，可以避免产生残余应力和变形。此外，由于脉冲放电时间范围较短（10^{-6}～10^{-3}s），因此对工件的加热影响也相对较小。

③ 此技术自动化程度先进，操作简便，成本较低。

④ 在进行电火花通孔和切割加工时，通常采用线电极结构的方式，因此把这种电火花加工方式称为“无型电极加工”或称为“线切割加工”。

⑤ 主要缺点是加工时间长，所需的加工时间随工件材料及对表面粗糙度的要求不同而有很大的差异。此外，工件表面往往由于电介质液体分解物的黏附等会变黑。

(3) 电火花加工工艺

在电火花加工设备中，工具电极为直流电源的负极（成型电极），工件为正极，两极间充满液体电介质。当正极与负极靠得很近时（几微米到几十微米），液体电介质的绝缘层被破坏而发生火花放电，电流密度达 $10^4 \sim 10^7 A/cm^3$ 然而电源供给的是放电持续时间为 $10^{-7} \sim 10^{-4}s$ 的脉冲电流，电火花在很短时间内就消失，因而瞬间产生的热来不及传导出去，使放电点附近的微小区域达到很高的温度，金属材料局部蒸发而被蚀除，形成一个小坑。若这个过程不断进行下去，便可加工出所需形状的工件。使用液体电介质是为了提高能量密度，减小蚀斑尺寸，加速灭弧和清除电离作用，并且能加强散热和排除电蚀渣等。电火花加工可将成型电极按原样复制在工件上，因此加工所用的电极材料应选择耐消耗的材料，如钨、钼等。

对于线切割加工，工具电极通常为直径 0.03～0.04mm 的钨丝，有时也用 0.08～0.15mm 直径的铜丝或黄铜丝。切割加工时，线电极一边切割，一边又以 6～15mm/s 的速度通过加工区域，以保证加工精度。切割的轨迹控制可采用靠模仿型、光电跟踪、数字程控、计算机程序控制等。该方法的加工精度为 0.002～0.004mm，粗糙度 Ra 达 1.6～0.4μm，速率达 2～10mm/min，加工孔的直径可小到 10μm。孔深度为孔径的 5 倍为宜，过高则加工困难。

电化学加工已获得广泛应用，除加工各种形状工件，切割材料以及刻写、打印铭牌和标记等，还可用于涂覆强化，即通过电火花放电作用把电极材料涂覆于工件表面上。

5.1.5 电子束、离子束与激光束加工

5.1.5.1 电子束加工

电子束加工是利用阴极发射电子，经加速、聚焦成电子束，直接入射放置于真空室中的工件上，按规定要求进行加工。这种技术具有小束径、易控制、精度高以及对各种材料均可加工等优点，因而应用广泛。目前主要有两类加工方法。

① 高能量密度加工，即电子束经加速和聚焦后能量密度高达 $10^6 \sim 10^9 W/cm$、当作用在工件表面的面积很小时，能量会在几分之一微秒内转化为热能，导致受冲击区域达到几千摄氏度的高温，从而引起熔化和汽化。

② 低能量密度加工，利用低能电子束轰击高分子材料，实现低能量密度加工，进而引发化学反应，实现加工目的。

电子束加工装置一般包含电子枪、真空系统、控制系统和电源等组成部分。电子枪发出一束具有适当强度的电子束，利用静电透镜或磁透镜将电子束进一步聚成极细的束径。束径大小随应用要求而确定。电子束低能量密度加工的重要应用是电子束曝光，即利用电子束轰击涂在晶片上的高分子感光胶，发生化学反应，制作精密图形。电子束曝光技术主要用于掩膜版制造，微电子机械、电子器件的制造，全息图形的制作，以及利用电子束曝光技术直接产生纳米微结构（称为电子束诱导表面沉积技术）等。

5.1.5.2 离子束加工

离子束加工利用离子源中的电离产生的离子，在加速和聚焦后形成离子束，对工件表面

进行冲击以实现加工目的。它主要用于离子束注入、刻蚀、曝光、清洁和镀膜等方面。

（1）离子束加工的特点

① 离子束可以通过电子光学系统实现聚焦和扫描，同时可以精确控制离子束流的密度和能量。因此，离子束加工是一种精度最高、细微度最高的加工方法。

② 离子束加工在高真空环境下进行，具有较低的污染程度，适用于易氧化的金属材料以及高纯度半导体材料的加工。

③ 离子束处理对工件造成的应力和热变形较小，适合于各类材料和低刚度零件的加工。

④ 离子束处理的设备成本较高，加工效率较低，因此其应用范围受到一定限制。

（2）离子束蚀刻

离子束蚀刻，又被称为离子铣、离子束研磨、离子束溅射刻蚀或离子束刻蚀，是一种加工方法。它通过离子束轰击工件表面，将入射离子的动量传递给表面原子，在传递能量超过原子间键合力时，原子就会从工件表面溅射出来，从而实现刻蚀目的。为了避免入射离子与工件材料发生化学反应，通常采用惰性元素的离子。由于离子的直径较小，仅为十分之几个纳米，因此可以将刻蚀过程视为逐个原子剥离的过程。刻蚀能够实现微米甚至亚微米级的分辨率，但其速度较低，每秒仅能剥离一层到几层原子。例如，在1000eV、1mA/cm^2垂直入射条件下，Si、Ag、Ni、Ti的刻蚀率（单位为$nm \cdot min^{-1}$）分别是36、200、54、10。

蚀刻加工时，主要工艺参数包括离子入射能量、束流大小、离子入射角度和工作室气压等，这些参数都可以进行独立调节和控制。当使用氯离子进行蚀刻时，效率受离子能量和入射角度的影响。当离子能量达到1000eV时，刻蚀率会随着离子能量的增加而迅速提高，但随后刻蚀率增长逐渐减缓。离子刻蚀率在初始阶段随着入射角度的增加而增加，一般在$\theta=40^\circ \sim 60^\circ$时刻蚀效率最高，然后再增加入射角，则会使表面有效束流减小。

离子刻蚀在表面微细加工中有许多重要应用，如用于固体器件的超精细图形刻蚀、材料与器件的减薄、表面修琢与抛光及清洗等，因而成为研究和制作新材料、新器件的有力手段。

（3）离子束曝光

离子束曝光又称离子束光刻，是利用原子被离化后形成的离子束流作为光源，可对耐蚀剂进行曝光，从而获得微细线条图形的一种加工方法。

离子束曝光与电子束曝光相比，主要有四个特点：一是有更高的分辨率，原因是离子的质量比电子大得多，而离子射线的波长又比电子射线的波长短得多；二是可以制作十分精细的图形线条，这是因为离子束曝光克服了电子散射引起的邻近效应；三是曝光速度快，对于相同的抗蚀剂，它的灵敏度比电子束曝光灵敏度高出一到两个数量级；四是无需采用任何有机抗蚀剂就可直接曝光，且可以使许多材料在离子束照射下产生增强性腐蚀。

离子束曝光技术相对于较为完善的电子束曝光技术，是一项正在积极发展的图形曝光技术，出现了与电子束曝光相对应的聚焦离子束曝光与投影离子束曝光。聚焦离子束曝光的效率较低，难于在生产上应用，因此投影离子束曝光技术的发展受到重视。

5.1.5.3 激光束加工

激光束加工是利用激光束具有高亮度（输出功率高），方向性好，相干性、单色性强，可在空间和时间上将能量高度集中起来等优点，使工件材料被去除、变形、改性、沉积、连接等的一种加工方法。当激光束聚焦在工件上时，焦点处功率密度可达$10^7 \sim 10^{11}$ W/cm^2，温度可超过 1000℃。

（1）激光束加工的优点

① 不需要工具，适合于自动化连续操作。
② 不受切削力影响，容易保证加工精度。
③ 能加工所有材料。
④ 加工速度快，效率高，热影响区小。
⑤ 可加工深孔和窄缝，直径或宽度可小到几微米，深度可达直径或宽度的几倍。
⑥ 可透过玻璃对工件进行加工。
⑦ 工件可不放在真空室中，也不需要对 X 射线进行防护，装置较为简单。
⑧ 激光束传递方便，容易控制。

目前用于激光束加工的能源多为固体激光器和气体激光器。固体激光器通常为多模输出，以高频率的掺钕钇铝石榴石激光器为最常使用。气体激光器一般用大功率的二氧化碳激光器。

（2）激光束加工技术的主要应用

① 激光打孔。如喷丝头打孔，发动机和燃料喷嘴加工，钟表和仪表中的宝石轴承打孔，金刚石拉丝模加工等。
② 激光切割或划片。如集成电路基板的划片和微型切割等。
③ 激光焊接。目前主要用于薄片和丝等工件的装配，如集成电路中薄膜的焊接，功能元器件外壳密封焊接等。
④ 激光热处理。如表面淬火，激光合金化等。

实际上激光加工有着更广泛的应用。从光与物质相互作用的机理看，激光加工大致可以分为热效应加工和光化学反应加工两大类。

激光热效应加工是指用高功率密度激光束照射到金属或非金属材料上，使其产生基于快速热效应的各种加工过程，如切割、打孔、焊接、去重、表面处理等。

光化学反应加工主要指高功率密度激光与物质发生作用时，可以诱发或控制物质的化学反应来完成各种加工过程，如半导体工业中的光化学气相沉积、激光刻蚀、退火、掺杂和氧化，以及某些非金属材料的切割、打孔和标记等。这种加工过程，热效应处于次要地位，故又称为激光冷加工。

（3）准分子激光技术及其在微细加工中应用

如前所述，掺钕钇铝石榴石（Nd：YAG）和二氧化碳（CO_2）两种激光器，大量应用于打孔、切割、焊接、热处理等方面。另有一种激光器叫准分子激光器，在表面微细加工方面发挥了很大的作用。

准分子是一种在激发态能暂时结合成不稳定分子，而在基态又迅速解离成原子的缔合物，因而又称为“受激准分子气”。其激光跃迁发生在低激发态与排斥的基态（或弱束缚）之间，荧光谱为一连续带，可实现波长可调谐运转。由于准分子激光跃迁的下能级（基态）的粒子迅速解离，激光下能级基本为空的，极易实现粒子数反转，因此量子效率接近 100%，且可以高重复频率运转。准分子激光器输出波长主要在紫外-可见光区，波长短、频率高、能量大、焦斑小、加工分辨率高，所以更适合于高质量的激光加工。

准分子激光器按准分子的种类不同可分为以下几类（* 表示准分子）：一是惰性气体准分子，如氙（Xe_2^*）、氩（Ar_2^*）等；二是惰性气体原子和卤素原子结合成准分子，如氟化氙（XeF^*）、氟化氩（ArF^*）、氯化氙（$XeCl^*$）等；三是金属原子和卤素原子结合成准分子，如氯化汞（$HgCl^*$）、溴化汞（$HgBr^*$）等。准分子激光器上能级的寿命很短，如 KrF^* 上能级的寿命为 9ns，$XeCl^*$ 为 40ns，不适宜存储能量，因此准分子激光器一般输出脉宽为 10～100ns 的脉冲激光；输出能量可达百焦耳量级，峰值功率达千兆瓦以上，平均功率高于 200W，重复频率高达 1kHz。

准分子激光技术在医学、半导体、微机械、微光学、微电子等领域已有许多应用，尤其对脆性材料和高分子材料的加工更显示其优越性。准分子激光在表面微细加工上有一系列应用。例如：在多芯片组件中用于钻孔；在微电子工业中用于掩模、电路和芯片缺陷修补，选择性去除金属膜和有机膜，刻蚀、掺杂、退火、标记、直接图形写入、深紫外光曝光等；液晶显示器薄膜晶体管的低温退火；低温等离子化学气相沉积；微型激光标记、光致变色标记等；三维微结构制作；生物医学元件、探针、导管、传感器、滤网等。

5.1.6 光刻加工

光刻加工的最初含义是照相制版印刷。在微电子和光电子工艺中，光刻加工是一种复印图像与蚀刻相结合的综合技术，其目的在于利用光学等方法，将设计的图形转换到芯片表面上。

光刻加工的基本原理是利用光刻胶在曝光后性能发生变化这一特性。光刻胶又称为光致抗蚀剂，是一类经光照可发生溶解度变化并具有抗化学腐蚀能力的光敏聚合物。光刻工艺因技术要求不同而有所差异，但一般过程包括涂覆胶液、光线照射、化学显影、衬膜固化、物质蚀刻、胶液去除等步骤。在制造大规模和超大规模集成电路等领域，需要采用电子计算机辅助设计技术，将集成电路设计与制版结合起来，实现自动化制版。

图 5-9 是光刻加工在集成电路应用的一个实例：硅片氧化，表面形成一层 SiO_2［见图 5-9（a）］；涂胶，即在 SiO_2 层表面涂覆一层光刻胶［见图 5-9（b）］；曝光，即在光刻胶层上面加掩模，然后利用紫外光进行曝光［见图 5-9（c）］；显影，即曝光部分经显影而被溶解除去［见图 5-9（d）］；蚀刻，使未被光刻胶覆盖的 SiO_2 这部分被腐蚀掉［见图 5-9（e）］；去胶，使剩下的光刻胶全部去除［见图 5-9（f）］；扩散，即向需要杂质的部分扩散杂质［见图 5-9（g）］。

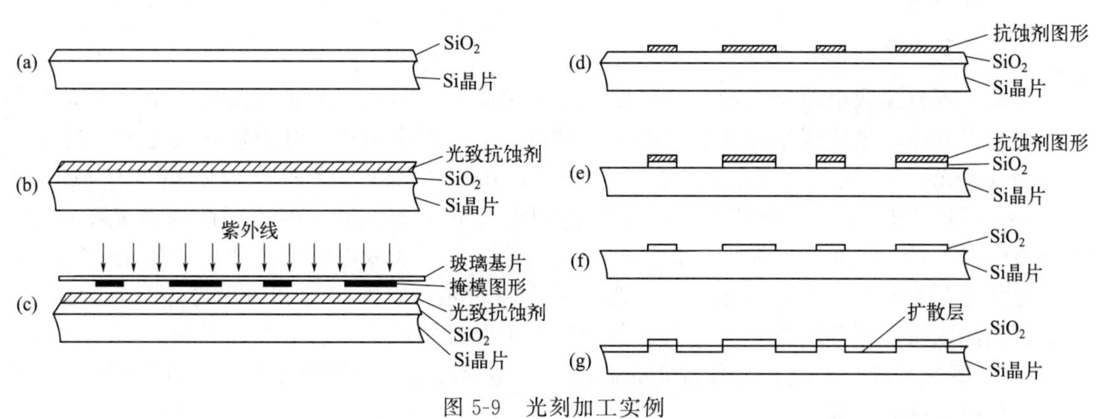

图 5-9 光刻加工实例

为实现复杂的器件功能和各元件之间的互连，现代集成电路设计通常要分成若干工艺层，通过多次光刻加工。每一个工艺层对应于一个平面图形，不同层相互对应的几何位置须通过对准套刻来实现。光刻是微电子工艺中最复杂和关键的工艺，其加工成本占 IC 总制造成本的 1/3 或更多。光刻加工主要由光刻和蚀刻两个步骤组成，前面有关电子束、离子束、激光束、等离子体加工的介绍中，已涉及光刻或蚀刻的内容，下面将对光刻和蚀刻技术做一较完整的介绍。

5.1.6.1 光刻胶

光刻胶又称光致抗蚀剂，是涂覆在硅片或金属等基片表面上的感光性耐蚀涂层材料。光刻胶最早用于印刷制版，后来应用到集成电路、全息照相、光盘制备与复制、光化学加工等领域。在微细加工中，光刻过程是光子被光刻胶吸收，通过光化学作用，使光刻胶发生一定的化学变化，形成了与曝光物一致的“潜像”，再经过显影等过程，获得由稳定的剩余光刻胶构成的微细图形结构。显然，其中所包含的光化学过程与照相的光化学过程有着实质上的区别。

光刻胶可分为两大类：一是正型光刻胶，以邻重氮萘醌感光剂（酚醛树脂型）为主，其特点是光照后发生光分解、光降解反应，使溶解度增大；二是负型光刻胶，以环化橡胶-双叠氮化合物、聚乙烯醇肉桂酸酯及其衍生物等为主，特点是光照后发生交联、光聚合，使溶解度减小。正型光刻胶中被曝光的部分在显影溶液中是溶解的，而未曝光部分在显影溶液里基本上是不溶解的，能够充分地保留其抗腐蚀的掩模能力。对于负型光刻胶，情况恰好相反，即被曝光的部分在显影溶液中基本不溶解。通常正型光刻胶比负型光刻胶有更高的分辨率，因而在集成电路的光刻工艺中使用广泛。

为了提高分辨率，以制造更高密度的超大规模集成电路，可采用其它方法。例如，从光学上采用相位移技术，在化学上可使用反差增强技术。

光刻胶的主要技术指标有两个：一是曝光的灵敏度，即光刻胶充分完成曝光过程所需的单位面积的光能量（mJ/cm^2），这意味着灵敏度越高，曝光时间越短；二是分辨率，即光刻胶曝光和显影等工艺过程限定的、通过光刻工艺能够再现的微细结构的最小特征尺寸。

科学工作者为提高光刻胶的性能，做了很大的努力，并且取得了一定的成效。近来，为了提高光刻胶曝光的灵敏度，化学增幅光刻胶成为研究热点之一。

5.1.6.2 光刻

根据曝光时所用辐照源波长的不同，光刻可分为光学光刻法、电子束光刻法、离子束光刻法、X 射线光刻法等。

（1）光学光刻法

目前大规模集成电路制造中，主要使用电子束曝光光刻技术来制备掩模，而使用紫外线光学曝光光刻技术来实现半导体芯片的生产制造。通常用水银蒸气灯做紫外线光源，其光波波长为 435nm（G 线）、405nm（H 线）和 365nm（I 线）。后来开始使用工作波长为 248nm（KrF）或 193nm（ArF）的激光以得到更高的曝光精度。因光刻胶对黄光不敏感，为避免误曝光，光刻车间的照明通常采用黄色光源，这一区域也通常被称为“黄光区”。

光学光刻的基本工艺包括掩模的制造、晶片表面光刻胶的涂覆、预烘烤、曝光、显影、后烘、刻蚀以及光刻胶的去除等工艺，各步骤的主要目的及其方法依次说明如下。

① 掩模的制造。形成光刻所需要的掩模。它是利用电子束曝光法将计算机 CAD 设计图形转换到镀铬的石英板上。

② 光刻胶的涂覆。在晶片表面上均匀涂覆一层光刻胶，以便在曝光中形成图形。涂覆光刻胶前应将洗净的晶片表面涂上附着性好的增强剂或将基片放在惰性气体中进行热处理，以增加光刻胶与晶片间的黏附能力，防止显影时光刻图形脱落及湿法刻蚀时产生侧面刻蚀。光刻胶的涂覆是用转速和旋转时间可自由设定的甩胶机来进行的，利用离心力的作用将滴状

的光刻胶均匀展开，通过控制转速和时间来得到一定厚度的涂覆层。

③ 预烘。在80℃左右的烘箱中惰性气氛下预烘15～30min，以去除光刻胶中的溶剂。

④ 曝光。将高压水银灯的G线或J线通过掩模照射在光刻胶上，使其得到与掩模图形一样的感光图案。

⑤ 显影。将曝光后的基片在显影液中浸泡数十秒钟时间，则正性光刻胶的曝光部分（或者负性光刻胶的未曝光部分）将被溶解，而掩模上的图形则被完整地转移到光刻胶上。

⑥ 后烘。为使残留在光刻胶中的有机溶液完全挥发，提高光刻胶与晶片的粘接能力及光刻胶的蚀刻能力，通常将基片在120～200℃的温度下烘干20～30min，这一工序称为后烘。

⑦ 蚀刻。经过上述工序后，以复制到光刻胶上的图形作为掩模，对下层的材料进行蚀刻，这样图形就复制到了下层的材料上。

⑧ 光刻胶的去除。在蚀刻完成后，再用剥离液或等离子蚀刻去除光刻胶，完成整个光刻工序。

根据光刻胶与曝光时的掩模之间的位置关系，可将曝光方式分为接触式曝光、接近式曝光和投影式曝光。在接触式曝光中，光刻胶和掩模叠放在一起进行曝光，得到的图形尺寸比例为1∶1，具有较好的分辨率。然而，若掩模和光刻胶之间存在粉尘颗粒，就会导致掩模上出现缺陷。这个缺点会对后续的每次曝光产生影响。另外，接触式曝光还面临光刻胶层微小不均匀的问题，会影响整个晶片表面的理想接触，导致晶片上的图形分辨率随接触状态的变化而变化。这个问题随着后续处理的进行会更加严重，并且影响晶片上的结构。

在接近式曝光中，掩模与晶片间有10～50μm的微小间隙，可以防止微粒进入而导致掩模损伤。然而由于光的波动性，这种曝光法不能得到与掩模完全一致的图形。同时，由于衍射作用分辨率也不太高。采用波长为435nm的G线，间隙距离为20μm曝光时，最小分辨率约为3μm，而利用接触式曝光法，使用1μm厚的光刻胶，分辨率则为0.7μm。

由于上述问题，两种方法均不适合现代半导体生产线。在现代集成电路制造中主要采用成像系统的投影式曝光法。该方法又分为等倍投影和缩小投影，其中缩小投影曝光的分辨率最高，适合做精细加工，而且对掩模无损伤。该方法一般是将掩模上的图形缩小为原图形的1/10～1/5复制到光刻胶上。

缩小投影曝光系统的主要组成是高分辨率、高度校正的透镜，透镜只在约1cm^2的成像区域内，焦距为1μm或更小的情况下具备要求的性能。因此，这种光刻过程中，整个晶片是一步一步，一个区域一个区域地被曝光的。每步曝光完成后，工作台都必须精确地移动到下一个曝光位置。为保证焦距正确，每部分应单独聚焦。完成上述重复曝光的曝光系统称为步进机。

在缩小投影曝光中一个值得关注的问题是成像时的分辨率和焦深。由光学知识可知，波长的减小和数值孔径的增大均可以提高图形的分辨率，但同时也可能导致焦深的减小。当焦深过小时，晶片的不均匀性、光刻胶厚度变化及设备误差等很容易导致无法聚焦。因此，必须在高分辨率和大焦深中寻找合适的值以优化工艺。调制传递函数（MTF）规定了投影设备的成像质量，通过对衍射透镜系统MTF的计算可以知道，为了得到较高的分辨率，使用相干光比非相干光更有利。

（2）电子束光刻法

它是利用聚焦后的电子束在感光膜上准确地扫描出所需要的图案的方法。最早的电子束曝光系统是用扫描式电子显微镜修改而制成，该系统中电子波长0.05～0.2Å，可分辨的几何尺寸小于 0.1μm，因而可以得到极高的加工精度，对于光学掩模的生产具有重要的意义。在工业领域内，这是目前制造纳米级尺寸任意图形的重要途径。

电子束在电磁场或静电场的作用下会发生偏转，因此可以通过调节电磁场或静电场来控制电子束的直径和移动方式，使其对电子束敏感的光刻胶表面刻出定义好的图形。根据电子束为圆形波束（高斯波束）或矩形波束可分为投影扫描或矢量扫描，这些扫描方式都以光点尺寸交叠的方式刻写图形，因而速度较慢。

为生成尽可能精细的图形，不仅需要电子束直径达到最小，而且与电子能量、光刻胶及光刻胶下层物质有很大的关系。电子在进入光刻胶后，会发生弹性和非弹性的散射，并因此而改变其运动方向直到运动停止。这种偏离跟入射电子能量和光刻胶的原子质量有很大的关系。当光刻胶较厚时，在入射初期电子因能量较高，运动方向基本不变，但随能量降低，散射将使其运动方向发生改变，最后电子在光刻胶内形成上窄下宽的“烧瓶状”实体。为得到垂直的侧壁，需要利用高能量的电子对厚光刻胶进行曝光，以增大“烧瓶”的垂直部分，如图 5-10（a）所示。

然而，随着入射电子束能量的加大，往往产生一种被称为“邻近效应”的负面结果。在掩模刻写过程中，过高的能量可能导致电子完全穿透光刻胶而到达下面的基片。由于基片材料的原子质量较大，导致电子散射的角度也很大，甚至可能超过 90°。因此光刻胶上未被照射的部分被来自下方的散射电子束曝光，这种现象称为“邻近效应”。当邻近区域存在微细结构时，这种效应可能导致部分微细结构无法辨认［图 5-10（b）］。

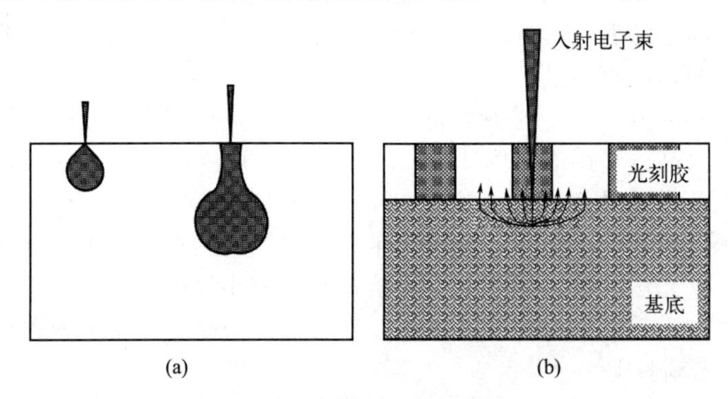

图 5-10　电子能量对曝光的影响

“邻近效应”是限制电子束光刻分辨率的一个因素，它受入射电子的能量、基片材料、光刻胶材料及其厚度、对比度和光刻胶成像条件等的影响，通过改变这些参数或材料可以降低影响。另外，还可将刻写结构分区，不同的区域依其背景剂量采用相应的参数，如采用不同的电子流密度或不同的曝光方法等来补偿邻近效应的影响。

采用电子束光刻法时，因其焦深比较大，故对被加工表面的平坦度没有苛刻的要求。除此之外，相对于光学光刻法，电子束光刻法还具有如下特点。

① 由于电子束波长较短且衍射现象被忽略，因此分辨率变高。

② 在计算机的控制下，无需使用掩模，直接在硅晶片上生成亚微米级别的图案。

③ 利用计算机进行不同图案的高精度制作。

④ 电子束光刻法没有普遍应用在生产中的原因是邻近效应降低了其分辨率，与光学方法相比曝光速度较慢。

（3）离子束光刻法

除离子源外，离子束曝光系统和电子束曝光系统的主要结构是相同的，它的基本工作原理是利用计算机控制离子束的运动，使其按设定的方式加速、聚焦，直接在对离子敏感的光刻胶上形成图形，无需使用掩模。

离子束光刻法的主要优点如下。

① 邻近效应很小，这是因为离子的质量较大，不大可能出现如同电子束发生大于90°的散射而运动到邻近光刻胶区域的现象。

② 光敏性高，这是由于离子在单位距离上聚集的能量比电子束要高得多。

③ 分辨率高，特征尺寸可以小于10nm。

④ 可修复光学掩模（将掩模上多余的铬去掉）。

⑤ 直接离子刻蚀（无需掩模），甚至可以无需光刻胶。

虽然有众多的优点，但离子束光刻法在工业上大规模推广应用的困难主要是离子源不稳定。此外，能量在1MeV以下的重离子穿入深度仅30～500nm，离子能穿过的最大深度是固定的，因此离子光刻法只能在很薄的层上形成图形。离子束光刻法的另一局限性表现为，尽管光刻胶的感光度很高，但由于重离子不能像电子那样被有效地偏转，离子束光刻设备不能解决连续刻写系统的通过量问题。

离子束光刻法最有吸引力之处是它可以同时进行刻蚀，因而有可能把曝光和刻蚀在同一工序中完成。但离子束的聚焦技术还没有电子束成熟。

（4） X射线光刻法

X射线的波长比紫外线短2～3个数量级，用作曝光源时可提高光刻图形的分辨率，因此，X射线曝光技术也成为人们研究的新课题。但由于没有可以在X射线波长范围内成像的光学元件，X射线光刻法一般采用简单的接近式曝光法进行。

X射线源包括高效能X射线管、等离子源、同步加速器等。X射线曝光的基本原理是，采用一束电子流轰击靶使其辐射X射线，并在X射线投射的路程中放置掩模版，透过掩模的X射线照射到硅晶片的光刻胶上并引起曝光。而等离子源X射线是利用高能激光脉冲聚射靶电极产生放电现象，结果靶材料蒸发形成极热的等离子体，离子通过释放X射线进行重组。

X射线的掩模材料包括非常薄的载体薄片和吸收体。载体薄片一般由原子数较少的材料如硅、硅氮化合物、硼氮化合物、硅碳化合物和钛等构成，以使穿过的X射线损失最小化。塑料膜由于形状稳定性和X射线耐久性差，不适合使用。吸收体材料一般采用电镀金，也可以使用钨和钼。为了使照射过程中掩模内的变形最小，掩模尺寸一般不超过50mm×50mm，所以晶片的曝光应采用分步重复法完成。

对简单的接近曝光法而言，X射线的衍射可忽略不计，影响分辨率的主要原因是产生半阴影和几何畸变。其中半阴影大小跟靶上斑的尺寸、靶与光刻胶的距离及掩模与光刻胶的距离有关；而因入射X射线跟光刻胶表面法线不平行所导致的几何畸变，则跟曝光位置偏离X射线光源到晶片表面垂直点的距离有关，距离越大畸变也越大。

除了波束不平行容易导致几何畸变外，采用X射线管和等离子源的最大缺点还在于X射线产生和曝光的效率低，在工业应用中还不够经济。而采用同步加速器辐射产生的X射线则具备下列优点：连续光谱分布；方向性强，平行度高；亮度高；时间精度在10^{-12}s范围内；偏振；长时间的高稳定性；可精确计算等。就亮度和平行度而言，这种光源完全能够满足光刻法要求的边界条件。

多年来，人们一直在讨论X射线光刻法在半导体制造业中的应用，目前存在的主要技术问题是如何提高掩模载体薄片的稳定性以及校准的精确性。近年来，由于光学光刻领域取得了显著成就，使得可制造的最小结构尺寸不断缩小，因此推迟了X射线光刻技术的应用。

但采用同步加速辐射 X 射线光刻法，以其独特的光谱特性在制作微光学和微机械结构中发挥了重要的作用。

5.1.6.3 蚀刻

蚀刻是光刻之后的微细加工技术，是指将基底薄膜上没有被光刻胶覆盖的部分，以化学反应或者物理轰击的方式加以去除，将掩模图案转移到薄膜上的一种加工方法。蚀刻类似于光刻工序中的显影过程，区别在于显影是通过显影液将光刻胶中未曝光的洗掉，而蚀刻去掉的则是未被覆盖住的薄膜，这样在经过随后的去胶工艺后即可在薄膜上得到加工精细的图形。最初的微细加工是对硅或薄膜的局部湿化学蚀刻，加工的微元件包括悬臂梁、横梁和膜片，至今这些微元件还在压力传感器和加速度计中使用。

根据采用的蚀刻剂不同，蚀刻可分为湿法蚀刻和干法蚀刻。湿法是指采用化学溶液腐蚀的方法，其机理是使溶液内的物质与薄膜材料发生化学反应生成易溶物。通常硝酸与氢氟酸的混合溶液可以蚀刻各向同性的材料，而碱性溶液可以蚀刻各向异性的材料。干法蚀刻则是利用气体或等离子体进行的，在离子对薄膜表面进行轰击的同时，气体活性原子或原子团与薄膜材料反应，生成挥发性的物质被真空系统带走，从而达到蚀刻的目的。

理想的蚀刻结果是在薄膜上精确地重现光刻胶上的图形，形成垂直的沟槽或孔洞。然而，由于实际蚀刻过程中往往产生侧向的蚀刻，会造成图形的失真。为尽可能得到符合要求的图形，蚀刻工艺通常要着重考虑一些技术参数：蚀刻的各向异性、选择比、均匀性等。

蚀刻的各向异性中的“方向”包含两重含义。一种是指具有不同晶面指数，通常用在半导体芯片以外的微机械加工中。对晶体进行蚀刻处理时，某些晶面的蚀刻速度比其它晶面要快得多，例如采用某些氢氧化物溶液和胺的有机酸溶液蚀刻时，（111）晶面比（100）和（110）晶面要慢得多。这种各向异性在微细加工中有重要意义，它使微结构表面处于稳定的（111）晶面。另一种含义是指蚀刻中的“横向”和“纵向”，通常用在半导体加工中。在要求形成垂直的侧面时，应采用合适的蚀刻剂和蚀刻方法使垂直蚀刻速度最大而侧向蚀刻速度最小，从而形成各向异性蚀刻。此时，若采用各向同性蚀刻，侧向的蚀刻会导致线条尺寸比设计的要宽，达不到要求的精度。蚀刻的方向性如图 5-11 所示。

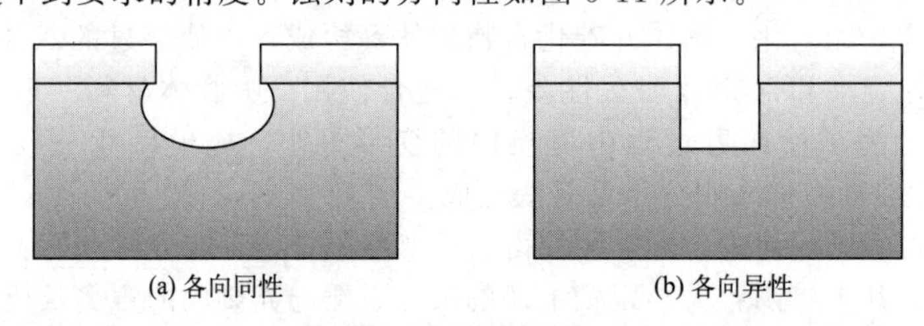

图 5-11 蚀刻方向

在蚀刻过程中，同时暴露于蚀刻环境下的两种物质被蚀刻的速率是不同的，这种差异往往用选择比来度量。一般将同一蚀刻环境下物质 A 的蚀刻速率和物质 B 的蚀刻速率之比称为 A 对 B 的选择比。例如，除了裸露的基底薄膜被蚀刻去除外，光刻胶也被蚀刻剂减薄了，尤其对于干法蚀刻，离子轰击导致光刻胶被蚀刻得更加明显，此时，薄膜的蚀刻速率与光刻蚀刻速率之比称为薄膜对光刻胶的选择比。一般而言，选择比越大越好，在采用湿法蚀刻时选择比甚至可以接近无穷大。干法和湿法蚀刻的详细原理将在后面加以介绍。

蚀刻均匀性是衡量同一加工过程中蚀刻形成的沟槽或孔洞蚀刻速率差异的重要指标。在晶片不同位置接触到的蚀刻剂浓度、蚀刻等离子体活性原子、离子轰击强度不同是造成蚀刻速率差异的主要原因。此外，蚀刻孔洞的纵横比（深度和直径之比）不同也是造成蚀刻速率差异的重要原因。

（1）湿法蚀刻

湿法蚀刻的反应过程同一般的化学反应相同，反应速率跟温度、溶液浓度等有很大关系。例如，在采用氢氟酸来蚀刻二氧化硅时，发生的是各向同性蚀刻，典型的生成物是气态的 SiF 和水。在现代半导体加工中这种蚀刻往往是各向同性的，因侧壁的腐蚀可能会导致线宽增大，当线宽度要求小于 3μm 时通常要被干法蚀刻所代替。而在硅的微机械加工中，由于具有操作简单、设备价格低廉等优点，湿法蚀刻仍有广泛的用途。硅的湿法蚀刻技术在使用至今 30 多年的时间内，生产出了大量的微结构产品，如由硅制造或者建立在硅基础上的膜片、支撑和悬臂，光学或流体中使用的槽、弹簧、筛网等，至今仍广泛应用于各种微系统中。

在半导体加工领域，湿法蚀刻具有如下特点：①反应产物必须是气体或能溶于蚀刻液的物质，否则会造成反应产物的沉淀，从而影响蚀刻过程的正常进行；②一般而言，湿法蚀刻是各向同性的，因而产生的图形结构是倒八字型而非理想的垂直型；③反应过程通常伴有放热和放气。放热造成蚀刻区局部温度升高，引起反应速率增大；温度继续升高，反而使反应处于不可控的恶劣环境中。放气会造成蚀刻区局部因气泡使反应中断，形成局部缺陷及均匀性不够好等问题。解决上述问题可采用对溶液进行搅拌、使用恒温反应容器等方法。

根据不同的加工要求，微机械领域通常使用的蚀刻剂包括 HNA 溶液（HF 溶液＋HNO_3 溶液＋CH_3COOH 溶液的混合液）、碱性氢氧化物溶液（以 KOH 溶液最普遍）、氢氧化物溶液（如 NH_4OH、氢氧化四乙胺、氢氧化四甲基铵的水溶液，后两者可分别缩写为 TEAH 和 TMAH）、乙烯二胺一邻苯二酚溶液（通常称为 EDP 或 EDW）等，以上蚀刻剂分别具有不同的蚀刻特性，可用于不同材料的蚀刻。其中，除 HNA 溶液为各向同性的蚀刻外，其它几种溶液均为各向异性蚀刻，对不同晶面有不同的蚀刻速率。

采用各向异性的蚀刻剂可制造出各种类型的微结构，在相同的掩模图案下，它们的形状由被蚀刻的基体硅晶面位置和蚀刻速度决定。（111）晶面蚀刻很慢，而（100）晶面和其它晶面蚀刻相当快。（122）晶面和（133）晶面上的凸起部分因为蚀刻速度快而易被切掉。利用这些特性可以制造出凹槽、薄膜、台地、悬臂梁、桥梁和更复杂的结构。

蚀刻的结果主要是通过控制时间来进行的，在蚀刻速率已知的情况下，调整蚀刻时间可得到预定的蚀刻深度。此外，采用阻挡层是半导体加工中常用的方法，即在被蚀刻薄膜下所需深度处预先沉积一层对被加工薄膜而言选择比足够大的材料作为阻挡层，当薄膜被蚀刻到这一位置时将因蚀刻速率过低而基本停止，这样可以得到所要求的蚀刻深度。

（2）干法蚀刻

干法蚀刻是采用等离子体来进行薄膜蚀刻的一种技术。因为蚀刻反应不涉及溶液，所以称为干法蚀刻。在半导体制造中，采用干法蚀刻避免了湿法蚀刻容易引起重离子污染的缺点，更重要的是它能够进行各向异性蚀刻，在薄膜上蚀刻出纵横比很大，精度很高的图形。

干法蚀刻的基本原理是，对处于适当低压状态下的气体施加电压使其放电，这些原本中性的气体分子将被激发或解离成各种不同的带电离子、活性原子或原子团、分子、电子等。这些粒子的组成称为等离子体。等离子体是气体分子处于电离状态下的一种现象。等离子体中有带正电的离子和带负电的电子，在电场的作用下可以被加速。若将被加工的基片置于阴极，其表面的原子将被入射的离子轰击，形成蚀刻。这种蚀刻方法以物理轰击为主，因此具备极佳的各向异性，可以得到侧面接近 90°垂直的图形，但缺点是选择性差，光刻胶容易被蚀刻。另一种蚀刻方法是利用等离子体中的活性原子或原子团，与暴露在等离子体下的薄膜发生化学反应，形成挥发性物质。该方法与湿法蚀刻类似，具有较高的选择比，但蚀刻的速率比较低，也容易形成各向同性蚀刻。

现代半导体加工中使用的是综合上述两种方法优点的反应离子蚀刻法（RIE）。它是一种介于溅射蚀刻与等离子体蚀刻之间的蚀刻技术，同时使用物理和化学的方法去除薄膜。采用 RIE 可以得到各向异性蚀刻结果。其原因在于，选用合适的蚀刻气体，化学反应产物是一种高分子聚合物。这种聚合物将附着在被蚀刻图形的侧壁和底部，导致反应停止。但由于离子的垂直轰击作用，底部的聚合物被去除并被真空系统抽离，因此反应可继续在底部进行，而侧壁则因没有离子轰击而不能被蚀刻。这样可以得到一种兼具各向异性蚀刻性能和较高选择比与蚀刻速率的满意结果。

对硅等物质的蚀刻气体，通常为含卤素类的气体如 CF_4、CHF_3 和惰性气体如 Ar、XeF_2 等。其中，C 用来形成以 $\left[CF_2 \right]$ 为基的聚合物，F 等活性原子或原子团用来产生蚀刻反应，而惰性气体则用来形成轰击及稳定等离子体等。

干法蚀刻的终点检测通常使用光发射分光仪来进行，当到达蚀刻终点后，激发态的反应产物或反应物的特征谱线会发生变化，用单色仪和光点倍增器来监测这些特征谱线的强度变化就可以分析薄膜被蚀刻的情况，从而控制蚀刻的过程。

干法蚀刻在半导体微细加工过程中具有重要地位。目前主要存在的问题包括：①离子轰击导致的微粒污染问题；②整个晶片中的均匀性问题，包括所谓的“微负载效应”（被蚀刻图形分布的疏密不同导致蚀刻状态的差异）；③等离子体引起的损伤，包括蚀刻过程中的静电积累损伤栅极绝缘层等。

5.1.7 LIGA 加工

为了克服光刻法制作的零件厚度过薄等方面的不足，20 世纪 70 年代末德国卡尔斯鲁厄原子研究中心提出了一种进行三维微细加工方法——LIGA 法（X 射线刻蚀电铸模法）。它是在微型槽分离喷嘴工艺的基础上发展起来的。LIGA 一词源于德文缩写，代表了该工艺的加工步骤。其中，LI（lithograhic）表示 X 射线光刻，G（galvanofornung）表示金属电镀，A（abformung）表示注塑成型。

自 LIGA 工艺问世以来，德国、日本、美国、法国等相继投入巨资进行开发研究，我国也逐步开始了在 LIGA 技术领域的探索。上海交通大学在 1995 年利用 LIGA 技术成功地研制出直径为 2mm 的电磁微马达的示范样机。上海冶金所采用深紫外线曝光的准 LIGA 技术，电铸后得到了 10μm 的 Ni 微结构，且零件表面性能优良。LIGA 技术在微细加工领域具有巨大的潜力。

LIGA 工艺具有适用多种材料、图形纵横比高，以及任意侧面成型等众多优点，可用于制造各种领域的元件，如微结构、微光学、传感器和执行元件技术领域中的元件。这些元件在自动化技术、加工技术、常规机械领域、分析技术、通信技术和化学、生物、医学技术等许多领域得到了广泛的应用。

5.1.7.1 LIGA 的工艺过程

（1）X 射线光刻

这是 LIGA 工艺的第一步，包括：将厚度为几百微米的塑料可塑层涂于一个金属基底或一个带有导电涂覆层的绝缘板上作为基底，X 射线敏感塑料（X 射线抗蚀剂）直接被聚合或粘合在基底上；由同步加速器产生的平行、高强度的 X 射线辐射，通过掩模后照射到 X 射线抗蚀剂上进行曝光，完成掩模图案转移；未曝光部分（对正性抗蚀剂而言）通过显影液溶解，形成微结构。

（2）金属电镀

金属电镀是指在显影处理后用微电镀的方法在已形成的抗蚀剂结构上形成一个互补的金属结构，如铜、镍或金等被沉积在不导电的抗蚀剂的空隙中，同导电的金属底板相连形成金属模板。在去除抗蚀剂后，这一金属结构既可作为最终产品，也可以作为继续加工的模具。

（3）注塑成型

注塑成型是将电镀得到的模具用于喷射模塑法、活性树脂铸造或热模压印中，几乎任何复杂的复制品均可低成本生产。由于用同步 X 射线光刻及其掩模成本较高，可采用此塑料结构进行再次电镀填充金属，或者作为陶瓷微结构生产的一次性模型。

5.1.7.2 LIGA 加工的特点

LIGA 加工是一种超微细加工技术。由于 X 射线具有很高的平行性，使得微细图形的感光聚焦深度远超过光刻技术。一般来说，可以达到 25 倍以上的深度，因此，由蚀刻产生的图形厚度较大，从而使得制造出的零件具有更高的实用性。另外，X 射线的波长小于 1nm，可以实现零件的高精度加工和表面光洁度。对那些降低要求后不妨碍精度和小型化的结构而言，X 射线光刻也可用光学光刻法来代替，同时也应采用相应的光刻胶。但由于光的衍射效应，获得的微结构在垂直度、最小线宽、边角圆化方面均有不同程度的损失。采用直接电子束光刻也可完成这一步骤，其优缺点见本章关于光刻的介绍。

综上所述，采用 LIGA 技术进行微细加工具有如下特点。

① 制作的图形结构纵横比高（可达 100∶1）。

② 适用于各种材料，如金属、陶瓷、塑料、玻璃等。

③ 可重复制作，可大批量生产，成本低。

④ 适合制造高精度、低表面粗糙度要求的精密零件。

5.1.7.3 LIGA 技术的发展

为最大限度地覆盖所有可能的应用范围，由标准的 LIGA 工艺又衍生出了很多工艺和附加步骤，如比较典型的牺牲层技术、三维结构附加技术等。

如果采用传统的微机械加工方法来制造微机械传感器和微机械执行装置，那么在许多情况下，需要设计静止微结构和运动微结构。通常情况下，这两种微结构是集成的，难以混合装配。即使能够进行混合装配，也常常受到所需尺寸公差的限制。为了解决这个问题，在生产运动传感器和执行装置时，可以通过引入牺牲层和采用 LIGA 工艺来制造运动微结构。因此，在选择材料时，可以有很多选择，并且可以生产出没有侧面成型限制的结构。

牺牲层一般采用与基底和抗蚀剂都有良好附着力的材料，与其它使用的材料一样均有良好的选择蚀刻的能力和良好的图案形成能力。牺牲层参与整个 LIGA 过程，在形成构件后被特定的蚀刻剂全部腐蚀掉。钛层由于具备上述优良的综合性能，通常被选作 LIGA 工艺中的牺牲层材料。

尽管标准的 LIGA 工艺难以生产复杂的三维结构，但通过附加的其它技术，如阶梯、倾斜、二次辐射等技术，就可以生产出结构多变的立体结构。例如，通过在不同的平面上成型，将掩模和基底相对于X射线偏转一定角度，有效利用来自薄片边缘的荧光辐射，就可以分别加工出台阶状、圆锥状等结构。

由于需要昂贵的同步辐射X光源和制作复杂的X射线掩模，LIGA加工技术的推广应用并不容易，并且与IC（集成电路）技术不兼容。因此，1993年人们提出了采用深紫外线曝光、光敏聚酰亚胺代替X射线光刻胶的准LIGA工艺。

除了光刻和LIGA加工以外，采用微细机械加工和电加工技术来制造微型结构的应用也有很多。这些方法包括机械微细加工、放电微细加工、激光微细加工等，它们往往是几种技术的结合体，共同完成一些非常规的加工工艺。

5.2 复合表面技术

在满足人们对材料使用要求的情况下，综合运用多种表面技术进行复合处理的方法可克服单一表面技术的局限性。通过将两种或两种以上的表面技术应用于同一工件的表面处理，不仅能够充分发挥各种表面技术的特点，还能够展现出组合使用所带来的突出效果。这种优化组合的表面处理方法被称为复合表面处理。

表面工程的一个显著特点就是需要多种学科的交叉、多种表面技术的复合或多种先进表面技术的集成。表面复合工程把各种表面技术及基体材料作为一个系统工程进行优化设计和优化组合，以最经济、最有效且又最环保的方式满足工程的需要。复合工程在表面工程中占有很大的比重。多年来，各种表面技术的优化组合已经取得了突出的效果，已有许多成功的范例，获得了一些重要的规律。通过人们深入的研究，表面复合工程将发挥越来越大的作用。本章通过一些典型案例的介绍和分析，阐述表面复合工程的重要意义和发展趋势。

5.2.1 电化学技术的复合

5.2.1.1 电化学技术与物理气相沉积的复合

电化学是化学的一个分支，涉及电流与化学反应的相互作用以及电能的相互转化。电化学的应用领域广泛，在表面处理中主要涉及四个领域：一是电化学镀膜，包括电镀、电铸等；二是电化学转化，即金属工件在电解液中通过外电流的作用与电解液发生反应，使金属工件表面形成结合牢固的保护膜，包括阳极氧化、瓷质阳极氧化、硬质阳极氧化、微弧等离子体阳极氧化和阳极氧化原位合成等；三是电化学涂装，即利用电化学原理进行涂装，称为电泳法或电沉积法，包括阳极电泳和阴极电泳两种；四是电化学加工，包括电解抛光以及在电解抛光的基础上，利用金属在电解液中因电极反应而出现阳极溶解的原理，对工件进行打孔、切槽、雕模、去毛刺等加工。

物理气相沉积（PVD）又称为真空镀膜，主要包括真空蒸镀、溅射镀膜、离子镀膜等。真空镀膜属于干法成膜技术，而电镀通常属于湿法成膜技术，两者各有显著的特点。真空镀膜与电镀相比较，主要优点在于：可对各种基材（包括金属材料、无机非金属材料和高分子材料）进行直接镀膜；可镀制膜层的材料和色泽种类多；镀膜过程和镀膜成分容易控制；基体材料的前处理较为简单；能耗较低，耗水量和金属材料消耗都很少；不存在废水、废渣的污染，尤其是不存在有毒重金属离子的污染。但是，真空镀膜与电镀相比，也存在一些明显的缺点：镀层很薄，一般镀层厚度在几微米以下，超过一定厚度后，镀层容易脱落；通常用来镀覆形状较为简单的工件，而对形状复杂的工件，真空镀膜往往存在较大的困难；制造大型或高精度的真空镀膜设备，需要的费用较多。

电化学技术在表面处理中具有良好的应用前景。如果将电化学技术与物理气相沉积技术优化组合，相互取长补短，就有可能发挥更大的作用。现举例说明如下。

（1）镁合金的表面处理

镁的密度小（$1.74g/cm^3$），具有高的比强度、良好的加工焊接性能和阻尼性能以及尺寸稳定、价格低廉、可以回收利用等优点，越来越受到人们的重视。我国是镁资源大国，储量居世界首位，原镁的生产量约占世界的2/3，目前正从资源优势向经济优势转化，从原镁生产大国向镁合金产品加工和应用的强国迈进。镁的化学性质活泼，Mg和Mg^{2+}的标准电极电位为$-2.37V$（25℃，离子活度为1，分压为$1\times10^{-5}Pa$），很差的耐腐蚀性能严重制约了镁合金的实际应用。电化学技术可以显著改善镁合金的耐腐蚀性能，目前已经取得很大的进展，成为镁合金表面处理的重要方法。然而，单一的电化学处理仍然面临较大的困难。例如，镁合金属于难镀的材料，要在镁合金表面获得优良的电镀层，制备工艺繁琐，并且还存在环保等问题。将电化学技术与其它表面技术进行优化组合，是解决这些问题的有效途径。镁合金表面的防护装饰层由以下四部分组成（由内向外）：微弧氧化层、电泳镀层、离子镀层、中频磁控溅射镀层。

微弧氧化采用等离子体电化学方法，在镁合金表面形成陶瓷质氧化物膜（包括立方晶MgO等多种氧化物），具有高硬度和优良的致密性，大大提高镁合金表面的耐磨、耐压、绝缘、抗高温冲击性能。膜层厚度可根据需要，通过工艺调整控制在$5\sim70\mu m$之间，中性盐雾试验可达500h，显微硬度约400HV，漆膜附着力为0级。镁合金微弧氧化层通常具有三层结构，由内到外分别为界面层、致密层和疏松层。界面层是致密层与镁合金基体的结合处，氧化物与基体相互渗透，为一种冶金结合。致密层通常占整个膜厚的60%～70%，疏松层占膜厚的20%左右。膜层厚度可通过工艺来调节。

虽然微弧氧化层具有优良的性能，但对许多产品来说，在防护和装饰两个方面还不能满足实际需要。采用真空镀膜，可以在微弧氧化层的基础上显著提高表面的防护装饰性能。真空镀膜需要附着力好的基底层。从显微镜观察来看，镁合金微弧氧化层表面有许多沟壑和孔隙。针对这个情况，在微弧氧化处理后，采用电泳涂装是一个较好的方法。作为真空镀与微弧氧化之间的过渡层，通常用具有高pH值、高电压、高泳透力的阴极电泳涂料来进行涂装，涂膜厚度为$18\sim20\mu m$，pH值为6左右，施工电压为200V左右，泳透力（钢管法）＞75%。

有了均匀平坦的电泳涂层，便能用真空镀膜的方法镀覆一层高质量的金属或合金薄膜。真空镀膜在工程上主要有真空蒸镀、磁控溅射和离子镀三种方法，可根据实际要求来选择。例如真空镀铬，可以采用离子镀。它的主要特征是工件上施加负高压（也称负偏压），用来加速离子，增加沉积能量。离子镀的优点主要是膜层附着力好、膜层组织较为致密、绕射性能优良、沉积速度快、可镀基材广泛。目前生产上使用最多的离子镀是阴极电弧离子镀。这种离子镀的优点很多，尤其是高效和经济，但也存在一些突出的问题，最主要的是“大颗粒”的污染。虽然可采用一定方法减少这种污染，但完全消除是困难的。

为了进一步提高真空镀层的性能和可靠性，可在表面再镀覆一层透明的化合物薄膜。一般选择透明的氧化物薄膜，并且采用中频磁控溅射法进行镀覆。实际使用中常采用两个尺寸和外形完全相同的靶（平面靶或圆柱靶）并排配置，称为孪生靶。中频电源的两个输出端与孪生靶相连。两个磁控靶交替地互为阳极和阴极，不但保证了在任何时刻都有一个有效的阳极，消除了“阳极消失”的现象，而且还能抑制普通直流反应磁控溅射中的“靶中毒”（即阴极位降区的电位降减到零，放电熄灭，溅射停止）和弧光放电现象，使溅射过程得以稳定进行。

通过上述设计的实施，该复合膜在附着力、表面硬度、耐蚀性、耐热性、耐温变等方面性能良好，有可能在汽车、航空、机械、电子等领域获得重要的应用。

（2）高分子材料的表面处理

① 印制板的溅射/电镀复合处理经过长期发展，电镀技术已达到高度先进化的程度，从应用领域来看，已不局限于传统的表面装饰和防护，而且在微电子工业部门成为制备功能材料或微观结构体的重要方法。

印制板是印刷电路板与印刷线路板的通称，包括刚性、挠性和刚挠结合的单面、双面和多层印制极等。习惯上把印刷电路板（PCB）和印刷线路板（PWB）统称为 PCB。用于制造 PCB 的绝缘材料中，基材主要有绝缘浸渍纸、玻璃布和塑料薄膜等。绝缘树脂主要有酚醛树脂、环氧树脂、聚酰亚胺树脂和聚四氟乙烯等。印制板制造方法可分为三种：一是减成法，即选择性地除去部分不需要的导电箔而形成导电图形的工艺；二是全加成法，即在未镀覆箔的基材上完全用沉积法沉积金属而形成所要求的导电图形的工艺；三是半加成法，即在未镀覆箔的基材上用沉积法沉积金属，结合电镀或蚀刻，或者三者并用形成导电图形的工艺。

对于高密度硬盘（HDD）板，传统的减少成本的方法不太适用，半减少成本的方法将逐渐取代减少成本的方法，成为高密度板生产的主要工艺。采用半减少成本的方法，线宽和间距分别可以达到 15μm 和 15μm。为了制作微细电路，需要克服蚀刻困难。因此，采用了超薄的铜箔（5～9μm）作为覆盖层。同时，半导体生产中常用的真空镀膜工艺，特别是磁控溅射镀膜工艺，也应用于 PCB 生产工艺中，成为一种新的工艺技术发展方向。半加成法制作时，先用溅射法在绝缘基板上形成薄的导电层，称作籽晶层。由于绝缘基板与铜的结合力差，需要在两者之间镀覆过渡层，如涂覆 Ni 及 Ni 合金等。制作完籽晶层后，再电镀 Cu 增厚到 5～7μm。在这项技术中，溅射法所具有的优点如膜层致密、结晶性好、均匀性好、附着力强、适合大面积生产、无废水废气污染等，得到了充分的体现。溅射法与电镀法的优化组合，是印制板生产的发展方向之一。

② 有机导电纤维和织物表面的电镀/真空镀复合镀导电纤维是比电阻小于 $10^5\Omega\cdot$cm 的纤维，可用作无尘服、无菌服、手术服、抗静电工作服、地毯、毛毯、过滤袋、消电刷、人工草坪、发热元件和电磁波屏蔽的材料，也可用于海底探矿、飞机导线及其它轻质导电材料。

目前已应用的导电纤维大体有两类。一是金属纤维、碳纤维等本身具有导电性的纤维；二是有机导电纤维。第二种导电纤维按导电成分的分布可分为三种：一种是添加型，它根据需要添加银粉、铜粉、碳粉、石墨粉、镍化合物粉等，使涤纶、棉纶和腈纶等具有一定的导电性，电阻率为 10^2～$10^4\Omega\cdot$cm；二是复合型，它可按不用的复合形式分为皮芯型、共辗（并列）型和海岛型等，由复合成分之一产生导电性；三是被覆型，它靠长丝或织物表面镀覆金属或合金而赋予导电性。

织物表面镀覆金属既方便、迅速，又可得到导电性能优良和可靠的镀层。镀覆时，可先采用卷筒型真空镀机进行连续镀膜，所用的金属镀料要与织物表面结合良好，并且稳定可靠。然后在这些金属镀层的基础上连续电镀两层，使镀层增厚，其中一层金属可与真空镀层一致，另一金属镀层（通常为 Cu）的导电性能优良。电镀后，可考虑用真空镀方法镀覆一层材料做保护层以及达到所需的色泽等要求。

5.2.1.2 电化学技术与表面热扩散处理的复合

工件经过电镀后，可以进行表面热扩散处理，使金属原子从镀覆层向基体进行扩散。这样不仅可以增强镀覆层与基体的结合强度，还可以改变镀层本身的成分，从而防止镀层的剥落，提高其强韧性。这样处理后的表面会具有更强的抗擦伤、耐磨损和耐腐蚀能力。现举例如下。

① 在钢铁工件表面电镀20μm左右含铜（铜的质量分数约为30%）的Cu-Sn合金，然后在氮气保护下进行热扩散处理。升温到200℃左右保温4h，再加热到580～600℃保温4～6h，处理后表层是1～2μm厚的锡基含铜固溶体，硬度约170HV，有减摩和抗咬合作用。其下为15～20μm厚的金属间化合物Cu_4Sn，硬度约为550HV。这样钢铁表面覆盖了一层具有高耐磨性和高抗咬合能力的青铜镀层。

② 铜合金先镀7～10μm锡合金，然后加热到400℃左右（铝青铜加热到450℃左右）保温扩散，最表层是抗咬合性能良好的锡基固溶体，其下是Cu_3Sn和Cu_4Sn，硬度450HV（锡青铜）或600HV（含铅黄铜）左右。提高了铜合金工件的抗咬合、抗擦伤、抗磨料磨损和黏着磨损性能，以及表面接触疲劳强度和抗腐蚀能力。

③ 在钢铁表面上电镀一层锡镀层，然后在550℃进行扩散处理，可获得表面硬度为600HV（表层碳的质量分数为0.35%）的耐磨耐蚀表面层。也可在钢表面上通过化学镀获得镍磷合金镀层，再在400～700℃扩散处理，提高了表面层硬度，并具有优良的耐磨性、密封性和耐蚀性。这种方法已用于模具、活塞和轴类等零件中。

在铝合金表面同时镀20～30μm厚的铟和铜，或先后镀锌、铜，然后加热到150℃进行热扩散处理。处理后最表层为1～2μm厚的含铜与锌的铟基固溶体，第二层是铟和铜含量大致相等的金属间化合物（硬度为400～450HV）；靠近基体的为3～7μm厚的含铜铜基固溶体。该表层具有良好的抗咬合性和耐磨性。

5.2.2 真空镀膜技术的复合

5.2.2.1 真空镀膜与涂装技术的复合

真空镀层与有机涂层的复合技术是一种广泛应用的表面复合处理技术，已经发展了几十年。在塑料和金属基体方面，国内外已经形成了大规模的生产。相较于湿法电镀，真空镀层与有机涂层复合被简称为“干法镀”，实际上是一种气相沉积方法，而有机涂层通常是由有机聚合物涂液经固化成膜的。

一般的真空镀层与有机涂层的复合工艺如图5-12所示，处理后具有三层结构：底涂层、真空镀层、面涂层。有些对防护性或其它性能要求较高的产品，各涂（镀）层可由若干层膜组成，现举例如下。

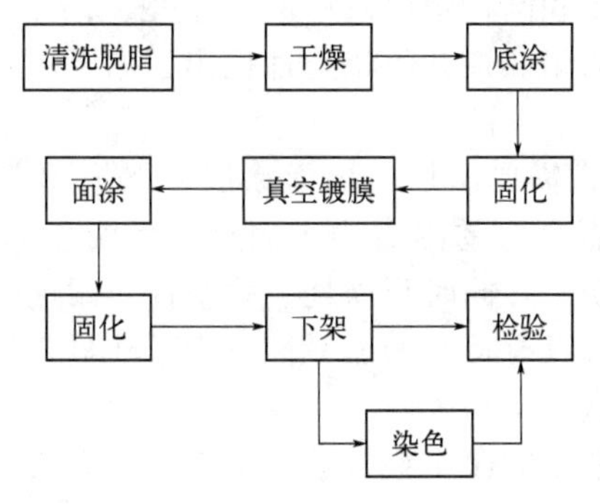

图5-12 一般的真空镀膜与有机涂层复合处理的工艺流程

（1）塑料制品的真空镀膜与涂料的复合

① 预处理　首先，在不损伤塑料制品的前提下，对制品表面进行清洗和干燥。对各种矿物油脂采用乳化力较强的洗衣粉、洗洁精或专用的清洗剂等进行清洗；对动植物油脂用10%（质量分数）氢氧化钠溶液，或乙醇、丙酮等有机溶剂进行清洗；对表面残留的硅酮脱模剂的塑料制品，采用三氯乙烯或全氯乙烯进行清洗。由于一般塑料均有一定的吸水性，所以在上底涂料之前应进行干燥。通常采用烘烤法，尽可能去除水分。干燥后，还要用经过滤、去水气的压缩空气进行吹灰处理。

② 底涂　许多塑料制品在真空镀膜之前要涂覆底涂层，其主要原因如下。

a. 塑料成型后，不可避免地会产生一定的表面粗糙度，例如真空镀膜层非常薄，无法掩盖基材表面的凹凸不平。然而，使用有机聚合物底漆来代替，涂层的厚度为10～30μm。凭借涂料的流平性可显著提高镀层的光亮度。

b. 底涂技术可以阻碍塑料中的水分、残留溶剂、单体、低聚合物、增塑剂等挥发性小分子在真空或升温环境下逸出表面。这种技术可以有效提高真空镀层对基材的附着力。

c. 在真空镀膜的升温和降温过程中，塑料基材和常用的金属镀层之间的热膨胀系数存在很大的差异，这导致了膜层容易破裂。随着膜层厚度的增加，破裂的可能性也随之增大。因此，在选择过渡层时，应该考虑合适的涂层，以减少内应力的积累和破裂的风险。

选择底涂料时，应考虑以下五个方面：一是底涂料与基材及真空镀膜层都有良好的结合力，并且相互之间不发生化学反应；二是底涂料在真空条件下很少有挥发物成分，并且不吸收湿气和水分；三是底涂料在固化后具有良好的封闭性能，阻止塑料基体在随后过程中逸出气体和其它挥发物；四是底涂料的固化温度必须低于塑料基体的热变形温度，即底涂料固化后塑料基体没有变形，并且底涂料的固化表面具有高度光滑性；五是底涂料必须具有足够的耐蚀性、耐热性、抗温差骤变形以及抗龟裂性。

对于不同的塑料基材，底涂料的选择及使用方法存在较大的差异。ABS、PVC等极性塑料使用的底涂料容易选择，而聚丙烯、聚乙烯等表面无极性的塑料，要找到适合的底涂料比较困难。最常用的底涂料是聚氨酯涂料和双酚A型环氧树脂以及两者混合的涂料。其它还有丙烯酸酯、醇酸树脂、有机硅等涂料。

③ 真空镀膜　塑料制品的真空镀膜有真空蒸镀、磁控溅射和离子镀三种方法。

塑料制品采用真空蒸镀方法进行镀膜，目前已经很普遍。按照蒸发源的种类，有电阻加热蒸发、电子枪蒸发、高频感应蒸发和激光蒸发四种方法。其中，最常用的是电阻加热蒸发和电子枪加热蒸发两种。

磁控溅射常用直流平面靶和圆柱靶以及中频孪生靶。离子镀常用阴极电弧离子镀方法。磁控溅射和离子镀对底涂层的耐热性和耐辐射性提出了高要求，主要是在承受离子轰击时不会变质和产生破坏。

④ 面涂　真空镀膜后，常需要添加一层面涂层来保护真空镀膜层。面涂层应满足以下要求：与金属真空镀膜层具有良好的附着力；固化后无明显的内应力；与底涂层相容性良好；具备足够的硬度和耐划伤性，同时耐磨性、耐水性、耐蚀性、耐候性以及耐化学品影响等性能也要较高；黏度适宜且具有良好的流平性。为了凸显真空镀膜层的亮度和色彩，面涂层还必须具备较高的可见光透过率和表面光泽度。

目前，在塑料镀膜中，常用的面涂料有聚氨酯涂料、聚乙烯醇涂料和有机硅涂料。面涂层的厚度为10～25μm。

与真空镀层相配合使用的有机聚合物涂料主要有热固化和紫外光固化两种。人们越来越重视紫外光固化涂料，即光固化涂料。其主要特点是：固化速度迅速，在紫外灯照射下仅需数秒至数十秒即可完全固化；具备良好的环境友好性，光照期间大部分或绝大部分材料成分参与交联聚合并进入膜层；节约能源，紫外光固化所需能量约为溶剂型涂料的五分之一；可涂装不同种类的基材，避免了因高温固化时对于热敏感基材（如塑料、纸张或电子元件等）可能导致的损害。这种方式成本低、能耗低，涂料中含有高有效成分，简化了工艺流程，显著减少了厂房占地面积。从以上分析可以看出，在真空镀膜行业中，光固化涂料有着广阔的应用前景。

目前，塑料的真空镀层与光固化有机涂层的复合，一般较多采用真空镀铝与光固化有机涂层的复合，在防护等性能上受到很大的限制。真空镀铬层具有比铝镀层更美丽的银白色金属光泽，在大气中有很强的钝化性能，在碱、硝酸、硫化物、碳酸盐、有机酸等腐蚀介质中较稳定，还有较高的硬度、良好的耐磨性和耐热性。电镀铬存在六价铬等重金属离子，对人体会产生很大的危害，而真空镀铬却不存在六价铬等重金属离子，其生产是清洁的。由于铬的熔点为1900℃，在1397℃时铬的蒸气压为1.33Pa，铬的蒸发温度高，用电阻加热蒸发镀铬较为困难，故生产上一般采用磁控溅射和离子镀方法进行真空镀铬。例如采用阴极电弧离子镀方法镀铬，可以获得与电镀铬一样的色泽。

进行真空镀铬时，要求基底涂层具备足够的耐热性和耐辐射性，并且与基材以及真空镀铬层能够良好地结合而避免发生化学反应。此外，基底涂层还需要在真空条件下具有极少的挥发物，良好的流平性，在固化后能够保持表面的高度光滑。同时，又要考虑到塑料的热变形温度一般都低，涂料的固化温度不能太高。目前能满足这些要求的涂料还很少。据研究，光固化脂环族环氧树脂改性丙烯酸酯涂料基本上能满足上述要求。脂环族环氧树脂是环氧树脂的一个分支，其中环氧基并非来自环氧丙烷，而是直接连接在脂环上。因此在性能方面，与双酚A型环氧树脂相比，它具有出色的热稳定性、耐候性、安全性、工艺性和优异的绝缘性。然而，尽管脂环族环氧树脂和普通环氧树脂具有相似之处，但都存在脆性的缺陷。因此，在实际应用中，需要通过增韧改性来解决这个问题。一种常见的方法是在碘盐的催化下，引发阳离子聚合反应，并在聚合物的分子链中引入含有软链段结构的物质。

由于真空镀铬层具有优异的性能，因而在许多应用场合，可以用真空镀透明陶瓷薄膜来替代原来的有机聚合物面涂层，综合使用性能与工艺性能可获得进一步提高。

工程上常使用ABS、PC、PC+ABS等三种塑料：ABS塑料是由丙烯腈（A）、T二烯（B）和苯乙烯（S）三元共聚物组成的热塑性塑料，密度1.05g/cm^3，成型收缩率0.4%～0.7%，成型温度200～240℃，工作温度−50℃～70℃，其使用性能取决于三种单体的比例以及苯乙烯-丙烯腈连续相和聚T烯分散相两者中的分子结构；PC通常为双酚A型聚碳酸酯，结构是较为柔软的碳酸酯链与刚性的苯环相连的聚合物，硬度与强度较高，耐冲击力强，耐候性、耐热性都较好，可在−60℃～120℃下长期工作，热变形温度为130～140℃，玻璃化转变温度为149℃，优点是极性小，吸水率、收缩率低，耐电晕性好，电性能优秀，缺点是容易产生应力开裂，耐化学试剂、耐腐蚀性较差，高温下易水解；用一定比例的PC加入ABS中组成PS+ABS塑料，可以获得优良的综合性能。为了进一步提高这些工程塑料的防护-装饰性能，可采用新的真空镀膜与涂料涂装复合处理技术，即将其镀制成具有“脂环族环氧改性丙烯酸酯涂层/离子镀铬层/钛的氧化物镀层”结构的真空镀铬制品。其中，离子镀钛是在耐热、耐辐射的脂环族环氧树脂改性丙烯酸酯底涂层上进行的。这是一种清洁镀膜方法。钛的氧化物镀层是用中频孪生靶磁控溅射法镀制的，在组成上为二氧化钛和其它钛的氧化物混合体。其在可见光波段是透明的，并且对真空镀铬层有很好的保护作用。复合镀层的主要性能如下：表面色泽为银白色；60°光泽≥90%；铅笔硬度1～2H；附着力（百格）100%；CASS腐蚀加速试验72h。作为防护和装饰用途，这类复合镀膜制品可以广泛替代电镀铬塑料制品，实现塑料镀铬的清洁生产，此外，该类制品还能节约铜、镍等金属资源，大幅减少水、电等能源消耗，同时简化生产工序并降低生产成本。

(2) 铝合金制品的真空镀膜与涂料涂装的复合

铝合金材料及加工、处理技术的发展是当今世界铝产量和应用量大幅度增加的关键。其中，铝合金表面技术的发展越来越受到人们的关注。现以复合镀涂铝合金轮毂为例分析铝合金表面技术的发展趋势。

① 电镀铝合金轮毂在全球汽车、摩托车生产中占据重要地位。目前，由于铝合金轮毂重量轻、能源利用率高、散热迅速、车辆安全性能优异以及款式多样化，符合现代人对轮毂产品的需求，因此成为轮毂制造业的主要产品。所采用的铝合金为 Al-Si7-Mg0.3，变质剂包括 Sb、Sr、Na 等，多以压铸方式进行成型。对于表面处理，主要采用涂装、抛光、电镀和真空镀膜等技术，其中涂装和电镀是最常使用的方法。

电镀铝合金轮毂具有很高的表面质量。铝合金属于难电镀的金属材料，电镀工艺复杂，通常需要几十道工序。电镀铝合金轮毂存在的主要问题是三废的治理难度大，成本高，同时在生产过程中要消耗大量的水资源和铜、镍、铬等金属资源。另外，为了降低铝合金成型后表面的不平整度，需要进行细致的抛光处理，这项工作非常耗时。

② 复合涂镀铝合金轮毂的生产工艺。采用复合技术，可以显著改善上述情况。其主要特征是用“有机聚合物涂料底涂层/真空镀层/有机聚合物涂料面涂层”的镀层结构取代电镀的“镍/铜/铬”三层金属镀层的结构。这种复合处理的铝合金轮毂具有较好的表面性能，已经投入大量生产。用真空镀铬取代真空镀铝，并且底涂层与面涂层做相应的调整，可以进一步提高轮毂的综合使用性能。

过去真空镀膜与涂装技术的复合，主要用于装饰，真空镀膜往往以真空蒸镀方法为主，相应的有机聚合物涂料的底涂和面涂要求也较低。随着经济的迅速发展以及社会对环保、节能、节水、节材等要求越来越高，人们开始将这项技术应用于性能和质量要求更高的产品，所采用的工艺技术有了新的发展。复合涂镀铝合金轮毂的真空镀膜通常采用磁控溅射法。这种方法对溅射功率，尤其是溅射电压的选择很重要。这是因为在一般有机聚合物涂层上进行溅射镀膜时，涂层中会有某些物质逸出，如果沉积粒子的能量和速率不高，会影响真空镀层与有机底涂层之间的附着力，同时也会影响膜层的色泽和深镀能力。

复合涂镀铝合金轮毂已取得了良好的效益：环保方面得到了明显的改善，尤其避免了六价铬离子的危害；能耗为电镀的 1/3～1/2；用水量为电镀的 1/8～1/7；不用铜和镍，只用廉价的有机聚合物涂料和少量的铝或铬，节约了大量的金属资源；生产工序显著减少，约为电镀的 1/2；综合生产成本为电镀的 1/3～1/2。另外，有机底涂层尤其是第一层的粉末涂层，厚度通常达 $80\mu m$，利用涂料的流平性，轮毂表面的不平整度得到了有效消除，故可省去镀前繁重的抛光工序。

5.2.2.2 真空镀膜与离子束技术的复合

本节所述的离子束，是指利用离子源中电离产生的离子，引出后经加速、聚焦形成离子束后，向真空室中的工件表面进行轰击或注入。真空镀膜与离子束技术的复合主要发生在四种情况下：一是真空镀膜过程中伴随着离子束轰击，增加了沉积原子的能量，包括纵向与横向的运动能量，并产生一些其它效应，减少膜层内空洞的形成，显著改善沉积膜层的质量；二是真空镀膜过程中，不仅由于离子束轰击，而且由于离子束中的一些离子成分也成为沉积膜层的组分，因而形成新的、高质量的薄膜；三是先用离子束轰击基材表面，将离子注入表面，改变表面成分和结构，形成过渡层，然后再进行真空镀膜，结果增强了薄膜与基材表面的结合力，改善了使用性能；四是先在基材表面沉积薄膜（真空镀膜），然后用离子束轰击薄膜，将离子注入薄膜而达到表面改性的目的。

真空镀膜与离子束技术的复合，使真空镀膜技术得到迅速发展，出现了许多新设备和新工艺，特别是拓展了在高技术和工业中的应用领域。

（1）离子束辅助沉积技术

① 真空蒸镀离子束辅助沉积（IBAD）又称离子束增强沉积（IBED），最初在1979年由Weissmantel等人提出，后来获得了推广应用，实现了工业生产。

多层薄膜复合材料在工业上有许多应用，冷光灯镀膜是其中之一。所谓冷光灯，是指具有高的可见光反射比和红外光透过比光学特性的反射灯，既能使大量热量透过玻璃壳而散失，同时又有强烈的可见光反射。该膜系由两个不同中心波长的长波通滤光片耦合而成。

冷光灯镀膜达23层，每层几何精度要求严格，镀膜的可靠性和稳定性难以通过一般人工操作和半自动控制来保证，因此必须采用计算机监控系统进行全自动控制，或者至少在镀膜过程中进行全自动控制（图5-13）。这个控制系统由以下六个部分构成。一是控制对象，主要是蒸发挡板。它根据工艺要求选择要连接的蒸发源，调节蒸发源上的电流大小，打开或关闭蒸发源挡板。二是执行器，包括控制蒸发源挡板开合的气缸、蒸发源开合的继电器等。三是测量环节，指使用频率采集系统来获得镀膜厚度和瞬时蒸发速率的过程。该系统通过监测接近被镀工件的石英晶片固有频率的变化来实现。四是数字调节器，它是由计算机控制的，它的控制规律是由编制的计算机程序来实现的。五是输入通道，包括多路开关、采样保持器和模-数转换器。六是输出通道包括数-模转换器和保持器。

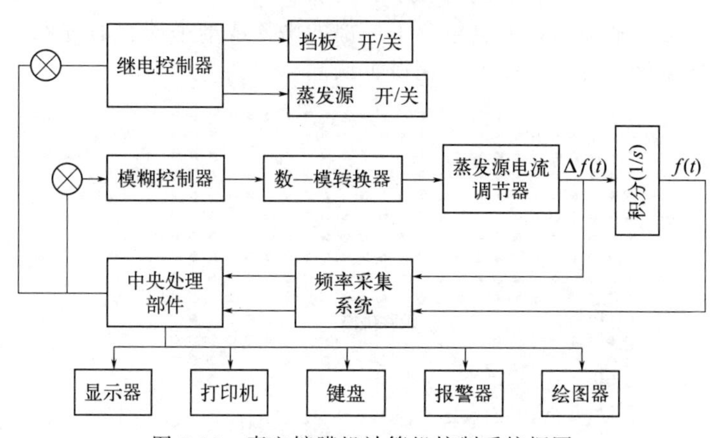

图5-13 真空镀膜机计算机控制系统框图

② 通过对离子束辅助沉积（IBAD）的介绍，可以对其设备和工艺的基本要点有一个直观的印象。实际上IBAD设备和工艺根据使用要求的不同会有变化。

离子束能量在30eV～100keV范围内变动；使用的束流密度在1～100$\mu A/cm^2$量级范围内变动；到达靶面的轰击离子数与沉积粒子流中原子数的比在10^{-2}～1的量级范围内变动。

IBAD有两种不同的离子束轰击方式，一种是轰击与沉积同时进行的，另一种是沉积与离子束对沉积膜生长面的轰击是交替进行的。

除了真空蒸镀外，溅射镀膜等也可进行离子束辅助沉积。在溅射沉积条件下用作溅射的可以是惰性气体离子，也可以是活性气体离子（图5-13）。对于后者，从溅射靶上溅射出来的粒子及射向沉积面的离子会参与膜的生成，并且活性气体离子到达溅射靶后，会与溅射靶的原组分反应生成化合物，这时，从溅射靶上溅射出来的粒子流中拥有大量的离子成分，它们必然会参与沉积膜的组成。此外，镀膜室中的残余气体以及在某些工艺中专门充入的活性气体也会参与进来。

离子束轰击所诱发的级联碰撞，除了其本身所起的物质输运作用外，还可能增强基材表面的原子扩散，把基体中的组分带入沉积膜。

离子束辅助沉积薄膜组分的来源如图 5-14 所示。

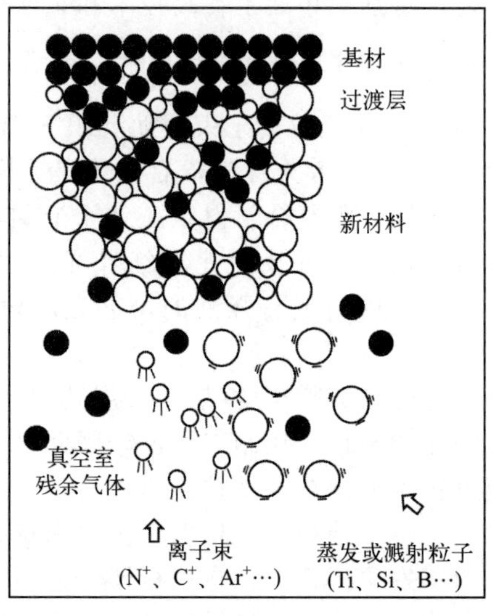

图 5-14　离子束辅助沉积薄膜组分来源

虽然离子束辅助沉积的设备和工艺可有许多变化，然而它有以下三个基本特点：一是可在室温条件下给工件表面镀覆上与基材完全不同且厚度不受轰击能量限制的薄膜；二是可在薄膜与基材之间建立宽过渡区，使薄膜与基材牢固结合；三是可以精密调节离子种类、离子能量、束流密度（或轰击离子与沉积离子的到达比，简称到达比）以及离子束轰击的功率密度等要素，用以控制沉积膜的生长，调整膜的组成和结构，使沉积膜达到使用要求。

③ 离子束辅助沉积的机理。IBAD 的薄膜组分可调控，这些组分如何聚合成膜，涉及许多物理和化学变化，包括粒子的碰撞、能量的变化、沉积粒子及气体吸附粒子的黏附、表面迁移和解吸、增强扩散、形核、再结晶、溅射、化学激活、新的化学键形成等（图 5-15）。因此，离子束辅助沉积是一个包括许多因素相互竞争的复杂过程。它在总体上是非平衡态，但也包含了局部的平衡或准平衡态的过程。人们对 IBAD 机理的认识正在逐步深化，目前有些观点获得了认同。

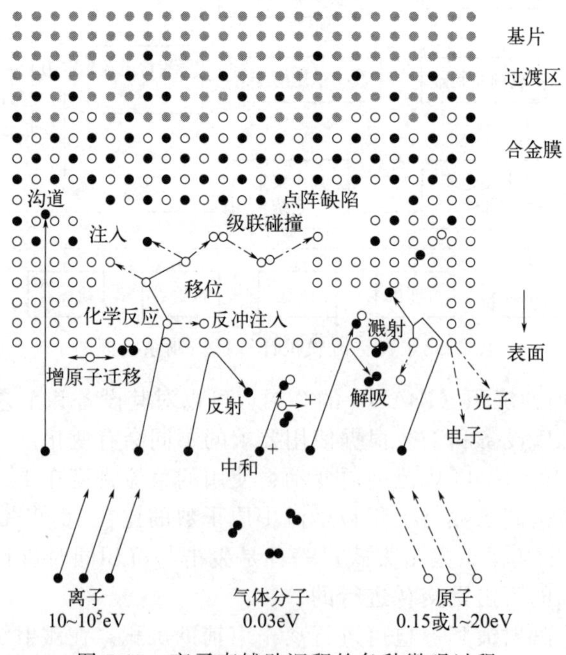

图 5-15　离子束辅助沉积的各种微观过程

a. 在沉积原子（能量为0.15～20eV）与轰击离子（能量为10～15^5eV）同时到达基材表面时，离子与沉积原子、气体分子发生电荷交换而中和；沉积原子受到离子轰击而获得能量，提高了迁移率，从而影响晶体生长过程以及晶体结构的形成。

b. 轰击离子与电子发生非弹性碰撞，而与原子发生弹性碰撞，原子可能被撞出原来的点阵位置。在入射离子束方向和其它方向上发生材料的转移，即产生离子注入、反冲注入和溅射过程。其中，某些具有较高能量的撞击原子又会发生二次碰撞即级联碰撞，导致沿离子入射方向上原子的剧烈运动，形成了膜层原子与基材原子的界面过渡区。在该区内，膜原子与基材原子的浓度是逐渐过渡的。级联碰撞完成了离子对膜层原子的能量传递，增大了膜原子的迁移能力及化学激活能力，有利于原子点阵排列的调整而形成合金相。级联碰撞也可能发生在远离离子入射方向上。

c. 离子轰击会造成表面粒子的溅射和亚溅射。后者是指由级联碰撞造成的表面原子外向运动因不能越过表面势垒而折回表面的现象。溅射和亚溅射都会引起已凝聚原子的脱逸及在表面上的再迁移。有些离子轰击及能量沉积所引发的非平衡态声子分布及其交联，不仅给沉积粒子的凝聚造成差异的微区“热”背景，而且会降低表面迁移势垒，与溅射及亚溅射一起具有增强原在表面漂移粒子的迁移及脱逸的作用。

d. 离子轰击会引起辐照损伤，产生晶体表面缺陷。当入射离子沿生长薄膜的点阵面注入时，将会产生沟道效应。这些因素都会影响沉积粒子的黏附和形核等过程。

④ 离子束辅助沉积的应用已有30多年的发展历史，主要用于某些高性能光学膜、硬质膜、金属与合金膜、功能膜、智能材料等薄膜的镀制。

（2）离子束混合技术

离子束混合技术常泛指离子束与薄膜技术相结合的表面技术。可分为普通离子注入、反冲离子注入和离子束动态混合注入三类。后两类实际上都归为离子束混合。有时，又把反冲离子注入的多种情况分开阐述，例如，“离子束混合技术”专门指“先沉积单层或多层薄膜，然后用离子束轰击薄膜，通过原子的级联碰撞等效应，使膜层与基底的界面或多层膜界面逐步消失，形成原子尺度上的均匀混合，而在基材上生成新的合金表面”的技术。这一技术首先是由Mayer提出来的。提出这一技术主要是为了适应大规模集成电路而研制硅化物。具体方法是先在硅基材上沉积单层金属膜，然后用离子束轰击该金属膜，使膜层与基材的界面处形成硅化物，降低接触电阻。离子束混合除了可以在膜层与基材的界面处进行之外，也可以在多层金属膜间进行，使交替叠加的A、B金属膜层（每层很薄，约10nm）组分混合，逐步均匀化。多层膜离子束混合适用于研究合金相的形成、固态反应、形态聚集生长以及固体中的缺陷等，宽束离子束混合装置如图5-16所示。

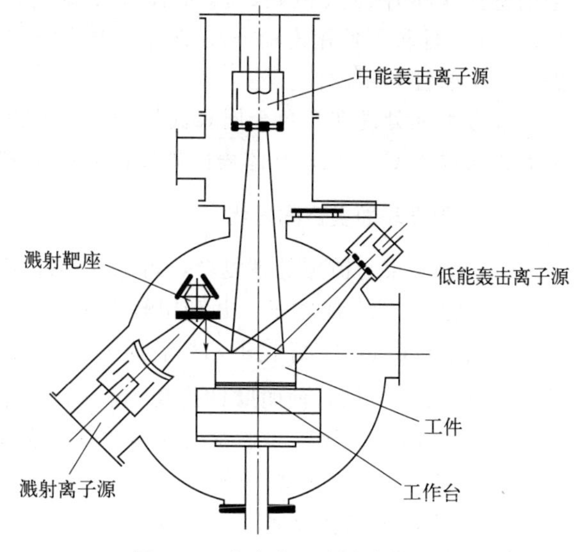

图5-16 宽束离子束混合装置

（3）离化团束沉积

离化团束沉积又称簇团离子束沉积（ICBD），是日本Takagi和Yamada等人在1972年首先提出来的。ICBD实际上是一种真空蒸镀和离子束反冲注入相结合的、在非平衡条件下的薄膜沉积技术。

采用ICBD法能形成与基材附着力强的薄膜。其结晶性好，结构致密。而且，它可以在金属、半导体以及绝缘体上沉积各种不同的蒸发物质，镀制金属、化合物、复合物、半导体等薄膜。由于离子簇束的电荷/质量比小，即使进行高速沉积也不会造成空间粒子的排斥作用或膜层表面的电荷积累效应。通过调节蒸发速率、电离效率和加速电压等，可以在1～100eV的范围内对沉积原子的平均能量进行调节，从而有可能对薄膜沉积的基本过程进行控制，得到所需要特性的膜层。

ICBD与离子镀相比较，每个入射原子的平均能量小，即对基材及薄膜的损伤小，因此可用于半导体膜及磁性膜等功能薄膜的沉积。

ICBD与离子束沉积相比较，尽管每个入射原子的平均能量小，但因不受空间电荷效应的制约，即可大量输运沉积原子，所以沉积速率高。

ICBD可以用来镀制高质量的薄膜，目前已在电子、光学、声学、磁学、超导等领域中广泛应用，今后将有更大拓展。

5.2.3 高能束表面技术的复合

高密度光子、电子、离子组成的激光束、电子束、离子束，可以通过一定的装置，聚集到很小的尺寸，形成极高能量密度（达10^3～10^{12} W/cm^2）的粒子束。这种高束能作用于材料表面，可以在极短的时间内以极快的加热速度使表面特性发生改变，因而在材料表面改性等领域中得到了广泛的应用。高束能表面处理与某些表面技术恰当复合，则可发挥更大的作用。现以激光束为例介绍如下。

5.2.3.1 激光表面合金化、陶瓷化和增强电镀

（1）激光表面合金化

利用各种工艺方法先在工件表面上形成含有合金元素的镀层、涂层、沉积层或薄膜，然后再用激光、电子束、电弧或其它加热方法使其快速熔化，形成经过改性的表面层。例如：柴油机铸铁阀片经过镀铬、激光合金化处理，表层的表面硬度达60HRC，该层深度达0.76mm，延长了使用寿命。45钢经过Fe-B-C激光合金化后，表面硬度可达1200HV以上，提高了耐磨性和耐蚀性。

复合表面处理在有色金属表面处理中也获得了应用，ZL109铝合金采用激光涂覆镍基粉末后再涂覆WC或Si，基体表面硬度由80HV提高到1079HV。

（2）激光表面复合陶瓷化

利用激光束与镀覆处理复合，可以在金属基材表面形成陶瓷化涂层。

① 供给异种金属粒子，并利用激光照射使之与保护气体反应而形成陶瓷层。研究表明，在Al表面涂覆Ti或Al粒子，然后通入氮气或氧气，同时用CO_2激光照射，可形成高硬度的TiN或Al_2O_3层，使耐磨性提高10^3～10^4倍。

② 在材料表面涂覆两层涂层（例如在钢表面涂覆Ti和C）后，再用激光照射使之形成陶瓷层（例如TiC）的复合层反应。

③ 一边供给氮气或氧气，一边用激光照射，使Ti或Zr等母材表面直接氮化或氧化而形成陶瓷表面层的方法。

(3) 激光增强电镀

在电解过程中，用激光束照射阴极，可极大地改善激光照射区的电沉积特性。激光增强电沉积可迅速提高沉积速度而不发生遮蔽效应，能改善电镀层的显微结构，可在选择性电镀、高速电镀和激光辅助刻蚀中获得应用。例如，在选择性电镀方面，一种备受关注的方法是激光诱导化学沉积。通过对浸泡在电解液中的特定导体或有机物进行激光照射，即使没有施加槽电压，也可以实现对 Pt、Au 或 Pb-Ni 合金的选择性沉积。该方法具有无需掩膜、高精度和高沉积速率等特点，适用于微电子电路和金属电路修复等高新技术领域。在高速电镀实验中，只要将激光照射到与阴极截面积相当的位置上，不仅其沉积速率可提高 10^3～10^4，而且沉积层结晶细致，表面平整。

5.2.3.2 激光束表面处理与等离子喷涂的复合

等离子喷涂是热喷涂的一种方法，它是利用等离子弧发生器（喷枪）将通入喷嘴内的气体（常用氧、氮和氢等气体）加热和电离，形成高温高速等离子射流，熔化和雾化喷涂材料，使其以相当高的速度喷射到工件表面上形成涂层的方法。等离子弧焰温度高达 10000℃以上，几乎可喷涂所有固态材料，包括各种金属和合金、陶瓷、非金属矿物及复合粉末材料等。喷涂材料经加热熔化或雾化后，在高速等离子焰流引导下高速撞击工件表面，并沉积在经过粗糙处理的工件表面形成很薄的涂层。涂层与基材表面的结合主要是机械结合，在某些微区也可冶金结合和其它结合。等离子弧流速度高达 1000m/s 以上，喷出的粉粒速度可达 180～600m/s。得到的涂层氧化物夹杂少，气孔率低，致密性和结合强度均比一般的热喷涂方法所制备的涂层高。等离子弧喷涂工件不带电，受热少，表面温度不超过 250℃，基材组织性能无变化，涂层厚度可严格控制在几微米到一毫米范围内。因此，在表面工程中可利用等离子喷涂的方法，先在工件表面形成所需的含有合金化元素的涂层，然后再用激光加热的方法，使它快速熔化，最终冷却形成符合性能要求、经过改性的优质表面层。现举例如下。

(1) 钢铁材料等离子喷涂与激光表面处理的复合

低碳钢具有良好的塑性和韧性，容易变形加工，但表面硬度低，不耐磨。经等离子喷涂 CrC_2-80NiCr 或 WC-17Co 以及后续 CO_2 激光表面熔化处理后，表面硬度大幅度提高，如 WC-17Co 喷涂层达 1000HV，并可改善喷涂层的耐磨性，而低碳钢的韧性未改变。

又如低碳钢经等离子喷涂钴基合金涂层，涂层厚 0.1～0.3mm，然后进行激光表面熔化处理，可消除涂层的孔隙，分解氧化物，改善均匀性，提高涂层与基材的结合力。

奥地利 GFM 公司生产的大型精锻机被世界大多数国家应用，其芯棒采用美国联合碳化物公司垄断的涂层技术制造的，即采用爆炸喷涂工艺在芯棒表面制备一层耐高温、耐冲击、耐磨蚀、抗疲劳的薄涂层。该技术可被其它技术所替用，其中之一就是采用等离子喷涂与激光重熔的复合表面处理。具体方法是：先用超音速等离子喷涂法，将平均粒度为 7.3μm 的 WC-10Cr-4Cr 粉末，喷涂到 0.76mm 的精锻机芯棒表面上，然后进行 CO_2 激光表面熔化，使涂层更加致密，相结合更稳定，并使涂层中的组分对芯棒基材有一定的扩散作用，进一步提高 WC-10Co-4Cr 涂层与芯棒基材的结合强度，实验证明可延长芯棒在 850～900℃高温高速的锻造条件下的使用寿命。

(2) 有色金属材料等离子喷涂与激光表面处理的复合

与钢铁材料相比，一般的有色金属具有高导热、高导电、易加工、比强度高、密度小、抗冲击等优点，但其主要缺点是硬度低、不耐磨、易腐蚀。如果只采用单一的表面硬化涂层，有色金属在受力时会发生塑性变形，导致硬化层的结合强度及硬化层与基体的附着力降低，进而导致硬化层塌陷、脱离并形成磨粒，从而使材料提前失效。为解决这个问题，可以采用复合表面处理方法：先采用激光合金化，增加基材的承载能力，然后再复合一层所需的硬化层，提高耐磨性和耐蚀性。在有些情况下对工况复杂的零件，虽进行了两种表面技术的复合处理，仍难以满足工况要求，因此需要采用由两种以上表面技术组成的复合处理。例如，钛合金进行了物理气相沉积 TiN 和离子渗氮复合处理后，虽然提高了表面耐磨性，但因表层厚度仅为 1～3μm（PVD），经离子渗氮后也仅为 10μm，当该零件达到临界接触应力时发生基体的塑性变形，使表面硬化层塌陷和脱落，形成磨粒，导致早期失效。如果在 PVD 和离子渗氮处理前，先进行高能束氮的合金化，增加基体承载能力，即可避免表面硬化层的塌陷。

对于有些有色金属，则是另一种情况。例如，燃烧室和叶片，多用镍基耐热合金等材料制造，为了提高隔热性能，可使用陶瓷热障涂层（TBC），或称隔热涂层。TBC 具有热导率低、可隔绝热传导的作用，使耐热合金表面温度降低几百摄氏度，具有较高强度的合金能在较低温度范围内工作。TBC 有多种类型，其中高温隔热涂层主要采用等离子喷涂法，这种涂层有适用范围广、简单实用的特点，但在涂层中存在气孔、裂纹及未熔化的粉末粒子，使涂层的力学性能受到影响，同时它们也易成为腐蚀气体的通道，导致中间结合层氧化和耐蚀性降低。研究表明：激光表面重熔等离子喷涂 TBC 可获得等离子喷涂层所不具备的外延生长致密的柱状晶组织，并且提高了结合强度，降低了气孔率，改善了涂层力学性能及热震性。

5.2.4 表面镀（涂）覆与微/纳米技术的复合

在表面工程中，镀（涂）覆与微/纳米技术的复合表面处理是众多学者、工程技术人员所关注和研究的热点之一，不少研究成果已用于实际生产，呈现出良好的发展前景。其涉及的领域较广，目前主要有如下方面。

① 复合电镀、复合电刷镀和复合化学镀。

② 纳米材料改性涂料与涂膜。

③ 微/纳米黏结、粘涂。

④ 纳米晶粒薄膜和纳米多层薄膜。

⑤ 微/纳米热喷涂。

⑥ 纳米固体润滑膜与纳米润滑自修复膜。

本节以①和②两项为例，对镀（涂）覆与微/纳米技术的复合表面处理做扼要的介绍。

（1）复合镀的概念、分类和特点

复合镀是将不溶性的固体微粒添加在镀液中，通过搅拌使固体微粒均匀地悬浮于镀液，用电镀、电刷镀和化学镀等方法，与镀液中某种单金属或合金成分在阴极上实现共沉积的一种工艺。复合镀所得到的镀层为固体微粒均匀地分散在金属或合金的基质中，故又称为分散镀或弥散镀。其中，用电镀方法制备复合镀层的方法称作复合电镀，而用电刷镀方法制备复合镀层的称作复合电刷镀，两者合称电化学复合镀；用化学镀方法制备复合镀层的，则称为化学复合镀。

复合镀也可按基质金属分类，目前镍基复合镀应用最为广泛，其它还有锌基、铜基、银

基复合镀等。

根据所使用的不溶性微粒种类，可以将复合镀层分为三类：一是无机复合镀层，使用的微粒有碳化物（SiC、WC、B_4C、ZrC、氟化石墨等）、氧化物（Al_2O_3、TiO_2、ZrO_2、Cr_2O_3 等）、氮化物（BN、TiN、Si_3N_4 等）；二是有机复合镀层，目前使用最多的有机微粒是聚四氟乙烯树脂（PTFE）、环氧树脂、聚氯乙烯、有机荧光染料等；三是金属复合镀层使用的金属微粒，主要指不同于基质金属的另一种金属微粒。除了上述固体微粒之外，还可用某些非金属或金属的短纤维和长丝作为复合相，用电镀法制备高强度和优良热稳定性的增强复合镀层。

另外一种分类方法，是按照复合镀层的用途分为耐磨复合镀层、自润滑复合镀层、分散强化合金复合镀层、电接点用复合镀层、耐蚀复合镀层、装饰性复合镀层等。

目前生产上复合镀使用的固体微粒尺寸一般为微米级，从零点几个微米到几个微米不等。微粒的数量按每升计，有几克、十几克，也有几十克、上百克的，甚至达几百克，因此在复合镀过程中必须采用良好的搅拌措施。

自 20 世纪 90 年代起，人们就在复合镀中引入纳米微粒，其尺寸在 30～80nm 之间，将纳米粒子独特的物理及化学性质赋予金属镀层而形成纳米复合镀技术，除了传统的复合镀层用途外，许多具有特殊性能的功能复合镀层也陆续研制出来。然而，这项技术尚需深入研究和完善。在镀覆工艺上，重点是如何正确选择和配制纳米不溶性微粒，镀覆过程中如何将微粒输送到阴极（工件）表面，并且在基质金属中保持均匀弥散分布。

复合镀的特点主要有下列几个方面：一是保持普通电镀、电刷镀和化学镀的优点，仍使用原有基本设备和工艺，但要配制复合镀溶液并对工艺做适当调整或改进；二是复合镀层由基质金属与弥散分布的固体微粒构成；三是在同一基质金属的复合镀层中，固体微粒的成分、尺寸和数量可在较宽的范围内变化，从而获得不同性能的镀层材料；四是固体微粒的尺寸包含微米级和纳米级，它们的复合镀工艺、机理和镀层性能往往存在一定的差异。

（2）复合电镀

复合电镀工艺主要包括以下四部分。

① 基质金属与固体微粒的选择。镀液体系对复合镀层有重要影响，例如 Cu 和 Al_2O_3 微粒在酸性硫酸铜溶液中几乎不能实现共同沉积，但在氧化物镀铜溶液中却很容易共同沉积。复合镀液主要由电镀基质溶液、固体微粒和共沉积促进剂组成。固体微粒必须是高纯度的，并且在复合镀层中的用量直接影响着镀层的性能。用化学符号表示复合镀层时，一般将基质金属写在前面，固体微粒写在后面，两者之间用短线或斜线连接。当基质金属为合金时，可用括号将基质金属与固体微粒分开，例如（Cu-Sn）-SiC。

② 固体微粒的活化处理。多数固体微粒是经粉碎制备的，表面受到污染，故对微粒进行活化处理是必要的。通常进行以下三步处理：一是碱液处理，可使用质量分数为 10%～20%的 NaOH 溶液煮沸 5～10min，也可使用化学除油溶液，用热水和冷水冲洗数遍，以达到除去微粒表面油污的目的；二是酸处理，可分别使用盐酸、硫酸或硝酸洗涤，一般使用的酸质量分数为 10%～15%，然后用清水彻底洗掉微粒表面含有的可溶性杂质，如 Cl^-、NO_3^-、SO_4^{2-} 等；三是表面活性剂处理，对于憎水性强的固体微粒，如石墨、氟化石墨、聚四氟乙烯等，在进入镀液前应先与适量的表面活性剂混合，高速搅拌一小时至数小时，静置后待用。

当使用的微粒很细小时，直接加入镀液中会出现团聚现象，为此可用少量镀液润湿微粒并调成糊状，再倒入镀液中。对于一些导电能力较强的固体微粒，特别是金属粉末，在共沉积时复合镀层表面很快会变得粗糙，为防止这种情况发生，一个较方便的方法是向镀液中加入一些对这种微粒有强烈吸附作用的表面活性剂，即将微粒包裹住并分隔开。

有些固体微粒不直接加入镀液中，而是以可溶盐的形式加入镀液中，发生反应，生成固体沉淀。例如，在瓦特镍镀液中电沉积 Ni-$BaSO_4$ 复合镀层时，向镀液中加入需要的 $BaCl_2$ 水溶液，与 SO_4^{2-} 生成 $BaSO_4$ 沉淀。这种加入方法不用碱液、酸液处理，镀层中存在的微粒较小，呈球状，并且容易均匀分布。

③ 固体微粒在镀液中的悬浮方法。在复合电镀中，必须配备良好的搅拌装置，使微粒均匀地悬浮在镀液中。目前所用的搅拌方式，大都是连续搅拌，具体方式多种多样，如机械搅拌法、压缩空气搅拌法、超声波搅拌法、板泵法和镀液高速回流法等，也可采用联合搅拌法。除连续搅拌外，还有间歇搅拌。间歇搅拌可使镀层中微粒含量提高，但搅拌时间与间歇时间之比对不同微粒的材质和粒径都有一个最佳值，在实际应用前要进行试验优化。

④ 基质金属与固体微粒共沉积。研究者对基质金属与固体微粒共沉积的机理提出了一些理论，主要有：一是吸附机理，认为共沉积的先决条件是微粒在阴极上的吸附；二是力学机理，认为共沉积过程只是一个力学过程；三是电化学机理，认为共沉积的先决条件是微粒有选择地吸附镀液中的正离子而形成较大的正电荷密度，荷电的微粒在电场作用下运动（电泳迁移）是微粒进入复合镀层的关键因素。根据这几种理论，研究者建立了不少模型，即从不同侧面描述共沉积的过程，虽然目前尚无普遍适用的理论，但共沉积过程大致可以分为以下三个步骤。

a. 悬浮于镀液中的微粒，在镀液循环系统的作用下向阴极（工件）表面输送，其效果主要取决于镀液的搅拌方式和搅拌强度。

b. 微粒黏附于阴极。这种黏附不仅与微粒的特性有关，而且与镀液的成分和性能以及具体的操作工艺等因素有关。

c. 微粒被沉积金属包埋，沉积在镀层中。附着于阴极上的微粒，必须停留超过一定时间后才有可能被沉积金属所俘获。

由以上可以得知，在基质金属与固体微粒的共沉积过程中，搅拌方式、微粒特性、微粒在镀液中的载荷量、添加剂、电流密度、温度、pH 值、电流波形、超声波、磁场等因素都会产生影响，并且对不同的镀液和微粒会有不同的影响。

目前镍基复合镀应用较多，其次是锌基、铜基和银基等复合镀。按用途大致有如下几种。

a. 耐磨复合镀层。基质金属是镍、镍基合金、铬等。固体微粒包括 SiC、WC、Al_2O_3 等。例如，在氨基磺酸盐镀镍液中加 1～3μm 尺寸的 SiC 微粒，可获得质量分数为 2.3%～4.0%的 Ni-SiC 复合镀层，可用于汽车发动机汽缸内腔表面的电镀层，其磨损量仅为铁套气缸的 60%，比镀铬的成本降低 20%～30%。

b. 自润滑复合镀层。这种镀层具有自润滑特性，不必另加润滑剂。例如，镍与 MoS_2、WS_2、氟化石墨 $(CF)_n$、石墨、聚四氟乙烯（PTFE）、BN、CaF_2 等微粒可通过共沉积获得这类镀层。

c. 分散强化合金复合镀层。这是一种金属微粒弥散分布在另一种金属基体上的复合镀层，而后通过热处理可获得新合金镀层。例如，将 Mo、Ta、W 等金属粉末加入镀铬液中，获得的复合镀层在 1100℃下热处理，可获得 Cr-Mo、Cr-Ta、Cr-W 等分散强化合金镀层。

提高金属基材与有机涂层结合强度的复合镀层。在工程中为了提高金属基材与有机涂层之间的结合力，常采用磷化镀锌或铅酸盐钝化处理方法，然而在有些场合采用复合镀方法就能很好地解决这方面的结合强度问题。例如，在酸性镀锌液中加酚醛树脂微粒 30g/L，在钢板上沉积锌-酚醛树脂复合层 5μm 厚，可使钢与有机涂层的结合力大大提高。

d. 电接触复合镀层。Au、Ag 常用作电接触镀层，缺点是耐磨性差、摩擦系数大，Ag 层又易变色，抗电弧烧蚀性能较差，为此可采用 Au-WC、Au-BN、Ag-La_2O_3、Ag-石墨、Ag-CeO_2 等复合镀层，来改善性能，提高使用寿命。

e. 耐蚀性复合镀层。这是将 TiO_2、SiO_2、$BaSO_4$ 等非导电微粒加入镀镍液中，获得 Ni-TiO_2、Ni-SiO_2 等复合镀层，然后镀铬得到微孔铬层，可显著提高其耐蚀性能。

纳米复合电镀。这是在电解质溶液中加入纳米尺度（1～100nm，通常为 30～80nm）的不溶性固体颗粒，使其均匀悬浮于电解液中，利用电沉积原理，使金属离子被还原、沉积在工件表面的同时，将纳米尺度的不溶性固体颗粒弥散分布在金属镀层中的工艺方法。

纳米微粒的高表面活性使其极易以团聚状态存在，团聚后往往失去其固有特性，所以分散技术是纳米复合电镀的关键技术之一。分散技术有机械搅拌、球磨、超声分散、表面改性、添加高分子团聚电解质和表面活性剂等。例如，可采用 1～5h 的球磨技术或搅拌纳米微粒的悬浊液，然后再用超声波处理，这样可以消除某些纳米微粒的团聚。又如在纳米复合电镀液中添加某些表面活性剂，可以使电镀液迅速润湿纳米微粒，表面活性剂吸附在微粒表面防止微粒之间的团聚，而吸附在已经团聚的微粒团缝隙表面的微粒又可使微粒团重新分散开来，从而成为一类有效的分散物质。

纳米复合电镀的过程与普通复合电镀的过程大致相同，即包括复合电镀液的配制、镀前工件处理、复合电镀和镀后处理四部分。镀液配制时，先根据使用要求选择基质镀液，并对镀液的理化性能进行调整，同时选择好纳米微粒的成分和尺寸，并对其进行预处理，然后以一定的比例加入镀液中，予以充分的复合，使纳米微粒在基质镀液中均匀悬浮，最后检测合格后投入使用。镀前工件处理主要有六项：一是机械预处理，包括磨光、抛光、喷砂等；二是脱脂处理，包括采用有机溶剂、化学、电化学、超声波等处理方法；三是去氧化膜处理，通常采用酸侵蚀方法，对于易发生氢脆而不宜用酸侵蚀的工件可采用喷细砂、磨光、滚光等方法；四是弱侵蚀，使工件表面处于活化状态；五是中和，一般在 30～100g/L 的碳酸钠溶液中浸 10～20s，以防止工件在弱侵蚀后表面的残液带入镀液；六是预镀，即在复合电镀前，先镀一层很薄的镀层，以防止钢铁基体在某些镀液中被溶解而置换出结合强度不高的镀层。复合电镀时，要开启镀液搅拌装备，使纳米微粒始终保持悬浮状态。镀后处理包括干燥、涂油和去应力等。

目前，纳米微粒与基质金属共沉积的机理尚缺乏深入研究，主要有选择性吸附、外力输送和络合包覆等理论。前两种理论与普通复合电镀的理论相似。络合包覆理论的要点是：纳米微粒经预处理后加入基质镀液中，进行充分的搅拌，同时加入表面活性剂、络合剂等作为分散纳米微粒的物质，使纳米微粒与金属正离子同时被络合包覆在一个络合离子团内，这些络合离子团到达阴极（工件）表面后发生表面活性剂或络合物的脱附反应，在金属离子被还原沉积在工件表面的同时，纳米微粒陆续被镶嵌到镀层中去。

(3) 复合电刷镀

复合电刷镀工艺。电刷镀是不用镀槽而用浸有专用镀液的镀笔与镀件做相对运动，通过电解而获得镀层的电镀过程。由于电刷镀的特殊性，在复合电刷镀中，人们更多地研究了纳米复合电刷技术。

常用的纳米复合电刷镀溶液体系见表 5-1。

纳米复合电刷镀过程包括下列八道工序：一是表面准备，即用机械或化学方法去除表面油污、修磨表面和保护非镀表面；二是电净，镀笔接正极，进行电化学除油；三是进行强活化，镀笔接负极，电解蚀刻表面，进行除锈等工作；四是进行弱活化，镀笔接负极，电解蚀刻表面，去除碳钢表面的炭黑；五是镀底层，镀笔接正极，提高表面结合强度；六是镀尺寸层，镀笔接正极，使用纳米复合电刷镀液，快速恢复尺寸；七是镀工作层，镀笔接正极，使用纳米复合电刷镀液，确保工件尺寸精度和表面性能；八是镀后处理，按使用要求选择吹干、烘干、涂油、去应力、打磨、抛光等。每道工序间需用清水冲洗。

表 5-1　常用纳米复合电刷镀溶液体系

基质金属	纳米微粒
Ni,Ni 基合金	Cu,Al_2O_3,TiO_2,ZrO_2,ThO_2,SiO_2,SiC,B_4C,Cr_3C_2,TiC,WC,BN,MoS_2,PTFE
Cu	Al_2O_3,TiO_2,ZrO_2,SiO_2,SiC,ZrC,WC,BN,Cr_3O_2,PTFE
Fe	Cu,Al_2O_3,SiC,B_4C,ZrO_2,WC,PTFE
Co	Al_2O_3,SiC,Cr_3C_2,WC,TaC,ZrB_2,BN,Cr_3B_2,PTFE

影响镀层质量的工艺参数较多，主要有工作电压、镀液温度、镀笔与工件相对运动速度以及电源极性等。纳米复合电刷镀的工艺参数选择范围通常为：工作电压 10～40V；镀液温度 15～50℃；镀笔与工件相对运动速度 6～10m/min；电源极性正接或反接。

纳米复合电刷镀层的组织。在纳米复合电刷镀过程中，镀笔与工件保持一定的相对运动速度，镀液中的金属正离子仅在镀笔（阳极）与工件（阴极）接触的部位被还原，当镀笔移开后此部位的还原过程即终止，只有镀笔移回该部位时还原过程又开始，所以，纳米复合电刷镀层是断续结晶形成的，具有超细晶组织、高密度位错，还有大量的孪晶和其它晶体缺陷。弥散分布的纳米微粒起到了强化镀层的作用。

此外，从横断面形貌分析发现，纳米复合电刷镀层与基底结合良好。例如，在 20 号钢表面先电刷镀特镍做底层，再进行 n-Al_2O_3/Ni 纳米复合电刷镀，然后对镀层的横断面进行显微观察，分析表明，镀层与特镍间几乎不存在裂纹和孔隙等缺陷。n-Al_2O_3/Ni 复合电刷镀层的组织由微晶、纳米晶和非晶组成。

纳米复合电刷镀层的性能主要有下列特征。一是硬质纳米微粒的加入可以显著提高电刷镀层的硬度，并且随纳米微粒的增加而增高，达最大值后开始下降。二是纳米复合镀层的结合强度大于普通电刷镀层，只是在纳米复合电刷镀之前需有底镀。三是纳米复合电刷镀层的耐磨性比普通电刷镀层好。例如 n-Al_2O_3/Ni 纳米复合电刷镀层的磨损量明显比快镍电刷镀层小，当 n-Al_2O_3 微粒含量为 20g/L 时。磨损量最小。四是纳米复合电刷镀层的抗接触疲劳性能在一定条件下显著提高。五是纳米复合电刷镀层的高温硬度和高温耐磨性等高温性能得到明显提高，普通电刷镀层一般只适宜在常温下使用，而纳米复合电刷镀层，尤其是 n-Al_2O_3/Ni 纳米复合电刷镀层在 400℃时仍具有较高的硬度和良好的耐磨性，可以在 400℃

条件下使用。

(4) 复合化学镀

复合化学镀工艺。化学镀是在无外电流通过的情况下，利用还原剂将电解质溶液中的金属离子化学还原到呈活性催化的工件表面，沉积出与基材牢固结合的镀覆层。复合化学镀工艺的难点之一在于固体微粒不能促进化学镀液的稳定性，为此要适量添加稳定剂。同时，选用的固体微粒尽可能是对基质金属催化活性低的材料。影响复合化学镀层质量的工艺参数主要有镀液的固体微粒含量、微粒在镀液和镀层中的分散程度、微粒的尺寸、pH 值、反应温度、搅拌方法和速度等。

复合化学镀的应用。Ni-P-SiC 复合化学镀层具有良好的耐磨性，显著提高了塑压模、金属膜、铸造膜等模具的使用寿命，在塑料、纺织、造纸、机械等工业部门迅速获得了推广使用。

在复合化学镀层中，所用的固体微粒除 SiC 外，还可采用 Al_2O_3、金刚石、氟化石墨、PTFE 等。例如，Ni-P-PTFE 复合化学镀层，虽然硬度不高，约为 300HV，但具有减摩、自润滑特性。其耐磨性在磨损初期不如 Ni-P 化学镀层（因为 Ni-P 具有高的硬度），但在磨损后期，由于 Ni-P-PTFE 镀层中 PTFE 的自润滑作用，其具有更好的抗黏附磨损的性能。Ni-P-PTFE 镀层的摩擦系数比 Ni-P 镀层低。

5.2.5 表面热处理技术的复合

5.2.5.1 复合表面热处理

将两种或两种以上的表面热处理方法复合起来，往往比单一的表面热处理具有更好的效果，因而发展了许多复合表面热处理技术，在生产实际中获得了广泛的应用。现举例如下。

(1) 复合表面化学热处理

渗钛与离子渗氮的复合表面处理它是将工件进行渗钛的化学热处理，然后再进行离子渗氮的化学热处理。经过复合表面处理后，在工件表面形成硬度高、耐磨性好且具有较好耐蚀性的金黄色 TiN 化合物层。其性能明显高于单一渗钛层和单一渗氮层的性能。

渗碳、渗氮、碳氮共渗对提高零件表面的强度和硬度有十分显著的效果，但这些渗层表面结合能力并不十分理想。在渗碳、渗氮、碳氮共渗层上再进行渗硫处理，可以降低摩擦系数，提高抗黏着磨损的能力，提高耐磨性。如渗碳淬火与低温电解渗硫复合处理工艺是先将工件按技术条件要求进行渗碳淬火，在其表面获得高硬度、高耐磨性和较高的疲劳性能，然后再将工件置于温度为 190℃±5℃ 的盐浴中进行电解渗硫。盐浴成分为 75%（质量分数）KSCN+25%NaSCN，电流密度为 2.5～3A/dm^2，时间为 15min。渗硫后获得复合渗层。渗硫层是呈多孔鳞片状的硫化物，其中的间隙和孔洞能储存润滑油，因此具有很好的自润滑性能，有利于降低摩擦系数，改善润滑性能和抗咬合性能，降低磨损量。

(2) 表面热处理与表面化学热处理的复合强化处理

表面热处理与表面化学热处理的复合强化处理在工业上的应用实例较多，如：液体碳氮共渗与高频感应加热表面淬火的复合强化，液体碳氮共渗可提高工件的表面硬度、耐磨性和疲劳性能。但该项工艺存在渗层浅、硬度不理想等缺点。若将液体碳氮共渗后的工件再进行高频感应加热表面淬火，则表面硬度可达 60～65HRC，硬化层深度达 1.2～2.0mm，零件的疲劳强度也较单纯高频淬火的零件明显增加，弯曲疲劳强度提高 10%～15%，接触疲劳强度提高15%～20%。

渗碳与高频感应加热表面淬火的复合强化。一般渗碳后要经过整体淬火和回火，虽然渗层深，其硬度也能满足要求，但仍有变形大，需要重复加热等缺点。使用该项工艺的复合处理方法，不仅能使表面达到高硬度，而且可减少热处理变形。

氧化处理与渗氮化学热处理的复合处理工艺。氧化处理与渗氮化学热处理的复合称为氧氮化处理。这种处理工艺就是在渗氮处理的氨气中加入体积分数为5%～25%的水分，处理温度为550℃，适合高速钢刀具。高速钢刀具经过这种复合处理之后，钢的最表层被多孔性质的氧化膜（Fe_3O_4）覆盖，其内层形成由氮与氧富化的渗氮层。其耐磨性、抗咬合性能均显著提高，改善了高速钢刀具的切削性能。

激光与离子渗氮复合处理。钛的质量分数为0.2%的钛合金经激光处理后再离子渗氮，硬化层硬度从单纯渗氮处理的600HV提高到700HV；钛的质量分数为1%的钛合金经激光处理后再离子渗氮，硬化层硬度从单纯渗氮处理的645HV提高到790HV。

5.2.5.2 表面热处理与表面形变强化、镀覆处理的复合

（1）表面热处理与表面形变强化处理的复合

普通淬火回火与喷丸处理的复合处理工艺在生产中应用很广泛，如齿轮、弹簧、曲轴等重要受力件经过淬火回火后再经喷丸表面形变处理，其疲劳强度、耐磨性和使用寿命都有明显提高。表面热处理与表面形变强化的复合同样有良好的效果。

① 复合表面热处理与喷丸处理的复合工艺　离子渗氮后经过高频表面淬火后再进行喷丸处理，不仅使组织细致，而且还可以获得具有较高硬度和疲劳强度的表面。

② 表面形变处理与表面热处理的复合强化工艺　工件经喷丸处理后再经过离子渗氮，虽然工件的表面硬度提高不明显，但能明显增加渗层深度，缩短化学热处理的处理时间，具有较高的工程实际意义。

（2）镀覆处理与表面扩散热处理的复合

镀覆后的工件再经过适当的热处理，使镀覆层金属原子向基体扩散，不仅增强了镀覆层与基体的结合强度，同时也能改变表面镀层本身的成分，防止镀覆层剥落并获得较高的强韧性，可提高表面抗擦伤、抗磨损和耐腐蚀能力。例如：在钢铁工件表面电镀20μm左右含铜（铜的质量分数约为30%）的Cu-Sn合金，然后在氮气保护下进行热扩散处理。升温在200℃左右保温4h，再加热到580～600℃保温4～6h，处理后表层是1～2μm厚的锡基含铜固溶体，硬度约170HV，有减摩和抗咬合作用。其下为15～20μm厚的金属间化合物Cu_4Sn，硬度约为550HV。这样钢铁表面覆盖了一层高耐磨性和高抗咬合能力的青铜镀层。

铜合金先镀7～10μm锡合金，然后再加热到400℃左右（铝青铜加热到450℃左右）保温扩散，最表层是抗咬合性能良好的锡基固溶体，其下是Cu_3Sn和Cu_4Sn，硬度为450HV（锡青铜）或600HV（含铅黄铜）左右。提高了铜合金工件的抗咬合、抗擦伤、抗磨料磨损和黏着磨损性能，也提高了表面接触疲劳强度和抗腐蚀能力。

在钢铁表面上电镀一层锡合金镀层，然后在550℃进行扩散处理，可获得表面硬度为600HV（表层碳的质量分数为0.35%）的耐磨耐蚀表面层。也可在钢表面上通过化学镀获得镍磷合金镀层，再在400～700℃扩散处理，提高了表面层硬度，具有优良的耐磨性、密合性和耐蚀性。这种方法已用于制造玻璃制品的模具、活塞和轴类等零件。

在铝合金表面同时镀20～30μm厚的铟和铜，或先后镀锌、铜和铟，然后加热到150℃进行热扩散处理。处理后最表层为1～2μm厚的含铜与锌的铟基固溶体，第二层是铟和铜含量大致相等的金属间化合物（硬度400～450HV）；靠近基体的为3～7μm厚的含铟铜基固溶体。该表层具有良好的抗咬合性和耐磨性。

锌浴淬火法是淬火与镀锌相结合的复合处理工艺。如碳的质量分数为0.15％～0.23％的硼钢在保护气氛中加热到900℃，然后淬入450℃的含铝的锌浴中等温转变，同时镀锌。这种复合处理缩短了工时，降低了能耗，提高了工件的性能。

第 6 章

产品设计中表面技术的选择

在实际应用中，不同材质的零件在不同服役环境下对表面的硬度、耐磨性、耐蚀性、导电性、导热性等都有着不同的要求。通常，满足零件性能要求的表面技术可以有多种。因此，需要从现有的表面处理装备、操作人员的技术水平、表面处理工艺的性价比、零件材质（成分、结构、状态及性能）、镀覆层（成分、结构、厚度、结合力、外观）、对环境的影响等多方面进行分析和比较，进而设计出性能优异的表面镀覆层、选择合适的表面技术，以达到低成本、低能耗、无毒、无污染，方便快捷地赋予零件以特殊性能的镀覆层，显著延长零件使用寿命的目的。

每一种表面处理工艺都有其长处和短处，选择、使用的关键是最大可能地扬长避短。对在某场合下工作的零件而言并非是最佳选择的表面技术，则有可能是另一种工况条件下零件性价比最高的表面处理工艺方式。因此，对表面技术的选择不能是一成不变的，需要经过反复的试验、多次比较后方可确定。

6.1 产品表面设计的一般流程

狭义来说，工业设计是指产品设计。工业设计过程即产品设计过程。长期以来，产品表面设计及其过程一直在不断地被研究、归纳和定义。可以说，从工业设计诞生以来，关于其内涵和外延的讨论就从未停止过。在这场长时间的争论中，问题的核心是“设计的含义”。对于这一问题，学者们提出了不同的解释。根据英国设计史学家安东尼博特伦的观点，设计涵盖了与某物品相关的所有因素，包括意图和计划、物品本身的质量、材料、使用和美观，甚至包括价格和生产方式。

随着产品设计概念定义的逐渐演变，通用产品设计过程的定义也在不断发展。在著作*Product Design* 中，对设计过程进行了全面概括。该著作指出，产品研发过程中的不同设计行为共分为六个阶段，即商业机遇、设计界定、概念设计、具体化设计、细节设计和制造性优化。通常认为，产品设计是指设计师为了实现特定的设计目标而进行的一系列策划和安排活动，包括问题提出、问题分析和问题解决。这个过程可以分为三个阶段：设计准备阶段、设计的展开和确定阶段，以及设计的制作和推广阶段。

产品表面技术的应用过程是设计的重要组成部分，也是工业设计中的关键环节。以线性结构的工业设计过程为例，整个产品的开发步骤以及表面技术知识的引入如图 6-1 所示。

宏观层次的工业设计过程是基于设计步骤之间的递进关系来建立的，它关注于协调设计步骤之间的关系。与此相反，微观层次的设计过程强调设计师对任务的独立深入思考。然而，我们不能忽视的是，宏观层次的设计过程是建立在微观层次设计过程的基础之上。从整体来看，工业设计的线性结构流程图只能表示产品表面技术应用的位置，无法完全解析其应用过程。从整个工业设计过程来看，产品表面技术知识的导入处于设计深入阶段，它是设计

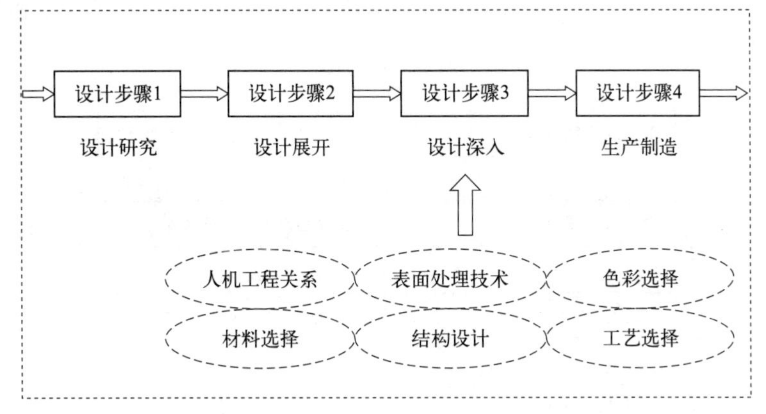

图 6-1 产品开发步骤

方案深入细化的必要过程。为了便于区分资深设计师和初级设计师的应用过程，设计方案细化的其它因素暂时不做考虑，只关注产品表面技术知识的应用。为了更全面地认识产品表面技术的应用过程以及不同知识背景的设计师对其的影响，必须从微观层面进行分析，以揭示其细微差别。

如图 6-2 所示，产品表面技术的应用过程大体有如下几步。

第一步 对设计方案进行材料特性分析。

第二步 选定适合的表面处理方式，这取决于设计师个人的经验和对材料特性的分析结果。

第三步 制作设计方案的效果图。

第四步 对设计方案的表面处理效果进行评估，这涉及设计和技术两个方面的评估。

第五步 对设计方案进行修改。

第六步 制作设计方案的效果图和表面处理工艺解析图。

第七步 进行设计方案的试生产。

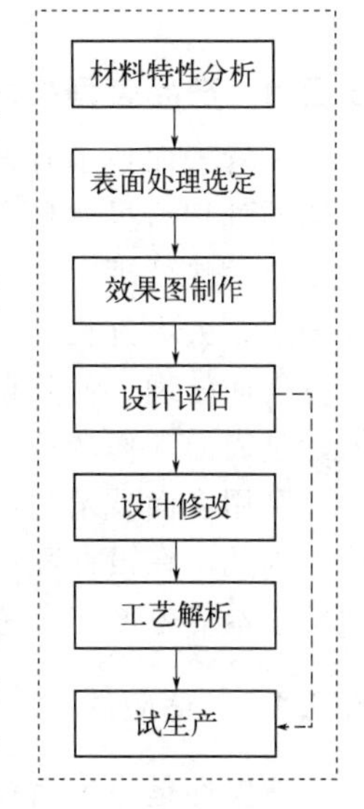

图 6-2 产品表面技术的应用过程

产品表面技术知识的应用过程可以总结为以下两个特点。

首先，设计师需要拥有丰富的设计知识，包括产品表面技术方面的知识。确定适用的产品表面技术是一个结合设计经验和材料分析的过程。关于产品表面技术的特点和适用性分析，都是依靠设计师的个人经验进行的，是一个隐性知识发挥作用的过程，很难被察觉到。

其次，这个过程是由一系列连续的步骤构成的，下一个步骤是由上一个步骤引发的，整个过程是不可逆的。与传统的树形结构不同，这个过程在某个步骤上出现了跳跃，也就是出现了双重路径，但是这两个路径最终都指向同一个目标。

既然是通过比较寻找差别，就不可缺少另一个分析对象——初级设计师。初级设计师的知识水平较浅，设计实践经验较少。他们的群体特点非常明显。根据图 6-3，我们可以看到初级设计师在应用产品表面技术知识方面的过程。

第一步，需要获取产品表面技术的知识。由于初级设计师经验有限，只能通过科学的方法和手段，从现有资料中收集和整理相关设计知识。第二步，需要对产品表面技术进行分析。根据收集到的资料，分析当前产品表面技术的特点，以寻找最适合设计方案的最佳组合。进行材料特性分析为第三步，选择合适的表面技术为第四步，设计效果图为第五步，进行设计评估为第六步，进行设计修改为第七步，对产品表面处理工艺进行解析为第八步，最后进行产品试生产为第九步。

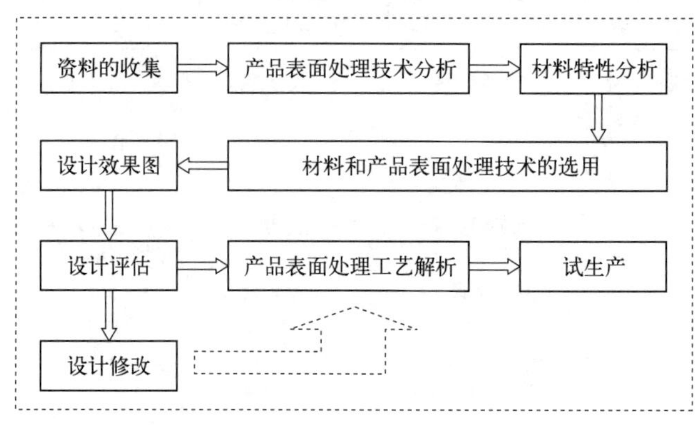

图 6-3 产品表面技术的应用过程

6.2 产品表面技术选择的一般原则

6.2.1 产品表面技术的应用原则

尽管表面技术有很多种类，但都可以达到改善或提高某性能的目的。如 45 钢轴类零件经调质处理后虽然具有较好的综合力学性能，但因不能承受较强烈的磨损而难以正常服役，使用化学热处理、电镀、电刷镀、化学镀、热喷涂、真空蒸镀等都可以获得表面耐磨镀覆层或渗层，大大延长了其使用寿命。如何在众多表面技术中选择一种或多种复合的技术对零件进行表面处理，使其获得优良的性能指标，满足服役条件，并突出性价比、对环境友好性等，是表面工作者首先要面对的重要问题。

利用表面技术制造或再制造零件时，必须要同时满足零件表面使用性能和尺寸精度的要求。因此，在设计和选择表面技术时，需要从以下可能影响零件的镀覆层性能、使用寿命、加工成本等方面综合考虑。

6.2.1.1 适应性

适应性是指表面技术与零件本身及加工工艺，工作环境是否匹配、合适，即选择的表面技术是否可以适应工作环境、满足性能要求，这就需要对以下诸多因素做详细的分析和甄别。

① 零件的属性和特点：化学组成、热处理状态、组织形态、晶体结构、应力状态等，硬度、延展性、脆性敏感性、热膨胀性等，零件加工精度、几何尺寸有无突变处、有无不通孔与凹槽、是否为薄壁及细长杆件等。

② 零件的服役条件：载荷的性质和大小、摩擦磨损形式和润滑情况、腐蚀介质、环境温度、压力与湿度、辐射物质和强度、相对运动速度等。

③ 零件的性能要求：耐磨、减摩、耐腐蚀、抗氧化、抗蠕变、抗疲劳、化学稳定性、热、电、磁、光学性质等。

④ 零件的制造工艺和条件：铸造、烧结、电铸等，常态、真空、超声、磁场等。

⑤ 零件制造（或再制造）的工艺流程：表面技术在整个零件制造（或再制造）中的工

艺位置、与前后工序的衔接关系及可能的影响（前道工序——表面技术、表面技术——后道工序），完成最终产品需采取的工艺措施。

⑥ 零件的受损情况：失效的形式，如磨损、腐蚀、疲劳等；损坏的部位及程度，如磨损面积及磨损量，腐蚀面积、腐蚀产物及腐蚀量，裂纹形式及裂纹尺寸，拉伤长度及深度等。

⑦ 表面技术的比较与选择：了解以上情况后，可以根据表面技术的特征选择合适的表面处理工艺，做好技术准备工作。

简而言之，在零件的制造或再制造中正确设计、选择合适的表面技术，必须熟悉各种表面技术的原理、技术特征、工艺方法、工作环境及可使用的镀覆层料，可获得的表面性能、使用寿命等。

6.2.1.2 耐久性

耐久性是指在一定的工作条件下零件的使用寿命。使用表面技术的目的是要通过一定的手段或方法，减轻工作环境对零件的破坏（磨损、腐蚀、疲劳等），延长其服役寿命。对零件表面进行“强化”“防护”处理后，需要对表面处理前后的零件寿命进行比较、评价，以确定在特定环境下不同表面技术“耐久性”的差别，以便优化选择合适的表面技术工艺方法。因此，高“耐久性”是选择表面技术的重要原则之一。

实际工作时，常以耐久性系数（K）或相对耐磨性（ε）等来衡量经表面处理过零件的效果，并以此来评价零件的耐久性。一般，可用 K 来评价耐久性（寿命比），对因磨损失效的零件则多用 ε 作为评价指标。

（1）耐久性系数 K

$$K=T_{\mathrm{T}}/T_{\mathrm{h}} \tag{6-1}$$

式中，T_{T}、T_{h} 分别为采用表面技术的零件与未使用表面技术的零件的使用寿命。若考察对象是修复后的零件，T_{T}、T_{h} 则可分别表示修复后零件与新品零件的使用寿命。显然，K 越大，零件应用表面技术的效果越明显，耐久性越好。

（2）相对耐磨性 ε

$$\varepsilon=W_{\mathrm{H}}/W_{\mathrm{T}} \tag{6-2}$$

式中，W_{T} 和 W_{H} 分别为经表面强化零件与未经表面强化零件的磨损量（或磨损体积）。ε 越大，经表面强化零件的使用寿命越长。

通过相关的标准和方法，以及模拟试验、加速试验、台架试验、装机试验等可以对零件的磨损、腐蚀、疲劳、氧化等情况进行检测、分析，得出零件的使用寿命。在实际的工况条件下对零件的耐久性进行考察、评估，最终确定能有效延长零件使用寿命的最佳表面技术。

6.2.1.3 经济性

经济性是指要以低成本、高耐久性的表面技术对零件进行表面强化、表面防护等。即在满足零件各项技术要求的前提下，尽可能地选择高性价比的表面技术。通常，以是否满足下式来衡量所选用表面技术的技术经济性：

$$C_{\mathrm{T}} \leqslant KC_{\mathrm{H}} \tag{6-3}$$

式中，C_{T} 和 C_{H} 分别为经表面强化零件与未经表面强化零件的成本；K 为耐久性系数。若以零件使用表面技术与否的寿命来表示，则上式可表示为

$$C_T/C_H \leqslant T_T/T_H \tag{6-4}$$

显然，C_T/C_H 越小，T_T/T_H 越大，则选择的表面技术的技术经济性越好。

6.2.2 产品表面层材料的选用原则

为了获得经济、高效、高质量的表面层材料，首先，需要了解工程和产品的要求、运行环境和可能发生的失效类型。这样就能根据表面层材料的性能来确定设计和选择的表面层材料类型。其次，在了解各种表面层材料工艺特点及适用范围的基础上，选择适合的涂覆工艺并制定相应的配套工艺。因此，表面层材料的设计是表面层材料施工之前一项非常重要和复杂的任务，需要遵循以下通用的原则。

(1) 表面层材料应具有优良的性能，满足运行条件与环境状况的要求

根据表面层材料的工况与环境条件，即涂层受力状态如冲击、振动、滑动及载荷大小，膜层工作介质如氧化气氛、腐蚀介质涂膜层工作温度与温度变化状况等，设计表面层材料的耐磨、耐蚀、抗氧化、绝热、绝缘或其它性能。此外，还应考虑表面层材料的厚度、结合强度、尺寸精度，以及膜层内是否允许有孔洞，是否需要机械加工及加工后的表面粗糙度等。

(2) 表面层材料与零件材质、性能的适应性要好

表面层材料与零件的材质、尺寸外形、物理性能、化学性能、线膨胀系数、表面热处理状态等应有良好的匹配性和适应性。表面层材料与基材应具有良好的结合力，不起皱、不起皮、不开裂、不崩落、不鼓泡，不会加速相互的腐蚀和磨损。

(3) 表面层材料及其涂覆工艺不能降低基材的力学性能

表面层材料及其涂覆工艺是否适用，要通过试验证明不影响或只有微小影响而不妨碍使用才可采用，即不能降低材料疲劳性能，不能降低材料的抗应力腐蚀性能、抗腐蚀疲劳性能、抗磨损性能，不引起氢脆、镉脆、银脆断裂等。

(4) 工艺技术上的可行性

为了满足设计所要求的表面层材料性能，应选定与表面层材料相适应的涂覆工艺条件。若单一表面层材料的性能不能满足要求时，可采用多层复合膜层，对于表面层材料及涂覆工艺是否会损伤基材的力学性能，应以不损伤为原则，若有所损伤时，要综合考虑决定取舍；有些表面层材料（如堆焊、喷溶等）易使零件受高温而变形，此时应考虑变形量是否在其允许范围之内和能否减小变形；根据工作尺寸大小，考虑实现表面层材料施工时的空间范围能否满足工艺要求、可否实现零件的非涂覆表面的掩蔽技术；表面膜层是否需要机械加工和能否实现机械加工等。

(5) 经济上的合理性

经济上的合理性要综合考虑表面层材料的成本和工件投入使用后产生的经济效益和环保因素。表面层材料的成本包括人工费用、膜层材料费用、设备和运输费用等。工件投入使用后产生的经济效益包括提高工程与产品性能，延长使用寿命、减少故障与维护，提高环境适应性与生产率以及降低生产成本等。

采用表面层材料技术主要着眼于满足使用性能和环境适应性，以及追求最佳的经济效益。当以修复报废零件或恢复零件尺寸为目的时，多数情况下的考虑是，所需修复费用应只占零件价格的很小一部分。当新零件难以购买或因停工造成经济损失时，采用表面层材料技术即使是成本高，但在经济上可能仍然是合理的。表面层材料技术用于大批量零件制造时，在满足使用性能要求的前提下，应尽可能选用价格便宜的表面层材料，并采用半自动或自动化的生产工艺来获得高的生产率，即使是一次投资较大，在经济上也许仍是合理的。

表面层材料和工艺选择对经济性有较大影响，应结合产品仔细分析可能采用的各种表面层材料的优缺点，经过充分论证后确定，必要时做一些可行性试验，以获得表面层材料技术在产品上应用的最佳经济效益。

（6）考虑环境影响

应认真考虑工艺的环境影响，尽可能选用那些对环境没有污染或少污染的工艺与材料。

（7）综合考虑

全面综合分析，使性能提高、寿命延长、成本合适。在进行表面层材料的选用和设计时，应综合考虑下列补充原则。

① 表面层材料的物理化学性能。例如熔点会影响涂膜层的使用温度，热导率会影响涂膜层的隔热性能，膨胀系数与基材要匹配，否则会影响涂膜层的结合力。

② 表面层材料的厚度。厚度不仅是表面层材料使用寿命的重要因素，还与结合力及对基材力学性能的影响有关，更与涂覆工艺密切相关。例如，离子注入目前最深的注入深度仅能达到 0.2μm，深层注入尚有困难；堆焊通常为 2～5mm，甚至更厚；热喷涂涂层厚度一般为 0.2～1.2mm；电镀层为几微米到几十微米，工艺上要增厚是可行的，甚至也可电铸成某个零件；物理或化学气相沉积层厚度可以达到几十微米，溅射沉积则更薄；化学热处理、热扩散在微米至毫米级可以控制；有机涂层多为百微米级，重防腐蚀涂层甚至可达到毫米级。

③ 膜层与基体结合强度。不同工艺以及处理水平会明显影响膜层与基体的结合强度。例如，离子注入是高速离子“射入”基材，而且没有明显分界线，结合力很好；表面合金化系扩散渗层，存在浓度梯度过渡层，结合力也很好；而热喷涂、有机涂层等则涂覆于基材表面上，有明显界面，受前处理和喷涂工艺影响很大，要注意控制。一般堆焊与喷熔涂层可获得较高的结合强度，如硬度 55～60HRC 的镍基自熔性合金粉末喷熔涂层与基材结合强度可在 3.5MPa 以上；热喷涂涂层一般为 0.3～0.5MPa，若工艺条件好一些，可略高于此值；电刷镀层与基材的结合强度大体上相当或略高于热喷涂涂层；气相镀沉积高于电刷镀层而低于喷熔涂层。

④ 零件允许受热情况。在进行表面涂层过程中，零件是否允许升温，以及可操作温度的高低是选择表面涂膜层工艺的又一个重要考虑因素。例如：堆焊时母材表面达到熔化状态；喷熔时基材表面温度一般在 1000℃左右；喷涂时工件表面温升通常为 300℃以下；电镀、化学镀、电刷镀工艺可在室温条件下进行；有机涂层喷涂，也在室温下进行；镀膜工艺的基材温升也较低，通常在室温或略高一些温度下进行。

⑤ 批量生产要特别考虑经济上的合理性和涂膜层质量的可靠性与稳定性。

⑥ 对工厂施工还是现场施工的可能性进行分析，确定符合实际的、能生产出高质量涂镀层的施工地点。

6.3 金属产品表面技术的选择

6.3.1 铁基合金产品表面技术的选择

碳钢、合金钢、铸铁、铸钢及铬含量在 18%（质量分数）以下的耐蚀钢，本身的抗蚀能力不高，在大气及海水中容易被腐蚀，使用时除了在液压油中工作外，通常需要防护层。含铬18%以上的耐蚀钢除有特殊要求外，一般不需要防护层，为增加抗点蚀能力，需进行钝化处理。

针对铁基合金产品的常温大气中的防腐蚀需求，可选择镀锌、镀铜、喷锌、离子镀铝、无机盐中温铝涂层、双层镀镍、镀乳白铬；对于500℃以下的热大气中的防腐蚀需求，可选择镀镍、镀黄铜、镀乳白铬、镍镉扩散镀层或无机盐中温铝涂层；对于油中的防锈蚀需求，可选择氧化（发蓝）处理；对于60℃以上水中的防腐蚀需求，可选择镀镉层；对于海水及海雾气中的防腐蚀需求，可选择镀镉、镀锌镍合金层。

针对铁基合金产品的防护装饰性需求，可选择铜镍铬、青铜铬、镍铬、铜镍等合金镀层；针对铁基合金产品的减摩擦及耐磨损需求，可选择镀硬铬、镀铅锡合金、镀铅铟合金、镀银或镀硬铬、松孔铬、化学镀镍等镀层；针对铁基合金产品的导电需求，可选择镀铜、镀金、镀银层；针对铁基合金产品的绝缘需求或作为油漆底层，可选择磷化处理。

抗拉强度大于1245MPa的高强度钢在飞机上主要用作受力构件，此类钢耐蚀性能很低，需要利用防护层加以保护。但由于高强度钢对氢脆、镉脆、锌脆、锡脆都很敏感，因此在选用镀覆层时需特别注意。高强度钢作为铁基合金中的特殊部分，针对其耐磨损需求，可选择镀硬铬层，而针对其耐腐蚀需求，可选择镀镉钛合金并涂漆、磷化并涂漆、镀松孔镉并涂漆，离子镀铝、无机盐中温铝涂层、喷锌并涂漆等表面层。

6.3.2 铜及铜合金产品表面技术的选择

针对铜及铜合金表面功能需求，可选择的表面技术如下。

① 常温大气中的防腐蚀：镀锌、镀镉、镀铬；

② 油中的防腐蚀：钝化；

③ 装饰：镀镍、镀镍铬；

④ 减缓接触腐蚀：镀镉、镀锌；

⑤ 耐磨：化学镀镍、镀硬铬；

⑥ 减少摩擦：镀铅、镀铅锡合金、镀铅铟合金；

⑦ 导电：镀银、镀金；

⑧ 消光：黑色氧化、镀黑镍、镀黑铬；

⑨ 便于钎焊：镀锡、镀银、镀铅锡合金、镀锡铋合金、化学镀锡；

⑩ 插拔耐磨：镀银后镀硬金、镀银后镀钯、镀铑；

⑪ 氧气系统防护：镀锡、镀锡铋合金；

⑫ 防烧伤、防粘接：镀锡后镀金。

6.3.3 轻合金产品表面技术的选择

（1）铝及铝合金产品表面技术的选择

针对铝及铝合金表面功能需求，可选择的表面技术如下。

① 大气环境防腐蚀需求：硫酸阳极氧化并封闭；

② 作为油漆底层：化学氧化、铬酸阳极氧化或硫酸阳极氧化；

③ 染色需求：硫酸阳极氧化后着色；

④ 装饰需求：阳极氧化（瓷质膜层、缎面膜层或纱面膜层）；

⑤ 较高的抗疲劳性能需求：铬酸阳极氧化、化学氧化或硫酸、硼酸复合阳极氧化；
⑥ 耐磨需求：硬质阳极氧化、镀硬铬或化学镀镍；
⑦ 作为识别标志：硫酸阳极氧化后着色；
⑧ 绝缘需求：草酸阳极氧化或硬质阳极氧化；
⑨ 胶接需求：磷酸阳极氧化、铬酸阳极氧化或薄层硫酸阳极氧化；
⑩ 导电需求：镀铜、镀锡或化学氧化；
⑪ 易钎焊需求：化学镀镍或镀铜；
⑫ 消光需求：黑色阳极氧化或喷砂后阳极氧化；
⑬ 电磁屏蔽需求：化学镀镍。

（2）钛合金产品表面技术的选择

针对钛及钛合金表面功能需求，可选择的表面技术如下。
① 耐磨：镀硬铬；
② 防止接触腐蚀：阳极氧化、离子镀铬、无机盐中温铝涂层；
③ 防止缝隙腐蚀：镀钯、镀铜、镀银；
④ 防止气体污染：阳极氧化；
⑤ 防止热盐应力腐蚀：化学镀镍；
⑥ 防着火：镀铜、镀镍、离子镀铝、钝化；
⑦ 阻滞吸氢脆裂：阳极氧化。

（3）镁合金产品表面技术的选择

常见的实用金属中，镁合金的抗蚀能力最差，其防护方法常采用化学氧化、阳极氧化以及微弧氧化。但这些氧化层都不能单独用作防护层，而需要结合封闭处理。镁合金化学氧化和阳极氧化的氧化膜层特性比对可见表 6-1。

表 6-1 镁合金两类氧化膜层特性对比

氧化膜特性	化学氧化	阳极氧化
耐蚀性	低	稍高
硬度	低	稍高
脆性	无	大
对基体的影响	无	降低材料疲劳强度
涂覆涂料层数	多	少
成本	低	高

6.4 镀覆层技术的选择

6.4.1 镀覆层使用条件分类

产品零部件的使用条件是选择镀覆层种类及其厚度的主要依据，其分类见表 6-2。

表 6-2 镀覆层使用条件分类表

分类	使用特征	举例
良好	相对湿度≤70%，不暴露在大气中，无工业气体、燃料废气、介质蒸气及其它腐蚀性介质	密封仪表（气密的仪器）的内部、与液压油直接接触的部位、卫星内部
一般	相对湿度≤95%，不受阳光、雨雪、沿海海雾、阳光、工业气体、燃料废气及其它腐蚀性介质直接影响，或温度、湿度、湿度变化较大的环境的影响	飞机舱内、导弹非密封仪器舱内、舰船驾驶舱内、无空气调节装置的室内及车厢内部
恶劣	相对湿度＞95%，受风、沙、雨、雪、海水等直接侵害，有少量工业气体、燃料废气、介质蒸气和海雾的一般大气条件	飞机外部、导弹外罩、火炮、雷达、天线等部位
海上	直接与海水接触或经常处于饱和海雾中	舰船舷侧及甲板、水上飞机外部
特殊	除要求防护和装饰性外，还要求具有某些特殊性能	要求耐磨、减摩、导电、隔热、绝缘、防高温黏结、防氧化等

6.4.2 镀覆层分类

（1）按电化学性质分类

金属镀层可分为阳极性镀覆层和阴极性镀覆层。

① 阳极性镀覆层：在一定的介质中，镀覆层金属的电极电位比基体金属的电极电位负时，此镀覆层称为阳极性镀覆层（如钢上镀锌）。此类镀覆层的完整性被破坏之后，仍可借电化学作用在一定面积范围内继续保护基体金属免遭腐蚀。

② 阴极性镀覆层：在一定的介质中，镀覆层金属的电极电位比基体金属的电极电位正时，此镀覆层称为阴极性镀覆层（如钢上镀铜）。阴极性镀覆层只能靠机械作用保护基体金属不被腐蚀，当镀覆层完整性较差或破坏之后，将加速基体金属的腐蚀。

（2）按使用目的分类

可将镀覆层分为耐腐蚀、防护装饰、抗磨损、电性能、工艺要求及特殊要求等六类。

① 耐腐蚀　防止零件在某些使用条件下发生腐蚀的防护层。在常温下使用的镀覆层，如锌镀层、镉镀层等；在500℃以下使用的镀覆层，如镍镉扩散镀层等。

② 防护装饰　除保护零件基体金属在使用条件下，在一定时期内不受腐蚀外，还要获得装饰性的外观，如铜镍铬镀层，青铜-铬镀层，铝及铝合金阳极化着色等。

③ 抗磨损　为防止零件工作时受到磨损，一种方法是提高表面硬度，另一种方法是使用具有低摩擦系数的减摩镀层，如铬镀层、松孔铬镀层、化学镀镍层、铝合金硬质阳极化层、铅-铟合金镀层等。

④ 电性能　根据零件工作要求，提供导电或绝缘性能的镀层，如银镀层、金镀层为提高导电性能的镀层，钢铁磷化、铝合金硬质阳极化等为具有高电阻的绝缘镀覆层。

⑤ 工艺要求　利用镀覆层特性满足零件加工工艺的要求。如：便于零件钎焊的镀镍层、镀锡层、镀铜层等。为提高黏结能力，钢铁镀黄铜、铝合金进行磷酸阳极化等。为防止在一定温度下一种金属与另一种金属黏结而镀铜等。

⑥ 特殊要求　属于特殊要求的镀覆层，如用于氧气系统的镀锡防护层。

6.4.3 镀覆层选择原则

（1）选择镀覆层必须考虑的因素

① 零件的材料、热处理的状态、结构、配合公差、加工方法、表面粗糙度和形位公差。
② 零件的贮存和使用条件。
③ 镀覆层的特性和应用范围。
④ 镀覆层与接触件间电化接触。
⑤ 镀覆层的使用目的和要求。
⑥ 带有螺纹连接、压合、搭接、铆接、点焊、单面焊等组件，因存在缝隙，原则上不允许在溶液中镀覆。

（2）金属材料镀覆层的选择

钢铁材料、铝及铝合金、镁合金、铜及铜合金、钛及钛合金等的镀覆层选择见 6.3 节有关部分。

6.5 有机涂层技术的选择

6.5.1 防腐蚀涂装系统设计程序

有机涂层的选择、防腐蚀涂装系统的设计，必须遵照下列程序和原则进行。

（1）腐蚀环境和工作条件的分析评估

分析评估待涂装设备和装置的使用环境和工作运行条件及技术要求，是正确选择合适涂料品种和确定涂装系统的先决条件，也是防腐蚀涂装设计中必须解决的问题。要充分注意以下两点。

① 被涂构件的材料种类、结构形式、施工特点和使用要求；
② 被涂构件的环境条件、损伤形式、失效机理和寿命要求。

（2）涂装系统确定

涂装系统的确定包括涂料品种的选择和配套涂装系统的成熟性和先进性的确定，涂装前、后处理和涂装工艺方法的确定等。要特别把握以下几点。

① 严格进行前处理，确保涂层与基体结合强度，以确保安全和使用可靠性。钢铸件一般在喷砂处理后，立即涂上底漆。若需磷化，则在磷化 24h 内涂底漆。

② 底、中、面漆之间的匹配性良好，具有良好的层间附着力；第二道漆对第一道漆无咬底现象；各漆层之间应有相同或相近的热膨胀系数。最好参照工程上已有成功使用经验的涂装系统实例和更先进的新型有机涂料的特性，选择或设计更为先进的涂装系统和厚度匹配。

③ 施工过程质量控制与监理，确保施工质量。
④ 质量要求与现场验收。
⑤ 经济核算，追求最佳的技术经济效益和社会效益。

6.5.2 海洋与沿海设施涂装系统

海洋工程是一个庞大工程，目前仅能涉及其中的部分工程设施，例如，海上采油平台、码头设施、港口机械，这些设施中常采用环氧富锌作为底漆，环氧云铁涂料作为中间漆，面漆较多采用氯化橡胶漆。实际施工时却有许多不同。

海洋运输船舶、游船及军用舰艇常年服役在海洋上，船体结构及船上各种设施长期受到海洋环境的腐蚀。防腐蚀方法主要有两类：一类为有机涂装，另一类为电化学保护。船舶涂料作为一种特殊用途的涂料，必须满足自然环境和特定工作环境的使用要求，船舶涂料分类如图 6-4 所示。

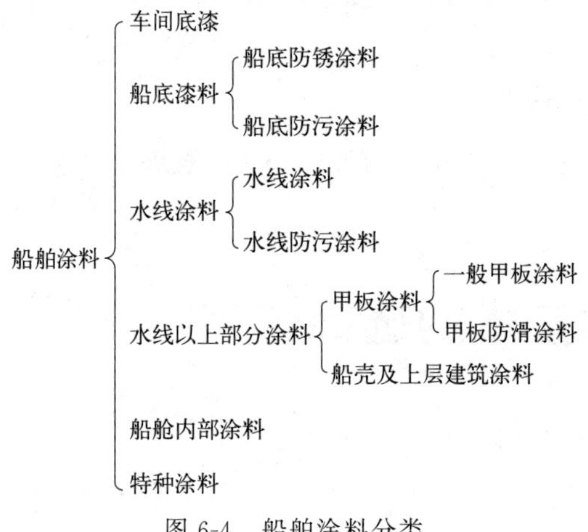

图 6-4 船舶涂料分类

这里主要介绍前四类漆。

① 车间底漆 车间底漆分有机富锌漆和无机富锌漆。

② 船底涂料 船底防锈涂料，以煤焦沥青或沥青为漆基料，以铝粉或氧化铁红为防锈颜料。高性能长效船底防锈涂料以环氧树脂、氯化橡胶和乙烯树脂为基料，并常以煤焦沥青改性以提高耐水性、附着力和降低成本。

船底防污涂料，主要有沥青系、乙烯系、丙烯酸树脂系涂料。目前新发展的防污涂料掺入人工合成的脱皮甾酮激素能引起金星幼虫的发育畸形，或是掺入人工合成的保幼激素使藤壶幼虫早熟变态达到制止附着的目的。这一类是从生物化学角度制止生物附着的防污涂料。还有产生低表面能或表面产生电效应的防污涂料。

③ 水线涂料 水线部分是船舶腐蚀最为严重的地方，该区域处于空气、日光和海水相互交替暴露的环境下，存在氧浓度差，易发生电化学腐蚀，并受到海浪冲击和码头碰撞、摩擦等，因此水线涂料应具有良好的耐干湿交替腐蚀性，并有较好的机械强度。水线涂料较常用的为氯化橡胶和乙烯类涂料。

④ 水线以上部位涂料 船壳漆主要有酚醛涂料、醇酸涂料、氯化橡胶涂料、乙烯类涂料、丙烯酸类涂料。目前开发了有机硅改性醇酸漆，提高船壳漆的耐候性。

6.5.3 油气运输管道的防腐系统

我国石油、天然气运输管道，已铺设数万公里，成为重要的运输方式之一。腐蚀是危及管道安全甚至造成管道失效的重要原因，况且又是埋在地下的隐蔽工程，一旦腐蚀，就会造成灾害且难以处理，所以，世界各国都十分重视油气管道防腐蚀涂层系统的设计与选择，具体选择时应依据技术可靠、施工可行、经济合理的原则，对于各类地区管道防腐层选择注意事项如下。

① 对于沙漠、戈壁等地区，以及植物根茎发达、腐蚀性强、地下水位高的地段，应使用煤焦油磁漆、聚乙烯二层、环氧粉末等涂层来进行保护。需要注意的是，在地下水位较高的地段，对于环氧粉末涂层应慎重使用。

② 在岩石山区（包括碎石、卵石）、丘陵等运输条件较差且倒运次数较多的地区，应选择抗冲击能力较强的聚乙烯二层结构涂层进行保护。

③ 对于腐蚀性较强、无深根植物、地下水位不高、介质输送较低的地段，需要进行适当的涂层保护，也可以选择石油沥青作为替代物。

④ 聚乙烯三层结构具有综合性能良好、适应性广的特点。然而，由于价格较高，选择时应综合考虑沿线条件、工程重要性以及业主意见。在地形复杂、维护维修困难的地段以及大型空中跨越段（特别是定向钻穿越段）应予采用。

⑤ 聚乙烯二层结构包括纵向挤出和侧向挤出缠绕两种类型。从经济条件和费用因素的角度考虑，在中小管径（DN500 以下）适宜采用纵向挤出型结构；DN500 以上可考虑采用侧向挤出缠绕型。

⑥ 对于距离较短的小口径管道，若无适宜作业条件，可使用环氧煤沥青涂层。

⑦ 对于工艺站场埋地管道防腐（尤其是与长输管线干线管径相同的情况），应选择与干线相同的防腐层，方便施工、管理，降低投资成本。

但是无论具体选择的涂层系统的类型如何，所施加的防腐涂层必须具备以下特性，方能保证在设计年限内完整有效：首先，为了确保管道与周围环境之间的隔离，防止其它杂散电流的干扰，电绝缘性需要保持良好；其次，为了抵御土壤环境中水分和正负离子的侵蚀对防腐层性能的影响，管道需要具有良好的稳定性，并且可抵御土壤微生物和植物根茎对防腐层的侵害；再次，防止搬运、敷设等施工过程中对防腐层的机械损坏，以及埋地后石块等对防腐层的缓慢穿透作用；随后，管道作为半永久性设施，其良好的耐久性具有重要意义；最后，在投入使用后，由于维修和维护的困难，要求管道具备良好的耐久性。目前，针对管道防腐层的补口和补伤工作，很多种防腐材料可供选择。每种防腐材料都具有其独特的特性和适用条件，并不存在适用于所有环境条件的万能防腐材料。因此，在进行具体的管道防腐工程时，需要根据管道的运行条件、土壤状况、施工环境和工艺、管道设计寿命、环保要求以及经济合理性等方面来选择合适的防腐材料。

6.5.4 锅炉烟囱及建筑涂装系统

锅炉烟囱主要指锅炉、加热炉、烟囱、烘箱以及飞机上发动机包套等，在设计选用这些结构件的防护涂装系统时，要把握下列条件：①被涂构件的工作环境、最高使用温度；②使用寿命要求；③被涂装物件大小、施工环境；④经济分析。一般情况下，采用有机硅树脂等对锅炉烟囱进行防护。纯有机硅树脂能在 200℃环境下长期工作，加入不同的耐热颜填料制成色漆，可使其耐热温度分别达到 300℃、400℃、500℃，甚至 700℃。

机械化工、冶金、轻工、纺织等各个工业部门都有厂房建筑，电视台、微波塔、高级宾馆、普通居室也都是楼房建筑，从防腐蚀、美观装饰、使用寿命而论千差万别，这里不可能都加以列举，但耐腐蚀涂料的选择应当根据基体材料、腐蚀介质性质、环境温度和湿度等条件确定。防腐蚀涂料的底漆、磁漆、清漆等，应当注意与基材的结合强度，底、中、面漆涂装系统的匹配性以及外观装潢和标志等，在厂房建筑中楼面和地面往往是酸、碱等腐蚀介质滴溅、溢流之处，《工业建筑防腐蚀设计标准》（GB/T 50046—2018）中规定要综合考虑耐腐蚀性能和技术经济指标，然后决定优先采用的涂装材料。

6.6 无机涂层技术的选择

无机涂层的种类繁多，用途广泛，多数采用喷涂工艺实施，这包括热喷涂（如电弧喷、等离子喷涂 WC/Co 等）和冷喷涂后烘烤（如无机盐铝涂层、低温烘烤涂层）或熔烧（如高温烧结涂层，高温珐琅涂层等）。高温涂层的选择和设计也要符合其通用原则，它更重视工件工作的介质、温度、受力、工件的材质、组织、尺寸以及涂层的结合强度、硬度、厚度、孔隙度和表面精度。

6.6.1 根据使用要求设计和选择无机涂层

（1）耐腐蚀涂层

① 处于室外工业气氛中的钢件，若大气呈碱性，采用喷 Zn 涂层；若大气中硫或硫化物含量高，可用喷 Al 涂层，并用乙烯树脂封孔。如钢结构件、桥梁、输电线等。

② 处于盐类气氛中的钢件，可用喷 Al、喷 Zn 涂层，并加一层氯化橡胶涂料。如海岸附近金属构件、船的上层结构、海上吊桥等。

③ 耐饮用水的涂层可用喷 Zn 涂层，不需封闭。如淡水贮器、水输送器等。

④ 耐热淡水涂层可用喷 Al 涂层，但要封孔。如热交换器、蒸汽净化设备、暴露于蒸汽中的零部件等。

⑤ 耐盐水腐蚀镀层可喷 0.076mm 厚的 Al 涂层，再加一层磷化底漆和两层 AV-乙烯基铝涂料。如钢体河桩及桥墩、船体等。

⑥ 耐化学（石油类、燃料或溶剂等）和食品的侵蚀涂层可用 Al，即 0.152mmAl 层，加一层密封剂封孔。如汽油、原油、二甲苯等药剂贮器，啤酒厂的麦芽浆槽，乳品及制酪业设备等。化学腐蚀介质是不计其数的，每种介质都有最佳的涂层选择，这里不一一列举。

（2）耐磨涂层

① 软支承用的涂层　这类涂层允许磨粒嵌入，也允许变形以调整轴承表面。喷涂材料多为有色金属，如铝青铜、磷青铜、巴氏合金和锡等。如巴氏合金轴承，水压机轴套，止推轴承瓦，压缩机十字滑块等。

② 硬支承用的涂层　硬支承表面工作时通常承受高载荷和低速度。该类支承一般用于可嵌入性和自动调整性不重要的部位以及润滑受限的部位。喷涂材料可用镍基、铁基自熔合金、氧化物和碳化物陶瓷（如 Al_2O_3-TiO_2，Co-WC 等）以及难熔金属 Mo、Mo 加自熔合金等。如冲床减震器曲轴、防擦伤轴套、方向舵轴承、涡轮轴、主动齿轮轴颈、活塞杯、燃料泵转子等。

③ 耐磨粒磨损涂层　使用温度<540℃时，涂层要能经受外来磨料颗粒的划破和挖沟作用，涂层的硬度应超过磨粒的硬度；涂层材料可选用自熔性合金加 Mo 或 Ni/Al 混合粉、高铬不锈钢、Ni/Al 丝、TB 钢以及自熔性合金加 Co-WC 混合粉。如泥浆泵活塞杆、抛光杼衬套、混凝土搅拌机的螺旋输送器、烟草磨碎锤、芯轴、磨光抛光夹具等。

当耐磨粒磨损涂层的使用温度在 538～843℃之间时，涂层要求在高温下有超过磨粒的硬度，还必须要有良好的抗氧化性，可采用某些铁基、镍基、钴基喷涂材料（如钴基 Cr、Ni、W 合金粉，Ni/Al 丝，奥氏体低碳不锈钢，镍、钴自熔性合金等）以及 Cr_3C_2 金属陶瓷粉；在受冲击或振动负荷时，若温度低于760℃，自熔性合金最好；侵蚀严重时最后采用Cr_3C_2；主要用于抗氧化则可采用铁、镍、钴基涂层。

④ 耐硬面磨损涂层　使用温度小于538℃，磨损是由于硬面在较软表面上滑动时，硬的凸出部分使软表面开槽而被刮出物料，此物料起磨粒的作用，这种情况下要求涂层比配对表面硬，可采用某些铁基、镍基、钴基喷涂材料，自熔性合金，有色金属，氧化物陶瓷，碳化物及某些难熔金属涂层材料。如拉丝绞盘、制动器套筒、拨叉、塞规、轧管定径穿孔器、挤压模、导向杆、浆刀、滚筒、刀片轧碎机、纤维导向装置、成型工具、泵密封圈等。

当耐硬面磨蚀涂层的使用温度在540～815℃时，虽基本情况与以上相同，但由于磨损在高温下会加剧进行，所以采用某些钴基自熔性合金、Ni/Al及碳化铬涂层材料。当温度低于760℃且有冲击负荷时，宜选用自熔性合金；温度再高宜选Cr_3C_2涂层；以抗氧化为主则选Ni/Al等。如锻造工具、热破碎辊、热成型模具等。

⑤ 耐微振磨损涂层　磨损是由不可预计的微振引起的，所以当使用温度＜540℃时，应选韧性较好的涂层，可用自熔性合金，氧化物，碳化物金属陶瓷，某些Ni、Fe、Co基喷涂材料和有色金属等。如伺服电机枢轴、凸轮随动件、摇臂、汽缸衬套、防气圈、导叶、螺旋桨加强杆等。

当耐微振磨损涂层的工作温度在538～843℃时，由于工作温度较高，可采用铁基、镍基、钴基材料及金属碳化铬陶瓷材料。如喷气式发动机的涡轮机气密圈、气密环、气密垫圈、涡轮叶片等。

⑥ 耐气蚀涂层　因涂层要承受液体流中的气体冲击，故要求涂层具有良好的韧性、高的耐磨性和耐流体腐蚀的能力。可用Ni基自熔性合金、含9.5%（质量分数）Al和1%Fe的铜合金、含38%Ni的铜合金、自熔性合金加Ni/Al混合粉、316型不锈钢、超细的Al_2O_3、纯Cr_2O_3等，且所有涂层都应该经过密封处理。如水轮机叶片、耐磨环、喷头、柴油机汽缸衬套等。

⑦ 耐冲蚀磨损涂层　这些涂层要能经受由尖锐的硬质颗粒引起的磨损。可采用几种Ni基自熔性合金粉、自熔性合金加细铜混合粉、高Cr不锈钢粉、超细纯Cr_2O_3粉、87% Al_2O_3+13% TiO_2复合粉、Co-WC复合粉。如抽风机、水电阀、旋风除尘器等。

（3）耐高温涂层

① 抗氧化气氛涂层　首先，涂层应能够保护基体材料免受高温氧化的损害，因此需要具备抑制大气中氧气扩散以及阻止涂层原子快速扩散到基体的能力。其次，涂层还应具备较高的熔点，以确保在工作温度下不会熔化，同时具备低的蒸气压。常用的涂层材料包括铝、镍-铬合金以及镍/铝丝等。例如，退火盘、退火罩、热处理夹具以及回转窑的外表面等都可以采用这些涂层材料来增加其抗氧化性能。

② 耐腐蚀性气体涂层　因涂层要保护基体免受高温气体的腐蚀，同时也要防止高温氧化，故可用Ni-Cr合金、Ni-Cr-Al合金或Al等。如柱塞端部、回转窑窑内表面、排气阀杆、氰化处理坩埚等。

③ 热障涂层　要求涂层导热性低，以防基体金属过热，并且可转移辐射热。为了满足这些要求，涂层需要具备低蒸气压、低热导率、低热发射率和高热反射率的性能。此外，还需要具备良好的耐热疲劳性和耐热冲击性。可以使用高温氧化物涂层Al_2O_3或用CaO、MgO、Y_2O_3以及稳定的ZrO_2等材料进行涂覆。例如，适用于高温炉感应线圈、火箭发动机燃烧室、钎焊和热处理夹具等应用。

④ 耐热冲蚀涂层　这些涂层不仅需要具备良好的耐磨性，还要求能够抵御高温下的颗

粒冲蚀，同时还要具备良好的耐热疲劳性能或热冲击性能。常见的涂层材料包括纯 Al_2O_3 和稳定的 ZrO_2 等。应用领域包括火箭喷嘴、导弹鼻锥等。

⑤ 耐熔融金属涂层　这些涂层需要能够抵御熔渣和熔剂对其的腐蚀作用，并且能够承受熔剂线处或金属蒸气和氧的侵蚀。下面将对其进行分类介绍。

对于熔融锌，可以使用 ZrO_2+TiO_2、$MgZrO_3$ 以及纯白钨等涂层。例如，可以应用在浸镀锌槽、浇铸槽等领域。

对于熔融铜，则可以使用 $Al_2O_3+TiO_2$、$ZrO_2+24\%MgO$ 及 Mo 等涂层。例如，可以用于铜锭模等方面。

对于熔融 Al 来说，可以采用 $Al_2O_3+TiO_2$、$ZrO_2+24\%MgO$ 涂层，例如模具、风口、输运槽等。

对于熔融钢而言，可以使用 $ZrO_2+24\%MgO$ 和 Mo 涂层，例如风口、连铸模等。

(4) 控制间隙的可磨损涂层

在配合件的接触运转中，最好采用可磨损涂层，这种涂层能使配合件自动形成所必需的间隙，提供最佳的密封状态。这类涂层的设计既要考虑可磨损性又要考虑耐气流冲蚀性，还要保证这些涂层脱落后的粒子不是磨料。针对喷气发动机的气路密封，已经发展了一系列喷涂用的可磨损材料。这些材料用于空气密封部位取得了良好效果。

一般来说，可磨损涂层由金属基体和非金属填料组成。填料通常是石墨、聚酯、尼龙、氮化硼等。如压缩机空气密封层、涡轮机壳体内部配合件等可采用 Ni+NiO+15%石墨，NiCrAl+25%BN 或 NiCrAl+15%BN 涂层等。

(5) 绝缘、导电涂层

① 电阻涂层　可以使用 Al_2O_3 纳米粉末或者含有 $87\%Al_2O_3+13\%TiO_2$ 的复合材料来作为电阻涂层。例如，可以在加热器管道和烙铁的焊接头上应用这种涂层。

② 导电涂层　可用纯 Cu、纯 Al。如电容器的接触器、接地联结器、避雷器等。

③ 射频屏蔽涂层　这些涂层能拾取散射频并使之入地，可用纯的 Cu、Al、Zn 或 Sn。如仪器仪表盒、导弹系统等。

(6) 恢复尺寸涂层

涂层选用应适合修复因磨损、加工不当引起的工件尺寸偏差，并具有与基体相同甚至更优的性能。涂层的选择范围广泛，常用的材料有钢、铜合金、镍合金等。例如，轧机传动齿轮、曲轴轴颈、机床导轨以及超差工件都需要应用这些涂层。

(7) 其它

热喷涂技术应用于制造薄壳零件、纤维-陶瓷复合材料、超导材料、非晶态材料以及燃料电池和红外线辐射表层等方面，对于这些喷涂材料和工艺的选择和设计都是目前正在探索的领域。

6.6.2 喷涂工艺的选择原则

① 如果涂层的结合力要求不高，可以选择熔点不超过 2500℃的喷涂材料进行火焰喷涂，这种方法设备简单且成本低。

② 对于涂层性能要求较高或某些贵重的机件，应采用等离子喷涂。因为等离子喷涂材料的熔点没有限制，热源具有非氧化性，涂层的结合强度高且孔隙率低，可以低于 1%。

③ 对于大规模的金属喷涂工程，最好采用电弧喷涂。

④ 近期国外研制的气体火焰超音速喷涂技术可以达到高结合力和低孔隙度的要求。这种涂层不仅具有高结合强度，最高可达 170MPa，还具有较低的孔隙率，在某些关键部件方面有广泛应用。

⑤ 对于大批量的工件，最好使用自动喷涂技术。自动喷涂设备可以购买成套，也可以自行设计。在确定喷涂方法后，还需选择合适的预处理工艺和合理的工艺参数。

6.6.3 喷涂材料的选择原则

① 根据使用条件选择喷涂材料时应综合考虑实用性、工艺性和经济性，力求选用合理的喷涂材料。例如，鉴于钴基合金性能优越但国内资源紧缺，应尽量减少使用。相反，我国镍资源相对丰富，因此可以更多地采用镍基合金。然而，镍基合金价格较高，因此在满足需求的前提下应尽量选择铁基合金。尽管铁基合金的工艺性较差，但综合考虑诸多因素，我们可以在工艺上做一些调整。

② 需要将材料的选择与工艺方法和工艺参数的选择相结合考虑。对于一些关键部件，应优先考虑获得最佳涂层性能，而对于大部分部件则应重点考虑实现最大经济效益。

③ 为了满足机件的使用要求，有必要选择多种材料进行复合涂层。复合涂层是涂层设计的一个关键方面，常常使用复合涂层来解决工作层与基体之间的黏附问题。有时候，由于工作层（例如陶瓷涂层）与基体在物理或化学上不相容，它们结合力不强。为了解决这个问题，我们可以在工作层和基体之间引入一层或多层的中间层。例如，高温涂层的构成通常包括金属层和陶瓷层两部分。金属层可采用各种金属材料，如 Ni-Cr、Ni/Al、Mo、W、NiCrAlY 等。而陶瓷层则可选择 $MgZrO_3$、ZrO_2、$CaZrO_3$、Al_2O_3、ZrO_2/Al_2O_3 等陶瓷材料。为了获得更好的性能，常采用第一层材料和第四层材料的混合物来构成高温涂层的第二层，混合比例一般为 65%和 35%。同样地，第三层常采用第一层材料和第四层材料的混合物，不过混合比例调整为 35%和 65%。

有时为了满足特定功能需求，需要制造多层复合涂层。例如，高温固体电解质燃料电池常采用 7 层构造，排列顺序如下：①气密层（Al_2O_3）；②燃料电极层（NiO）；③稳定层（ZrO_2）；④电流导出膜层（Ni/Al）；⑤气密保护层（Al_2O_3）；⑥导电层（Cu）；⑦空气电极层（$LaCoO_3$）。

梯度涂层是最新发展起来的复合涂层，目前梯度间仅是成分含量的不同。

总之，复合涂层的优化设计应在理论指导下通过大量的试验确定。

6.6.4 喷涂抗磨材料的选择

热喷涂涂层中相当部分是为了提高表面的耐摩擦磨损性能。选择喷涂抗磨材料时要注意下列因素。

（1）确定材料在使用方面是否存在限制

这些限制包括工艺性能、使用环境、力学性能、理化性能等。

（2）确定负荷限制

考察材料是否能经受住运行中的载荷而不变形或无过分变形。接触压力是要首先考虑的，例如一些齿轮和滑动轴承的工业规范中将青铜的平均压力上限规定为 1.7MPa，是青铜屈服强度的 1%～4%。在工具钢制造的泵和阀门件中，接触压力上限被规定为 140MPa，为其强度极限的 4%～6%。

（3）确定温度范围

温度对于一些滑动系统有强烈影响，温度升高会导致材料软化，使咬合加剧。因此确定摩擦时的温度范围对于选材是十分重要的。温度的升高与摩擦生热有关，由此产生的温升可用下式求得：

$$\Delta T=\frac{\mu WV}{2\alpha(\lambda_1+\lambda_2)J} \tag{6-5}$$

式中，μ 为摩擦系数；W 为施加载荷；V 为滑动速度，m/s；λ_1 与 λ_2 为材料的热导率，W/（m·K）；α 为与滑动零件之间广泛分布的接触点有关的量；J 为热功当量。

（4）确定 PV 极限值

其中 P 是平均接触压力，V 是滑动速度。材料允许的最大载荷和滑动速度，通常以 PV 形式给出。

（5）确定机件工作循环特性

载荷交变的程度及机器运转的间断性都会影响磨损。

（6）确定容许的磨损失效形式和机械表面的损伤程度

用材料的磨损率来决定磨损寿命是不充分的，如汽车引擎的咬合，实际上无材料损失；再如在卡车的制动器中，制动器衬套的磨料磨损是允许的，因为在磨损过程中磨掉了微小的裂纹，并完全避免了疲劳裂纹的危害。

（7）通过试验选材

通过台架和样机试验确定选材。

6.6.5 可供选用的喷涂材料

几乎所有的无机材料都可作为涂层的原料，主要组成可概括为：氧化物，包括复合氧化物；金属间化合物如钛化物、铝化物；难熔化合物如碳化物、氮化物、硼化物和硅化物；金属或合金；以上四类材料所组成的复合体。常用的涂层材料有金属及合金、氧化物、碳化物、氮化物、硼化物、硅化物和碳化物-金属陶瓷复合材料。由于在前面几节中已对金属材料如铝、锌、铜等有较为详细的叙述，下面只重点介绍氧化物、碳化物、氮化物、硼化物、硅化物及碳化物-金属陶瓷复合材料。

必须指出，由于加涂工艺的不同，即使组成相同的涂层，其性能也可以有极大的差别。因此，涂层的组成只是决定其性能的重要因素之一。

（1）氧化物

氧化物是金属与氧的化合物。氧化物可分为单一氧化物和复合氧化物。前者是一种金属元素与氧的化合物，后者是两种或两种以上金属元素与氧的化合物。复合氧化物多以天然形态存在，如硅酸锆（锆英石 $ZiO_2 \cdot SO_2$）、硅酸铝（高铝红柱石 $Al_2O_3 \cdot SiO_2$）、铝酸镁（尖晶石 $MgO \cdot Al_2O_3$）等。氧化物系统是陶瓷、玻璃及耐火材料工业的基础，是人们最熟悉的高温材料，具有在氧化气氛下稳定、熔点高、抗压强度高、低温下呈脆性晶体和价格便宜等优点。其中，单一氧化物比复合氧化物更耐高温。多数氧化物除具有优异的耐热性之外，还具有优异的耐蚀性、耐磨性、绝热性、绝缘性和生物惰性。故氧化物常用作耐高温、耐腐蚀、耐磨和医用涂层材料。

（2）碳化物

碳化物是碳与其它元素形成的化合物，是常用的硬质材料，具有熔点高、硬度高和导电、导热性能良好等特点。许多碳化物的熔点在3000℃以上。所有碳化物在高温下都会氧化。常用的碳化物有碳化钨（WC）、碳化钛（TiC）、碳化铬（Cr_3C_2）、碳化硅（SiC）等。纯碳化物一般不能单独用于喷涂，而是常与Co、Ni、Ni-Cr及Ni基自熔性合金等制成金属陶瓷材料，主要用作磨料、耐磨或耐腐蚀涂层。

（3）氮化物

氮化物是氮与其它元素，特别是与过渡元素形成的化合物。其性质与碳化物相似，属于硬质化合物类型，熔点与硬度很高，能与金属形成固溶体，极易与基材润湿或反应，一般多以烧结陶瓷或涂层的形式出现。最稳定的氮化物是HfN和ZrN。

（4）硼化物

硼化物是硼与其它元素形成的硬质化合物，具有熔点高、硬度高、电阻低、热导率高和高温下耐磨性能好等特点。硼化物的氧化速率在1480℃以上时很显著，它们只有在真空或惰性气氛中才能达到最高耐火度。硼化物在2280℃左右具有较高的稳定性和低挥发性。

一般说来，每种金属元素可形成几种硼化物，其中，二硼化物一般是最稳定的。很多硼化物在高温时比相应的碳化物更稳定。硼化物氧化后，所形成的B_2O_3玻璃能与耐火氧化物如TiO_2和ZrO_2在1480℃反应形成较厚的半保护性氧化层。硼化物密度低具有一定吸引力，但由于它们与大多数金属或氧化物不润湿、不黏结，这使其应用受到了限制。

（5）硅化物

硅化物是硅与其它元素形成的具有金属光泽的硬质化合物，化学成分稳定，硬度高，热导率高，抗热震性能好，但脆性大，熔点不高，电阻率低。由于硅与氧生成致密氧化膜，能够有效阻止氧在常温和高温下对基体的氧化作用，故具有良好的抗氧化性，可作为保护涂层使用。

（6）碳化物金属陶瓷复合材料

碳化物-金属陶瓷复合材料是WC与金属组合所形成的复合材料。其中，金属组分作为黏结相，一般采用Co、Ni、NiCrBSi和Ni基合金等。碳化物-金属陶瓷粉末是常用的喷涂材料，是制备坚硬、具有高耐磨性能涂层的重要材料。比如，采用细WC粉和细Co粉高温烧结后破碎或直接机械破碎YG型（WC-Co）硬质合金可得到WC-Co烧结粉末。所得WC-Co烧结粉中Co的含量一般为8%～12%（质量分数）。可直接喷涂，涂层坚硬、致密、耐磨损，尤其耐磨粒磨损和微动磨损。为了改善涂层韧性，提高抗冲蚀磨损性能，可以将WC-Co烧结粉末作为硬质材料，与其它金属或镍基自熔性合金制成复合粉末。WC-Co烧结粉末的喷涂性能较其它方法制备的WC-Co粉末性能优越。

6.6.6 可选施涂基材

无机涂层一般是加涂在金属基材上的。金属基材包括铸铁、碳钢、低合金钢、轻金属（铝、镁等）、高温合金（镍基、钴基合金）、活性金属（如钛）及难熔合金（钨、钼、钽、铌、钒）等。随着各种新材料的发展，金属以外的基材也逐渐受到重视。例如塑料，它具有较高的强度、较低的密度、较低的热导率、良好的电绝缘性和良好的抗化学侵蚀性能，常被用作低温下的结构材料。但塑料不耐高温，所以在高温结构材料方面的应用受到了限制。然而在塑料上喷涂无机涂层（金属或陶瓷涂层）后，就大大拓宽了塑料的应用范围，延长了塑料的使用寿命。对陶瓷材料，尽管它已具备耐高温的性能，但需要某些特殊性能时，还必须借助于涂层。又如用石墨制备的碳/碳复合材料，尽管其具有很高的高温强度、低线膨胀系数和低弹性模量等优异性能，但它不抗氧化、不抗冲刷，在氧化气氛下必须借助涂层来克服其缺点。此外，还有木材、纸张、布匹等。总的说来，几乎所有的材料都有可能通过加涂无机涂层来改善其原有的性能。

6.6.7 可选涂层工艺

无机涂层的设计，除了要考虑涂层的功能要求外，还应选用合适的涂覆工艺。一般说来，涂层的性能受涂覆方法的影响，有时即便是同一种方法，涂层的性能也会因工艺因素的变化而变化。当然，每一种涂覆方法都有其优缺点，因而涂覆工艺应在尽可能不影响基体材料性能的前提下，尽可能提高涂层的性能。

为了保证基材与涂层之间有良好的接触和黏结，必须保证基材具有清洁而粗糙的表面。因此有必要对基体进行表面预处理。表面预处理的质量直接影响涂层质量，所以是涂层制备过程中的重要一环。表面预处理一般包括净化和粗化两方面，而且净化和粗化的方法有很多。至于具体采用何种方法则要根据基材的类别、涂层的组成、涂层涂覆方法以及基材部件的几何形状和大小来选择。一般说来，净化方法有溶剂除油、碱液清洗、加热脱脂和喷砂净化等。粗化方法有喷砂粗化、电拉毛粗化、机械加工粗化和施涂黏结底层的方法等。

无机涂层的加涂方法很多，可简单地分为包镀、电镀和电泳、搪瓷熔烧、热扩散、扩散沉积和热喷涂等。表 6-3 是对各种工艺方法的比较，从中可以选择合适的工艺方法。

总之，按照以上几个方面进行涂层的设计与选用，一般都能取得令人满意的效果。

表 6-3 各种工艺方法的优缺点比较

工艺方法名称	优点	缺点
包镀	① 大量生产较容易； ② 涂层较完整	① 对形状复杂的部件不适用； ② 整套工艺设备较复杂(如涂层材料的轧板设备等)
电镀和电泳	① 能在常温下进行加涂操作； ② 对形状较为复杂的部件亦能适用	① 涂层与基体之间的结合力较差； ② 涂层的组成复杂时,工艺条件的控制较困难
熔烧	① 涂层的组成可以广泛地变化,组成控制亦较容易； ② 工艺过程较简单	基体需要承受较高的热处理温度
热喷涂	① 方法多样； ② 涂层的组成可以广泛地变化,组成的控制亦较容易； ③ 工件材料不限； ④ 基材承受的温度较低(可低于 200℃),基材不发生组织变化,一般不变形； ⑤ 工艺简便	① 涂层的结合强度和密度受到一定限制,这是一个需要解决的问题； ② 对于面积较小的喷涂工件来说,沉积效率低,不太经济； ③ 操作环境较为恶劣,必须采取劳动保护和环境保护措施； ④ 涂层质量的因素也非常多,这会对最终的涂层质量产生影响； ⑤ 涂层质量的非破坏性检测比较困难

续表

工艺方法名称		优点	缺点
热扩散	气相沉积	① 可以加涂高熔点材料而基体材料不必承受很高的热处理温度； ② 工艺过程较简单	① 工艺过程较难控制； ② 需在真空或保护气氛下进行加涂操作
	液相浸渍	① 大量生产较容易； ② 对形状复杂的部件亦能适用	① 涂层的组成变化受到一定限制； ② 需进行热扩散处理或表面处理等附加工艺
	固相热扩散	① 涂层与基体的黏结性能较好； ② 工艺过程及设备均较简单	涂层的组成受涂层组元与基体组元间的互扩散所控制
	流态化床	① 基体受热均匀迅速； ② 涂层的均匀性易得到保证； ③ 对形状复杂的部件亦能适用	① 涂层的组成受涂层组元与基体组元间的互扩散所控制； ② 需消耗大量的保护性气体

6.7 复合表面技术的选择

在现代工程和产品设计制造过程中，希望所施加的表面涂层、镀层和膜层，采用一种就可以满足要求，例如提高电接触，采用电镀银层；提高钢件耐蚀性，采用电镀锌层、热喷涂锌层，或喷涂无机富锌涂层，或喷涂有机富锌漆；玻璃上形成镜面，喷一层铝膜或银膜。但是随着产品性能的提高，使用范围的扩大，表面粗糙度的改善，表面装饰要求的增加，使用寿命的延长，往往一种镀层、涂层或膜层很难满足要求，设计师很难获得所期望的表面层特性，这就需要设计和选择复合涂层、复合镀层、复合膜层（也称为表面复合材料）。采用多种涂镀膜层复合的方式，取得协同、叠加或更为有效的多种功能作用。这种表面复合层或表面复合材料，是充分发挥各种表面工艺和材料综合优势，以获得最佳组合，求得所期望的表面性能的极其有效的措施。

举例介绍几种，以供参考。

① 多种金属元素的表面复合渗层或包覆层；

② 金属与微粒弥散陶瓷复合镀层；

③ 形成各种功能的涂层体系；

④ 电镀与有机涂层的复合；

⑤ 热喷涂与封闭和有机涂层的复合；

⑥ 热喷涂与激光重熔的复合；

⑦ 表面增强与固体润滑技术的复合；

⑧ 采用多道工艺形成多层复合膜；

⑨ 复合多种薄膜技术。

6.7.1 金属表面复合渗层或包覆层

在金属材料表面扩散渗入两种以上的金属元素，称为共渗。共渗可提高材料的综合性能。例如钢上渗铝，可提高耐蚀性、耐热性；渗铬，可提高硬度、耐磨性；钢上共渗铝铬，则使钢表面的耐蚀性、耐热性和耐磨性都有所提高；钢上共渗铝铬硅，还能提高其耐酸性和高温自愈性；镍铬共渗和铝铬硅共渗可提高金属和合金抗高温氧化和高温腐蚀性能；钢上镀镍、渗铝铬也能提高金属和合金的抗高温氧化的能力。

高温镍基合金的渗铝在表面形成一种 β-NiAl、Ni_2Al_3 化合物，又称镍铝化合物涂层，提高了合金的抗高温氧化性能，但存在三个不足：①塑脆性转变温度低；②渗层在高于950℃温度下长期使用时，铝元素向基材内部扩散迅速，从而降低了渗层使用寿命；③抗热腐蚀性能差。为此工程师们研究了第二代铝化物涂层，即改性铝化物涂层，例如，渗铝时加Ti、Si、Cr等，都起到了一定的改性作用，而采用先渗钽后铝铬共渗可显著阻止元素向内扩散，延长使用寿命；采用先镀铂再渗铝形成 Pt_2Al_3 等化合物渗层，可显著提高渗层抗热腐蚀的性能。若在渗剂中加入稀土元素，可能使渗入过程加快，渗层更厚，性能更显优越。

若在钢铁表面上形成不锈钢成分的复杂合金化层，或高温合金上形成所期望的表面合金化成分，理论上是可以设计的，但在技术上是很难实现的，当渗入元素数量增多时，由于每种元素的蒸气压很不一致，要进行渗剂调配达到所期望的表面合金化成分，因过于复杂而难以实现。

6.7.2 微粒弥散金属陶瓷复合镀层

通过在电镀槽中加入不溶性材料（如陶瓷）微粒，并使用常规电化学沉积方法，可以获得微粒弥散复合镀层，也被称为微粒弥散金属复合材料。在此过程中，微粒与沉积物结合形成复合沉积物，例如镍＋SiC微粒的复合镀层。

能够随微粒同时沉积的金属有钴、铜、金、铬、铁、镉、铅、镍、锌及它们的合金。

微粒添加物包括：铝、锆、钛的氧化物；硼、硅的氮化物；钛、锆、镍的硼化物；钼和钨的硫化物；石墨、云母、硬脂酸盐、聚四氟乙烯和金刚石。

电镀条件的选定必须保证形成的复合材料含有适当体积份量的弥散相。

微粒弥散金属复合镀层的用途如下。

① 提高金属或合金耐磨损和抗蠕变的性能（镍-SiC，铅-TiO_2）；

② 提高抗蚀性，例如钢制品镀镍复合镀层（镍-Al_2O_3）后，再镀微裂纹镀层；

③ 作为干性自润滑镀层（镍或铜-MoS_2）；

④ 增加高温强度（镍-铬粉）；

⑤ 提供核应用的镀层（镍，镍粉）。

非金属微粒弥散在金属基体中可以改善耐磨、减摩等性能，提高强度、硬度、耐蚀和抗氧化性能。

在铜、镍或锌基金属中加入石墨、聚四氟乙烯、氟化云母-石墨、MoS_2 或 WS_2 进行沉积，形成具有润滑、减摩作用的复合镀层；镍、铬、钴、铜和铁基金属中共沉积与硅、钨、铬、钛的碳化物以及金刚石等微粒，形成耐磨复合镀层；镍-Al_2O_3 复合镀层显微硬度、拉伸强度和屈服强度都有提高；镍-SiC镀层已用于直升机用轴流发动机的钛合金叶片，使其免受腐蚀磨损；镍-Si_3N_4 具有良好的高温抗氧化和耐磨性能，其硬度值可维持到1200℃；镍-TiC镀层用于不锈钢螺钉，可解决咬合卡死的问题；镍-BN镀层被推荐用于解决微振磨损问题；镍-金刚石复合镀层具有很好的综合特性，这类复合镀层具有很高的硬度、低的摩擦系数和高热导率，且镍作为热陷阱，使镍-BN镀层在干磨的运行条件下也具有很长的寿命。电化学沉积Re-Ni-W-P-SiC多功能复合镀层能显著提高基底的高温（800℃）抗氧化性能，其抗氧化能力的顺序是：Re-Ni-W-P-SiC＞Ni-W-P-SiC＞Ni-W-P＞Ni。

6.7.3 形成多功能复合涂装体系

要实现有机涂层的三种功能（防腐蚀、装饰、特种功能），也是通过复合来实现的，有机涂层系统包括底层（只提高结合力抗蚀性）、面层（达到功能目的），有时还增加中间层

（增加屏蔽作用和功能作用）。以防腐蚀涂层系统为例，为追求完美的底层作用，在底层配方的设计上往往考虑三种保护机理：①选择良好的成膜物质，起到与环境介质的隔离作用；②选择良好的颜料或添加剂，起到电化学保护作用；③选择良好的缓蚀组分，达到进一步的缓蚀目的。

为了提高结合力，底材往往采用喷砂处理，若不是太大的零件，还可采用磷化等处理工艺。

防腐蚀涂层的面漆，应该依照环境介质的特点选用适应该环境介质的涂层。

由于有机涂层的透水、透气的特点，为了进一步提高耐蚀性，有时还加上环氧云铁中间层，增加覆盖能力。有的埋地管线，为了防止碰撞损伤涂层，还缠绕玻璃布，即一层油漆，一层玻璃布，多达四油三布。

但要注意的是有机涂层并不是层数越多，厚度越厚，防腐蚀能力越强，而要特别强调：①根据使用环境特点，选择相适应的最优质涂料；②做好基材表面预处理和选择合适的底涂层，提高结合力；③选择最佳工艺流程方案达到各层的最佳结合和适配。例如从延安到北京的大口径天然气输送管线，就没有采用四油三布再加一层面漆的方案，而采用了如图 6-5 所示的三层防腐蚀结构。这是自动流水线作业，在钢管喷砂基础预热，喷涂环氧粉末，在该涂层没有完全固化前喷涂聚烯烃黏结剂，然后包覆聚乙烯胶带形成一种具有优良抗腐蚀性能和抗机械损伤、使用寿命达到 50 年以上的防护涂层。

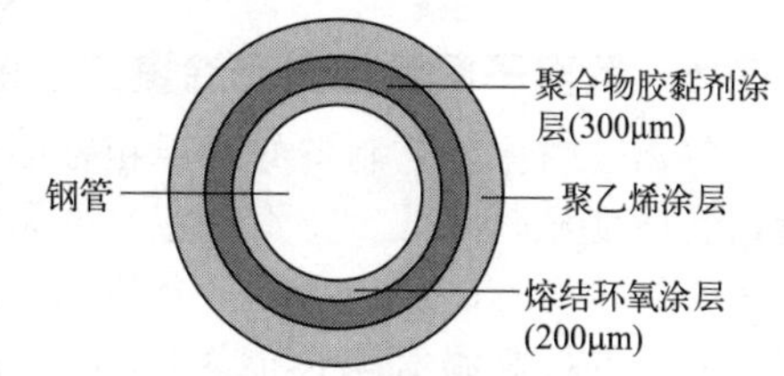

图 6-5　三层防腐蚀结构

涂层系统中，若采用导电高分子作为成膜物质，或涂料中加入银粉、石墨粉可形成导电涂层；面层中加入铁氧体粉作为吸收电磁波的功能材料而形成的涂层能吸收雷达波，达到雷达隐身功能。面层中加入空心玻璃微珠，连续沉积于面层，使面层成为具有良好反射作用的表面，使涂层具有隔热功能。

6.7.4　多种工艺形成多层复合膜层

为了达到声光磁电的转换，现代电子工业中，大量采用多种工艺（电镀、氧化、溅射、电子束蒸镀、金属有机化合物化学气相沉积、分子束外延、原子束外延生长蒸镀法等）形成功能各异、多种膜层结合的复合膜层，以达到设计师所期望的功能。例如 1974 年夏普公司开发了具有双层绝缘膜结构的高辉度（约 1500Fl，5kHz，250V）、长寿命（可连续工作 15000h 以上）、高稳定性的器件。这种器件是在玻璃基板上蒸镀 IsQ 透明导电薄膜，其上形成厚约 2000nm 致密的 Y_2O_3 高介电性绝缘膜，然后再蒸镀仅含有少量 Mn 的 ZnS 荧光体约 5000nm 的薄膜作为发光层。接着，在发光层上蒸镀一层厚度尽可能同前一绝缘膜相同的 Y_2O_3 膜。最后，再蒸镀一层铝金属作为背面电极，做成三明治结构。为了提高绝缘膜与铝金属膜之间的附着性能，在它们之间可形成厚 20～500nm 的 Al_2O_3 膜。近年来，还在背面补加一层玻璃，以便在它与背面电极之间封入少量黑色的硅油，可以充分防止湿气从外部侵入，从而实现了 3 万～5 万小时的长寿命和高可靠性。

该器件中的 In_2O_3 和 ZnS：Mn 是采用电子束蒸镀法制作的，而 Si_3N_4 和 Al_2O_3 是用射频溅射法制作的。

同样是双层绝缘膜结构器件，有的则采用所谓原子束外延生长蒸镀法，来制作发光层（ZnS:Mn）和绝缘膜（Al_2O_3），从而使发光效率得到了大幅度的提高。ZnS 发光层的制作方法是将 Zn 或 $ZnCl_2$ 及 S 或 H_2S 的蒸气依次蒸镀在基板上，以半结合状态原子的形式相互重叠，并使之外延生长形成。在玻璃基板上用溅射法形成厚50nm的氧化铟锡（ITO）薄膜，然后用原子束外延生长法制作 Al_2O_3 和 ZnS:Mn 所形成的绝缘层-发光层-绝缘层的三层膜夹层结构。

磁性膜也多为多层膜结构。多层磁性膜可以对矫顽力及磁性膜相互间的磁结合强度进行调节。用多层膜做成记忆元件，可以缓和潜没现象，也能实现非破坏性读出方式。在玻璃等平滑的基板上蒸镀 NiFe，在此膜层上再用电沉积法依次沉积 NiCo、NiFe、NiCo，形成四层沉积层结构的直接结合膜。再在表面蒸镀 Cu，而后用光刻法形成50nm宽的线条。最后整个表面再电镀厚的 NiFe 镀层。这样，铜线两侧一边是多层膜、一边是单层膜，从断面看是四层膜和单层膜的组合结构，利用直接结合和静磁结合两种方式，可实现具有稳定动作的非破坏读出记忆功能。

磁存储器是先在直径为0.1mm的青铜表面电镀铜。再交互地电镀 NiFe 和 NiCo 形成四层膜结构，其中 NiCo 膜专用于记忆，NiFe 膜专用于读出。这里也利用了四层膜的直接结合，读出操作无论反复进行多少遍，记忆也不会消失，从而可达到非破坏记忆的效果。

6.7.5 等离子喷涂与激光涂覆工艺的复合

等离子喷涂工艺制备的涂层粗糙多孔，不够致密。采用激光重熔工艺可使该涂层表面光滑，孔隙度显著降低。特别有意义的是，在合金表面上可以通过激光熔覆得到期望组分的合金表面层，将 Ni-Al-Cr-Hf 合金粉末涂于 Rene-80 合金上，进行熔覆，则可显著提高其在1200℃时的抗高温氧化性能。Incoloy800H 合金表面上激光熔覆 Ni-Cr-Al-Zr-Y 复合涂层，也可显著改善基材合金的抗高温氧化性能，而激光重熔 Cr-C-W 和 Co-Cr-W-C 则可提高高温摩擦性能。

将等离子喷涂或火焰喷涂涂层再进行重熔，或者直接对基体上的粉末进行激光熔覆，获得的热障涂层，具有表面粗糙度低，组织细化，显微硬度增加等优点，对 NiCoCrAlY 底层、ZrO_2/Y_2O_3 面层，或 NiCoCrAlY 底层、NiCoCrAlY 和 ZrO_2/Y_2O_3 为面层的等离子喷涂层进行激光重熔，处理的工艺适当，可获得少裂纹或无裂纹的热障涂层，其陶瓷层具有细晶组织、显微硬度高（800～1700HV）、附着力强的特点。

金属与合金的研究已相当成熟，而且绝大部分都可以制成粉末，这就为激光熔覆表面涂层提供了一个极为广阔的研究和开发领域，Co 基合金、Ni 基合金、铁基合金、铜合金甚至金属陶瓷都可以在某个金属基体上形成激光熔覆涂层。例如 WC、TiC 等金属碳化物，ZrO_2、Al_2O_3 等金属氧化物，都具有很高的硬度和耐磨性。如果能在廉价的钢件表面熔覆一层高硬度的陶瓷材料，将是韧性和硬度的理想结合。利用这个思想来进行表面层的设计，在钢铁或其它基材上形成所期望的表面合金层，在表面获得该合金的性能，同时又节约了资源（大大减少了 Co、Ni 等稀缺金属），降低了成本。

在金属或合金的粉末中加入碳化物硬质质点可以解决严重磨损条件下的摩擦问题。1979年 A. Belmondo 等选用 Mo70、Crl.2、碳化铬18.8、Ni5、Si5 混合粉末，采用等离子进行激光熔覆，在表面层中加入碳化铬形成弥散硬质质点，提高耐磨性；加入硅，高温熔覆过程中硅的气化逸出在熔覆层中留下许多微孔，使表面层形成多孔性组织，有利于储油，增加润滑性。摩擦磨损试验证明，这种熔覆层显出很大的优越性，但在工艺上仍有许多技术需要解决。

通过激光快速加热及超急冷，还可在金属或合金表面上获得深度达几十个纳米级的非晶态组织。非晶态合金由于其各向同性，且没有晶界存在，具有许多优异的性能。例如非晶态磁性合金，没有方向性，导磁性能很高，矫顽力低，软磁性好，电阻比晶体合金高2～3倍，硬度高，韧性好，是很理想的磁性材料，已用于录音机磁头。

第 7 章

表面技术在产品设计中的应用示例

在实际应用中，根据材料的服役环境，对材料表面硬度、耐磨、耐蚀、导电、导热、润湿、吸附等性能有不同的要求。材料表面处理的技术有很多种，可以满足不同材料的应用性能需求。因此，需要从多个方面进行分析与比较，包括表面处理设备，表面处理工艺，表面材料的成分、结构、厚度、结合力、外观等，对环境的影响等多个方面。通过材料表面设计和合适的表面处理工艺，得到性能优异的材料表面，以达到低成本、低能耗、无毒、无污染、方便快捷地赋予材料表面特殊性能的目的，并显著延长材料的服役寿命。

每一种表面处理工艺都有其优势和缺陷，选择表面处理工艺的关键是尽可能地扬长避短。某种表面处理技术，对于一种环境下服役的材料而言可能并非是最佳选择，但有可能是另一种服役环境下材料的性价比最高的表面处理方式。因此，对表面技术的选择不是一成不变的，而是要经过反复的试验、比较和验证后方可确定。

随着科技的发展进步，表面技术不仅仅应用于航空航天、海洋船舶、现代交通、电子制造等高端制造行业，而且在光电设备、生物材料等工业领域有着广泛应用。

7.1 航空航天设备

飞机、航空发动机、航空航天设备与系统等重要航空航天装备制造，是实现国家高水平科技自立自强，建设制造强国的重要标志。航空航天关键部件的服役条件极端恶劣、复杂，在其服役环境中，航空航天材料面临高低温、高压、重载与高辐射等多因素耦合影响，易发生磨损、疲劳、腐蚀、老化、冲蚀、氧化等多种形式的失效。由于服役部件的损伤一般开始于材料的表面，因此，为了提高航空航天装备安全性及可靠性、延长使用寿命、降低全寿命周期费用，合理先进的表面技术对航空航天装备的制造尤为重要。在开展航空航天产品表面功能设计前，需充分了解和分析航空航天产品所使用的具体环境因素，在航空航天装备的服役过程中，所处的环境条件变化剧烈，航空设备会受到地面风吹、日晒、雨露、地下潮气和海洋盐雾等影响，而航天装备部件还将承受包括高能电子流、高活性原子氧、太阳紫外照射、温度交变循环、陨石和空间碎片冲击等威胁。所有这些不利因素都对航空航天装备材料的表面性能提出了苛刻的要求。

（1）飞机起落架表面防护

飞机起落架在飞机起飞及降落过程中使用，承受严重的摩擦磨损，需要飞机起落架与摩擦副之间有良好的密封性能和力学性能。传统的起落架表面防护采用电镀硬铬镀层，该工艺具有简单、操作方便、成本低、硬度和耐磨性高等优点。但硬铬镀层对材料的耐疲劳性能产生明显的负面影响，并不可避免地带来严重的环境污染。因此，各国相继开发了钨基非晶态合金镀、离子束注入技术和超声速火焰喷涂（high velocity oxygen fuel，HVOF）等表面处理工艺替代电镀硬铬镀层。其中，超声速火焰喷涂可以大面积在基体上快速沉积硬质耐磨耐蚀膜层，被认为是最有潜力替代电镀硬铬的工艺，已经被用于飞机起落架的表面防护。WC-Co涂层是一种常用的硬质合金涂层，以WC陶瓷硬质相与Co金属黏结相组成，具有高的硬度以及良好的韧性。在此基础上发展起来的WC-CoCr涂层具有更好的耐蚀性。利用热喷涂技术制备的WC-Co及WC-CoCr涂层将为飞机起落架提供良好的表面耐磨损及耐腐蚀性能。

此外，起落架材料本身的制造技术也在快速发展，随着超高强度钢在起落架制造中的应用，传统的镀锌及镀镉层被禁止用于超高强度钢上，这是由于在电镀过程中析氢以及使用过程中镀层腐蚀可能诱导氢的渗入，诱发氢脆断裂问题。为此，需要开发新型的超高强度钢的表面防护技术，例如Cd-Ti合金镀层和真空离子镀铝被开发并用于解决超高强度钢的防护问题。

（2）运载火箭与高温防护

运载火箭主要由液体火箭发动机、推进剂、贮箱和制导系统组成。推进剂是氧化剂（一般为硝酸、红色发烟硝酸、四氧化二氮等）和燃料（混肼偏二甲肼），或由液氧-液氢作推进剂，它们对一般金属和高分子材料都有腐蚀和分解作用。因此，耐腐蚀是火箭箱体必须要解决的问题。导弹头部在进入大气层时，处于极为剧烈的力和热环境中，如以$M_a=20$的速度进入大气层，空气强烈压缩形成激波，头部驻点温度可达8000～12000℃，大大超过一般材料的熔点和工作温度。加上大气层粒子侵蚀和机械剥蚀等环境条件极为苛刻，所以导弹头表面要具有抗热、抗侵蚀、抗辐射等性能。如不解决这些问题，洲际导弹弹头的材料是不可能在这样苛刻条件下完成任务的。我国从事表面科学的科技人员研究出了抗烧蚀防热多层材料，一层表面聚热、燃烧、脱离，一层表面隔热、结构稳定，解决了高温防护问题，保障了向南太平洋发射洲际导弹试验的成功。

（3）近代飞机表面功能涂层

现代飞机在飞行过程中，外界环境温度可能低至－50℃，而高速飞行过程中的空气摩擦则又有可能使飞机某些区域的表面温度升至200℃，这种表面高低温的波动，要求表面膜层具有相应的宽温域适应性。

飞机表面的防护涂层，除了具有防止外界环境介质浸蚀的作用，还应具有装饰、标志、减少阻力（降低油耗）的作用。从服役性能角度考虑，提高涂层与蒙皮的结合力、耐蚀性、装饰性、保光保色性，可以延长蒙皮使用寿命，减少维修成本。高聚物涂层是应用于现代飞机的重要表面防护材料，用于飞机蒙皮的高聚物涂料主要有丙烯酸型和聚氨酯型两大类。前者为单组分涂料，易于清除，用于战斗机可满足其经常更换图案的需求；后者则表现出明显的综合优势而广泛用于大型飞机。目前，飞机蒙皮表面高聚物涂层可以达到8～10年的使用寿命，新研制的第四代战斗机所用高聚物含氟涂层，使用温度可达200℃，寿命在10年以上，可以显著地减少维修成本。

雷达罩是飞机的重要组成部件，常位于飞机的头部或尾部，用于保护雷达系统。飞机雷达罩表面也需要施加防护涂层对其进行保护，雷达罩涂层应具有以下特点：①突出的抗雨水冲蚀性能，能够充分耐受雨滴和沙尘等对罩体的冲击，以保护罩体结构不被损坏；②由于高速气流、沙尘的摩擦而在罩体表面产生静电荷积聚，涂层应具有良好的抗静电性能以消除或减少静电干扰机上无线电设施的工作；③良好的电磁波透过性能，雷达罩涂层的透波系数应不低于92%。目前，飞机雷达罩多采用聚氨酯弹性体型的涂层，最高使用温度120℃左右，使用寿命5年。新研制的含氟弹性体型雷达罩涂层，最高使用温度可达230℃，使用寿命可望进一步延长。

在一些特定的军用飞机上使用的隐身涂层，具有以下性能特点：①较好的散热作用，能保持表面处于较低温度区间；②为了使得飞机与环境中的红外辐射的差别尽量小，红外隐身涂层应在 3～5μm 和 8～14μm 两个中近红外波长范围内具有较低的发射率；③为了使飞机表面在太阳照射下表面温升小，涂层需要在可见光或近红外区（0.3～2.1μm）内对太阳能的吸收率应尽量低；④对雷达波、可见光及激光的隐身特性。目前，红外隐身涂层，已从单色涂装发展到多色迷彩，并可以适应不同机种、季节和地域。例如，采用 SnO_2 和 In_2O_3 等掺杂半导体材料作为填料，通过调整这些掺杂半导体的载流浓度和迁移率，可以使其在红外波段具有较低的发射率，在微波和毫米波段具有较好的吸收率，从而达到较好地兼容雷达和红外线隐身的特点。

为了提升飞机的飞行效率，节约能源，近些年研究人员提出并开发了减阻薄膜，用于飞机表面，达到减小空气阻力的目的。减阻薄膜在飞机上的应用，是将一种带有微细沟槽（宽度和深度都只有 20～100μm）的塑料薄膜贴在飞机表面，例如，A320 试验飞机上贴了这种薄膜，达机身表面积的 70%（约 600m^2），经过试验证明可达到节油 1%～2%的效果，若以节油 1%计算，一架飞机一年飞行 1000 次（航程 6000km）可节省燃油约 310 吨。

（4）发动机涂层技术

美国国家材料咨询委员会所属涂层委员会出版的《高温抗氧化涂层》一书中指出：不带涂层的航空发动机涡轮叶片，若在商业飞机的发动机上使用，工作 12000h 之久不会因高温氧化或热腐蚀而退化损伤；若装在反潜飞机的发动机上使用，热腐蚀作用可使叶片寿命缩短至原寿命的十分之一，减少到 1200h；若在东南亚飞行的直升机发动机上使用，仅能工作 800h；而在海上石油钻井平台上用的直升机发动机上使用，使用寿命仅 300h。该案例充分说明，面对复杂服役环境如涉海的航空零部件需要考虑多功能的涂层及涂层技术。

现代先进航空发动机是当代先进制造技术的结晶，几乎采用了现代最先进的制造技术。先进涂层技术的发展就是一个实例，例如涡轮叶片防护涂层，早期我国研制了铝化物涂层，后来研究了改进型铝化物涂层，例如 Al-Cr、Al-Si、Al-Ti。第二代涡轮叶片防护涂层，镀 Pt 渗 Al 形成的铂铝化物涂层因具有更长的使用寿命而受到欢迎，在这个基础上，20 世纪 80 年代开发了具有更高的高温抗氧化性能的 MCrAlY 涂层，在此类涂层组分的基础上加入 Hf、Si、Ta 等元素，形成 NiCoCrAlYHf、NiCoCrAlYTa、NiCoCrAlYHfSi、NiCoCrAlYTaHf 等超合金涂层，进一步提高了叶片的抗氧化性能和抗热腐蚀的能力。我国已开发高效磁控溅射、多弧离子镀沉积和低压等离子喷涂等生产技术，已在新研制的航空发动机涡轮叶片上使用。除此之外，已应用的耐高温涂层还有：适用于 450℃钛合金叶片及空气导管用的 WC/Co 耐磨涂层；适用于 840℃以下的涡轮叶片叶冠，涡轮后机匣用的 CoNiCrW 耐磨涂层；适用于不同温度（350～1600℃以下）的聚苯酯铝封严涂层、镍包石墨封严涂层，近年还为燃烧室、加力筒体发展了等离子喷涂涂层，具有显著的技术经济效益。

根据使用环境特点，发动机部件涂覆大量的、类型（抗氧化、封严、耐磨、减磨、阻燃、润滑等）各异的涂镀层，有的甚至在一种零件上采用几种类型的涂镀层。例如，钛合金压气机转子叶片、叶身喷涂耐磨、耐冲刷的涂层，样头电镀防粘防啮合的银镀层，叶尖采用防钛燃烧的阻燃涂层。又如涡轮叶片，叶身沉积 MCrAlY 高温氧化黏结涂层再沉积 Y_2O_3 稳定的 Z6 陶瓷涂层，榫头仅允许沉积厚度不大，对材料机械疲劳性能不影响的抗氧化涂层或不用涂层，叶尖喷涂抗氧化高温耐磨封严涂层。

7.2 海洋船舶及装备

由于海水中含有大量的氧气、微生物及盐分，这些因素为高腐蚀提供必要条件，造成特别严重的海洋腐蚀现象。海洋工程材料会面临大量腐蚀，使船舶和工程结构的可靠性与安全性遭受巨大的挑战，并影响其使用寿命，因此，海洋工程材料均需要具有一定的耐海洋腐蚀的性能。为了进一步提升材料表面耐腐蚀性，降低海洋腐蚀导致的损失，表面技术被广泛地用于海洋工程材料，以全面保障海洋设备的安全性及可靠性。

（1）水工闸门表面防护

作为水利工程的重要组成部分，水工钢闸门长期工作在日光暴晒、干湿交替等条件下，不仅会受到各种水质、气体和水生物侵蚀，还会受到各种漂浮物的冲击摩擦，极易发生锈蚀，降低承载能力，缩短使用年限，影响水利工程的运行安全。因此，需要对水工闸门采取有效的防腐措施，以确保水利工程的安全运行。

目前，水工钢闸门防腐措施主要有两大类：其一是覆盖保护层，即在钢闸门表面涂镀覆盖层，将金属基体与腐蚀介质（氧、液体及水生物等）隔离，以避免发生化学腐蚀或电化学腐蚀，包括涂料保护、金属喷镀等；其二是采取电化学保护，即采取一定的方法供给适当的保护电流，使水工闸门表面积聚足够的电子而成为阴极，实现阴极保护。

采用覆盖的方式对水工钢闸门进行腐蚀防护的基础是覆盖层材质和涂镀工艺的选择。通常，金属锌层能够为水工闸门涂层提供稳定抗腐蚀的基底，进而可提高外覆涂料层的寿命；外层涂料则可隔绝锌金属层与介质的接触，避免腐蚀介质对内层及基材的腐蚀破坏，从而发挥最佳的协同效应。例如，在近海水工钢闸口，通常采用电弧喷涂锌外加封闭层的方法对其进行腐蚀防护。

（2）海洋腐蚀材料表面设计

海洋环境条件恶劣，设施腐蚀严重，不同材料在海洋大气环境中的腐蚀程度及腐蚀类型有所不同。为了提高船舶及海洋工程装备的抗海洋大气环境能力，研究人员在不同的基体材料上实施了多种表面处理工艺，并在海洋大气环境下开展了试验，优选了出耐蚀性强的材料及工艺，为海洋设施合理选材、延缓腐蚀、减少腐蚀提供了技术参考。

以船用雷达天线为例，有研究以各种天线材料（铝材、钢材和铜材）作为试样，通过多种表面镀覆工艺对其表面进行处理，见表 7-1。并将表面覆盖不同镀层的材料在西沙海洋大气环境中暴露 1 天后，发现铝镀银、铝镀镍、钢镀镍、钢镀铬、铜镀银和铜镀镍等试样出现严重腐蚀；而经过阳极氧化、铬酸阳极化、化学氧化后涂漆处理后的铝基材以及镀锌镍合金的铜材表面仅有极轻微腐蚀或无腐蚀，详见表 7-2。

表 7-1　船用雷达天线材质与表面处理工艺

基材	表面处理工艺	基材	表面处理工艺
铝及铝合金	防锈铝材无表面处理	铝及铝合金	铝材电镀银厚 15μm 以上
	铝材化学氧化		铝材化学镀镍厚 20μm 以上
	铝材阳极氧化		铝材氧化后涂聚氨酯漆
	铝材铬酸封闭	钢	钢/电镀镉厚 20μm 以上彩色钝化
	铝材铬酸阳极化		钢/电镀锌厚 20μm 以上彩色钝化

续表

基材	表面处理工艺	基材	表面处理工艺
钢	钢/电镀镍厚20μm以上	铜及铜合金	铜/电镀银
	钢/电镀铬厚20μm以上		黄铜/电镀银厚15μm以上氧化
	钢/电镀锌镍合金彩色钝化		铜/电镀锌镍合金彩色钝化
	不锈钢/钝化		黄铜/电镀银厚15μm以上氧化
铜及铜合金	黄铜/电镀镍厚20μm以上		黄铜/电镀锌镍合金彩色钝化

表7-2　西沙海洋腐蚀环境下不同镀覆层的适应性

基材环境适应性	铝及铝合金	钢	铜及铜合金
海洋环境适应性强	铝材氧化后涂聚氨酯漆	钢/电镀镉厚20μm以上彩色钝化	铜/电镀锌镍合金彩色钝化
	铝材阳极氧化	钢/电镀锌镍合金彩色钝化	黄铜/电镀锌镍合金彩色钝化
	铝材铬酸阳极化		
海洋环境适应性弱	铝材电镀银厚15μm以上	钢/电镀镍厚20μm以上	黄铜/电镀镍厚20μm以上
	铝材化学镀镍厚20μm以上	钢/电镀银厚20μm以上	黄铜/电镀银厚15μm以上氧化

（3）船舶和海洋工程结构表面防腐功能设计

船舶和海洋工程结构一般面积较大，涉及设施部件较多，包括船舶船体、集装箱、输油管线、海上平台以及混凝土结构等，且对防海洋腐蚀性能要求高，为了满足各部位的防腐蚀要求，需要针对性地采取表面防腐技术。

从性价比考虑，船舶和海洋工程结构表面防腐采取的首要措施就是涂料涂装。按照防腐对象和腐蚀机理来说，海洋防腐涂料可以分成钢结构防腐涂料和非钢结构防腐涂料两种。前者主要有船舶涂料，集装箱涂料，钢铁设施、输油管线以及海上平台等大型设施的防腐涂料，后者主要有海洋混凝土结构防腐涂料以及其它的防腐涂料。海洋腐蚀防护的过程中，使用的重防腐涂料主要是环氧类、聚氨酯类、橡胶类、氟树脂类、有机硅树脂类以及富锌等类型的防腐涂料。从涂料的使用情况来说，涂料主要有底漆、中间漆以及面漆三种类型，在底漆中主要是富锌底漆、热喷涂铝锌；中间漆中性能最优异的是环氧云铁和环氧玻璃鳞片；在面漆中主要有聚氨酯和乙烯树脂等。随着海洋事业的发展，在海洋重防腐涂料的发展中，环保、节能、节约资源等是必然趋势。在低表面处理防锈涂料，可以减少表面处理带来的压力，同时避免预处理造成的环境污染，节约大量的维修成本。防锈颜料和涂料发展中，无铅无铬化是未来的主要发展方向。

海洋工程结构很容易因为飞溅的海洋浪花，出现被腐蚀的现象，这是因为飞溅浪花中含有较高的盐分，钢结构等金属长时间遇到高盐度水花，就会被腐蚀。基于此，可以选用包覆防腐蚀技术，通过将腐蚀介质进行切断与隔离，来控制浪花盐分对海洋工程结构与船舶的腐蚀。我国对于此防腐蚀性技术的开发，是借鉴日本的相关技术，其中蒙乃尔合金对于飞溅浪花腐蚀的控制和隔离，主要是基于化学角度所研发的防腐蚀技术。此外，在海洋工程结构与船舶防腐蚀技术开发中，可以从材质改性或者腐蚀表面清理的角度考虑，同时还可以将电化学防腐蚀技术进行创新与拓展，逐步运用到船舶的不同结构中，从根本上实现对海洋工程结构与船舶的防腐蚀保护。

（4）海洋设施防污、防生物附着的功能设计

海洋工程设施如船舶、钢桩、平台以及管线等设施长期浸泡在海水中，这些海洋工程设

施不仅受海水腐蚀，还容易黏附贝壳、海藻、海草以及各种海洋微生物，造成生物污损。据统计，危害海洋设施的海洋生物有2000多种，当这些海洋生物接近海洋设施表面时，会发生表面接触、增强附着以及一系列的繁殖生长扩大。例如，藤壶等污损生物附着于船舶底部，会造成船壳污损、船舶航行阻力增大，从而使得航速降低、能耗加大，因此，对海洋装备底部附着生物的防除，经济意义重大。

防污涂料是一种特殊的海洋涂料，能够阻止海洋生物附着在海洋装备表面，保持船舶或者海洋工程结构的光滑和清洁。在防污涂料中通常添加相应的防污剂，但传统的防污剂存在污染、不稳定、不易降解等问题而被禁止使用。探究生物附着的本质，加强防污材料的研发非常重要，生物附着的本质是在材料的表面和其分泌的附蛋白结合的过程中，了解其吸附的原理，是解决海洋生物附着的关键。污损生物存在多样性的特点，其附着机制非常复杂，黏附蛋白和表面的结合是其附着的必要条件。因此，在发展环境友好材料时，应当从控制微生物和材料表面接触入手，降低其附着力。

从能量角度来说，表面能决定了海洋生物在材料表面的附着强度，海洋设施表面能越低，海生物附着越困难。通常，海洋防污涂料以有机硅或有机氟等低表面能树脂为基料，配以交联剂、添加剂及其它助剂组成的体系。根据基料的不同可将海洋防污涂料分为有机硅涂料、有机氟涂料以及硅氟树脂涂料，有机硅涂料是以硅橡胶或有机硅树脂为基料，有机氟涂料则包括高氟含量氟化聚氨酯涂料和低氟含量涂料。

此外，导电涂膜技术也是一种常用的环保型海洋防污技术，其原理是在接触海水的金属材料上，先涂覆绝缘膜层，然后在绝缘膜上再涂覆导电性膜层。将这种复合膜层作为阳极通以微小电流，此时海水在阳极膜层表面上会被电解，使得膜层表面由次氯酸离子覆盖，从而防止微生物、藻类、贝类等海洋生物的附着。

（5）船舶设备表面修复技术设计

钢铁材料是现代船舶的主要结构材料，海浪、海流、潮汐都会对船体材料产生反复的冲击作用，加之附着生物等对腐蚀过程产生的加速作用，船舶材料在海洋环境下极容易发生腐蚀破坏。腐蚀不仅会造成船体壁厚减薄，甚至使船体局部区域出现深坑乃至穿孔，极大降低船舶结构的强度；腐蚀还会与外加交变应力综合作用，造成腐蚀疲劳，引发构件断裂，导致事故发生。由于腐蚀损伤常常发生于局部区域，对损伤方面的修复是一种提升安全性及经济性的重要手段。

传统的修复技术主要有电镀、热喷涂、电弧堆焊、等离子弧堆焊、激光熔覆等。电镀技术能够修复零件的厚度有限，且由于电镀废液的处理非常困难而饱受诟病，在很多城市，电镀修复技术被列为淘汰技术。热喷涂技术由于涂层与基体的结合属于机械结合，结合力差，涂层容易脱落，其应用也受到很大的限制。电弧堆焊和等离子弧堆焊，由于热输入大，零件变形严重，容易造成修复的零件因尺寸超差而报废。所以迫切需要研究和开发新的零件修复技术，这不仅对民用船舶行业具有重要的意义，对我国的舰艇等国防工业也具有非常重要的意义。

激光熔覆技术是近年来迅速发展的一项新的修复技术，具有非常独特的优点。首先去除零件表面的腐蚀层，通过在受损零件表面添加新的合金粉末，利用高能密度的激光束使合金粉末与零件基体熔合在一起，在零件表面形成呈冶金结合的熔覆层。激光熔覆修复技术具有以下突出的优点：①激光熔覆修复层与零件基体是冶金结合，结合强度高；②激光熔覆时激光的光斑小，热量输入非常集中，零件整体受热少，零件不易变形；③激光熔覆时对基体的影响小，热影响区小，不会造成零件本体的损伤；④涂层的稀释程度低，基本保证了涂层的性能与粉末的性能一致；⑤在激光熔覆修复中可方便地改变使用的合金粉末，实现激光熔覆修复中合金粉末的更改，使涂层具有功能梯度的变化；⑥可供激光熔覆修复使用的合金粉末种类多，可根据需要进行合理选择。

7.3 电力设备

(1) 汽轮发电机转子表面修复

汽轮发电机转子是汽轮发电机组的重要部件。大型汽轮发电机组的轴系由多根转子组成，并由多道轴承支撑着，转子轴颈及轴承的状况和性能直接影响了汽轮发电机组的安全稳定运行。

造成汽轮机转子轴颈损伤的因素包括三个方面。①轴颈润滑油的选择及供给问题。汽轮机组正常运行时，需要有一定流量的润滑油供入轴承，以维持转子轴颈在轴瓦内的高速旋转，避免轴颈与轴承合金表面发生干摩擦。同时，轴瓦与轴颈的间隙中流过的润滑油可以将轴颈高速旋转中摩擦产生的热量及时带走，防止轴承温升过高。润滑效果与润滑油膜的厚度、轴承荷载、结构形式、润滑油黏度、转速等因素有关。在实际使用过程中，若润滑油供给周期、供给方式以及润滑油选择不合理，极可能造成轴承发生磨损并造成轴颈表面的损伤。②润滑油品质发生改变。典型的润滑油品质的变化包括润滑油中水分及颗粒杂质的增多、润滑油 pH 值变化等，润滑油品质劣化会导致轴颈和轴承的损坏。润滑油品质的劣化原因可能包括投产安装过程中滞留的杂质，也可能是由于汽轮机轴封系统不完善、润滑油注油器气蚀等问题，造成的润滑油中进水，颗粒杂物进入油系统等问题，会使油质指标变差。③设计、调试及安装问题造成的汽轮机润滑系统缺陷。

在实际应用中，通常采用各种表面技术对汽轮机转子表面损伤进行修复，表面修复的工艺主要有电刷镀、微束等离子弧堆焊、电火花表面涂覆、振动电弧焊接、激光熔覆等，上述技术的优缺点见表 7-3。

表 7-3　损伤轴颈修复的表面技术比较

修复工艺	优点	缺点
电刷镀	工艺成熟，可供选择的镀层材料多，可修复较深以及较大面积的损伤，且所获得的镀层中残余应力小，该技术对基材表面金相组织无影响，不会造成二次破坏	结合强度低于冶金结合强度，需手工打磨修整，劳动强度高、工作效率低、加工精度不稳定。不适宜修复损伤程度较深，或受损较浅且遍布于整个表面的拉痕
等离子弧焊堆	堆焊在微区内快速进行，能量集中，对基材的影响较小，设备小，现场施工，灵活方便，可机加工	易发生焊接变形，热影响区域残余应力较高，易产生裂纹，操作不当易产生咬边、气孔、热裂纹等缺陷
电火花表面涂覆	冶金结合，强度高、工件表面温升低	涂覆层浅（一般为 0.02～0.05μm），残余应力较大，热影响区有组织相变
激光熔覆	熔覆金属冷却速度快，熔覆层可进行机加工	修复部位有较大内应力，易产生裂纹等

(2) 发电厂设备表面防腐

1）锅炉表面防腐

电厂锅炉是产生、容纳并向汽轮机提供蒸汽的设备，随着发电设备技术发展，目前新投产的锅炉以“超临界锅炉”和“超超临界锅炉”为主。由于高温高压下的蒸汽作用，锅炉在使用过程中极易受到高温氧化及高温热腐蚀而引起损伤。导致锅炉发生热腐蚀的因素较多：其一，燃煤品质不高，其中含有大量氧/硫化物及碱金属化合物等杂质，在燃烧时会使燃烧器内部产生腐蚀性物质，加速锅炉热腐蚀的速率；其二，锅炉内部长期处于高温状态，大量未完全燃烧产物会对锅炉内部产生冲刷，损伤会加剧。

采用表面防护技术在锅炉表面施加各种防腐涂层是缓解锅炉高温腐蚀的有效途径之一，包括耐腐蚀金属层及陶瓷涂层。其中耐蚀金属层，在早期有热喷涂 Ni-Cr 合金涂层及 Fe-Cr-Al 型合金涂层，具体的热喷涂技术有电弧喷涂、超音速火焰喷涂、火焰喷涂、等离子喷涂及高速电弧喷涂等，此类热喷涂合金涂层与锅炉基材的界面结合强度较高，具有较好的耐热腐蚀和抗热疲劳性能。耐高温纳米陶瓷涂层则被认为是一种抑制锅炉受热面和炉衬发生沾污结渣和高温腐蚀最为有效的方法，高温陶瓷材料具有惰性和高温耐腐蚀性能，其制备方法有热喷涂法、气相沉积法等，Al_2O_3 和 SiO_2 是常用的高温陶瓷涂层的基质材料，高温陶瓷涂层除了提供锅炉表面耐高温腐蚀性能外，还具有一定的耐热震及抗沾污等特性。

2）燃煤电厂脱硫脱硝设备表面防护

在燃煤电厂，发电过程是先将煤炭破碎制成煤粉，然后通过煤粉风机将煤粉送至粗细粉分离器，经分离器分离后的合格煤粉送入锅炉燃烧发电。煤炭燃烧后必然产生灰粉、煤渣及硫化物、氮化物等污染气体。为了达到环保要求，燃煤电厂配备了脱硫脱硝装置，对污染气体及部分粉尘进行化学转化和沉降等环保处理。在上述过程中，物料输送设备（风机、各种泵及管道等）中的物料（如煤粉、灰粉、灰渣、灰浆等）势必会对设备造成腐蚀和磨损。此外，不同的设备部位中物料的形态也不同，既有可能是固态粉体，也有可能是固液混合以及固液气三相混合。

针对上述脱硫脱硝设备内壁的腐蚀和磨损问题，采用表面技术制备陶瓷/聚合物复合膜层是有效的解决途径。例如，在无缝钢管内部首先制备一层陶瓷膜层作为中间层，然后再施加一个聚合物纤维层作为管道内表面最外层膜层，其中，中间层作为抗磨耐蚀骨架层，内壁的聚合物膜层则主要起防腐、防结垢作用。

7.4 现代交通领域

（1）交通设备零部件磷化处理

金属材料表面磷化处理在汽车行业被广泛使用，通过磷化处理形成的磷化膜不仅可以作为装饰性与防腐蚀膜层的底层，也可以提供一定的减摩及耐磨性能。目前，金属表面磷化处理工艺的发展趋势更高效、更经济、更环保。

不同的汽车零件需要有针对性地选择使用合适的磷化处理工艺，如活塞环、车桥齿轮及紧固件等的表面处理一般采用磷化工艺，但是各零部件表面性能的要求不同，因此相应的磷化工艺需要作相应的调整。

1）活塞环的磷化

发动机活塞环需要具有耐磨、耐高温及耐腐蚀性能，活塞环磷化处理可以提高活塞环的防锈和储油性能，表面磷化后的活塞环具有优良的抗黏结性、减摩润滑和防腐储油性能。

活塞环的磷化工艺包括高温磷化和中温磷化，其中，前者形成的膜层较厚且具有较高的耐磨性，后者形成的膜层晶粒细小，且耗能小。活塞环磷化处理存在的主要问题是磷化膜色泽不均、表面粗糙度超标、膜层过薄或过厚等，活塞环磷化处理对零件基材的表面状态、预处理质量、处理液的总酸度与游离酸度的比例、杂质含量及工艺时间等有严格的要求。

活塞环磷化工艺流程包括：脱脂、酸蚀、磷化、钝化、烘干等。

2）紧固件的磷化

螺栓表面磷化处理的主要作用是减摩防腐，紧固件磷化后一般要浸涂防锈油，磷化膜的储油性能和防锈油的质量对最终使用性能有较大影响。与活塞环磷化相比，紧固件磷化处理所使用的槽液组分更简单，工艺范围相对更宽，工艺维护的时间更短，生产成本更小。但紧固件磷化处理对基材的预处理质量、总酸度与游离酸度的比例和槽液杂质含量有较高的要求。紧固件常采用锌盐高温磷化处理，其工艺流程包括：脱脂、酸洗、表面调整、磷化、烘干、浸防锈油等。

3）车桥齿轮的磷化

车桥齿轮磷化的目的主要是减摩降噪，相对来说，车桥齿轮对磷化膜的晶粒尺寸及性能的要求相对较低，且工艺流程最为简短，所用槽液的维护和操作相对更加简单。通过磷化处理，可以在齿轮表面上生成均匀的深灰色磷化层，该磷化层具有较高的表面硬度以及较低的摩擦系数，有助于齿轮的顺利磨合，并降低齿轮运转噪声。与此同时，在装配后的车桥中加入润滑油，润滑油会覆盖在齿轮表面，并储存在磷化膜的空隙处，从而提供较好的防锈性能。在车桥齿轮磷化处理工艺中，齿轮表面预处理质量、处理槽液中杂质含量及磷化处理的工艺时间等参数的控制相对简单，但对总酸/游离酸的比值要求相对严格，需要经常对其进行检测。

车桥齿轮一般采用锰盐高温磷化工艺，其工艺流程为上料→脱脂→水洗→酸洗→磷化→水洗→烘干→下料。

（2）汽车车身涂装

早先的汽车涂装多采用手工除锈、手工刷涂，逐步才发展为工业化涂装生产线。1966～1985年，我国采用阳极电泳涂装、氨基面漆“湿碰湿”喷涂漆化工艺、表面活性剂清洗、红外辐射烘干和静电喷涂涂装等，其中20世纪70年代在“二汽”建成的生产线标志着我国汽车已进入阳极电泳涂装阶段。1981～1985年我国又引进浸式磷化处理、阴极电泳水旋式喷漆室、推杆式运输链等，表明我国进入阴极电泳、磷化处理阶段。

汽车车身、货箱、底盘、发动机、电气设备及塑料件等都需要涂装。涂装技术包括洁净的前处理电泳生产线，高洁净的涂胶线、面漆返修线，超高洁净的中涂和面漆喷涂室。采用三涂层体系（3C3B），即电泳底漆、中间涂层、面漆，达110～130mm的底漆采用美国的第四代（ED4）阴极电泳涂料，中间层多采用氨基或聚氨酯涂料，面漆多采用三聚氰胺-醇酸树脂面漆和丙烯酸树脂面漆，以金属闪光漆为主。

就车身装饰和防腐蚀体系而言：①采用浸镀锌钢板；②采用三元磷化液进行磷化，然后进行铬酸盐钝化处理；③阴极电泳底漆；④喷涂中间漆；⑤喷涂面漆。从而构成一个完整的保护体系，既美观又耐蚀，可保证6年不出现腐蚀，10年内不出现穿孔腐蚀。

（3）汽车零部件表面防护与强化

有些钢铁构件，由三酸钝化改为单一钝化。将工件经彩色钝化后，再用强化钝化液进行处理，称为强化钝化，形成的钝化膜耐中性盐雾超过200h，已用于散热器主片、吊耳总承、制动软轴支架等数十种零件。

20世纪80年代，东风汽车公司开发了锰系细晶磷化工艺，后又开发出了中温锰系细晶化工艺；20世纪90年代又开发了磨配磷化处理，该磷化膜结晶细致，耐蚀性良好，已用于轿车和载重车的活塞环、挺杆、齿轮等工件。

近十年来，先后在HT200铸模和铝模上采用化学镀、刷镀和复合镀工艺做了大量修复强化技术处理，模具寿命提高50%，脱模性好而且还提高了零件的光洁度。电镀Ni-W-P合金、Ni-Fe-P合金、Co-W-P合金等，显著提高了模具表面的硬化和耐磨性能。

20世纪70年代，采用喷丸强化解决了汽车气阀弹簧和变速箱倒挡齿轮的早期断裂问题。滚压强化使6102DZ球铁曲轴抗弯疲劳极限提高到152%，比同型35CrMo锻钢曲轴高54%以上。

发动机凸轮轴等零件通常采用离子渗氮工艺处理（500℃渗氮3h），经离子渗氮处理后零件表面硬度可达650～720HV，其耐磨性和抗刮擦性能可显著提高。汽车发动机缸体缸套采用激光表面淬火处理后表面硬度可达680～750HV，激光表面淬火后可在零部件表面形成硬化层，并可降低摩擦系数，使缸套与活塞之间的润滑性能得到改善，从而使耐磨性提高25%～30%，缸套寿命延长25%～40%，与之匹配的活塞寿命则可延长40%～46%。

离子镀TiN涂层技术广泛应用于汽车工业用的各种加工刀具，包括齿轮滚刀、花键滚刀、插齿刀、圆盘拉刀、圆形样板刀等。经该技术处理后的刀具可大幅提升寿命，并取得了良好效果，例如，经离子镀TiN涂层技术处理后的剃齿滚刀的使用寿命可提高2.0～2.5倍；经处理后的加工轴类零件的花键滚刀的使用寿命可提高3～4倍。离子镀TiN涂层刀具具有以下优点：①切削速率增加，节约生产时间；②降低被加工零件表面的粗糙度；③延长刀具寿命，减少生产消耗；④减少换刀次数，减少停工工时。

采用火焰喷涂技术在轿车变速箱从动齿轮表面加涂铝基涂层，其表面硬度可达700～1025HV，不仅替代了传统的防磨锥盘，而且提高了齿轮的耐磨性。

7.5 电子设备

（1）表面微细加工技术

早在20世纪70年代中期，离子注入已被用于微电子电路的表面改性，采用离子注入取代热扩散工艺进行表面精细掺杂，从而使半导体从单个管子加工而发展为平面集成电路加工。随着离子注入掺杂水平的提高及掺杂程序的增加，芯片上元件的集成度越来越高，存储能力越来越大，促进了大规模、超大规模集成电路的发展。VCD、DVD光盘的出现与发展，在制作技术上更得益于真空蒸发镀膜技术的成熟与发展。现代薄膜技术的不断发展，提高了信息存储密度。要达到10^{12} bit/cm^{2}的水平，需要超高信息存储密度用的有机复合薄膜。没有现代化表面技术的飞跃发展，这是不可能想象的。这是从微电子器件发展到纳米电子器件的又一次重大飞跃，需要研究新效应、新概念、新材料、新技术，其中就有复合薄膜加工制作与检测技术。例如，用真空热壁法沉积成纳米尺度的m-NBMN/DAB复合薄膜（m-NBMN为强有机电子受体，DAB为电子给体），用扫描隧道显微镜（AFM）和扫描隧道显微镜（STM）写入和读出。

镀ITO的导电玻璃已广泛用于液晶显示器，已从手表、时钟、计算器逐步发展到计算机终端显示、移动电话显示、各种仪器仪表显示、电视机以及通信系统等大面积显示器。我国ITO导电玻璃的生产规模已达250万m^2，正远销西方发达国家和东南亚一带。随着数字技术将取代模拟技术，液晶平板显示器必将取得更大发展。

近几十年来微电子技术的迅速发展，使人们的生产和生活发生了重大变化。所谓微电子技术，就是制造和使用微型电子器件、元件和电路而能实现电子系统功能的技术。它具有尺寸小、重量轻、可靠性高、成本低等特点，使电子系统的功能大为提高。这项技术是以大规模集成电路为基础发展起来的，而集成电路又是以微细加工技术的发展作为前提条件的。自1958年世界上出现第一块平面集成电路以来，集成电路集成度不断提高：从一个芯片包含几个到几十个晶体管的小规模集成电路，到包含几千、几万个晶体管的大规模集成电路(LSD)，再到包含几十万、几百万、几千万个晶体管的超大规模集成电路（VLSL)，然后又从特大规模集成电路（VLSI）向吉规模集成电路（GSI或称吉集成）进军，GSI可在一个芯片上集成几亿个、数十亿个元器件。由此可见，一个芯片上的集成度实现了飞速变化，而这样巨大的变化应归功于高速发展的微细图形加工技术。

微电子技术的发展除了不断提高集成度之外，还不断提高器件的速度。要发展更高速度集成电路，一是要把集成电路做得小，二是使载流子在半导体内运动更快。提高电子运动速度的基本途径是选用电子迁移率高的半导体材料。例如砷化镓等材料，它们的电子迁移率比硅高得多。另一类引人注目的材料是超晶格材料，它是通过材料内部晶体结构的改变而使电子迁移率显著提高的。如果把一种材料与另一种材料周期性地放在一起，比如把砷化镓和镓铝砷一层一层夹心饼干似的生长在一起，且每一层做得很薄（达几个原子厚度)，就会使材料的横向性能和纵向性能不一样，形成很高的电子迁移率。原来认为工业生产这种超晶格材料很难，但是由于分子束外延（MBE）和有机化学气相沉积（MOCVD）等生产超薄层表面技术的发展，超晶格材料的制作工艺取得了重大突破。

当晶体管本身的速度上去后，在许多情况下集成电路延迟时间的主要矛盾会落在晶体管与晶体管之间的引线（互联线）上。要降低引线的延迟时间，可采用多层布线，减少线间电容。据估计，多层布线达8～10层时，才能使引线对延迟时间的影响不起主要作用。多层布线是一项重要的微细加工技术。

目前全世界集成电路（IC）的品种多达数万种，但是仍然不能满足用户的广泛需要。用标准IC组合起来很难满足各种不同的用途，同时增加了IC块数、器件的体积和重量，并且可能降低器件的性能和可靠性，于是专门集成电路（ASIC）便应运而生。ASIC的生产，例如采用门阵列的方式，把门列阵预先设计制作在半导体内，然后根据需要进行第二次布线，做成需要的品种。这种方法可以做到多品种、小批量生产，周期短，成本低，使超大规模集成电路的应用范围大大扩展。

综上所述，表面微细加工技术是微电子技术的工艺基础，并且对微电子技术的发展有着重大的影响。

1）微机电系统加工制造的特点

微机电系统（microelectro mechanical system，MEMS)，即微型机电系统，它结合了微电子技术与微型机械技术，是将微型机构、微型传感器、微型执行器、信号处理与控制的电路、接口、通信、电源等集成于一体的微型器件。

MEMS的产品设计包括器件、电路、系统、封装四部分。它的加工技术有：LIGA加工、光刻加工、超声波加工、等离子体加工、电子束加工、离子束加工、激光束加工、机械微细加工、微机电系统的封装等。虽然，这些加工技术包括非微细加工和微细加工两类，但是MEMS的加工核心是微细加工。

MEMS的制造过程可有两条途径：一是“由大到小”，即用微细加工的方法，将大的材料割小，形成结构或器件，并与电路集成，实现系统微型化；二是“由小到大”，即采用微纳尺度的分子、原子组装技术，把具有特定性质的分子、原子，精细地组成纳米尺度的线、膜和其它结构，进而集成为微系统。

MEMS具有体积小、重量轻、能耗低、惯性小、谐振频率高、响应时间短等优点，同时能把不同的功能和不同的敏感方向形成的微传感器阵列、微执行器阵列等集成起来，形成一个智能集成的微系统。

MEMS涉及电子、机械、光学、材料、信息、物理、化学、生物学等众多学科或领域。它既能充分利用微电子工艺发展起来的微纳米加工和器件处理技术，又无需微电子工业那样巨大的规模和投资，因此今后会取得巨大的进展。目前，半导体加工尺度从几纳米几十纳米到几百纳米，印刷电路板加工尺度为几十到几百微米，两者之间有未覆盖的空白区，而MEMS的加工尺度一般为几微米至几十微米，正好填补这个空白区，因而将会产生新的元件功能和加工技术。MEMS通过特有的微型化和集成化，可以探索出一些具有新功能的元器件与集成系统，开创一个新的高技术产业。

2）微机电系统的现状与发展

MEMS器件的研制始于20世纪80年代后期。1987年，美国研制出转子直径为60～120μm的硅微静电电机，转子与定子的间隙为1～2μm，工作电压为35V时，转速达15000r/min，该电机主要采用刻蚀等微细加工技术，在硅材料上制作三维可动机电系统。近几十年来，MEMS技术与产品在全世界获得了迅速的发展，主要表现在如下方面。

① 微型传感器。例如微型压力传感器、微型加速度计、喷墨打印机的微喷嘴、数字显微镜的显示器件等，已实现产业化。

② 微型执行器。微型电机是典型的微型执行器，包括微开关、微谐振器、微阀、微泵等。

③ 微型燃料电池。如先在硅晶圆上用4次光刻工序做成互连结构；然后用干法蚀刻，在硅晶圆上开孔，制成燃料 H_2 的供应口；最后，用光刻技术形成高100μm左右的同心圆状筒结构，形成三维电极，并在筒内充满聚苯乙烯（PS）微粒的胶体溶液，使其干燥以形成PS微粒堆积物。

（2）印刷电路板表面功能的设计与实现

在实际电路设计中，完成原理图绘制和电路仿真后，最终需要将电路中的实际元件安装在印刷电路板（printed circuit board，PCB）上。原理图的绘制解决了电路的逻辑连接，而电路元件的物理连接靠PCB上的铜箔实现。PCB通常以绝缘基板为基础材料，通过在其上面设计导电图形及通孔或盲孔（如元件孔、机械安装孔及金属化孔等），实现元器件之间的电气互连。

随着中、大规模集成电路出现，元器件安装朝着自动化、高密度方向发展，对印刷电路板导电图形的布线密度、导线精度和可靠性要求越来越高。为满足对印刷电路板数量上和质量上的要求，印刷电路板的生产也越来越专业化、标准化、机械化和自动化，如今已在电子工业领域中形成一门新兴的PCB制造工业。在生产上除大量采用丝网漏印法和图形电镀-蚀刻法（即减成法）等工艺外，还应用了加成法工艺，使印制导线密度更高。目前高层数的多层印制板、挠性印制电路、金属芯印制电路、功能化印制电路都得到了长足的发展。

作为PCB中的重要材料，铜在空气中很容易氧化，铜的氧化层对焊接有很大的影响，很容易形成假焊、虚焊，严重时会导致焊盘与元器件无法焊接，因此PCB在生产制造时，会在焊盘表面涂（镀）覆上一层物质，保护焊盘不被氧化。喷锡、沉锡、沉银、化学镀镍/浸金、电镀金等手段被开发以实现焊盘防氧化需求。喷锡工艺曾经在PCB表面处理工艺中处于主导地位。20世纪80年代，超过四分之三的PCB使用喷锡工艺，但过去十年以来业界一直都在减少喷锡工艺的使用，估计目前有25％～40％的PCB使用喷锡工艺。喷锡工艺制程环保性较差，且在密度较高的PCB中，喷锡工艺的平整性将影响后续的组装。

由于喷锡工艺的平整性问题，20 世纪 90 年代化学镀镍/浸金工艺使用很广；后来由于黑盘、脆的镍磷合金的出现，化学镀镍/浸金工艺的应用有所减少，不过目前几乎每个高技术的 PCB 厂都有化学镀镍/浸金工艺线。该工艺主要用在表面有连接功能性要求和较长的储存期的板子上，如手机按键区、路由器壳体的边缘连接区和芯片处理器弹性连接的电性接触区。考虑到除去铜锡金属间化合物时焊点会变脆，相对脆的镍锡金属间化合物处将出现很多的问题。估计目前有 10%～20%的 PCB 使用化学镀镍/浸金工艺。化学镀镍/浸银工艺比化学镀镍/浸金工艺便宜，如果 PCB 有连接功能性要求并需要降低成本，化学镀镍/浸银是一个好的选择，其具有良好的平整度和接触性，在通信产品、汽车、电脑外设方面应用得很多，在高速信号设计方面也有所应用。由于化学镀镍/浸银具有其它表面处理所无法匹敌的良好电性能，也可用在高频信号中。

(3) 电子产品外观设计

随着移动互联网时代的到来，电子产品的普及率越来越高，尤其是随身携带以及日常学习、工作所使用的电子产品也越来越丰富，因此，对于电子产品的多层次的需求越来越强烈，其中就包括电子产品的外观设计。电子产品的外观平庸或者与其它产品雷同，往往难以取得消费者的喜爱。随着电子产品行业竞争性的增强，电子产品的外观设计需求与压力也在逐渐增大，这就需要选择并合理使用表面处理技术。因此，创新的外观设计为吸引消费者提供了广阔的机遇。面对激烈的市场竞争，电子产品的外观设计需要积极应对挑战。在满足功能要求的同时，将外观设计、产品工艺、色彩和文化有机融合，实现电子产品的时尚、人性化、个性化和娱乐化，这成为未来电子产品外观设计的新趋势。

电子产品的外观设计正在经历传统工艺和材料与新兴工艺有机结合的阶段。传统的电子产品外观设计主要依赖于材质如 ABS、电镀、电铸、五金件、橡胶件、透镜等以及效果如皮纹、蚀纹、丝印、镭雕紫外线等的配合。近年来，新兴工艺和材料如模内装饰技术（IMD）、模内贴标（IML）、铝合金、镁合金、不锈钢等与传统工艺相结合，为电子产品的外观设计带来全新的可能性，使其朝着多元化的方向发展。特别是 IMD、IML 等新材料具有高清晰度、出色的立体感和表面耐划伤的特点，可以随意改变设计造型和图案，从而提升产品的美观外观，展现完美异型结构的优势，使电子产品的外观设计得到进一步的提升。

铝合金材料广泛应用于电子产品外壳装饰件。为了改善外观效果，开发人员设计了多种表面技术，包括拉丝、阳极氧化染色、喷砂和高光加工等。其中，铝板拉丝是一种修复工艺，也可以起到美观的作用。根据效果的不同，可以得到直纹、乱纹、波纹和螺旋纹等不同的拉丝纹路。通常情况下，先进行拉丝处理，然后再进行电镀。直纹拉丝是通过机械摩擦方法在铝板表面形成直线纹路。连续的直纹可以通过使用百洁布或不锈钢刷在铝板表面进行水平直线摩擦来实现。通过更改不锈钢刷的钢丝直径，可以获得不同粗细的纹路。乱纹拉丝通过将铝板在高速旋转的铜丝刷下前后左右移动来获得一种无规则、无明显纹路的亚光丝纹。这种加工对铝或铝合金板的表面要求较高。波纹通常是在刷光机或摩擦机上进行的。通过上部磨辊的轴向运动，在铝或铝合金板表面进行磨刷，可以得到波浪式的纹路。旋纹也称为旋光，是使用圆柱状毛毡或研石尼龙轮装在钻床上，利用煤油调和抛光油膏对铝或铝合金板表面进行旋转抛磨而得到的一种丝纹。它主要用于圆形标牌和小型装饰性表盘的加工。

铝合金的阳极处理是通过电流作用在金属表面形成一层氧化物膜。这种处理可以使铝合金表面丰富多彩、色泽优美、电绝缘性好，且耐磨、耐腐蚀性能优异。阳极氧化处理后的铝合金可以通过染色来获得不同的颜色效果。常见的染色方法有吸附染色、电解染色和热转印染色等。吸附染色是将铝板浸泡在染色液中，通过染料颗粒吸附在氧化层表面来实现染色效果。电解染色是在染色电解液中施加电流，使得染料离子在氧化层上析出形成染色层。热转印染色是将热转印纸与铝板表面贴合，通过热压的方式将染料转移到铝板上。

喷砂是一种通过高速喷射磨料颗粒对铝合金表面进行磨砂处理的方法。喷砂可以在铝板表面形成一种细腻的颗粒状纹理，增加了铝板的触感和质感。喷砂可以根据磨料的种类和处理参数的不同，实现不同的表面效果。选择正确的喷砂处理方法可以在很大程度上解决铝材表面的常见缺陷。

近年来备受青睐的高光处理实际上可视为一种后续精加工工艺，而非预处理。这种处理方法主要应用于具备高度光泽和经过特殊粗细刀刻纹处理的零件，利用光线折射原理，能够显著提升装饰效果。高光切削是一项在计算机数字控制机床（CNC）上采用特殊刀具进行快速切削的技术，以使标牌和其它装饰部件获得高度光亮表面。在切削过程中，由于产生的热量会在铝合金表面形成一层氧化膜，从而保护加工表面并确保其长期保持光亮。

7.6 光学设备

光学薄膜由于具有卓越的附着力和稳定的光学性能，在各类光学系统中得到广泛应用。其应用领域包括但不限于眼镜镀膜、手机、计算机、电视机的液晶显示屏、LED 照明、精密光学设备等。光学薄膜具有质量轻、相对低成本的特点，目前已渗透到我们生活的方方面面，不断提升我们的生活品质。

光学薄膜是一种关键的光学元件，在各种材料如光学玻璃、光学塑料、光纤和晶体表面制备一层或多层薄膜，通过利用薄膜内部光的干涉效应，改变透射光或反射光的强度、偏振状态和相位，从而在现代光学仪器和器件中发挥着关键作用。自 20 世纪 30 年代以来，光学薄膜已广泛应用于各个领域，包括日常生活、工业、天文学、军事、宇航、光通信等，对国民经济和国防建设产生了重要影响，因此受到了科技界的广泛重视。随着新兴技术的不断发展，对薄膜技术提出了新的挑战和需求，进一步推动了光学薄膜技术的进展。

在光学薄膜领域中，各种先进的薄膜制备技术不断融入光学薄膜制备的方法。这些技术的应用不仅扩展了可用于光学薄膜的材料范围，还极大地提升了光学薄膜的性能和功能，从而为其未来的发展提供了广泛而深远的前景。以下将介绍几种常见的光学薄膜制备方法。

（1）物理气相沉积法

物理气相沉积法（PVD）可简述为在高真空环境中对薄膜材料进行加热，使其蒸发成蒸气，然后将蒸气沉积到相对低温的基底表面，形成所需薄膜的工艺。高真空环境的选择是出于以下原因：薄膜材料在沉积过程中不会与大气中的活性气体发生反应，同时，蒸气分子在高真空环境中不受气体分子的碰撞干扰，因此能够直接到达基底表面。在实际的薄膜沉积过程中，需要准确控制众多工艺参数，通常涉及多个领域，包括真空技术、材料科学、精密机械制造、光电技术、计算机技术和自动控制技术等。

（2）离子束辅助沉积法

离子束辅助沉积法（IBAD）是一种在进行气相沉积涂覆薄膜的同时，通过高能粒子对薄膜表面进行轰击，以影响薄膜表面环境，从而改变薄膜的成分和结构的过程。这种将离子辅助与反应蒸发法结合的涂覆技术可实现在相对低温下进行薄膜涂覆，以改善薄膜的微观结构和力学性能，并增强薄膜与基底之间的附着力，从而提高薄膜的综合性能。然而，由于离子束轰击基底的能量束流密度不均匀，以及高能离子可能引起的反溅射等因素，使得离子束辅助蒸发技术在生产应用中存在一些限制。通常情况下，对于 ZnS 和 MgF_2 等软膜，采用离子辅助技术后，薄膜的附着性明显改善，但无论是对于软膜还是电子束蒸发法制备的氧化物硬膜，在抵抗激光损伤方面的效果不太显著。

（3）反应离子镀膜法

这一技术是利用热阴极弧源来引发薄膜材料的离子发射，从而在镀膜室内形成等离子体。部分蒸发的膜料被离子化，并在工件架形成的电场作用下传输到基底上。这些带有一定动能的离子状态薄膜材料粒子随后与反应气体结合并沉积成膜。由此形成的膜层与玻璃基片之间具有强大的结合力，同时薄膜的硬度和耐摩擦性能也得到显著提升。因此该技术在光学薄膜领域引起了研究人员的广泛兴趣。然而这项技术的设备成本相对较高，对于进一步提升其抗激光损伤性能的潜力仍需深入研究。

（4）气相混合蒸发法

气相混合蒸发法是一种利用两个电子枪同时蒸发两种不同材料的技术，同时使用两个石英监测器分别监测每个枪的沉积速率，通过混合气相的方式来制备折射率逐渐变化的薄膜。这种光学薄膜可以作为某些基片材料的单层增透膜，以替代原本需要多达几十层的多层薄膜，从而改善薄膜的微观结构，提高膜层的强度，并且允许制备具有逐渐变化的折射率的薄膜。这一技术消除了传统方法产生的薄膜与空气（或基片）之间的急剧界面，取而代之的是渐变界面，从而增强了附着力，减少了界面吸收。此外，渐变界面的热导率高于普通薄膜界面。这种非均匀薄膜已成为薄膜光学的重要分支，它颠覆了传统薄膜的设计方法，以此实现了传统薄膜所无法达到的出色光谱性能。同时，人们希望它能极大地提升薄膜元件的抗损伤性能，预计可提高约 20%，因此引起了广泛的研究兴趣。

（5）溶胶-凝胶法

溶胶-凝胶法是一种制备无机材料薄膜或复合材料薄膜的方法。该方法采用金属醇盐或其它无机金属盐的溶液作为前驱体，在低温下通过水解、聚合等化学反应，首先形成溶胶，然后进一步形成具有特定空间结构的凝胶。最后，通过热处理或减压干燥，在相对较低的温度下制备所需的无机材料薄膜或复合材料薄膜。溶胶-凝胶法可用于制备各种光学膜，例如高反射膜、减反射膜等。此外，该方法还可以用于制备光导纤维、折射率梯度材料、有机染料掺杂型非线性光学材料等。随着进一步的研究，溶胶-凝胶法与自蔓延法的结合能够制备出一些传统方法难以制备的新型纳米材料。

7.7 生物医用

生物医用材料，又被称为生物材料，是一类高科技新材料，用于诊断、治疗、修复或替代人体组织、器官或增强其功能。生物医用材料是一个与材料、生物学和医学等相关学科交叉的广泛学科领域，是现代医学中生物技术和生物医学工程的重要基础。根据材料的组成和结构，生物医用材料可以分为医用金属、医用高分子、生物陶瓷、医用复合材料和生物衍生材料等不同类型。根据临床用途，生物医用材料可以用于骨科、心脑血管系统修复、皮肤覆盖、医用导管、组织黏合剂、血液净化和吸附等医用耗材，软组织修复和整形外科材料，牙科修复材料，植入式微电子有源器械，生物传感器、生物和细胞芯片以及分子影像剂等临床诊断材料，以及药物控释载体和系统等。

虽然生物医用材料的开发已经取得了巨大的成功，但在长期的临床应用中也暴露出一些问题，主要体现在功能性、免疫性和服役寿命等方面不能很好地满足临床需求。当生物医用材料植入体内与机体接触时，首先发生的是材料表面与体内蛋白质/细胞的相互作用，即材料表面对体内蛋白质/细胞的吸附和黏附。传统材料的主要问题在于对蛋白质/细胞的随机吸附和黏附，包括蛋白质的变性吸附，引发炎症、异体反应和植入失效。控制材料表面对蛋白质的吸附，以及对细胞行为的影响，是控制和引导其生物学反应，避免异体反应的关键。因此，深入研究生物材料的表界面，发展表面改性技术和植入器械表面改性，是改进和提高传统生物医用材料性能的主要途径，也是发展新一代生物医用材料的基础。

（1）生物医用纳米颗粒表面的两性离子化设计

随着纳米科技和现代医学的结合，纳米医学获得了迅猛发展，为多种疾病的诊断和治疗提供了新思路和新途径。纳米医学主要通过纳米颗粒作为载体来实现相应的诊断和治疗目标。纳米颗粒具有与其自身不同的物理化学性质，具有与蛋白质等生物大分子相似的尺寸，能够实现生物成像、生物检测、药物控释和基因传递等多种医学功能。

然而，纳米颗粒在临床应用需要满足多个严苛条件。首先，纳米颗粒本身需要具有结构稳定性，并且能够在复杂的生理环境中保持分散，以维持纳米效应所必需的纳米尺寸。其次，在面对复杂的免疫系统时，纳米药物还需要具备“隐身”功能，即能够抵制蛋白质的非特异性吸附，从而逃离网状内皮系统的识别，延长在体内的循环时间，增大纳米载体到达病灶的机会。对肿瘤而言，实体瘤组织具有高通透性和高滞留效应，因此纳米药物载体具有长期循环功能和适当尺寸的选择富集于肿瘤组织的特点。

（2）生物医用材料表面功能微结构的超快激光构建

利用超快激光在生物材料表面制造微纳结构，以模拟细胞外基质的真实形貌来控制细胞的生物学行为，是提高材料生物相容性的有效手段。然而，传统的微纳米加工方法在结构灵活性、加工效率和成品率等方面存在一定的缺陷，极大地限制了生物医用材料表面微结构制备技术的发展。近年来，超快激光技术已成功应用于生物医学领域，通过使用超快激光制造微纳米级别尺寸的材料，改善了材料的生物相容性。加工技术与其他生物材料微细加工技术对比，如表 7-4 所示。

表 7-4　生物材料微细加工技术对比

加工方法	优势	劣势
磨料水射流加工	可经济高效地加工脆硬材料 热影响小	加工深度不易精确控制
超声加工	适合硬脆材料加工 热影响小	加工速率低 不适合深孔加工
离子束加工	沉积速率可控	设备成本高
电火花加工	可用于复杂形状的加工 加工质量高	热影响大 仅适用于高导电材料 设备成本高
电子束加工	可加工微型组件	加工速率低 对工件尺寸有限制
超快激光加工	可对几乎所有材料进行复杂轮廓加工 加工精度高 清洁环保 可选择性加工	设备成本高

当生物材料与人体组织直接接触时，首先进行细胞黏附。研究结果表明，微纳结构表面能够为细胞提供比平面表面更好的附着点。一项研究使用波长为800nm、脉宽为15fs、频率为1000kHz的飞秒激光对硅片表面进行辐照，通过改变激光的能量密度，得到了具有不同表面粗糙度的锥形结构。研究发现，在粗糙度比为2.6的情况下，纤维细胞对表面具有最佳的黏附性。不同类型的细胞具有不同的生长特性，因此对最佳黏附粗糙度的要求也会有所差异。

血管支架植入是治疗动脉硬化等血管疾病的有效方法。然而，血管支架植入后常常会出现血栓、再狭窄等并发症，这是由血小板过度增殖所引起的。通过利用超快激光对支架表面进行修饰，可以控制细胞在支架表面的黏附，进而有效避免并发症的产生。通过控制快速激光的脉冲宽度、频率、波长等参数，可以构建出具有不同深度、结构周期、粗糙度的微纳结构，研究发现，微纳结构的周期和深度增加会降低细胞的黏附性。同时，微结构表面也不容易让血细胞黏附，从而减少凝血的机会，提高了血管支架的血液相容性。

（3）医用钛合金表面防护技术

1）医用钛合金的微弧氧化

微弧氧化钛合金在医疗材料领域有着广泛的应用。作为植入材料，钛合金具备一定的生物相容性，可用于人工关节、牙科种植体以及心脏起搏器和心脑血管支架等方面。但是，医用钛合金目前在使用过程中需要具有更好的耐腐蚀性、生物相容性，并使其具有一定的抗菌性能，来避免术前和术后的感染，减少抗生素的使用。为了解决这些问题，对医用钛合金的表面改性处理是一种不错的方式。

微弧氧化是一种环保的表面处理技术，是在阳极氧化的基础上发展而来的，通过利用弧光放电来增强并激活在阳极上发生的反应，从而在以铝、钛、镁等金属及其合金为材料的工件表面形成高品质的强化陶瓷膜。这种方法是通过在工件上施加电压，利用特有的微弧氧化电源，使金属与电解质溶液相互作用，从而在工件表面形成微弧放电，在高温、电场等环境条件下，金属表面形成陶瓷膜，形成的微弧氧化涂层可以使钛合金具有更强的耐腐蚀性，其多孔结构可以负载抗菌药物，使钛合金具有一定的抗菌性能。

通过对β型钛合金即Ti-29Nb-13Ta-4.6Zr合金（TNTZ）进行微弧氧化（MAO），不仅可以提高其抗菌性能，还可以提高其在体液中的生物活性。在甘油磷酸钙、乙酸钙和硝酸银的混合物中通过微弧氧化处理在TNTZ上形成了表面氧化层，通过表面分析得到，其表面具有的多孔氧化物层主要由氧化钛组成，还含有钙、磷和少量的银，这些均是从电解液中引入的。经MAO处理的TNTZ对厌氧革兰氏阴性菌表现出很强的抑制作用。在模拟体液中浸泡一定时间后，样品表面磷酸钙的形成可以确定其是否具有相应的生物活性。经过MAO处理的TNTZ样品上形成了厚厚的磷酸钙层，而未经处理的TNTZ上没有观察到沉淀。钛基合金的MAO处理被证实在实现抗菌和生物活性方面非常有效的。

2）钛基生物相容性涂层技术

钛合金由于其较好的生物相容性，在人工关节、牙科中的种植体以及心脏起搏器、心脑血管支架等医疗领域有着广泛应用。但是钛及其合金不能满足所有的临床要求。将这些材料移植到骨组织上，耦合关节表面之间的高应力集中和直接摩擦会导致磨损碎片的释放，从而限制植入物的使用寿命。如果将铝、钒离子引入人体组织，合金将失去其生物相容性，其中钒离子具有细胞毒性作用，铝离子可引起神经系统疾病。植入式钛合金表面覆盖的天然氧化层具有生物惰性、相对较弱的抗疲劳性等。因此，为了改善其生物、化学、力学和摩擦学性能，通常会进行表面改性。

阴极电弧蒸发真空沉积（CAE-PVD）是合成具有受控性能涂层的一种改善钛合金缺陷的有效工艺。通过CAE-PVD在钛合金上开发了TiN生物相容涂层。这类涂层具有优异的耐腐蚀和侵蚀性、无毒和优异的生物活性。通过对涂层的微观结构观察、压痕测试、划痕测试来表征涂层。结果显示其具有致密和均匀的形态以及重要的力学和界面性能。TiN涂层的硬度为15.04GPa。与医疗植入物常用材料相比，摩擦学性能也得到了极大的改善，摩擦系数和磨损率非常低。

（4）医用镁合金表面防护技术

1）镁合金阳极氧化涂层

镁合金是一种新型材料，在生物医学领域具有广泛的应用前景。它可以用作心血管支架、骨科内固定材料等。但在骨科中使用时，存在一些风险：表面的快速和不均匀腐蚀以及氢气的产生和局部pH值的升高一直是其在生物医学应用的障碍。应用适当的表面改性技术在镁合金表面制备涂层来解决以上问题成为研究的热点，阳极氧化技术是一种被广泛使用的表面处理技术。

阳极氧化易于操作、耗时少、成本低，将合金等金属置于适当的电解液中，并作为阳极，在外加电流的作用下，使其表面生成含有抗菌物质、提高生物相容性和促进成骨物质的氧化膜。可以弥补镁合金表面的快速和不均匀腐蚀以及过度产氢和局部pH升高等在应用中的缺陷。

因为氟化物可以有效地保护表面免受腐蚀，因此被广泛用于在镁基材表面形成保护层。同时通过在氟基阳极氧化层掺入钛酸盐可以减少镁合金的快速降解。涂层可以溶解出氟化物和镁离子，氟化物可以促进成骨因子的生成。从涂层释放出来的镁离子可显著提高基材的抗菌性能。钛酸盐阳极氧化镁合金（Ti-AMg）的制备是一种简便的解决方案，可以克服植入物的细菌感染、过快腐蚀导致的力学性能丧失和局部pH升高等问题，并具有所需的生物学功能，包括骨向内生长和生物相容性。

2）镁合金表面电泳沉积涂层

镁及合金应用于骨植入材料领域主要面临两个大问题：免疫调控反应及细菌感染。在植入材料生物相容性较差的情况下，免疫调控反应往往会出现。而细菌感染是镁及其合金在临床应用过程中所面临的一个主要挑战。

电泳沉积（EPD）是一种涂层制备技术，在电场的作用下，将带电粒子沉积在电极（金属基材）表面，形成均匀的薄膜。通过电泳沉积（EPD）技术在合金表面制备涂层，可以赋予镁合金基材抗菌性能，使其具有抗菌性能，改善术前术后的细菌感染问题，还可以改善基材的生物相容性，减轻人体的免疫排斥反应。

为了减少镁合金的降解，提高其抗菌活性，满足骨植入材料应用的特定要求，在镁合金表面通过电沉积构建壳聚糖（CS）/氮化硼纳米片（BNNS）复合涂层。BNNS均匀嵌入显著改变了CS涂层的形态和粗糙度。电化学和浸泡测试表明，CS-BNNS复合涂层可以有效地为基材提供长期保护。抗菌活性结果表明，BNNS显著提高了CS涂层对大肠杆菌和金黄色葡萄球菌的抗菌活性。同时，细胞相容性试验表明，CS-BNNS涂层对小鼠成骨细胞的黏附和增殖无不良影响。因此，制备的CS-BNNS复合涂层在镁基骨植入物的表面改性中具有广阔的应用前景。

（5）低温等离子表面处理技术

在生物材料使用过程中，当生物材料和活体相接触时，材料内一些低分子物质如增塑剂、稳定剂、引发剂和未反应的单体等渗出会对人体产生许多不良的反应。为此必须保证材料表面生物相容性好，并要具有一定的屏障层，以防止这些有害物质渗入体内或血液内。纯合成材料是不能同时满足这些要求的。

低温等离子表面处理技术为干法改性工艺，操作简单，处理速度快，无污染、无耗材，对材料表面的作用在数十至数百纳米范围内，不会损伤材料基体。等离子体是由大量带电粒子和中性粒子组成的一种准中性气体，在实验室里一般是通过气体放电产生的。利用等离子表面处理技术在金属生物材料表面接枝聚合亲水性的功能团对生物医用材料进行表面改性或合成表面膜，可有效解决生物相容性问题。用等离子表面处理技术在材料表面接枝氨基或亲水性高分子膜后，后续再利用等离子表面处理将活的生物分子固定在生物材料的表面，从而提高材料表面活性。

Anton M. Manakhov 等人通过在沉积 TiCaPCON 层的同一真空室中进行 CO_2/C_2H_4 等离子体聚合，沉积羧酸等离子体聚合物薄层，进一步增强了 TiCaPCON 表面的生物活性。沉积实验在 2～4Pa 的低压下使用 $Ar/C_2H_4/CO_2$ 射频等离子体进行。由此产生的 TiCaPCON-COOH 样品被用于进一步的表面功能化以赋予杀菌特性。$Ar/CO_2/C_2H_4$ 等离子体将提供含有羧基的稳定层，对 TiCaPCON 层具有良好的黏附性。COOH 基团和带负电荷的表面会使羟基磷灰石层生长。经抗菌实验和细胞相容性实验，发现 TiCaPCON 上负载 Ag、庆大霉素（GM）或肝素（Hepa）而形成的薄膜具有细胞相容性，对耐抗生素大肠杆菌 K261 菌株表现出优异的杀菌效率。TiCaPCON-COOH 和 TiCaPCON-Ag-COOH-GM 薄膜也能够维持相对高水平的成骨细胞增殖并显著减少细菌菌落单位的数量。通过在钛合金表面制备薄膜，赋予了钛合金较好的抗菌性能，且具有较好的生物相容性水平。

(6) 应用于生物医学的物理气相沉积（PVD）涂层

PVD 磁控溅射（PVDMS）是在 20 世纪 70 年代被发现的，以一种高速真空镀膜而闻名，该方法用于在厚度范围为 0.04～3.5μm 的金属材料表面上沉积薄膜。其中源目标被来自惰性气体的离子轰击。正离子（通常在工业过程中使用氩气）是通过在靶（阴极）和衬底（阳极）之间点燃的等离子体产生的。有报道称，从阴极区逸出的电子在电场中被加速，撞击靶材表面，动能被转移到目标原子上，进而在基板表面形成薄膜。如果将反应气体（例如氧气或氮气）掺入氩气中，则可以通过 PVDMS 沉积多种复合涂层，例如氧化物和氮化物。

物理气相沉积（PVD）可精细控制材料纳米结构，从而提高硬度和耐磨性，机械强度、生物相容性和抗微生物活性也可以通过构建多层膜来实现。PVD 以高黏附强度和结合治疗离子的方式可以促进生物磷灰石特性的体现。该工艺还可对聚合物生物材料和可生物降解金属（如镁基合金）进行表面改性，在这些材料上构建纳米结构离子取代钙磷涂层，从而显著提升其耐腐蚀性和生物相容性。

钙磷涂层主要通过 PVDMS 以薄涂层的形式沉积，以改善骨形成并增强生物材料与其周围骨骼之间的结合强度。通过磁控共溅射在钛基材上制备厚度为 600nm 的含硅羟基磷灰石 Si-HA 薄膜（Si 质量分数为 0.8%），经过体外细胞培养表明，人类成骨细胞在所有薄膜上附着并生长良好，在热处理后的 Si-HA 薄膜上观察到细胞生长和矿化迹象。此外，在薄膜上产生了许多焦点接触，并且细胞具有肌动蛋白细胞骨架组织。经试验表明，沉积和热处理的 Si-HA 薄膜具有出色的生物活性，在需要快速骨附着时是很好的候选者。此外，与生理条件下的沉积膜相比，热处理的 Si-HA 膜具有较好的生物稳定性。

（7）用于血液接触装置的抗血栓肝素涂层

生物材料成分、改性和涂层的应用已改善了患者在手术过程中血栓形成方面的治疗效果。但是，凝块形成的风险仍然是所有类别的血液接触医疗器械中的重大问题。器械引发的血栓形成对患者具有局部和全身性后果。医疗器械内的血栓形成可能导致器械故障并需要临床重新干预。血栓也可能脱离并穿过脉管系统，对关键组织和器官的血流造成危及生命的障碍。血液接触医疗器械如用于血液透析或体外循环的导丝、导管和回路线路，以及长期血液接触器械，包括血管通路移植物和永久性植入式器械，如支架、移植物、心脏瓣膜、左心室辅助装置（LVAD）和人造心脏等。为了提高永久植入和短期血液接触装置的抗血栓性能，需对血液接触材料进行表面改性以减少血栓的形成。

肝素是一种生物活性分子，肝素化涂层已被广泛应用。因为肝素能够结合并诱导抗凝血酶的构象变化，从而显著加速其抑制 FXa、凝血酶和其它有助于血栓形成的蛋白酶的能力。利用体外和体内重复共价组装和拆卸表面结合的生物分子成分的方法在血液接触材料表面制备肝素化涂层，通过控制其固定或释放，可减轻局部血栓形成和炎症反应。

血管移植产品 Dacron InterGard® Heparin（InterVascular）和 Gore® Propaten® 移植物（WL Gore）使用 Carmeda® BioActive Surface（CBAS®）改性肝素与表面的单一共价端点连接，可保留分子结构和溶剂可及性。在体外，CBAS® 改性聚合物可抵抗血流回路中的凝血。该技术已在一项前瞻性随机临床试验中得到证实，CBAS® 改性 ePTFE 移植物与未改性移植物相比，可将血管移植物通畅率提高至 1 年。

（8）用于体外膜肺氧合装置（ECMO）长效抗凝血涂层

在众多的血液接触器械中，体外膜肺氧合装置（extra corporeal membrane oxygenation，ECMO）具有着举足轻重的作用。目前用于 ECMO 的抗凝涂层主要是仿细胞膜的磷酸胆碱涂层。磷酸胆碱（PC）作为典型的涂层材料具有特殊性，因为它存在于红细胞外膜表面，具备优良的生物相容性。虽然 PC 本身在预防 ISR（血管内再狭窄）方面没有显著效果，但可降低局部炎症反应，减少血栓形成的风险。PC 涂层内部存在多个大小和电荷不一的微小间隙，这种结构有利于药物以非共价方式结合，而且可以通过工艺设计和调控，使得这些间隙可适应不同分子量的药物。因此，PC 涂层被广泛用作药物释放支架的载体。此外，PC 涂层的另一个优势在于使用便捷，通常只需将 PC 涂层的支架浸泡在含有药物的溶液中数分钟，然后在空气中干燥即可使用。这使得临床医生在药物选择方面具有很大的灵活性。

（9）用于生物医学设备的阳离子涂层材料（AQTA）

通过单宁酸与烷基和季铵基团的共取代构建的阳离子涂层材料（AQTA）已用于抗菌和止血方面的医疗器械。通过简单的一步浸泡工艺实现稳定且含量可调的 AQTA 涂层，将高含量的 AQTA 涂覆在聚氨酯（作为医用导管的模型基材）上，实现了高血液相容性和体外/体内抗菌能力。AQTA 还可用于止血，如中等含量 AQTA 的功能化海藻酸盐敷料和纱布的改进，大鼠出血实验也进一步证实了 AQTA 涂层敷料的高止血性能。

（10）用于生物医学的多功能冷喷涂涂层

医疗植入物的理想特性包括机械相容性和生物相容性。金属植入物经常面临与硬组织的机械相容性问题。金属的杨氏模量通常远大于骨骼（10～30GPa）。因此用于替代骨的医用植入物的生物材料和涂层必须匹配或接近骨的杨氏模量，并避免宿主骨和植入物之间的不均匀应力分布（应力屏蔽效应）。

冷喷涂目前已用于在医疗环境中的外科植入物、医疗设备表面上沉积微纳米尺寸的金属或非金属颗粒以形成功能性涂层。如用于牙科、骨科、软组织和心血管植入物的涂层，改善组织整合、药物输送、伤口愈合和抗菌活性，以及规避异物反应。通过冷喷涂在 PEEK 植入物表面制备羟基磷灰石（HA）涂层可用于改善骨整合和锚固强度。使用 HA 珠粒原料沉积的粗糙涂层在生物界面处提供了较大的接触面积，HA 的亲水性有利于细胞黏附，并为骨骼生长提供合适的环境和长期植入物的稳定性。为最大限度地提高细胞黏附能力，必须优化表面形貌，构建一定的粗糙度。在这种情况下，冷喷涂工艺可提供材料表面粗糙特征，不规则的表面允许更好的细胞附着和增殖。在细胞骨架延伸的情况下通过免疫荧光图像观察到扁平的细胞形态，表明细胞生长成功并且细胞适应了涂层的形貌。

第8章

表面性能检测及标准化概况

从宏观到微观的产品表面性能测试和表面结构表征是表面技术和产品设计的重要组成部分。通过表面测试，我们可以正确、客观地评估每种表面技术实施后和实施过程中的产品表面质量。这不仅可以用于技术改进、复合和创新，以获得优质或具有新性质的产品，还可以预测所获得材料和零件的使用性能，科学分析服役过程中产品的失效原因。因此，掌握各种表面分析方法和测试技术，并结合各种表面的特性对其正确应用非常重要。

随着电测技术、真空技术、计算机技术和表面处理技术等先进技术的迅猛进展，各类显微镜和分析光谱仪不断涌现并得到不断改进。这些技术的快速发展为表面研究提供了优越的条件，使得我们能够准确获取各种表面信息。更为重要的是，这些技术的发展使得我们具备了从电子、原子和分子层面深入理解表面现象的能力。工程技术中的各种表面测试对于确保产品质量和分析产品失效原因非常重要。就表面分析而言，通常需要在分析之前对“大量的”或“广泛的”性能进行测量，对相关项目进行检测，这样做有助于对表面分析结果进行准确且合理的解释。经过多年的发展，一方面，表面分析显著提高了分析的层次与精度，功能上也有了较大的扩展。一些精密的分析仪器可以同时完成材料表面微观结构的表征和原位性能测试。另一方面，表面分析还可以观察、监控和分析加工进程本身，这对微细加工具有特别重要的意义。

如今，随着产品质量的不断提高，产品表面性能检测标准化也在快速发展。检测技术的标准化是不断提高产品质量、有效保障产品安全的保证，有利于产品的合理使用、维修和新产品的开发和发展。同时，标准化也是科学研究、生产和使用三者之间的桥梁，是推动产品表面技术进步的重要组成部分。高质量的表面检测标准已成为提高产品质量、推动创新技术和引领行业发展的重要抓手。基于此，本章在介绍产品表面性能检测技术的基础上，还介绍了各项性能检测技术标准化概况。

8.1 表面性能检测的类别、特点和功能

8.1.1 表面性能检测主要仪器

目前，用于表面分析的仪器主要有三种。一是显微镜，二是分析谱仪，三是显微镜与分析谱仪的组合仪器。组合仪器主要将分析谱仪作为显微镜的组成部分，它们可以在获得高分辨图像的同时获得材料表面结构和成分的信息。有的分析仪器可以观察和记录表面的变化过程，一些先进的分析仪器甚至可以同步完成材料表面微观结构的表征和原位性能测试。

（1）显微镜

肉眼和放大镜的分辨率很低，而光学显微镜可以放大并对微细部分成像，成为常用的分析工具。然而，由于受到可见光波长的限制，其最大分辨率为200nm，还远远不能满足表

面分析的需要。为此，一系列高分辨率显微分析仪器相继出现：基于电子束特性的电子显微镜，如透射电子显微镜、扫描电子显微镜等；基于电子隧穿效应的扫描隧道显微镜和原子力显微镜；基于场离子发射技术的场离子显微镜和场发射显微镜；基于声学的声学显微镜。其中有些显微镜的分辨率甚至可以达到约0.1nm，处于原子尺度水平。

（2）分析谱仪

分析谱仪利用各种探针激发源（入射粒子）与材料表面相互作用，产生不同的发射谱（出射粒子），随后对这些发射谱进行记录、处理和分析。

当前，分析光谱仪所使用的入射粒子或激发源主要包括电子、离子、光子、中性粒子、热能、电场、磁场和声波等八种。可以携带表面信息的粒子（即发射谱）包括电子、中子和光子。如果考虑激发源的能量、进入表面的深度以及伴生的物理效应等因素，还能衍生出多种检测手段。

通过分析谱仪检测出射粒子的能量、动量、荷质比、束流强度等特征以及频率、方向、强度、偏振等属性，能够获取有关表面的重要信息。例如表面元素组成、化学态、元素在表面的横向分布和纵向分布等，除此以外，还可以分析表面原子的排列结构、表面原子的动力学行为和受激态，以及表面电子的结构等特性。

8.1.2 依据结构层次的表面性能检测类别

为了全面描述材料的表面结构和状态，阐明各种表面特征，需逐层级地从宏观到微观进行分析和研究。这包括对表面形貌、微观结构、表面组成、表面原子排列结构、表面原子基态和激发态以及表面电子结构进行探究。

（1）表面形貌和显微组织结构

材料、部件、零件和组件经过加工处理或在外部条件下工作一段时间后，其表面的几何轮廓和微观结构将发生一定变化。通过肉眼、放大镜和显微镜的观察和分析，可评估加工处理的质量和失效原因，各种显微镜可用于在大范围内观察和分析表面形貌和显微组织结构。

（2）表面成分分析

当前，材料的组成可由多种物理、化学和物理化学综合分析方法来确定。举例而言，特征吸收光谱分析和特征发射光谱分析就是利用各种物质的特性光谱能够迅速而准确地分析材料的成分，特别是微量元素。另外，X射线荧光分析是一种被广泛采用的技术。该方法利用X射线的能量来轰击样品，产生波长大于入射光波长的特征X射线，然后通过分光技术来进行定量或定性分析。这种分析方法快速而准确，而且不会损害样品，适用于高含量元素的分析。然而，这些方法通常难以用于分析材料量较少、尺寸较小、不适合进行破坏性分析的样品，因此在表面成分分析方面存在一定的挑战。

如果所研究的表层厚度在微米量级，这种分析被称为微区分析。电子探针微区分析（EPMA）是常用的微区分析方法之一。这是一种X射线发射光谱分析技术，它利用高速电子直接轰击待分析的样品，不同于X射线荧光分析只进行一次X射线轰击。高速电子的轰击使得原子内层产生特定元素的X射线，通过分光后的波长和强度进行定性和定量分析。电子探针还可以与扫描电子显微镜结合使用，这意味着在进行微区成分分析的同时能够获得高分辨率的图像。

在现代表面分析技术中，通常将只有一个或几个原子厚度的表面称为“表面”，而较厚的则称为“表层”。在本书中，我们所提到的“表面分析”实际上包括两个方面：表面和表层。

要进行仅有一个或几个原子厚度的表面成分分析，需要采用更为先进的分析仪器。这类仪器利用各种探针激发源（入射粒子）与材料表面相互作用，产生各种发射谱（出射粒子），然后对这些谱进行记录、处理和分析。主要方法有俄歇电子能谱（AES）、X 射线光电子能谱（XPS）、溅射中性粒子质谱（SNMS）等。

（3）表面原子排列结构分析

晶体表面的原子或分子排列与其内部结构有着明显差异。在 4～6 层原子层之后，晶体表面的原子排列才开始逐渐接近体内的原子排列。除了在晶体表面可能存在的重构和弛豫现象外，还会出现台阶、扭折、吸附原子、空位等缺陷。这些情况仅涵盖了晶体表面的基本情况，实际的曲面结构可能更为复杂。表面吸附、偏析、化学反应以及加工处理等因素都会导致晶体表面结构的变化。

揭示许多表面现象和材料表面性质的关键在于对表面结构的准确测定。目前，常用的方法包括 X 射线衍射和中子衍射，用来确定晶体的结构。X 射线和中子具有很强的穿透能力，分别可达到几百微米和毫米级别。这两种辐射都是中性的，无法被电磁场聚焦，分析面积为毫米量级，因此很难从表面获得信息。与 X 射线和中子不同，电子与表面物质有很强的相互作用，但穿透力很弱，一般为 0.1μm 量级，而且，它们可以被电磁场聚焦。因此，电子衍射法常被用于微观表面结构分析，例如材料表面的氧化、吸附、污染等反应物的鉴定和结构分析。用于分析表面结构的方法有很多，包括低能电子衍射（LEED）、反射高能电子衍射（RHEED）、反射电子衍射（RED）和电子通道花样（ECP）等，这些都利用电子衍射效应。

此外，还有离子散射谱（ISS）、卢瑟福散射光谱（RBS）、表面灵敏扩展 X 射线吸收细微结构（SEXAFS）、角分解光电子能谱（ARPES）、分子束散射光谱（MBS）等其它方法，可直接或间接用于表面结构的分析。目前，一些先进的显微镜可以直接观察材料表面的原子排列和缺陷，例如高压电子显微镜（HVEM）、分析电子显微镜（AEM）、场离子显微镜（FIM）、场发射电子显微镜（FESEM）和扫描隧道显微镜（STM）等。

（4）表面原子动态和受激态分布

表面原子动态和受激态分布的研究主要通过对表面原子吸附、脱附、振动和扩散等过程中的能量或势能进行检测分析，获取表面信息。例如，热脱附光谱（TDS）是一种通过加热吸附在表面上的分子，加速它们的脱附过程，从而监测脱附过程中释放的气体种类及其动力学特性的技术。并且可以测量脱附速率随温度的变化，从而获取关于吸附状态、吸附热、脱附动力学等方面的信息。TDS 是研究解吸动力学、确定吸附热、表面反应顺序、吸附状态数和表面吸附分子浓度的最常用方法。与质谱法相结合，它也可用于测定解吸分子的成分。

此外，材料表面的原子振动与内部的振动方式不同。在完整的晶体结构中，振动通常涉及整个晶体。然而，在实际晶体中，一些局部振动模式可能存在于晶体缺陷附近。对于材料表面，由于晶体周期在这里中断，因此在表面附近可能存在一些局部振动模式。这些振动的振幅随与表面距离的增加逐渐减小，最终趋于零。这种表面振动影响着材料表面的光学、热学和电学性质，同时也会影响电子或其它粒子的散射过程。科学家们使用电子能量损失光谱（EELS）、红外光谱（IR）以及拉曼散射光谱（Raman）等技术来研究和分析这些振动现象。IR 和 Raman 主要是分子振动光谱。通过使用这些振动谱，我们可以通过研究表面原子的振动动力学来获得表面分子的键长、键角大小等信息，并根据获得的力常数推断分子的三维构型或间接获得化学键的强度。

（5）材料表面的电子结构分析

表面电子的能级分布和空间分布与体内电子存在显著差异，这是由于表面的电子受到不同的势场影响。特别是在距离表面几个原子层的范围内，存在着一些局部电子能级，被称为表面态。这些表面态在材料的电、磁、光学和其它性质，以及催化和化学反应等方面发挥着关键作用。

表面态主要分为两种类型。一种是本征表面态，它是由晶体内部的周期性势场在接近表面时突然中断所产生的电子能级。另一种是外部表面态，它是由表面附近的杂质原子和缺陷引起的电子附加能态。由于晶体的周期性势场在接近杂质原子和缺陷处会突然中断，而表面上的杂质原子和缺陷较内部更为密集，因此研究表面态显得尤为重要。

目前，半导体制备技术已经达到高水平，可生产出几乎没有杂质和缺陷的半导体材料。因此半导体的表面态相对较易观测和检测。然而，对于玻璃、金属氧化物和一些卤化物等材料，在其禁带中存在着由电子、空穴和各种色心引起的附加能级，这使得从这些能级中区分表面态变得相对困难。金属由于没有禁带，而且体内电子在费米（Fermi）能级附近的能级密度非常高，因此很难区分金属的表面态。尽管金属和绝缘体材料的表面态检测存在挑战，但随着分析仪器技术的不断发展，这些困难将逐步被克服。

用于研究表面电子结构的分析方法主要包括X射线光电子能谱（XPS）、角分解光电子能谱（ARPES）、场电子发射能量分布（FEED）和离子中和谱（INS）。XPS测量光辐射激发的轨道电子，这是现有表面分析方法中唯一可以直接提供轨道电子结合能的方法。紫外光电子能谱学（UPS）可以通过测量光电子动能分布获得表面相关的价电子信息。此外，XPS和UPS还广泛用于研究各种气体在金属、半导体和其它固体材料表面的吸附现象以及表面成分分析。

8.2 表面形貌及成分检测仪器和检测技术简介

8.2.1 电子显微镜

（1）透射电子显微镜（TEM）

当电子被加速到100keV时，其波长仅为0.37nm，约为可见光的十万分之一。因此，当电子束用于成像时，分辨率将大大提高。现在，电子显微镜的分辨率可以高达约0.2nm。

透射电子显微镜是一种广泛使用的电子显微镜。穿过电磁透镜的电子和穿过光学透镜的光之间存在类似的成像规则。如图8-1所示，电子枪、电磁透镜（双聚光透镜、物镜、中间透镜和投影透镜）、样品室和观察屏（底片盒）安装在高真空密封体内。电子枪由阴极（灯丝）、栅极和阳极组成。电子枪发射的高速电子通过冷凝器后平行于样品发射。样品应该处理得很薄，或者可以根据观察对象的表面将其复制成薄膜。通过样品散射的电子束被物镜、中间透镜和投影透镜放大，并在荧光屏上成像。物镜的后焦平面配有物镜孔径，可控制电子束的入射孔径角，从而获得最佳的图像对比度和分辨率。

（2）扫描电子显微镜（SEM）

扫描电子显微镜（SEM）使用直径在纳米级（7～10nm）的电子束在样品表面来回扫

描，并使用从样品表面反射的二次电子作为信号来调制显像管荧光屏的亮度，从而可以逐点、逐线地显示样本表面的图像。SEM 的优点是景深长、视野调整范围广、样品制备极其简单、样品可直接观察、对各种信息检测的适应性强，因此是一种实用的分析工具。扫描电子显微镜的分辨率可达 7～10nm。

图 8-2 是 SEM 的原理图。电子枪发射的电子束依次通过两个或三个电磁透镜的聚集，最后投射到样品表面的一个小点上。最终透镜上的扫描线圈用于使电子束进行光栅扫描。在电子束的轰击下，样品表面被激发以产生各种信号，例如反射电子、二次电子、阴极发光光子、导电样品电流、吸收样品电流、X 射线光子、俄歇电子和透射电子信号。这些信号是分析和研究样品表面状态和性质的重要依据。使用适当的检测器接收信号，放大并将其转换为电压脉冲，然后放大它们以调制同步扫描阴极射线管的光束亮度。因此，在阴极射线管的荧光屏上构建样品表面的放大特征图像，以研究样品的形态、成分和其它电子效应。

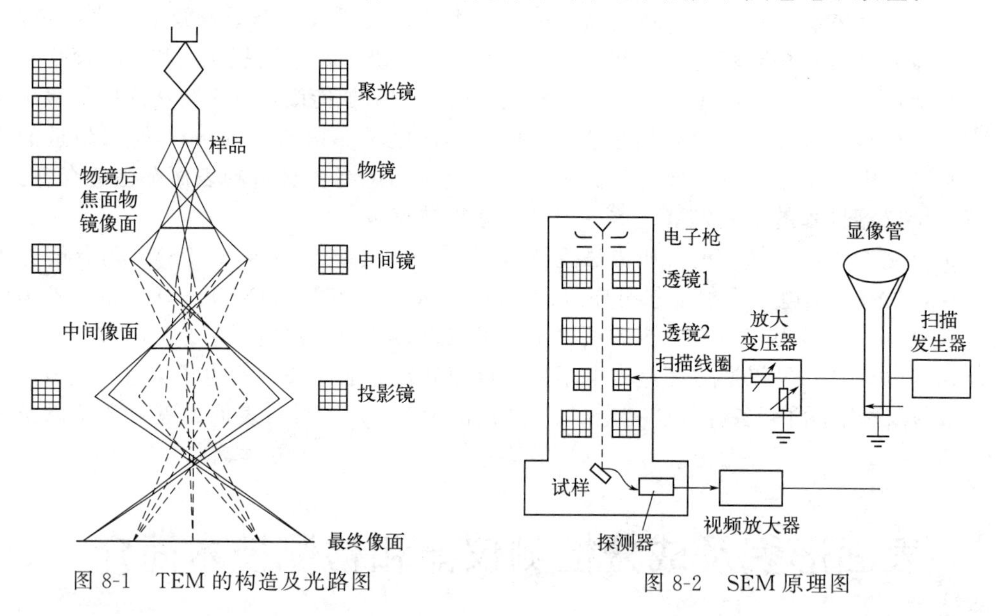

图 8-1　TEM 的构造及光路图

图 8-2　SEM 原理图

8.2.2　扫描隧道显微镜（STM）

扫描隧道显微镜（STM）利用导体尖端与样品之间的隧道电流进行原子尺度的扫描，通过精密的压电晶体控制导体尖端沿样品表面的运动。其工作原理基于量子隧穿效应，这种技术能够在原子层面上记录样品的形貌，获取其中的原子排列和电子结构等信息。

STM 设备主要由 3D 扫描控制器、样品逼近装置、阻尼系统、电子控制系统、计算机控制系统、数据采集和图像分析系统等组成。图 8-3（a）显示了 STM 的结构，其中 X、Y、Z 是压电驱动杆和静态初始调整位置框架；G 是样品架。在这些示意图中，圆圈表示原子，虚线表示电子云的等密度线，箭头表示隧道电流的方向。通过在 Z 压电杆上施加可调节的直流电压，可以将隧道电流调控在 1～10nA 之间的任意数值。在 X 压电杆上施加锯齿波电压，使得针尖在样品表面进行水平扫描，同时在 Y 压电杆上加锯齿波电压，实现垂直方向的扫描。当针尖位于原子上或原子间时，隧道电流将发生变化。隧道电流的变化与表面皱纹的移动相关，这种情况由电路自动调节。通过在记录仪上绘制随 Z 方向高度变化的行、帧扫描图像，可以获得样品表面的形貌图。

STM 具有多种成像模式，可通过扫描样品的运动轨迹呈现了样品表面上状态的电子密度分布或原子排列图像；也可以通过监测隧道电流与施加的偏置电压间的关系获取样品表面的电子结构信息；同时，根据隧道电流与间距的关系，还能测定样品表面局域势垒的变化。

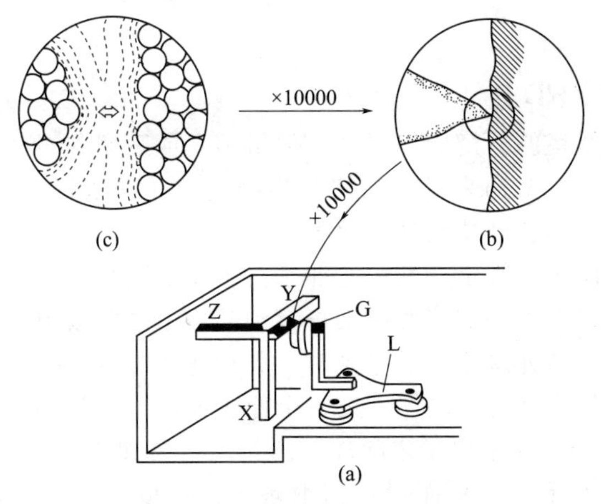

图 8-3　STM 结构原理图

8.2.3　原子力显微镜（AFM）

原子力显微镜（AFM）是一种新型的显微镜，它结合了 STM 的工作原理和针形轮廓仪的原理。如前所述，STM 是基于量子隧道效应工作的，当原子尺度的金属尖端非常接近样品并且存在外部电场时，即产生隧穿电流。该隧穿电流强烈依赖于设备探针尖端和样品之间的距离。例如，微小的 0.1 纳米尺度变化即可引起电流改变一个数量级，因此，通过监测电流，可以实现对样品表面的三维图像获取，具备原子级分辨率。STM 不仅能提供表面电子结构等信息，而且能在真空、大气、低温和液体环境下进行分析。但是，STM 仅适用于导体和半导体材料，因为其操作需要施加偏压。相较之下，AFM 使用带有固定端和另一端的针尖的弹性微悬臂来探测样品表面的形态。在扫描时，尖端与样品之间的微弱相互作用力，如范德华力和静电力，导致微悬臂的变形。这种变形是样品与尖端之间相互作用的直接测量，而且这种相互作用力随着样品表面形貌的变化而变化。AFM 采用激光束检测微悬臂梁的位移，从而获得原子级分辨率的样品形貌图像。AFM 无需施加偏压，因此适用于所有类型的材料，具有更广泛的应用范围。此外，AFM 还能探测多种类型的力，从而发展出磁力显微镜（MFM）、电动力显微镜（EFM）、摩擦力显微镜（FFM）等各种扫描力显微镜。

在 AFM 中，微悬臂通常具有 0.004～1.85N/m 的弹簧常数，而针尖的曲率半径约为 30nm。即便微小至 0.01nm 的微悬臂变形也能被检测到。激光束将这种微小变形反射到光电检测器上，形成 3～10nm 的激光点位移，由此产生一定的电压变化。通过测量检测器电压与样品扫描位置的关联，可以得到样品的表面形貌图像。

AFM 有三种不同的操作模式：接触模式、非接触模式和介于两者之间的轻敲模式。在接触模式中，针尖始终与样品接触，它们之间的原子和电子间存在库仑斥力。尽管接触模式能够生成稳定、高分辨率的图像，但是探针在样品表面上的移动以及针尖与表面间的黏附力，可能导致样品受到相当大的变形并且对针尖造成较大的损害，从而在图像数据中产生偏差。非接触模式通过控制探针在样品表面上方 5～20nm 的高度范围内扫描，检测到的范德华力和静电力等是一种不会损害成像样品的远程作用力，但其分辨率较接触模式低。实际上，由于针尖容易被表面的黏附力捕获，非接触模式的操作相当困难。在轻敲模式中，针尖同样与样品接触，其分辨率几乎与接触模式相当，但由于接触时间极短，样品几乎不受剪切力引起的损伤。轻敲模式中，针尖在接触样品表面时有足够的振幅（大于 20nm），能够克服针尖与样品之间的黏附力。目前，轻敲模式不仅适用于真空和大气环境，也在液体环境中得到广泛应用。

8.2.4 X 射线衍射（XRD）

当前，尽管电子显微镜的分辨能力很高，但最多只能观察到一些经过特殊制备的样品中的原子和晶体平面的图像。普遍来说，晶体结构的测定通常依赖于 X 射线衍射（XRD）和电子衍射方法，即所测量的基础数据是衍射数据。

X 射线管的结构如图 8-4 所示。在一个抽真空的玻璃管的一端装有阴极，当通电加热时，阴极产生的电子经过聚焦和加速作用，击打到阳极上。阳极内部的电子受到冲击而被释放出来，当高能态的电子填补这些电子空位时，就产生了 X 射线。这些 X 射线从 X 射线管的窗口射出，照射到晶体样品上，晶体中的每个原子或离子成为小散射波的中心。由于用于结构分析的 X 射线波长与晶体中原子之间的距离相当，再加上晶体内部质点排列的周期性，这些小散射波之间会相互干涉，从而形成衍射现象。可以证明，一束波长为 λ 的 X 射线，入射到面间距为 d 的（五组）点阵平面上，当满足布拉格条件 $2d\sin\theta = n\lambda$ 时就可能产生衍射线，如图 8-5 所示。

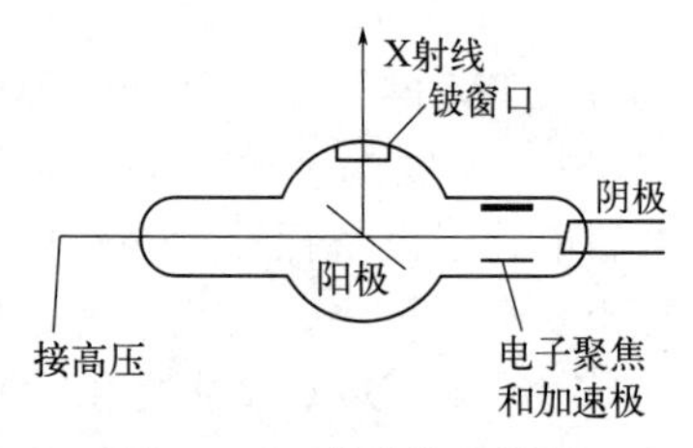

图 8-4　X 射线管的结构

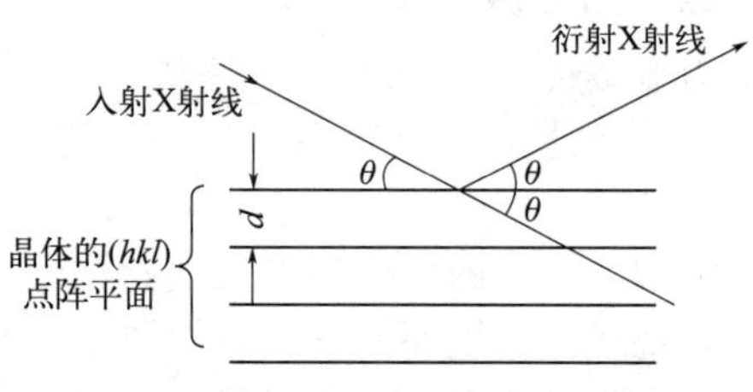

图 8-5　布拉格点阵

为了实现衍射现象，通常有三种主要方法。首先是劳埃法，即使用一束连续 X 射线沿着特定方向照射静止的单晶体。在这种情况下，X 射线的波长（λ）会连续变化，这意味着很多不同波长的 X 射线都可能与晶体的不同晶格面相满足布拉格条件，从而发生衍射现象。其次是转动法，使用单一波长的 X 射线照射单晶体，使得 X 射线与某个晶体轴垂直，并且通过旋转或回摆晶体来实现。最后是粉末法，这种方法将单色 X 射线照射到块状或粉末状的多晶试样上。由于这些小晶粒的取向各不相同，因此许多小晶粒的晶格面能够满足布拉格条件，引发衍射现象。记录衍射线的方法主要包括照相法和衍射仪法。

8.2.5 电子衍射

X 射线深入穿透固体，通常用于三维晶体和表面结构分析。电子和表面材料之间的相互作用很强，但穿透固体的能力很弱，且可用电磁场聚焦。因此，低能电子衍射法早在 20 世纪 20 年代就被提出，但在当时的一般真空条件下很难获得稳定的结果。直到 20 世纪 60 年代，由于电子技术、超高真空技术和电子衍射后的加速技术的成熟，低电子衍射在二维表面结构分析中的重要性大大提高。

低能电子衍射（LEED）是一种由弹性散射和电子波之间的相互干扰产生的衍射图案，使用极低能量的入射电子束（通常为 10～500eV，波长 0.05～0.4nm）。由于样品材料和电子之间的强烈相互作用，参与衍射的样品的体积在表面上通常只有一个原子层，甚至能量稍高的电子也只有 2～3 个原子层。因此，LEED 是目前研究固体表面晶体结构的主要技术之一。

低能电子衍射点排列的图案显示了单位网格的形状和大小，但原子的位置和吸附原子与基体之间的距离无法确定。因此，有必要分析各级衍射光束强度与电压之间的曲线，这种曲线被称为低能电子衍射谱。在实际分析中，入射电子束的方向通常是固定的，测量一定数量的衍射光束的强度随电子束能量的变化的数据。然后，将实验数据与根据特定模型计算的光谱进行比较，并调整原子的位置，以使两者最佳一致，从而可以确定表面原子的位置。

高能（超过 10keV）电子也会产生衍射，衍射穿透力更大，平均自由程为 2～10nm。为了分析表面结构，最好使用掠入射，而不是像 LEED 那样使用垂直入射。当高能电子束衍射（HEED）采用掠入射时，入射光束应覆盖约 1cm 长的表面，因此样品表面应平整。

LEED 有许多应用，如分析晶体表面的原子排列、气相沉积表面膜的生长、氧化膜的形成、气体吸附和催化、表面光滑度和清洁度、台阶高度和台阶密度等。LEED 使我们能够了解表面的一些实际结构和变化。

8.2.6 X 射线光谱仪和电子探针

（1） X 射线光谱仪

在 X 射线分析仪器中，除了主要用于晶体结构分析的 X 射线仪器外，还有用于成分分析的 X 射线荧光光谱仪。其基本原理是利用 X 射线作为外部能量源，照射在样品上，激发样品产生波长大于入射 X 射线的特征 X 射线，通过对这些特征 X 射线的光谱分析，可以对样品成分进行定性和定量分析。

图 8-6 是 X 射线荧光光谱的原理图。从 X 射线管发射的 X 射线击中样品，样品中所含元素的二次 X 射线（X 射线荧光）沿不同方向发射。只有通过准直器的一部分平行光束形成并投射到光谱晶体上。光谱晶体由 LiF 或 NaCl 等制成。它充当光栅或棱镜的分光器，并以不同波长的顺序排列混合有各种波长的二次 X 射线束。如果分光镜的旋转角度改变，探测器将相应地旋转 θ，投射在探测器上的 X 射线只能是一个（或几个）波长。因为光谱晶体的旋转角度，它在一定条件下对应于一定波长，因此角度 θ 是定性分析的基础。从探测器接收到的 X 射线强度对应于某个波长的 X 射线的强度，它代表样品中的原子数，因此这是定量分析的基础。X 射线荧光光谱仪具有分析快速、准确、对样品无损伤等特点，因此被广泛应用。

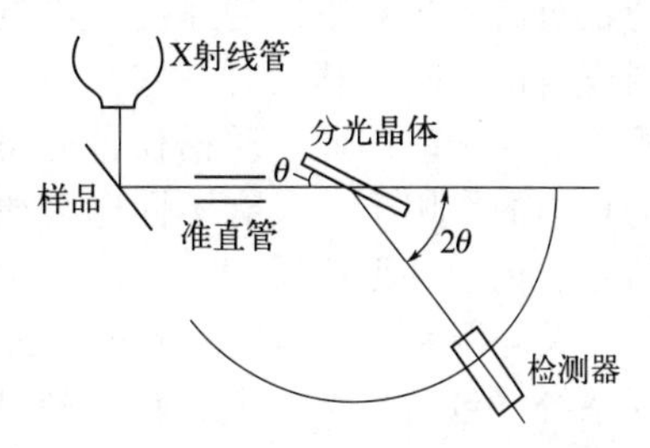

图 8-6 X 射线荧光光谱的原理图

（2）电子探针

在 X 射线光谱仪领域，除了 X 射线荧光光谱仪，还存在一种 X 射线发射光谱分析仪。与 X 射线荧光分析仪不同，该仪器采用高速电子直接撞击待分析的样品。相比于 X 射线荧光分析仪只使用一次 X 射线撞击样品的方式，高速电子撞击样品的过程更为直接。在这种方法中，高速电子轰击原子的内层，导致各种元素产生特征 X 射线。通过分光仪器进行波长分离，可以进行定性分析，并根据特征波长的强度进行定量分析。然而，这种方法在单一的 X 射线分析仪器中并不常见，主要应用于电子探针技术中。

电子探针也称为微区 X 射线光谱分析仪。它本质上是 X 射线光谱仪和电子显微镜的结合。图 8-7 为电子探针原理图，主要由五部分组成：电子光学系统、X 射线光谱仪、光学显微镜目测检查系统、背散射电子图像显示系统以及吸收式电子图像显示系统。电子探针是一种强大的分析工具，因为它的分析面积小、灵敏度高、能直接观察和选择、样品制备方便、对样品无损伤和可多次分析。电子探针可以与扫描电镜相结合，同时获得高分辨率图像以及微区成分。

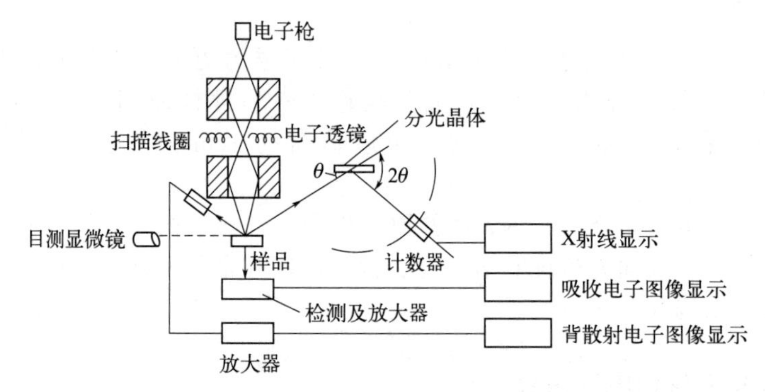

图 8-7 电子探针原理图

8.2.7 质谱仪和离子探针

（1）质谱仪

质谱仪是一种基于质量差异的分析仪器。由于不同元素或同位素的原子质量不同，原子质量可以作为区分各种元素或同位素（化合物也是如此）的标志。当能量相同时，质量不同的正负离子具有不同的速度。当具有不同速度（或动量）的正离子或负离子在磁场或交变电场或自由空间中移动时，它们会具有不同程度的偏转或不同的飞行时间，从而可以区分不同质量的离子。因此，质谱仪首先将非元素电离成正离子，然后在电场扫描的作用下，具有不同电荷质量比的离子到达离子阱，以产生信号、记录并形成质谱。如图 8-8 所示，质谱仪主要由离子源（包括相关电源系统）、质量分析系统（包括相关供电系统）和离子检测系统（包括离子质量、数量测量和显示）组成。由于它能分析所有元素，具有分辨率强、灵敏度高、效率高、速度快等特点，因此得到了广泛的应用。在材料研究中，它主要用于超纯分析。

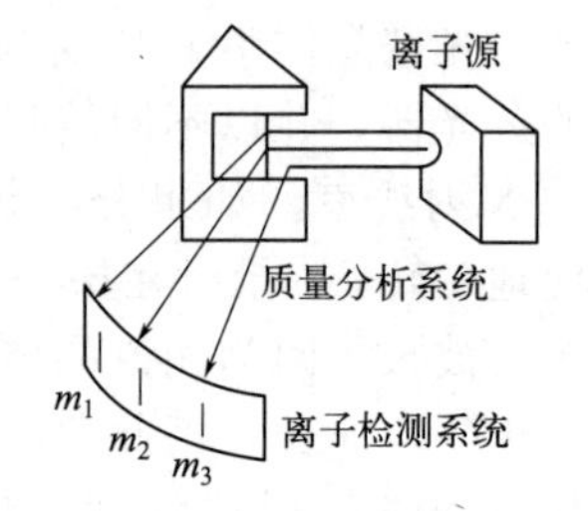

图 8-8 质谱仪结构

（2）离子探针

离子探针的结构与电子探针相似，但它是离子显微镜和质谱仪的结合。它用聚焦的离子束轰击样品，产生反映样品特征的离子束，然后通过质谱仪检测得到分析结果。离子探针具有质谱仪高灵敏度、全分析的特点，也具有电子探针微量分析的特点。但它对样品有破坏性（与电子探针不同），因此它可以使样品从表面逐层剥离，逐层深入，从而了解固体表面内不同深度的状态和组成。它是薄膜分析和微区分析中最有应用前景的分析工具之一。

8.2.8 激光探针

激光在分析仪器中有一系列重要的应用。用途之一是使用高度聚焦的激光束作为发射光谱仪中的激发源，以激发照射点处样品表面上的局部高温。这特别适用于非导电样品（如离子晶体）的微观分析。缺点是分析体积稍大，灵敏度不高。

激光探针的原理见图 8-9。输出激光器通过聚焦路径的转向棱镜将激光束旋转 90°，然后通过聚焦物镜将激光聚焦在焦点处，即在样品上获得具有高功率密度的小光斑，使此处的材料汽化。当气体云通过辅助电极时，它被放电和激发（整个过程需要 3～10s），激发产生的样品组成信息通过聚光系统引入摄谱仪进行光谱记录。

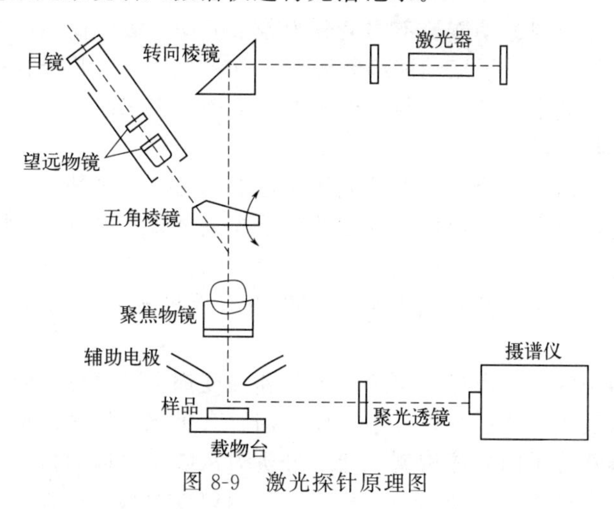

图 8-9　激光探针原理图

8.2.9　红外吸收光谱和拉曼光谱

红外吸收光谱（IR）和拉曼光谱是一种基于分子振动的谱学测定方法。众所周知，表面材料中的分子振动与其化学组成、结构和化学键的密切相关，特别是分子之间的化学键所决定的化学键强度直接影响分子的振动行为。因此，红外和拉曼光谱被广泛应用于表面材料的分析，尤其对于高分子材料而言，更是一种非常实用的技术。通过红外吸收光谱和拉曼光谱的测定，我们能够获取有关表面材料化学组成、结构和键合状况的重要信息，进而为材料的性能和性质提供有效的表征和评估。

红外吸收光谱分析基于以下原理。当连续的红外光照射薄膜样品时，红外光与样品中的分子发生相互作用。若分子中原子的振动频率与某个红外光波段的频率相匹配，就会引起共振吸收，从而使光的透射强度减弱。通过绘制以光波波长为横轴、透过率为纵轴的图谱，即可得到红外吸收光谱图。由于每种分子具有特定的振动频率，因此，利用红外吸收光谱可以识别薄膜中所含的分子并确定分子间的化学键合特性。

当入射光的波长不是红外光而是可见光、紫外光或激光时，样品表面的分子会发生振动引起的非弹性散射，即拉曼散射。这种散射光的频率会由于分子振动能级变化引起能量改变而发生略微转变。通过测量这种频率变化，即波数的位移，可以分析和鉴别薄膜样品的化学组成和化学键合，这就是拉曼光谱分析的基本原理。由于拉曼效应很弱，若用激光代替可见光可以增加它的强度，所以获得实际应用更多的是激光拉曼光谱。

红外光谱和拉曼光谱产生的机理不同。红外光谱基于分子振动引起的偶极矩变化，用于鉴定含有极性基团的分子。而拉曼光谱则基于分子振动引起的极化率变化，可提供物质特性的信息。这两种谱学方法在研究高分子材料结构的对称性时相互补充。红外光谱通常显示非对称振动的红外吸收，而拉曼光谱则呈现对称振动的谱带。通过综合应用红外和拉曼分析，可以全面研究分子的振动和转动能级，从而可靠确定分子结构。

（1）红外吸收光谱（IR）

分子由原子组成，分子的运动及能态远比原子复杂。一般认为分子总能量（E）由分子中各原子核外电子轨道运动能量（E_e）、原子或原子团相对振动能量（E_v）及整个分子绕其质心转动的能量（E_r）组成。即

$$E=E_e+E_v+E_r$$

由于 E_e、E_v、E_r 都是量子化的，故分子能级由电子（运动）能级、振动能级和转动能级构成。同一电子能级因振动能量不同又分为若干振动能级；而同一振动能级又因转动能量不同分为若干转动能级。分子振动能级间隔为 0.05～1.0eV，其吸收红外辐射主要发生在中红外区域。当分子的某个振动频率与红外光波的某个频率相匹配时，分子会吸收该频率的光，从而形成红外吸收光谱。

分子的红外吸收光谱是由分子的振动能级跃迁引起的，而这种能量转移是通过偶极矩的变化来实现的。因此，只有发生偶极矩变化的分子振动才能产生可观测到的红外吸收光谱，这些分子振动被称为红外活性。相反地，非极性分子的振动或极性分子的对称伸缩振动没有偶极矩变化，因此它们不会产生红外吸收。这种没有偶极矩变化的分子振动被称为非红外活性。

物质的红外光谱中的谱带数目、位置、形状和强度都会随着分子间链间力的变化以及基团内外环境的改变而发生变化。红外光谱主要应用于有机化学领域，可以用于测定分子的链长、键角大小，并推断分子的立体构型。通过分析力常数，可以间接获得化学键的强度。此外，红外光谱还可以通过正则振动频率计算热力学函数等参数。尽管红外吸收光谱用于定性和定量分析，但在定性分析方面具有更广泛的应用。

（2）拉曼光谱（Raman）

当频率为 v_0 的入射光与物质分子相互作用时，会发生光的散射现象。其中大部分散射光的频率与入射光相同，被称为瑞利散射，这是一种弹性散射。然而，也有一部分散射光的频率与入射光不同，这是由光子在散射过程中从分子中获得或失去能量导致的。该效应首先由印度物理学家拉曼于 1928 年在液体中发现，因而被称为拉曼效应，也称联合散射效应。

当光子与处于基态振动能级的分子相互作用时，它会转移一部分能量给分子，激发其进入振动能级和转动能级 hv_1。因此，散射光子的能量降低为 $h(v_0-v_1)$，其中 h 是普朗克常数，v_0 是入射光的频率，v_1 是分子的振动频率。相反地，处于振动激发态的分子会从高能级的振动能级和转动能级跃迁到较低能级，使得光子获得能量 hv_1。因此，散射光的能量升高为 $h(v_0+v_1)$。光子在这个过程中获得或失去的能量 hv_1 对应于分子的振动能量差，被称为拉曼位移。

通常，低于入射光频率（v_0+v_1）的散射光线被称为斯托克斯线，而高于入射光频率（v_0+v_1）的散射光线被称为反斯托克斯线。根据玻尔兹曼能量分布定律，处于振动基态的分子数目多于处于激发态的分子数目，因此斯托克斯线的强度通常比反斯托克斯线的强度高。一般情况下，拉曼光谱记录的是斯托克斯线。

与红外吸收光谱要求偶极矩的变化不同，拉曼散射光谱的产生需要分子的极化率发生变化。根据极化原理，在静电场中，分子会因感应而产生电子云和原子核的位移，从而形成诱导偶极矩 μ。诱导偶极矩 μ 与电场强度 E 成正比，即 $\mu=\alpha E$，其中 α 是分子的极化率。拉曼散射的产生必须伴随着极化率 α 的变化才能实现，这与红外光谱不同，因此在红外吸收光谱中无法观察到的谱线可以通过拉曼光谱来观测到。这两种技术都提供了有关分子振动的信息，相互补充，两者联合使用可以获得更全面的振动光谱。

当一束平面偏振光照射到物质上时，散射光的偏振方向可能会发生改变。这种偏振改变与分子振动时电子云形状的变化有关，即与分子的构型和振动的对称性密切相关。为研究分

子的结构，我们引入一个用于衡量这种偏振改变的参数，即退偏比 ρ（也称为退偏度）。这个参数是拉曼光谱中的一个重要指标，它提供了有关分子振动对称性和构型的信息。

8.3 表面力学性能检测仪器和检测技术简介

8.3.1 硬度测试

硬度是材料抵抗外力压入其表面的能力的一种指标。硬度值可以定量地描述材料的硬度水平。然而，需要注意的是，硬度不是一个简单的物理量，而是由材料的弹性、塑性和韧性等多个力学性质综合影响的综合指标。硬度值受材料本身特性的影响，同时也依赖于测试时的条件和方法。硬度测试的主要目的是评估材料的适用性，并通过测量硬度值了解材料的其它力学性能，比如耐磨性、抗拉强度以及固化程度等方面。因此，硬度测试在监控产品质量和改善生产过程中的工艺条件方面发挥着非常重要的作用。硬度测试是工程材料的一种非常常见的方法，也是测试材料性能的最简单的方法，因为它具有快速测量、经济、简单和不会损坏样品的特点。测定硬度的方法可分为以下三类。

① 压痕硬度试验：这种方法是通过使用具有球形顶针的仪器，在材料表面施加一定的载荷，然后测量压入深度或压痕大小来确定材料的硬度。常见的压痕硬度试验方法包括布氏硬度（Brinell hardness）、维氏硬度（Vickers hardness）、洛氏硬度（Rockwell hardness）、巴氏硬度（Barcol hardness）和邵氏硬度（Shore hardness）等。

② 抗划痕硬度试验：这种方法是通过使用具有尖头的材料或另一种硬质材料进行划痕，然后根据划痕的大小或形状来确定材料的硬度。常见的抗划痕硬度试验方法包括比尔巴姆硬度（Bierbaum hardness）和莫氏硬度（Mohs hardness）等。

③ 回弹性硬度试验：这种方法是通过施加一定的载荷并快速撤离，测量材料在撤离后的回弹程度，例如洛氏硬度和邵氏反弹硬度等。

（1）维氏硬度测试

维氏硬度测试如图 8-10 所示，它采用的压头是具有两相对面间夹角为 136°的金刚石正四棱锥体，在选定的试验力 F 作用下，压头被压入试样表面，并保持一定的时间后，试验力被卸除，在样品表面将被压出一个正四棱锥形的压痕，测量压痕对角线长度 d，用压痕对角线平均值计算压痕的表面积。维氏硬度测试设备及压痕测量如图 8-11 所示。维氏硬度值是试验力 F 除以压痕表面积所得的商，用符号 HV 表示。

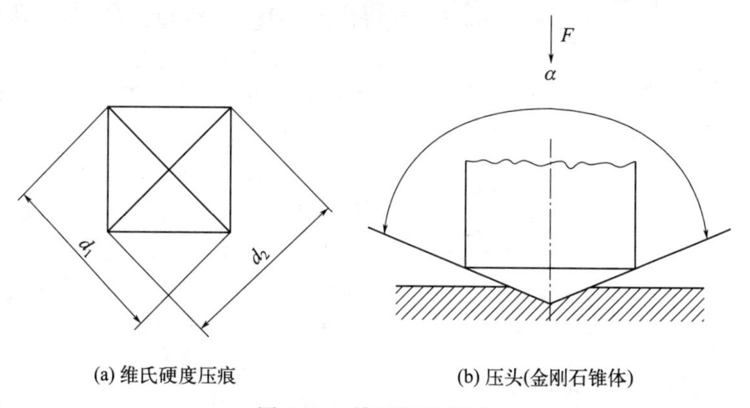

图 8-10 维氏硬度测试

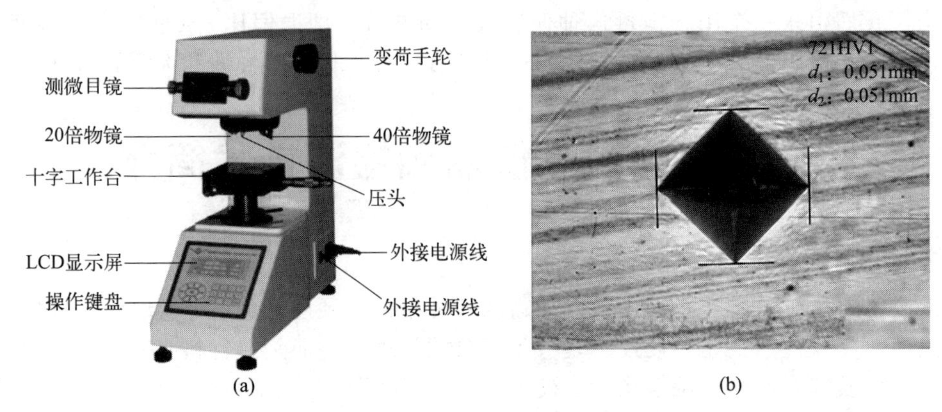

图 8-11　维氏硬度测试设备（a）及压痕测量（b）

维氏硬度计算公式表示为：

$$HV = 常数 \times \frac{试验力}{压痕表面积} = 0.102\frac{2F\sin\frac{136^\circ}{2}}{d^2} \approx 0.1891\frac{F}{d^2}$$

式中，136°为金刚石压头顶部两相对面夹角；F 为试验力；d 为两压痕对角线长度 d_1 和 d_2 的算术平均值，维氏硬度值不标注单位。

在静态力测定硬度方法中，维氏硬度试验方法是最精确的一种，该方法硬度测试范围宽，可适用的材料也较为广泛，维氏硬度法可以测定绝大部分金属材料的硬度。维氏硬度压头采用相对面夹角（α）为 136°的金刚石正四棱锥体，是为了在不同试验力条件下获得相同形状的压痕，使各级试验力测定的结果相同。另外压头 136°夹角，在一定范围内其硬度值与布氏硬度值非常接近，特别是布氏硬度试验中采用硬质合金球作压头时，更是如此。维氏硬度用 HV 表示，HV 前面的数字是硬度值，硬度值后面的符号按照以下顺序排列：首先是选用的试验力值，然后是试验力保持时间（如果保持时间为 10～15s，则不需要标注）。维氏硬度表示方法示例如下。

① 710HV30/20 表示在试验力为 294.2N（30kgf）下保持 20s 测定的硬度值为 710；

② 560HV0.2 表示在试验力为 1.96N（0.2kgf）下保持 10～15s 测定的硬度值为 560。

（2）洛氏硬度测试

洛氏硬度试验方法是 1919 年由美国人洛克威尔（Rockwell）提出的，该试验方法基于金属洛氏硬度试验方法的原理，发展出适用于塑料等软弹性材料和较硬塑料的硬度评价方法。由于高分子材料较金属材料软，洛氏硬度试验需采用较小的负荷、较大的压痕器和大量程结构的硬度计。

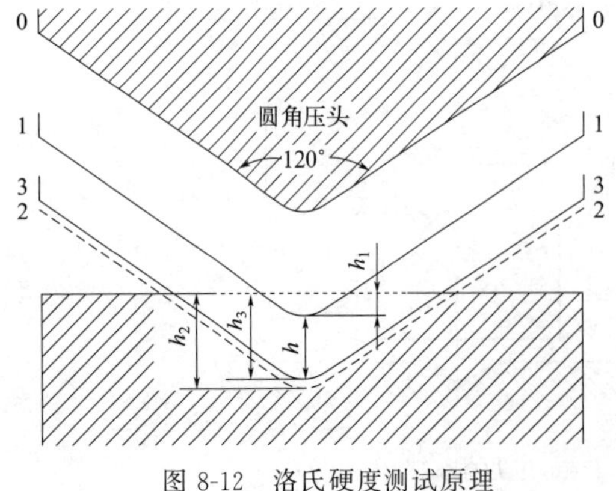

图 8-12　洛氏硬度测试原理

洛氏硬度是通过使用规定的压头对试样施加初始试验力，然后施加主试验力，并卸除主试验力后只保留初始试验力。通过计算前后两次初始试验力下压头压入试样的深度差来表示洛氏硬度值，其测试原理如图 8-12 所示，采用金刚石圆锥或钢球作为压头，分两次对试样加荷，先施加初试验力，压头压入试样形成初始

压痕深度 h_1。随后再施加主试验力，压头在总试验力作用下的压痕深度为 h_2。保持一定时间后卸除主试验力后，只保留初试验力，压痕因试样的弹性回复而最终形成的压痕深度为 h_3，最后用 h 表示前后两次初试验力作用下的压痕深度差即 $h=h_3-h_1$。洛氏硬度值没有单位，只用代号“HR”表示，其计算公式为：

$$\mathrm{HR}=(K-h)/C$$

式中，K 为常数，金刚石压头时 $K=0.2\mathrm{mm}$，淬火钢球压头时 $K=0.26\mathrm{mm}$；h 为主载荷解除后试件的压痕深度；C 为常数，一般情况下 $C=0.002\mathrm{mm}$。由此可以看出，压痕越浅，HR 值越大，材料硬度越高。

洛氏硬度试验中，常用的代号有 HRA、HRB 和 HRC，它们分别表示不同试验条件下的硬度值。

HRA：使用试验载荷为 588.4N（60kgf），采用顶角为 120°的金刚石圆锥压头进行试压。这种试验条件适用于硬度极高的材料，比如硬质合金等。

HRB：使用试验载荷为 980.7N（100kgf），采用直径为 1.59mm 的淬火钢球进行试压。这种试验条件适用于硬度较低的材料，比如退火钢、铸铁等。

HRC：使用试验载荷为 1471.1N（150kgf），采用顶角为 120°的金刚石圆锥压头进行试压。这种试验条件适用于硬度很高的材料，比如淬火钢等。

通过使用不同试验载荷和不同压头，洛氏硬度试验可以适应不同的硬度范围。

（3）布氏硬度测试

布氏硬度测试是一种常用的硬度测试方法，其测试原理类似于维氏硬度。在布氏硬度测试中，采用直径为 D 的硬质合金球作为压头，施加规定的试验力。这会使压头压入试样的表面。在经过规定的保持时间后，卸除试验力，并测量压痕的直径 d。布氏硬度值是试验力除以压痕表面积的商。布氏硬度测试过程如下图 8-13 所示，通过测量压痕直径 d，可以计算出布氏硬度值。布氏硬度测试常用于金属材料的硬度评估，不同硬度等级的布氏硬度测试分别采用不同的试验力大小。布氏硬度值不带单位，通常以“HB”表示。

布氏硬度计算方法为：

$$\mathrm{HB}=F/S=F/\pi Dh=2F/\pi D\left(D-\sqrt{D^2-d^2}\right)$$

式中，F 为试验力，N；S 为压痕表面积，mm；D 为球压头直径，mm；h 为压痕深度，mm；d 为压痕直径，mm。

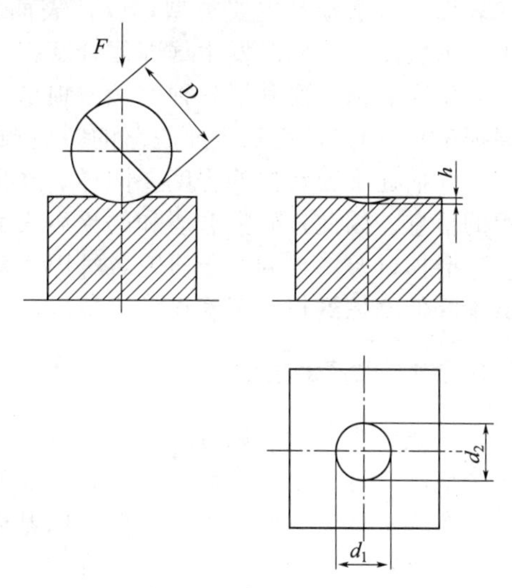

图 8-13　布氏硬度测试

布氏硬度试验具有许多优点。首先，通过采用 10mm 球压头和 3000kg 的试验力，布氏硬度试验能够产生较大的压痕面积，从而更好地反映了金属材料中各种组分的综合影响，不受个别组分和微小的不均匀性的影响。这使得布氏硬度试验特别适用于测定灰铸铁、轴承合金以及具有粗大晶粒的金属材料。其次，布氏硬度试验的数据稳定性较高，具有良好的重复性。相比洛氏硬度试验，布氏硬度试验的精度更高一些，但低于维氏硬度试验。此外，布氏硬度值与金属材料的抗拉强度值之间存在较好的对应关系，这为评估材料的力学性能提供了便利。然而，布氏硬度试验也存在一些缺点：由于采用的压痕较大，进行成品检验时可能会遇到困难；试验过程较为复杂，要求操作者具备一定的经验，确保测量结果的准确性。

8.3.2 摩擦磨损

磨损是指摩擦表面上的物质在相对运动下不断损失的现象。在一般正常工作状态下，磨损可经历三个阶段（如图 8-14 所示）。

第一阶段为跑合（或磨合）阶段，这是刚开始运行时的阶段。在这个阶段，磨损轻微，主要是为了使零件适应并创造出正常运行的条件。

第二阶段为稳定磨损阶段。在这个阶段，磨损更轻微，并且磨损率相对较低而稳定。零件逐渐适应了运行状态，并且磨损速度相对稳定。

第三阶段为剧烈磨损阶段。在这个阶段，磨损速度急剧增加，导致零件的精度逐渐丧失。此时会出现噪声、振动以及摩擦温度的快速升高。这表明零件即将失效，需要进行维修或更换。

以上是一般磨损的阶段划分，不同材料和工况下的磨损行为可能会有所差异。

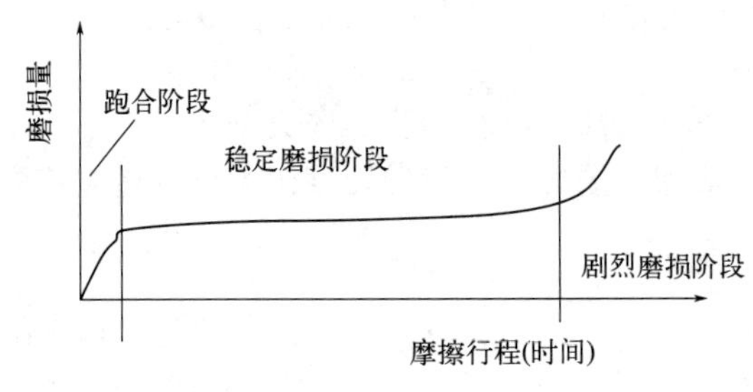

图 8-14　磨损的三个阶段

设备及零部件的磨损是无法完全避免的现象。然而，研究者致力于找到方法，以缩短跑合期、延长稳定磨损阶段和推迟剧烈磨损。

伯韦尔（Burwell）根据磨损机理的不同，把磨损分为黏着磨损、磨粒磨损、腐蚀磨损和表面疲劳磨损等主要类型，以及表面侵蚀和冲蚀等次要类型。这些磨损类型可以独立发生、依次发生或同时发生（即复合磨损形式）。

研究磨损需要利用各种摩擦磨损试验设备，以测量摩擦过程中的摩擦系数和磨损量（或磨损率）。通过研究从表面脱落的磨损颗粒（磨屑），可以了解磨损的发展历程，揭示磨损机理，并描述表面磨损的程度。同样，磨损后的表面也记录了磨损机理、磨损程度及其发展过程的信息。因此，研究磨屑和磨损后表面上的信息对于了解磨损现象至关重要。

磨损试验的目的在于研究各种因素对摩擦磨损的影响，以便在选择材料配对、采取有效措施降低摩擦磨损、正确设计摩擦副的结构尺寸和冷却设施等方面做出合理的决策。

8.3.2.1 摩擦磨损试验

摩擦磨损试验可以分为实验室试验、模拟试验或台架试验，以及使用试验或全尺寸试验三个层次。这三个层次对试验设备的要求各不相同。

实验室试验主要用于摩擦磨损的基础研究，通过研究工作参数（载荷、速度等）对摩擦磨损的影响，可以得到单一参量变化与摩擦磨损过程之间的关系。此外，实验室试验可以控制试验环境，如加润滑剂或润滑材料、调整剂量和润滑方式，调节周围气氛，如惰性气氛、真空、温度和特殊介质，以获得特定环境条件下的试验结果。研究者需要根据研究目的选择合适的试验设备和试验条件。

模拟试验或台架试验则更接近实际使用环境，试验设备通常具备多种摩擦形式、接触形式和运动形式，主要变化参数为载荷和速度。通过这些试验可以更真实地模拟实际工作条件下的摩擦磨损情况，获得更接近实际工况的试验结果。

使用试验或全尺寸试验则是在实际使用设备中进行的试验，通常需要设计和制作特定的试验样件或组件。这种试验方法更加贴近实际工程应用，可以直接获得工作装置在实际使用中的摩擦磨损性能。

不同层次的试验设备和试验条件的选择取决于研究的具体目的和需求，以及对试验结果的准确性和可靠性的要求。

摩擦磨损试验可以根据摩擦形式、接触形式和运动形式进行分类。摩擦形式包括滑动摩擦、滚动摩擦和滚动-滑动混合摩擦；接触形式包括点接触、线接触和面接触；运动形式包括旋转运动和直线运动，每种运动形式又可分为单向和往复两种形式。

实验室设备的特点如下。

① 摩擦副抽象了不同摩擦形式、接触形式和运动形式，而不是实际的摩擦零件形式。

② 实验室设备需要具备测量摩擦系数和（或）磨损的能力，同时能够定量显示试验条件（如载荷和速度）。其中，一些设备和试验方法已经被标准化，使用这些标准化设备和方法可获得可比较的试验结果。

表 8-1 中是实验室常用的几种摩擦试验设备及特点。

表 8-1　常用的实验室摩擦试验设备及特点

摩擦副对偶	实验机名称	接触及运动形式	可测数据	应用范围
	四球机	点接触 滑动摩擦 旋转运动	测量不同载荷与速度下球的磨损，磨斑直径和最大无卡咬负荷(PB)，烧结负荷(PD)值	适合于评定润滑油、脂、膏的润滑性及抗磨性
	各种类型的环-块试验机	线接触 滑动摩擦 旋转或摆动	测量不同载荷与速度下的动摩擦系数和磨痕宽度	液体及半固体润滑剂 固体润滑材料 干膜润滑剂
	Skoga 磨损试验机	线接触 滑动摩擦 旋转	测定材料在有润滑和无润滑下的磨损	各类固体材料 液体润滑剂
	Falex-0 试验机	线接触(4 线) 滑动摩擦 旋转	在固定速度下改变载荷测定承载能力和耐磨寿命	液体润滑剂 固体润滑膜
	Hohman A-6 型高温试验机	线接触(2 线) 滑动摩擦 旋转	高温下固体材料的摩擦系数，磨痕宽度 环境和试样温度	固体润滑材料
	各种类型的栓-盘(Pin-Disk)试验机 真空试验机 高温试验机 Falex-6 型(有多种接触形式)	点接触或面接触 滑动摩擦 旋转	在不同载荷与速度下测定材料的摩擦系数和耐磨性(磨痕宽度，线磨损量，质量损失)及环境(真空度或温度)	固体材料 固体膜

续表

摩擦副对偶	实验机名称	接触及运动形式	可测数据	应用范围
	黏滑试验机 静动摩擦试验机	点接触 滑动摩擦 直线或往复	在极低的速度下测定材料的静摩擦系数和动摩擦系数(黏滑现象)	固体膜 固体材料 液体或半固体润滑剂
	RFT往复试验机	面接触 滑动摩擦 往复直线运动	在不同载荷与速度下测定摩擦系数和耐磨性	液体润滑剂和固体润滑材料、固体润滑膜
P f	SRV微动摩擦试验机 摩擦副： 面对面接触 圆柱对面线接触 球对面点接触	点、面、线接触 滑动摩擦 往复直线运动	在高速往复滑动下测定摩擦系数和磨损	液体润滑剂， 固体膜， 固体润滑材料
	滚滑类试验机 MM-200 AMSLER	$n_1=n_2$ 为纯滚动 $n_1=0$ 为纯滑动 $n_1\neq n_2$ 为滚滑 线接触(纯滚或滚滑)，面接触(纯滑) 旋转运动	摩擦力矩 磨损	固体膜 固体润滑材料 液体润滑剂
	轴承PV值试验机	面接触 滑动摩擦 旋转	极限PV值 温升	液体润滑剂 固体润滑材料 固体膜
	交叉圆柱试验机	点接触 滑(滚)动摩擦 旋转	摩擦系数	

8.3.2.2 磨屑和磨损表面的检测和评定

(1) 磨屑的检测

磨屑的形状、大小及数量以及磨屑的成分和组织，都可以用作推断曾经发生的磨损过程并判断磨损严重程度的依据。

磨屑是磨损机理的重要指标之一。通常情况下，金属摩擦配对在磨合阶段产生的磨屑的成分为氧化物，其大小和表面微凸体相似。这表明在磨合阶段，较高的微凸体顶端会迅速被碾平，从而增加承载面积。同时，表面材料在磨合过程中会被加工硬化，使磨损过渡到平缓的稳定阶段。磨损机理会随着载荷和速度的变化以及温度升高而发生转变。根据磨屑的组分

（如 Fe 屑、Fe_2O_3 或 Fe_3O_4 屑）可以证明这种转变过程。

磨屑的形状也是判断磨损机理的重要证据之一。在黏着磨损的初期阶段，磨屑呈半球形。在滚动摩擦中，如果球状磨屑增多，可能预示着即将发生灾难性失效。细丝状的磨屑（类似于切削过程中产生的切屑）通常由磨料磨损引起的微小切削过程产生。然而，仅凭磨屑这一特征无法确定磨损机理，因为磨损机理还受材料配对、润滑状况、环境条件等因素的影响。

常用于检测磨屑形状和尺寸的工具包括光学显微镜、扫描电子显微镜（SEM）和透射电子显微镜（TEM）。光谱分析可用于检测润滑油中磨屑的数量和组分，X 射线荧光分析（RFA）、发射光谱分析（ES）和 X 射线衍射技术可用于检测稀少磨屑中的金属元素含量。

（2）表面的检测

磨损前后的表面状态、晶体结构、化学组成与原子状态都发生了很多变化。从这些变化中可以推断摩擦过程中发生了什么。因此，表面检测是摩擦学研究的重要内容。

① 表面几何形貌及粗糙度的检测可以使用各种表面形貌仪进行。其中包括触针式测量仪、电子探针、接触式表面轮廓仪（包括模拟计算和数字计算）以及超精表面形貌仪等。

② 表面分析技术可以利用各种表面分析仪器进行观测。表面形貌分析仪器可以分为两大类。一种是通过放大成像来观察表面状态的显微镜，其中包括光学显微镜和各种电子显微镜。电子显微镜与光学显微镜相似，但具有更高的放大倍数和分辨能力，功能比光学显微镜更多，但样品制备技术也更为复杂。另一种是通过观测表面发射谱来分析表面成分的分析谱仪。分析谱仪通过不同的激发源（如电子、离子、光子、中子、热场、电场、磁场和声波）产生各种发射谱，以检测样品表面产生的电子、离子、中子和光子等信息。

近代表面技术可以分析体积在 $1\mu m^3$ 数量级的范围内。通常使用特定能量的一次束（如电子、离子、光子和中性粒子）作为微探针，激发固体样品，然后通过分析二次束的能谱或质谱来获得与表面有关的元素组成、晶格结构等信息。

8.3.2.3 磨损的评定与预估

根据各类磨损试验的结果，可以评估摩擦副因磨损而导致工作能力衰减的程度，以预估其可能的继续正常工作寿命，并及时进行维修或提出预警。这对于关键的实际部件非常重要。因此，对重要的大型设备进行磨损监控，可以及时准确地了解磨损的发展程度和发生磨损的位置，以避免发生重大设备故障。如果在摩擦系统设计阶段考虑到各种因素的影响，并能准确预估磨损的发展情况和寿命，具有重要的实际意义。常用的预估磨损方法包括试验法和分析法。

（1）试验法

通常使用台架试验的结果，通过外推法来预估实际部件的磨损发展过程。这需要有大量的积累数据，不仅包括单一影响因素的结果，还需要综合考虑所有参量的影响（包括一些不确定因素），同时考虑试验的重复性和外推的可靠性。

（2）分析法

通常需要从影响摩擦磨损的所有参量中，确定重要的影响因子。首先确定磨损的类型，然后进行分析和计算，结合先前的数据和计算公式，预估磨损寿命，并确定适当的设计方案。

8.3.2.4 往复式摩擦磨损测试

在模拟的摩擦磨损试验系统中，最多可有四个参数与实际摩擦系统不同，包括载荷、速度、时间、试样尺寸和形状。然而，在其它方面，例如摩擦运动方式、引起磨损的机理、组成摩擦系统的各要素及其材料性质、摩擦时的温度和摩擦温升、摩擦系数等方面，模拟和实际的系统必须保持相同或相似。

本小节以往复式摩擦磨损测试为例，介绍表面摩擦磨损性能的测试方法。

通常往复式摩擦磨损测试时，被测样品制成板状样品，摩擦副制成销状，测试设备如图8-15所示。设备可自动加载并在测试过程中自动记录摩擦力数值，进而可获得摩擦系数的实时数据。通常，设备还会配备磨损量测试装置，通过位移记录磨损量。此外，测试人员也可以在摩擦测试一段时间后，通过其它手段进行磨损量的测试评估，如质量差值法测得磨损质量，或是通过表面轮廓测量，计算获得磨损体积，进而得到磨损量。

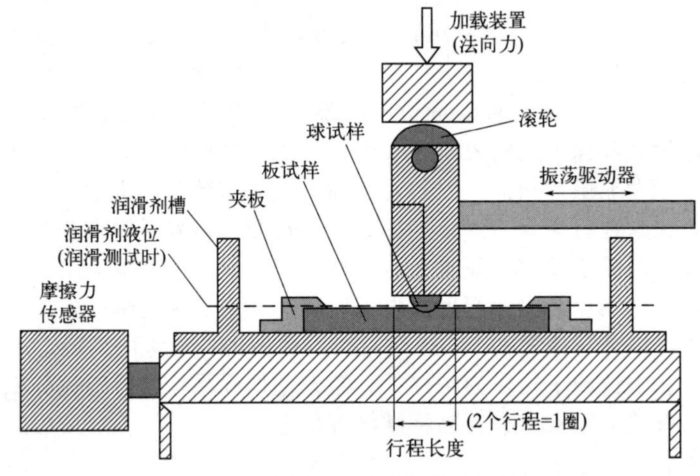

图 8-15 往复式摩擦磨损测试示意图

8.3.3 膜层结合力

膜层/基体的界面结合强度是一个综合性能指标，涉及复杂的弹塑性和断裂力学行为。它受到膜层的弹性模量、硬度、厚度、结合强度以及界面的弹性模量、硬度、厚度、形状、结合强度和连接强度的影响。同时，基体的弹性模量和硬度也会对界面结合强度产生影响。界面结合强度可分为界面层自身的结合强度（断裂韧性、弹性模量和硬度）和界面连接情况（厚度、形状、连接强度）两个部分。

实际膜层的结合力（或结合强度）与理论分析计算结果会有很大差别。这是由于实际结合力的大小受到材料每个局部性质的影响，并不等于分子（原子）作用力的总和。实际上，膜层与基体难以实现完全接触，界面缺陷、应力集中等因素都会削弱膜层的结合强度，因此理论计算值只是理想情况下的极限值。各种涂覆技术中影响膜层结合强度的因素可能有所不同，但却具有以下共同的影响因素。

① 材料的润湿性能。几乎所有的表面涂覆技术都需要在基体表面形成一个润湿膜层，才能实现膜层与基体的结合。如果液体无法在固体基体上达到良好的润湿性，那么膜层就无法与基体结合。为了改善膜层对基体的润湿性能，需要彻底清洁基体表面。对于不同的工艺方法，还可以使用适当的活性物质来改善液态和固态界面的润湿性。

② 界面元素的扩散情况。元素的扩散是一种常见的膜层与基体界面的运动形式。扩散主要发生在界面两侧较窄的区域，它可以形成固溶体、低熔点共晶或金属间化合物。元素的扩散可以增加结合强度。

③ 基体表面的状态。在任何表面涂覆技术中，必须在涂覆之前有效地清除基体表面上的污染物和疏松层等有害物质，否则将难以获得所需的结合强度。不同的表面涂覆技术对基体表面有不同的要求，例如需要适当的表面粗糙度。通过适宜的表面预处理方法，可以改善表面的润湿性和粗糙度，并增加膜层的结合力。

④ 膜层的应力状态。膜层的应力是影响结合强度的重要因素。无论是拉应力还是压应力，都会在膜层与基体界面产生剪应力。当剪应力超过膜层与基体界面的附着力时，膜层就会出现开裂、翘曲和脱落。因此，膜层和基材之间需要合理匹配，正确制定膜层制备工艺，以尽量减少膜层内应力的影响。

一种有效测量结合强度的方法应满足以下两个基本条件：①膜层与基体之间的失效发生在界面上；②具备简单的力学模型，能够准确测量相关的力学参数。此外，实验方法应简单易行，符合实际工况，并可在具体工件上进行无损检测等。

实际结合强度（结合力）可通过两种形式进行测量：①力的形式，测量单位面积上分离膜层与基体所需的最小力；②能量的形式，测量单位面积上分离膜层与基体所需的能量，通常用剥离功表示。

目前已有许多膜基界面结合强度的检测方法，可以根据结合力的测量方法和结果进行不同的分类，如定量方法和非定量方法、力学检测法和非力学检测法等。力学方法主要包括剥离法、压入法、划痕法、拉伸法等；非力学方法主要包括热学法、核化法、电容法和 X 射线衍射法等。与非力学方法相比，力学方法具有较强的实用性。其原理是通过施加一定的力于膜/基体系统，直到膜层剥离，从而测定结合强度的大小。

(1) 拉伸法

拉伸法是一种常用的测试方法，它具有简单、直观、结果分析容易的特点，因此被广泛应用于结合强度的测量。拉伸法包括黏结拉伸法和基片拉伸法。

黏结拉伸法是一种传统的简单易行的测试方法。通常，黏结拉伸强度被认为最能反映膜/基体结合的牢固程度。黏结拉伸的原理是在膜/基体界面的法线方向施加拉力，并逐渐增加载荷，当膜层脱落时的拉力即为界面结合力 F，如图 8-16 所示。通过 $\sigma=F/S$ 的计算，可以得到界面结合强度 σ，其中 S 为膜/基体接触面积。然而，该方法存在一些局限性。①对于涂层尤其是疏松的薄涂层，可能会发生黏结剂渗入，导致测量结果与实际值偏离。②对于一些黏结性较差的涂层，该方法不适用。例如，测量金刚石薄膜的附着强度很少使用，因为金刚石薄膜与一般材料的黏合困难。③拉伸法只有在界面结合强度大于黏结强度时才有意义。目前，环氧树脂的最大拉伸强度为 70MPa，因此使用这种黏结剂无法测量高于 70MPa 的结合强度。虽然该方法具有良好的力学模型，但受胶的黏结强度限制，因此只能用于中低结合强度的测量。此外，在实验中可能出现施力方向与轴心偏离、断裂面不仅发生在界面处等问题，这些都会影响实验结果。

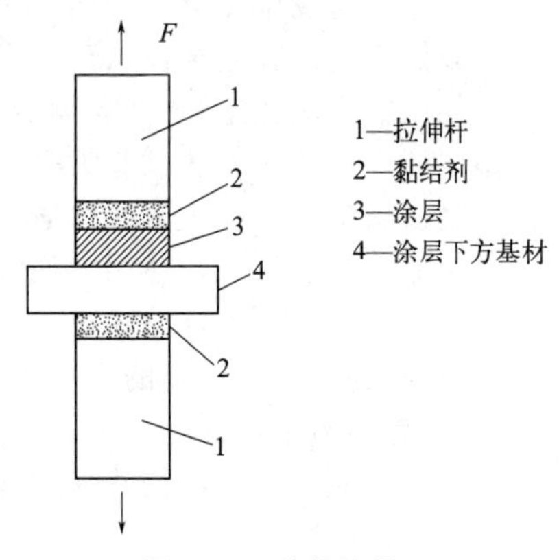

图 8-16 黏结拉伸

基片拉伸法是一种半定量的测试方法，通过对膜层-基体体系施加拉伸应力，利用复合板模型进行简单的一维弹性分析，估算界面结合力的方法。在基片拉伸测试中，作用力与膜层-基体结合界面平行，界面结合强度定义为膜层在基体上保持不脱落的最大剪切应力。

基片拉伸法基于薄硬膜层，如图 8-17 所示。其原理是，如果膜层与基体之间没有结合力，膜层将不受应力的影响，因此膜层与基体在界面上的位移将不同。但如果膜层与基体之间结合良好，那么膜层与基体在界面上的位移和应变必然相同。然而，由于膜层和基体的弹性模量不同，在界面上会产生剪切应力。剪切应力的大小与膜层和基体的弹性模量差异有关。如果在界面上施加的剪切应力超过膜层与基体的结合强度，就会发生脱黏现象。

基片拉伸法是一种改进的测试方法，适用于建立在薄硬膜层上的结合强度测试。通过对膜层-基体体系施加拉伸应力，并观察界面上的剪切应力，可以评估膜层与基体的结合强度。然而，该方法仍然具有一定的局限性，如膜层和基体的弹性模量差异、膜层的厚度等因素都可能影响实验结果。因此，在应用基片拉伸法进行结合强度测试时，需要综合考虑上述因素以获得准确的结果。

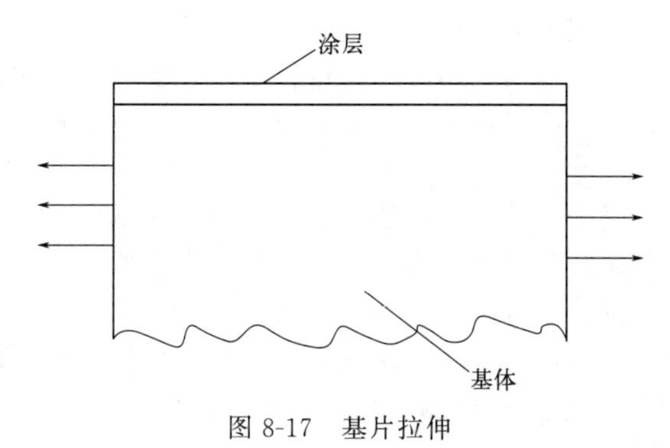

图 8-17　基片拉伸

（2）压入法

压入法，也称硬度法，可以分为界面压入法（楔压）适用于厚涂层，以及表面压入法（正压）适用于薄涂层。

压入法的基本原理和硬度法相似，通过在不同载荷下进行压痕试验。当载荷较小时，涂层与基体一起发生变形，当达到一定载荷时，膜层的变形已经超出膜基体协调变形的限制，涂层开始剥离。临界载荷（P_c）用于表征结合强度，即涂层开始剥离的载荷。

使用压入法测定膜/基界面结合强度时，需要精确测定涂层剥离的临界载荷。然而，目前国内外报道的压入法试验大多在固定的非连续载荷下进行，只能采用内插法来确定临界载荷，难以精确测定。压入法的加载是准静态的，压头与膜相对静止，行程短，受力情况简单，摩擦力影响较小，使用方便。除了结合强度，P_c 也与基体硬度、膜层的性质等因素有关，它是一个综合指标，代表膜层-基体系统的综合承载能力。P_c 是膜层起始剥离的载荷，不是膜/基界面结合强度的应力指标，只有通过力学分析才能将 P_c 进一步转化为能直接反映膜/基界面力学特性的参量。虽然在压入过程中，涂层与基体都发生了一定量的塑性变形，但在分析界面强度时，仍然采用弹性理论进行求解，认为涂层对基体应变的约束导致了界面约束应力的产生。

（3）划痕法

划痕法是一种用于“定量”测量膜层-基体结合强度和失效形式的标准试验方法。该方法通过使用一个带有金刚石的圆球形针尖，在膜层表面连续划过，并逐渐增加载荷。当膜层被完全划穿或出现明显剥离时，所施加的载荷力即为膜层的结合力，用牛顿（N）表示。

美国 ASTM C1624—05 标准是适用于陶瓷或者金属基底上沉积的硬质陶瓷膜层（维氏硬度高于 5GPa，厚度≤30μm），在室温下，结合力的测试。简单地表述为通过在显微镜下观察划痕的图像，标记出 L_{C1} 和 L_{C2} 甚至 L_{C3} 的点，计算出现这些点的位置所施加的载荷大小。通常 L_{C1} 指划痕边缘开始出现裂纹，说明膜层开始失效，L_{C2} 指划痕开始出现剥落，说明膜层已经完全失效，一般我们用 L_{C2} 来定义该膜层的结合力。目前国际上大多使用该标准。

国标 JB/T8554—1997 是中国用于测量膜基结合力的划痕试验方法。该方法通过检测膜层在被划穿的瞬间产生的声音信号，确定膜层的失效点，即膜基结合力（图 8-18）。由于这个声音信号非常微弱，人的听觉很难准确感知到，因此通常在被测件和针头之间安装能接收微弱声音的传感器，然后放大信号。一般来说，使用声音信号曲线上出现的第一个声谱峰值所对应的载荷作为膜基结合力的值。

然而，由于声音信号受环境影响较大，因此许多实验室仍然使用观察划痕轨迹的光学显微镜方法，通过确定 L_{C2} 值的方法来确定膜基结合力。L_{C2} 值指的是在载荷作用下，划痕中涂层表面的剥离宽度达到约 2 倍于划痕长度时所对应的载荷。

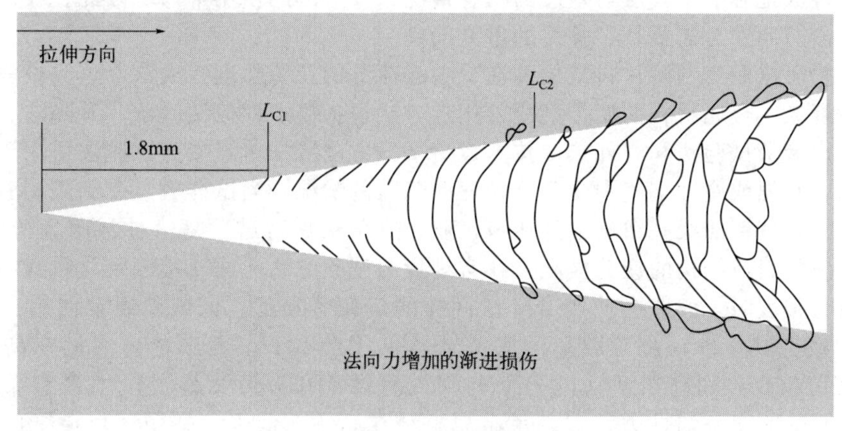

图 8-18　划痕法测试膜层结合力

（4）剥离法

剥离法是一种用于定量测量薄膜的结合强度的方法。与划痕法和压入法不同，剥离法采用的是一种不直接作用于薄膜的加载方式，通过将薄膜从基体上剥离的过程来测量薄膜与基体之间的结合强度。该方法可以使用较低硬度的测量工具（同样也较为廉价），对高硬度的薄膜进行定量结合强度的测量。

剥离法的基本原理是，使用特制的剥离工具，类似于剥离的加载方式，将薄膜沿薄膜与基体界面从基底上剥离下来，同时测量剥离过程中的水平剥离抗力曲线，如图 8-19 所示。通过分析曲线，可以确定单位宽度的剥离刀刃在进入薄膜与基底界面前后的切向单位面积消耗的能量差异，从而得到薄膜的剥离能量。剥离能量被用作薄膜与基底间结合强度的度量。

剥离法的优点是可以对高硬度薄膜进行定量结合强度的测量，而不需要直接与薄膜直接接触的加载方式。该方法需要特殊的剥离工具，并通过分析剥离过程中的能量消耗来评估薄膜与基体之间的结合强度。需要注意的是，选择合适的剥离工具和准确的分析方法对于薄膜结合强度的测量至关重要。

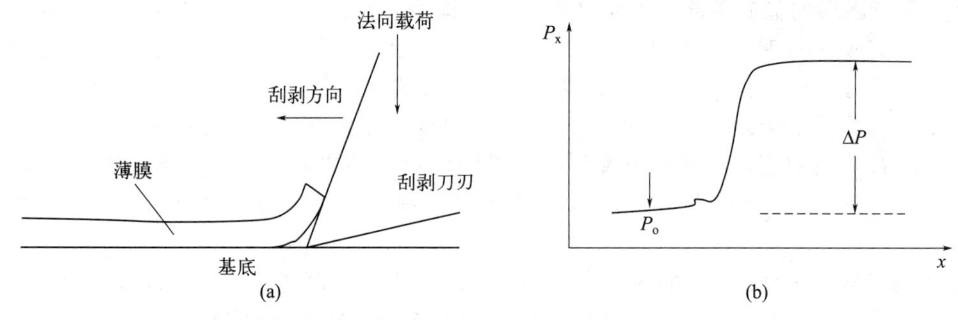

图 8-19　剥离法测试示意图（a）及典型的剥离测试曲线（b）

8.3.4　膜层疲劳性能

疲劳是指材料在受到交替循环应力或应变时，可能会在足够多的循环后出现裂纹或完全断裂的局部永久结构变化过程。因此，疲劳可以定义为材料承受交变循环应力或应变时，导致局部结构变化和内部缺陷发展的过程。对于表面膜层，其疲劳性能不仅涉及其内部结构的稳定性，还极大地影响了膜层与基底的结合情况以及最终的使用寿命。因此，在产品表面设计过程中，疲劳问题是需要特别关注的重要问题。

疲劳试验可以用来预测材料或构件在交替载荷下的疲劳强度。通常，这类试验周期较长且所需设备复杂。金属材料的疲劳试验常用的方法包括单点疲劳试验法、升降法、高频振动试验法、超声疲劳试验法和红外热像技术疲劳试验方法等。单点疲劳试验法适用于金属材料构件在室温、高温或腐蚀空气中受到旋转弯曲载荷的情况。当试样数量受到限制时，这种方法可以近似估计疲劳曲线并粗略估计疲劳极限。升降法疲劳试验是一种常用且精确的方法，用于获取金属材料或结构的疲劳极限。在常规疲劳试验方法无法直接测定材料或结构在指定寿命下的疲劳强度时，一般会使用升降法间接测定疲劳强度。该试验通常使用拉压疲劳试验机。常规疲劳试验中，交替载荷的频率通常低于 200Hz，无法精确测量在高频环境下的零部件疲劳损伤。而高频振动试验则利用试验设备在疲劳试样上产生含有循环载荷频率约为 1000Hz 的交替惯性力，以满足金属材料在高频、低幅、高循环环境下的疲劳性能研究需求。

与块体材料不同，膜层疲劳性能的测试有一些独特的方法。本小节以几种具体膜层的疲劳试验来进行介绍。

（1）MEMS 系统用金属薄膜疲劳测试

微电子机械系统（MEMS）是由关键尺寸在亚微米至亚毫米范围内的电子和机械元件组成的微器件或系统。它将传感、处理和执行功能集成在一起，提供一种或多种特定功能。随着超大规模集成电路和 MEMS 技术的发展，MEMS 器件的市场迅速增长。

MEMS 的结构材料主要包括硅（单晶硅、多晶硅）、金属（铜、镍及其它合金）和高分子材料等。随着微小构件尺寸明显减小到微米、亚微米甚至纳米尺度，国内外试验研究表明，许多材料在微纳米状态下的失效机理与宏观状态相比已发生了本质上的改变。例如，原本属于脆性材料的硅在微尺度下会产生疲劳失效现象，而金属微薄膜的疲劳强度与宏观状态相比也发生了显著变化。

对于某些依靠固有频率稳定性来工作的 MEMS 产品（如加速度传感器、微陀螺仪等），即使未发生疲劳断裂，疲劳损伤的累积也会导致测量结果出现较大的偏差。以金属铜为例，它在硅集成电路中被广泛应用于金属布线，在 MEMS 传感器和执行器中也广泛用于制作铜微结构。在这些应用中，铜微构件经常承受热循环应力或机械循环应力的作用而发生疲劳破坏。因此，抗疲劳性能已成为制约 MEMS 器件长期可靠性的一个因素，近年来成为国内外研究的热点话题。

同时，由于 MEMS 系统中产生热效应是不可避免的，并且材料的热膨胀系数不同，因此热疲劳一直是 MEMS 系统中的潜在可靠性威胁。研究表明，当发生几十度的温度变化时，会在薄膜中产生巨大的应变和应力，接近金属薄膜的屈服强度。早在 1971 年就有文献报道，循环温度作用下的金属互连线会发生热疲劳损伤。因此，MEMS 系统中主要关注金属膜层的热疲劳测试和分析。

金属膜层或导线的热疲劳测试通常可以通过交流电诱导热疲劳结合电镜观察分析来进行。首先，在 Si 基底上沉积金属 Cu 制备互连线，然后施加纯交流电，通过 Joule 热效应产生温度的周期变化，引入热循环应力/应变来研究金属线的热疲劳性能。为了进行测试，他们设计了一套实验系统，样品通常采用微加工成工字型结构，如图 8-20 所示。互连线的两端受到基体约束，有用于电接触的接触垫。通过微机械手控制探针将其搭载在接触垫上，实现对金属线高密度电流的输入/输出。接触垫之间是待测试的金属线。通过进行四点探针法与样品接触，并在扫描电镜（SEM）下实时观察研究 Cu 线在高幅度、低频率交流电诱发下的热疲劳损伤行为。通过实时测量电流和样品电压，可以计算样品的温度和应变变化。这样就可以对金属膜层或导线在热疲劳环境下的可靠性进行测试和分析。

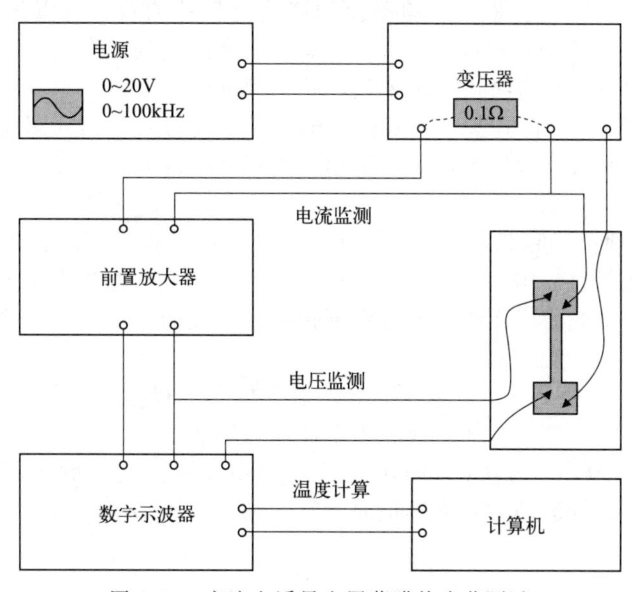

图 8-20　交流电诱导金属薄膜热疲劳测试

（2）阳极氧化膜疲劳测试

铝和铝合金由于其优异的综合性能而被广泛应用，尤其是在航空领域，已被用作最重要的结构材料之一。为了提高其耐腐蚀性，最常见的方法是先阳极氧化，然后涂漆保护的保护过程。目前常用的铝合金阳极氧化包括铬酸阳极氧化和硫酸阳极氧化。六价铬在铬酸阳极氧化中的大量使用将带来严重的环境问题，采取环保措施将增加工艺成本。尽管硫酸阳极氧化所造成的污染小于铬酸阳极氧化所引起的污染，但在铬酸阳极氧化相同膜重的情况下，耐腐蚀性不足，增加膜重对材料疲劳寿命的影响增大。硫酸阳极氧化对材料疲劳性能的影响一直备受关注。

8.3.5 纳米压痕表面力学性能检测

近年来，研究人员在传统压痕测量基础上进行改进，开发了一种新兴的纳米压痕方法，通过计算机控制连续变化的载荷，并在线监测压深量。由于施加的是超低载荷，并且监测传感器具有优于 1nm 的位移分辨率，因此可以获得小到纳米级别的压深。这种纳米压痕方法特别适用于测量薄膜、镀层以及微机电系统中材料等微小体积材料的力学性能。它可以在纳米尺度上测量材料的各种力学性质，如载荷-位移曲线、弹性模量、硬度、断裂韧性、应变硬化效应、黏弹性或蠕变行为等。

纳米压痕仪由轴向移动线圈、加载单元、金刚石压头和控制单元等四个主要部分组成。其中，压头材料通常为金刚石，并常用伯克维奇压头（Berkovich）和维氏（Vicker）压头。纳米压痕仪的压入载荷测量和控制是通过应变仪来实现的。整个压入过程由计算机自动控制，能够实时测量载荷与相应的位移，并建立二者之间的关系，即 P-h 曲线。在纳米压痕的应用中，弹性模量和硬度值是最常用的实验数据。通过卸载曲线的斜率可以得到弹性模量 E，而硬度值 H 可以通过最大加载载荷和残余变形面积的求解得出。

8.3.5.1 纳米压痕技术理论方法

纳米压痕技术可以根据不同的理论方法进行分析，主要包括以下五种。

① Oliver 和 Pharr 方法：根据实验测得的载荷与位移曲线，可以从卸载曲线的斜率求得材料的弹性模量，而硬度值则可以由最大加载载荷和压痕的残余变形面积求得。然而该方法采用传统的硬度定义，没有考虑到纳米尺度上的尺寸效应。

② 应变梯度理论：材料的硬度 H 依赖于压头对被测材料的压入深度 h，且随着深度的减小而增加，因此存在尺寸效应。该方法适用于具有塑性的晶体材料，但无法计算材料的弹性模量。

③ Hainsworth 理论：卸载过程通常被认为是纯弹性过程，可以从卸载曲线求得材料的弹性模量，并通过卸载后的压痕残余变形求得材料的硬度。该方法适用于超硬薄膜或各向异性材料，因为它们的卸载曲线无法与现有模型相吻合。然而，该方法的缺点是材料的塑性变形假设过于简单。

④ 体积比重法：主要用于计算薄膜/基体组合体系的硬度，但更多地用于试验研究方法，试验结果也难以完全排除基体对薄膜力学性能的影响。

⑤ 分子动力学模拟：该方法在原子尺度上考虑每个原子受到的作用力、键合能以及晶体晶格常数，并运用牛顿运动方程来模拟原子间的相互作用结果，从而解释纳米尺度上的压痕机理。

8.3.5.2 纳米压痕技术的应用

随着纳米压痕技术的发展和完善，压痕仪在研究材料力学性能方面得到了广泛应用。它不仅可以测量材料的硬度和弹性模量，还可以定量表征材料的流变应力、形变硬化特征、摩擦磨损性能、阻尼和内耗特性（包括储存模量和损失模量）、蠕变的激活能和应变速率敏感指数、脆性材料的断裂韧性、材料中的残余应力以及材料中压力诱发相变等问题。此外，在薄膜材料的力学性能研究中，纳米压痕技术也具有很高的适用性。实际上，任何通过单轴拉伸和压缩测试获得的力学性能参数都可以通过压痕方法得到。

（1）硬度和弹性模量

纳米压痕测量技术主要使用两种常用的力学性质：硬度和弹性模量。图 8-21（b）展示了一个加载-卸载循环过程的载荷-位移曲线。在这个曲线中，最重要的物理参数包括最大载荷（P_{max}）、最大位移（h_{max}）、完全卸载后的剩余位移（h_1）以及卸载曲线顶部的斜率（$S=dP/dh$）。其中，斜率（S）被称为弹性接触韧度。根据这些参量以及下述三个基本关系式，我们可以推算出材料的硬度和弹性模量。

$$H=\frac{P_{max}}{A}$$

$$E_r=\frac{\sqrt{\pi}}{2\beta}\times\frac{S}{\sqrt{A}}$$

$$\frac{1}{E_r}=\frac{1-\upsilon^2}{E}+\frac{1-\upsilon_1^2}{E_1}$$

式中，H 为硬度；A 为接触面积；υ 为被测材料的泊松比；E_r 为当量弹性模量；E 为被测材料的弹性模量；β 为与压头几何形状相关的常数；E_1 为压头材料的弹性模量；υ_1 为压头材料的泊松比。

为了从载荷-位移数据中计算出硬度和弹性模量，我们需要准确确定弹性接触韧度和接触面积，目前广泛用于确定接触面积的方法被称为 Oliver-Pharr 方法。该方法通过拟合卸载曲线顶部的载荷与位移的关系为指数关系，来确定接触韧度。为了减少误差，通常只考虑卸载曲线顶部的 25%～50%范围内的数据来进行曲线拟合。

$$P=B(h-h_f)^m$$

$$S=\left(\frac{dP}{dh}\right)_{h=h_{max}}=Bm(h_{max}-h_f)^{m-1}$$

式中　B 和 m——拟合参数；

h_f——完全卸载后的位移；

h_{max}——整个过程中最大位移。

为了确定接触面积，我们首先必须知道接触深度 h_c，对于弹性接触，接触深度总是小于总的穿透深度（即最大位移 h_{max}），如图 8-21（a）所示，接触深度可以由下式给出：

$$h_c=h-\varepsilon\times\frac{P}{S}$$

式中，ε 为与压头形状有关的常数，再根据经验公式 $A=f$（h_c）可计算得出面积，一旦知道了接触韧度和接触面积，硬度和弹性模量便可以由上式算出。

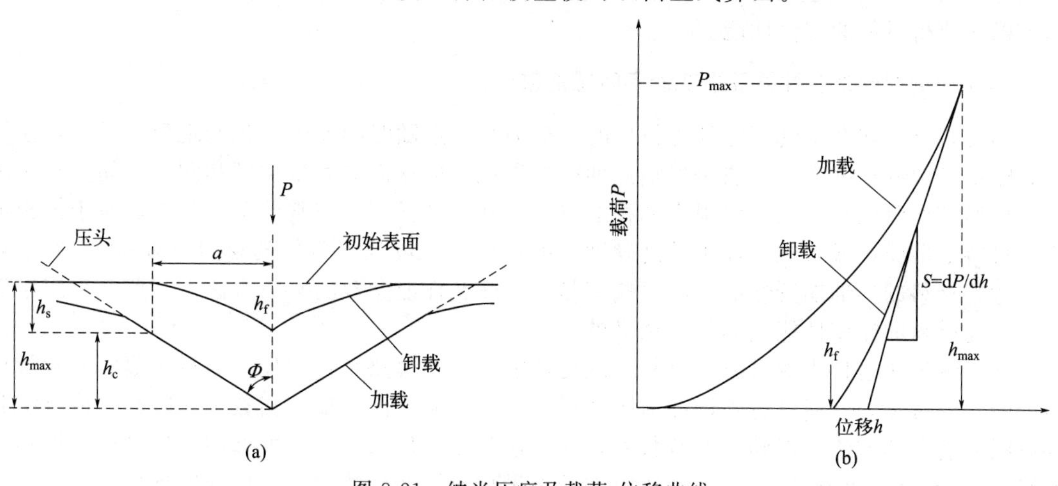

图 8-21　纳米压痕及载荷-位移曲线

（2）合金与非晶金属的硬度与压入深度的关系（尺寸效应）

纳米压痕法是一种理想的测量材料硬度和弹性模量等力学参量的方法。通过使用测试的载荷-位移曲线，并结合 Oliver-Pharr 方法，我们可以获得材料的硬度和弹性模量。

对一般合金而言，使用该方法只能从一个压痕中得到一个硬度和弹性模量。然而，对于一般金属材料，硬度并不是一个常数。当压入深度较小时，材料的硬度较大；随着压入深度的增加，硬度趋近于一个恒定值，也就是所谓的尺寸效应。一些研究人员通过理论分析和实验研究，发现通过极少的压痕实验可以利用 S-h 的线性关系从载荷曲线计算出材料的 H-h 关系。基于这一线性关系，通过两个压痕实验可以得到材料在不同压入深度下的接触刚度。同时，利用两个不同压入深度的压痕实验确定的接触刚度-位移关系，能可靠地计算出材料的硬度-位移关系和弹性模量。

非晶态金属与一般金属相比具有更高的强度，并且其强度的尺寸效应较小。与一般金属不同的是，非晶态材料的硬度和弹性模量与测量所用的载荷（或压入深度）无关，这一点可以通过纳米压痕实验得到验证。一些研究人员采用 Berkovich 和 Cube Corner 压头来测量铜基非晶材料的硬度和弹性模量，发现压头的形状对铜基非晶合金的微观变形有影响。相比而言，通过 Cube Corner 压头压入的压痕周围会形成更多的剪切带。然而，压头的形状对硬度和弹性模量的测量结果并没有影响。这也表明合金材料没有硬度的尺寸效应，材料的变形没有明显的加工硬化现象。

（3）研究材料塑性性能

纳米压痕试验曲线和经验公式可以计算出材料的弹性模量和硬度。然而，对于微小体积的材料而言，仅仅知道弹性模量和硬度是不足够的。了解材料的塑性性能，即完整的应力-应变曲线，对于结构的设计和分析非常关键。纳米压痕试验基于弹性解来进行，因此从压力-压深曲线中只能得到有限的材料性能，如弹性模量和硬度等。材料的本构关系是非线性的，需要包含一些描述塑性性能的参数（如屈服强度等）。因此，在数学模型中完整地包含塑性性能分析是一个复杂的问题，很难直接获得解析。因此，大多数对材料塑性性能的分析通过有限元数值仿真来完成。具体而言，通过改变应力-应变关系曲线输入给有限元计算程序，可以得到不同的压力-压深曲线，与实际试验得到的压力-压深曲线进行比较，找到与之最吻合的应力-应变曲线，以对应正确的材料性能，通过将仿真得到的应力-应变曲线与真实材料的应力-应变曲线进行比较，发现两者非常吻合。因此，这种基于有限元数值仿真的方法能够准确地获得材料的塑性性能。

（4）研究材料蠕变性能及蠕变速率敏感指数

蠕变是指固体在受到恒定外力作用时，应力与变形随时间发生变化的现象。目前，获得材料蠕变参数的标准实验方法是单轴拉伸蠕变测试，但这需要大量试样和测试时间。相比之下，压痕蠕变测试技术只需要很小体积的材料，并且试样制备非常简单。此外，对于体积很小的材料如薄膜，或者难以加工的高硬度、脆性材料，以及非常软的材料（如铅），如果只需要考察材料的局部蠕变性能，压痕蠕变是获取蠕变性能参数的有效方法。因此，采用压痕实验研究材料的蠕变性能是非常有意义的。

利用纳米压痕技术测量未知材料的蠕变性能一般的思路是：首先，通过压痕实验测量材料的弹性模量 E，然后进行不同载荷下的压痕蠕变实验，测量蠕变指数 n。接着，结合实验和有限元仿真的方法，得到蠕变常数 C，并将这些参数代入有限元模型中，通过仿真得到的曲线与实验曲线进行比较，来验证压痕实验测量材料蠕变性能的可行性和准确性。

蠕变速率敏感指数即材料在发生蠕变时，流变应力对应变速率的敏感性参数。许多材料在室温下的蠕变能力较低，传统的拉伸方法很难准确测量蠕变速率敏感指数 m。而纳米压痕仪具有极高的载荷和位移分辨率，能够方便地用于微小载荷和亚微米级别的性能测量，为研究材料的室温压痕蠕变提供了一种有效的测试手段。

(5) 研究压痕塑性变形诱导非晶合金发生晶化行为

关于塑性变形诱导非晶合金发生晶化的微观机制，目前尚未达成一致的定论。在塑性变形过程中，局部区域的温度升高，非晶合金处于热力学亚稳态，因此很难评估局部热效应在塑性变形诱导非晶合金晶化中的作用。压痕塑性变形可以消除变形过程中温度升高的不确定因素，在纳米压痕实验中，非晶合金的温度升高约为0.05K。因此，压痕变形提供了一种有效的方法来研究塑性变形诱导非晶合金晶化。透射电镜观察还发现，在压痕塑性变形过程中，非晶合金发生了显微晶化，直接析出稳定相，并没有出现非晶合金加热过程中的初生相体心立方准晶相的析出。这表明非晶合金的机械稳定性与热稳定性存在一定的差异。这进一步证实了剪切应力导致的塑性流动是发生晶化的动力，而非热效应。此外，通过分子动力学方法对非晶合金的晶化过程进行模拟，可以从微观结构演化的角度研究和分析应力晶化过程中晶粒的形核、长大和合并过程，进而得出晶核生长位置、晶粒方向和塑性应变之间的关系。

8.4 表面理化性能检测仪器和检测技术简介

8.4.1 表面厚度检测

表面材料厚度对材料的使用性能和使用寿命影响极大，因而对覆盖层厚度的控制对所有经表面技术制备的产品都是需要的。更重要的是，覆盖层的厚度直接关系到覆盖层的内在质量，这直接影响产品的耐腐蚀性、应力、导电性和使用寿命等方面。此外在对工艺进行研究和评估时，如探明工艺过程的沉积速率等，也往往是通过厚度测量来评定的。

覆盖层厚度的测量方法，根据其原理可分为机械法、物理法、化学法、电化学法、射线法、光学法以及触针式轮廓仪法等。按照被测覆层是否损坏又可分为有损测厚和无损测厚法。有损测厚法有阳极溶解库仑法、光学法（如显微镜测量、干涉法测量、偏振光测量、扫描电镜测量)、化学溶解法（如点滴法、液流法、称重法)、轮廓仪法等。无损测厚法有磁性法、涡流法、射线法、电容法、微波法、热电势法、光学法（如光电法、光切法及双光束干涉法）等。其中以库仑法、磁性法、涡流法、显微镜法、X射线荧光测厚法等应用最为普遍。

(1) 库仑法测厚

覆盖层厚度测量的阳极库仑法简称库仑法，主要利用电解装置将作为阳极的覆盖层从基体上溶解出来，测量溶解过程所消耗的电量。根据法拉第定律求覆盖层的局部平均厚度 d。

$$d=1000kQE/(A\rho)$$

式中 k——溶解过程的电流效率，当电流效率为100%时，$k=1$；

E——测试条件下覆盖层金属的电化学当量，g/C；

A——覆盖层被溶解的面积，cm^3；

ρ——覆盖层的密度，g/cm^3；

Q——溶解覆盖层耗用的电量，C。

库仑法不仅可测量单层和多层金属覆层的厚度，还可测三层及三层以上覆层（如多层镍）的分层厚度和一些合金覆层的厚度。库仑法测厚仪操作简单，测量速度快、范围广，人为操作影响小，测量结果准确、可靠。测量范围为 0.1～100μm，在 1～30μm 的误差为±10%以内，可作为 8μm 覆层厚度测量的仲裁方法，应用广泛。

（2）磁性法测厚

磁性法主要用于测量磁性基底上各种非磁性涂层的厚度，也可以测量非磁性基底上磁性涂层的深度。夹在磁性测厚仪的磁体和磁性基底之间的非磁性涂层将导致测厚仪磁体和磁性基板之间的相互磁吸引力的变化或磁路、磁场的变化。这种变化与夹在它们之间的非磁性涂层的厚度具有一定函数关系。由此设计出了直接指示涂层厚度的磁性测厚仪。测量方法的精度受到许多因素的影响，包括涂层和基底的厚度、磁性和剩磁、表面粗糙度、表面附着和边缘效应。因此，在仪器校准和测量过程中，需要避免或减少这些因素的影响。

（3）涡流法测厚

涡流法又称电涡流法，属于电磁法。这是一种利用交流磁场在被测导电物体中引起的涡流效应测量厚度的方法。在测量过程中，涡流测厚仪的测量头装置产生的高频电磁场使其下方的导体产生涡流，涡流振幅和相位是导体和测量头之间非导电涂层厚度的函数。该方法主要用于测量非磁性金属上的非导电涂层和非导体上的单层金属涂层的厚度。该方法广泛用于测量铝阳极氧化膜的厚度，铝、铜及其合金上的有机涂层或其它导电涂层的厚度以及非导电基底上铜箔的厚度。

涡流测厚仪重量轻、携带方便、操作和掌握方便、测量快速准确、价格低廉，是测量非磁性基底上涂层厚度的常用方法。

（4） X 射线荧光测厚法

当高能 X 射线束与固体物质相互作用时，如果其能量超过该物质的激发限，就会激发该物质的特征 X 射线。特征 X 射线的波长与材料的原子结构有关，而其强度与受激材料的质量有关。此外，当 X 射线照射固体材料时会被材料吸收，导致其强度衰减。强度衰减的程度与 X 射线穿过固体的距离（厚度）有关。X 射线的上述特性构成了通过 X 射线测量涂层厚度的各种方法。例如，通过测量覆盖层材料的特征 X 射线辐射强度来确定覆盖层厚度的发射方法；通过测量基材的特征 X 射线穿过涂层后辐射强度降低的程度来确定涂层厚度的吸收方法。

（5）β 射线反向散射法

由放射性同位素释放出来的 β 射线照射被测覆盖层时，被覆盖层物质散射的反向散射线的强度是被测覆盖层物质的种类和厚度的函数。当被测覆盖层和基体材料的原子序数差足够大时（一般两者原子序数差应大于 5），便可由测得的 β 射线强度测得单位面积上覆盖层的质量，进而求得被测覆盖层的平均厚度。该法特别适用于对各种贵金属覆层厚度的测量，可测量金属或非金属基体上的非金属薄层（2.5μm 以下）厚度。也可用于连续涂覆自动生产线涂层厚度的自动监控。但是该方法只有在覆层材料与基体材料的原子序数明显不同时才能使用。测厚时需要利用相应的放射源，它对人的健康有害，故必须严格按规程操作，需要采取防护措施。

（6）轮廓仪测量法

轮廓仪是测量表面粗糙度的仪器，也可以用于测量覆盖层的厚度，前提是需要在覆盖层上露出基体表面，形成覆盖层表面与基体表面之间的高度差。轮廓仪可以测量的厚度范围通常为0.01～1000μm。当厚度小于0.01μm时，对工件表面的平直度和平滑度要求非常高，厚度测量较为困难。轮廓仪测量厚度的优点是可以直接进行测量，操作简便迅速。然而，由于轮廓仪属于触针式测量方法，因此在测量过程中要注意避免触针对覆盖层造成划伤。

（7）光切显微镜法

光切显微镜法又称分光束显微法，采用光切显微镜测定覆盖层厚度时，不透明的覆盖层必须露出基体表面，制造出覆盖层表面与基体表面的高度差，其测量方法与测量表面粗糙度相同。对于透明的覆盖层，则要求覆盖层表面和基体表面都具有一定反射光的能力，可以在显微镜中观察到由覆盖层表面和基体表面反射的两条平行的光带。由于覆盖层的折射率与空气的折射率不同，其厚度计算也有所不同。

8.4.2 表面耐热性能检测

对于在高温下工作并且存在摩擦和磨损现象的薄膜材料或隔热膜等，其耐热性能测试主要包括高温抗氧化性能测试、高温软化性能测试和热冲击性能测试等。高温抗氧化性能测试要将样品加热至研究温度并保温一段时间，然后定期检查样品表面的氧化情况。其中，使用高精度天平测量氧化前后的重量变化是最重要的测试项目，可以给出总的氧化量。此外，对于局部氧化现象，如晶界氧化和界面氧化，其具有更严重的破坏性，因此也是需要重点检查的项目。

在对耐高温材料进行测试时，高温软化性能是一个重要的指标。常用的测试方法之一是热分析技术，例如热重分析（TGA）和差示扫描量热（DSC）。这些方法可以用于确定材料在高温下的软化温度、热分解温度和热稳定性等参数。另外，高温硬度计也可以用于测试材料的软化性能。通过对材料在高温下进行硬度测量，可以评估材料在高温下的变形行为和稳定性。而对于耐高温材料的热冲击性能测试，可以通过观察材料表面的开裂、剥落或鼓泡次数来评估其抗热冲击能力。一种常用的方法是热冲击试验，其中样品暴露在高温环境中，然后迅速冷却或暴露在低温环境中，通过观察样品的变化来判断其耐热性能。例如，通过使用显微镜或光学显微镜观察样品表面的开裂、剥落或鼓泡情况，可以评估样品的抗热冲击能力。

8.4.3 表面绝缘性能检测

导电表面材料常用四探针法来测量方块电阻大小来评价其导电性能，而对阳极氧化膜、涂层以及陶瓷膜等常用引起该膜层破坏的最低外加电压来对其绝缘性能进行评价。具体的测试方法有以下三种。

（1）传递式绝缘破坏试验法

测试前先将样品放入干燥剂中保持1h，以去除所吸附的潮气。测试时将两个银电极紧紧地压到膜层两侧，并在膜层上通以交流电压，且电压以25～50V/s的速率升高。当电流开始急剧增大，如达50～100mA时，蜂鸣器响起，读取此时电压值即为最小破坏电压。膜层的绝缘破坏以1μm厚的绝缘破坏电压表示。

（2）芯轴式绝缘破坏试验法

此法适用于氧化膜处理导线在使用时绝缘破坏电压的测定。测试前同样将铝导线置于干燥剂中保持1h以上，以去除所吸附的潮气。然后将其缠绕在一个直径为5～60mm的绝缘棒上绕两层，每层25匝，并以25～50V/s的速率在两层导线上施加电压，测出引起绝缘破坏的最小电压。

（3）压紧式绝缘破坏试验法

将一个用黄铜制作的Φ25mm表面光滑的且带有圆角$r=2.5$mm的电极紧紧地压在绝缘膜层表面上，基体金属则作为另一电极（图8-22）。测试时两电极间施加交流电压，加压速率控制在自开始10s后达到破坏电压。绝缘性能也以1μm膜厚的电压数来表示。

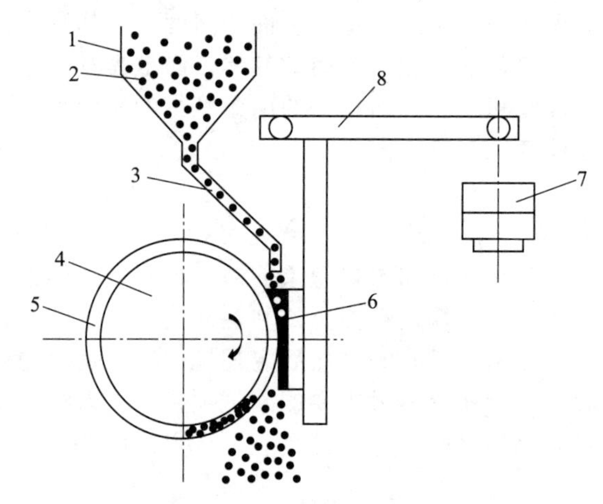

图8-22 压紧式绝缘破坏试验法

1—漏斗；2—席料；3—下料管；4—磨轮；5—橡胶绝缘；6—试样；7—砝码；8—杠杆

8.4.4 表面孔隙度检测

孔隙度本身是一个物理概念，可分为连孔、闭孔和连通孔隙。孔隙率小意味着薄膜致密。孔隙的存在与表面材料的强度、硬度、耐磨性、耐腐蚀性以及加工表面的粗糙度密切相关。在大多数情况下，表面材料不希望有孔隙，但对于润滑和减摩应用，需要某些孔隙来储存润滑油。对于隔热涂层，孔隙的存在可以提高绝缘效率；对于一些具有催化功能的表面，在满足强度要求的基础上，孔隙越多越好。孔隙度测量包括物理法、化学法、电解成像法、显微观察法和绝缘测试法。

（1）物理方法

物理法有浮力法和直接称重法两种，是利用物理原理测定材料表面的视密度和真密度，并求得视密度与真密度之比值，即为该表面材料的孔隙度。

（2）化学法

化学法使用最广泛，其中包括贴滤纸法、涂膏法和浸渍法等。这类方法是将含有腐蚀液和指示剂的化学试液通过膜层的孔隙将基体腐蚀，腐蚀后产生的离子透过膜层孔隙并在膜层表面的滤纸上、涂膏层上或膜层本身表面显色指示，然后以单位面积（cm^2）中显示的孔隙斑点数作为膜层孔隙度的量度。这里指示剂则要求与被腐蚀的金属离子产生特征颜色，例如铁氰化钾可使铁离子显蓝色，铜离子显红褐色，钨离子显黄色。由于所得孔隙斑点的大小不一，因此计测时需作一定处理，例如在贴滤纸法中：斑点直径在1mm以下的，每点以1个孔计；斑点直径为1～3mm的，每点以3个孔计；斑点直径在3～5mm的，每点则以10个孔计，并且以三次试验的算术平均值作为孔隙度的评定结果。

(3) 电解显像法

当作为阳极的镀膜样品在相应的电解溶液中通以直流电时，基体金属会发生阳极溶解，被溶解的金属离子通过镀层的孔隙迁移到贴在镀层表面的滤纸上。在滤纸上的指示剂与金属离子发生反应，形成特征的颜色斑点。通过与化学法类似的评估方法，可以确定膜层的孔隙度。这种方法适用于评估各种阳极性膜层的孔隙度。

(4) 显微镜法

按制备金相样品的要求，将镀膜样品研磨、抛光成镜面，放在一定放大倍数的显微镜下观察和测量试样的孔隙度。利用定量金相技术可以自动而快速地获得孔径大小及孔隙分布的定量分析数据。

(5) 绝缘法

若在导电金属基体的表面有机涂层浇上导电液体，并施加 100～200V 电压；采用一个电极在表面上扫描，如果膜层有孔隙，导电液体就会渗入孔隙中而产生电流，引起端子产生电火花，于是可定性评价膜层的致密度，但此方法不适用孔隙过密的膜层。

8.4.5 表面耐腐蚀性能检测

表面材料耐蚀性测试旨在评估材料对环境腐蚀的抵抗能力，并考察其对基体的防护寿命。耐蚀性测试通常包括以下内容。①大气暴露试验：将待测涂层试样放置在大气环境（介质）中，暴露于不同的大气条件下进行腐蚀试验。通过定期观察腐蚀过程的特征，测定腐蚀速度，以评估涂层在大气环境中的耐蚀性能。②使用环境试验：将待测涂层试样放置在实际的使用环境（介质）中，观察其在使用环境中的腐蚀特征。这种试验的目的是评估涂层在实际使用中的耐蚀性。③人工模拟和加速腐蚀试验：将待测涂层试样放入特定的人工模拟介质中进行腐蚀试验。通过观察腐蚀过程的特征，评定涂层的耐腐蚀性。

(1) 盐雾试验

在表面材料的耐蚀性检测中，盐雾试验是一种常用的方法，用来评估金属或涂层的耐腐蚀性能，并研究试验结果与实际使用性能之间的相关性以及试验的可重复性。盐雾试验包括中性盐雾（NSS）试验、乙酸盐雾（AASS）试验和铜加速盐雾（CASS）试验。在中性盐雾试验中，将待测样品置于中性盐雾环境中，考察其对腐蚀的抵抗能力。乙酸盐雾试验中使用的溶液中含有乙酸，可以更严格地模拟某些特定环境下的腐蚀情况。铜加速盐雾试验通过在盐雾环境中加入铜离子来加速腐蚀过程，以评估涂层的耐蚀性能。

通过盐雾试验，可以评估涂层厚度的均匀性和孔隙率。试验结束后，观察样品表面的腐蚀程度和形成的腐蚀产物，并进行相关的测量和分析，来评定表面涂层的耐蚀性能。它们被认为是最有用的加速实验室腐蚀试验，特别用于评价不同批（生产质量控制）或不同试样(用于研究开发新涂层)。图 8-23 是盐雾试验装置简图。

中性盐雾试验已改进为酸化的试验。中性盐雾试验期为 8～3000h，采用 pH6.5～7.5 的 5%（质量分数）NaCl 水溶液，溶液中总的质量分数不超过 2×10^{-4}，盐雾箱的温度为 35.0℃±1.1℃或 35.0℃±1.7℃。

乙酸盐雾试验期一般为 144～240h，或者更长，不过也可短到 16h。采用 5% NaCl 水溶液，但是用乙酸将溶液 pH 值调到 3.1～3.3，温度也与中性盐雾试验一样。这特别适合于装饰镀铬涂层。

铜加速盐雾试验期一般为6～720h，在每3.8L NaCl水中添加$CuCl_2 \cdot H_2O$，用乙酸将溶液pH值调到3.1～3.3。试验温度稍高，为49.0℃±1.1℃或49.0℃±1.7℃。

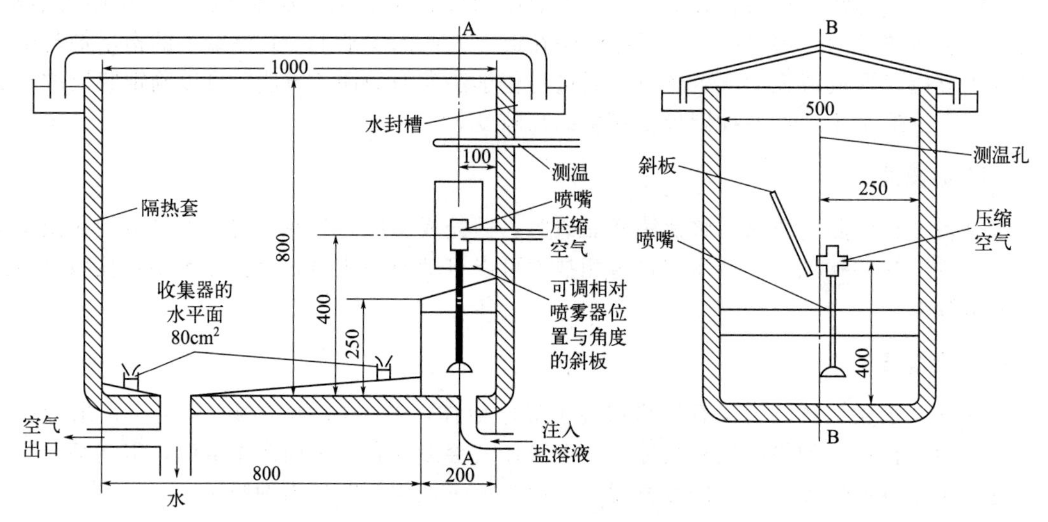

图8-23　盐雾试验装置简图

(2) 腐蚀膏腐蚀试验

腐蚀膏腐蚀试验（CORR试验）是另一种人工加速腐蚀试验。这种方法是模拟工业城市的污染和雨水的腐蚀条件，对涂层进行快速腐蚀试验。腐蚀试验在高岭土中加入铜、铁等腐蚀盐类配制成腐蚀膏，把这种膏涂覆在待测试样涂层表面，经自然干燥后放入相对湿度较高的潮湿箱中进行，达到规定时间后取出试样并适当清洗干燥后即可检查评定。腐蚀膏中主要腐蚀盐类的腐蚀特征是：三价铁盐使涂层引起应力腐蚀（SCC）；铜盐能使涂层产生点蚀、裂纹和剥落、碎裂等；氯化物的存在令涂层腐蚀加速。

腐蚀膏腐蚀试验的特点是测试简便、试验周期短、重现性好。腐蚀膏试验的腐蚀效果与大气腐蚀较符合。经研究，腐蚀膏腐蚀试验与工业大气符合率为93%，与海洋大气符合率为83%，与乡村大气符合率为70%。除特殊情况外，规定腐蚀周期为24h的腐蚀效果相当于城市大气一年的腐蚀，相当于海洋大气8～10个月的腐蚀。CORR试验适用于在钢铁、锌合金、铝合金基体上的装饰性阴极涂层，如Cr、Ni-Cr、Cu-Ni-Cr等腐蚀性能的测定。

(3) 二氧化硫工业气体腐蚀试验

二氧化硫工业气体腐蚀试验是以一定浓度的SO_2气体，在一定温度和一定相对湿度下对涂层做腐蚀试验，经一定时间后检查并评定涂层腐蚀程度。图8-24是SO_2气体腐蚀试验装置。

模拟SO_2腐蚀试验是一种常用的标准化试验，用于评估材料或涂层在城市工业大气中暴露的耐蚀性能。这种试验通过模拟大气中的SO_2气体腐蚀条件来加速腐蚀过程，从而预测材料在实际使用环境中的腐蚀行为。模拟SO_2腐蚀试验通常将待测样品暴露在含有SO_2的环境中，控制温度和湿度条件，定期观察样品表面的腐蚀情况。通过评估腐蚀速度、腐蚀形貌及涂层缺陷等参数，可以判断材料或涂层的耐蚀性能和可靠性。

该试验方法适用于钢铁基体上的Cu-Ni-Cr涂层或Cu-Sn合金上Cr涂层的耐蚀性评估。此外，该试验方法还可以用于测试Cu-Sn合金上Cr涂层的裂纹、Zn-Cu合金涂层的污点以及铜或黄铜基体上铬涂层的鼓泡、起壳等缺陷。试验结果与涂层在城市工业大气环境中的实际腐蚀行为极为接近，并与CASS试验和CORR试验结果大致相似。

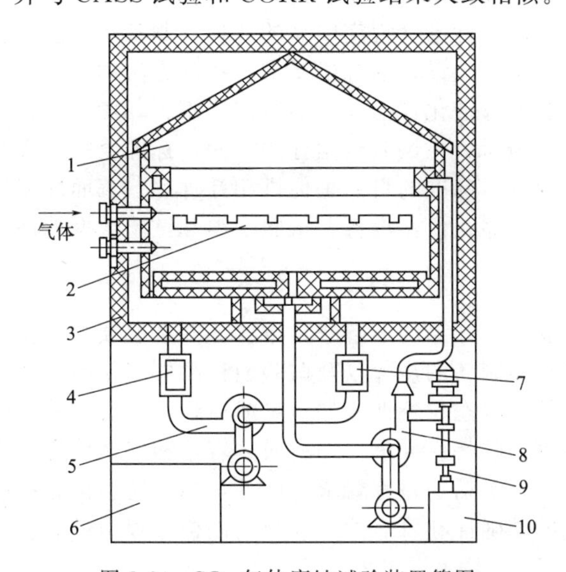

图 8-24　SO_2 气体腐蚀试验装置简图

1—内套；2—样品架；3—夹套；4—夹套电热器；5—夹套风机；6—冷冻系统；7—夹套冷冻器；8—主循环风机；9—蒸汽阀门；10—蒸汽发生器

（4）湿热试验

利用人工模拟的高温高湿环境，对涂层进行耐蚀性试验是一种常见的方法。这种试验往往作为涂层性能综合评估的一部分。在特定的温度和湿度条件或经常交变而引起凝露的环境下，涂层会加速腐蚀。温热试验常有两种试验条件：恒温恒湿条件（温度 40℃±2℃，相对湿度 95%以上，人工模拟高温高湿环境腐蚀条件）和交变温湿度条件。

8.5 表面性能检测技术标准化概况

8.5.1 标准与标准化

GB/T 20000.1—2014《标准化工作指南 第 1 部分：标准化和相关活动的通用术语》中分别对标准和标准化进行了定义。条目 5.3 中对标准描述为：通过标准化活动，按照规定的程序经协商一致制定，为各种活动或其结果提供规则、指南或特性，供共同使用和重复使用的文件。该标准中的附录 A 表 A.1 序号 2 中对标准的定义是：为了在一定范围内获得最佳秩序，经协商一致确立并由公认机构批准，为活动或其结果提供规则、指南或特性，供共同使用和重复使用的文件。简而言之，标准是通过标准化活动制定的一种文件。那么什么是标准化呢？标准化是为了在既定范围内获得最佳秩序，促进共同效益，对现实问题或潜在问题确立共同使用和重复使用的条款以及编制、发布和应用文件的活动。

8.5.2 表面性能检测技术标准化

表面性能检测技术标准化本质上就是表面性能检测试验方法的标准化。GB/T 20001.4—2015《标准编写规则 第 4 部分：试验方法标准》指出：试验方法标准化是将试验方法作为标准化对象，建立测定指定特性或指标的试验步骤和结果计算规则，以为试验活动和过程提供指导。对于样品，标准会规定样品的选择、制备和处理方法，以确保样品的一致性和可比性。标准还会规定仪器设备的规格要求、校准方法和操作规程，以保证试验的准确性和可重复性。试验步骤的标准化包括具体的操作步骤、环境条件和所需的测量参数，以确保各个试验中的一致性。最后，在试验数据处理方面，标准会规定数据记录和分析方法，以确保结果的可靠性和一致性。标准的目的是促进相互理解。表面性能检测试验中整个过程中的关键标准化对象分别是样品、仪器设备、试验步骤和试验数据处理。

（1）样品

在表面性能检测实验中，样品的准备非常重要，并且必须根据相应的试验方法标准进行制备。标准方法明确了样品制备的步骤以及试验前样品应满足的条件。这些条件可能包括尺寸和数量要求、样品的技术状态、特性（如质量或体积）以及存储条件等。如果需要存储样品，标准还会提供储存容器的特性要求，如材质、容量和气密性等。当需要特定形状的样品时，标准应明确主要尺寸，包括公差等要求。此外，标准还会指导操作人员选择合适的标准取样方法，以确保结论的准确性和可靠性，并减少制样过程中可能引入的各种损失。

（2）仪器设备

表面性能检测试验中涉及的检测仪器大多数属于精密仪器，操作、维护及保养都有严格的规定，根据仪器的工作原理，结合需要检测的性能指标，制定每台仪器的标准化操作规程，既有助于新上岗操作人员快速学习仪器，又可以提高实验室管理的效率，避免因操作失误引起的工作延误。

（3）试验步骤

试验步骤通常包括试验前的准备工作和试验中的实施步骤。根据操作的数量或操作序列的多少，试验步骤可以分为相应的条目。如果试验步骤较多，可以进一步细分，逐条规定试验步骤，包括必要的预操作。试验步骤应按照逻辑次序进行分组，确保操作的连贯性和正确性。

（4）试验数据处理

在试验中，应明确列出所需记录的各项数据，并提供表示试验结果的方法或结果计算方法。这包括使用的单位、计算公式、物理量符号的含义、表示量的单位以及计算结果的精确度。对于数据记录，应明确要求记录哪些信息，例如温度、压力、时间等。这些数据的单位也应明确规定，以确保结果的准确性和可比性。在结果计算方面，应提供计算公式和所使用的物理量符号的含义。同时，还要确定计算结果需要保留的小数位数或有效位数，以确保结果的精确度。通过明确数据记录和结果计算的规定，可以确保试验的可重复性和结果的准确性，使得试验结果能够更加准确地表示被测物的性能。

8.5.3 我国表面性能检测技术标准化现状

据调查，目前，我国涉及的表面性能检测标准包括 218 项国家标准计划，包括正在起草、正在征求意见、审查、批准和已发布的国家标准计划、162 项即将实施或现行的国家标准（强制性和推荐性）、106 项行业标准和 3 项地方标准。废止的国家标准有 8 项，被代替的国家标准有 78 项。部分国家标准见附录。国家标准计划和即将实施或现行的国家标准大多是采标，即等同采用或完全采用国际标准化组织（International Organization for Standardization，ISO），国际电工委员会（International Electrotechnical Commission，IEC）等。

参考文献

[1] 钱苗根，郭兴伍．现代表面工程[M]．上海：上海交通大学出版社，2012

[2] 钱苗根．现代表面技术[M]．2 版．北京：机械工业出版社，2016．

[3] 李金桂，肖定全．现代表面工程设计手册[M]．北京：国防工业出版社，2000．

[4] 张九渊．表面工程与失效分析[M]．杭州：浙江大学出版社，2005．

[5] 冯立明，王玥．电镀工艺学[M]．北京：化学工业出版社，2010．

[6] 李鹏，陶毓博，宋魁彦．产品设计材料与工艺基础[M]．北京：科学出版社，2016．

[7] 劳建英．产品设计中新材料的应用研究[D]．上海：东华大学，2012．

[8] 杨婧．多元一体的设计文化在产品设计中的应用[D]．武汉：武汉理工大学，2009．

[9] 陈杨军，刘湘圣，王海波，等．生物医用纳米颗粒表面的两性离子化设计[J]．化学进展，2014，26(11)：1849-1858．

[10] 董小燕，龚斌，李雅丽．光学薄膜及其应用方面的研究[J]．物理与工程，2012，22(5)：14-18．

[11] 范晓伟．浅谈产品表面处理技术在产品设计的应用[J]．艺术与设计，2009，181-183．

[12] 蒲吉斌，安煜东，王海新．航天功能防护涂层设计与调控[J]．宇航材料工艺，2021，84-94．

[13] Necula B S，Fratila-Apachitei L E，Zaat S A J，et al. In vitro antibacterial activity of porous TiO_2-Ag composite layers against methicillin-resistant Staphylococcus aureus[J]. Acta Biomaterialia，2009，5(9)：3573-3580.

[14] Necula B S，Van Leeuwen J，Fratila-Apachitei L E，et al. In vitro cytotoxicity evaluation of porous TiO_2-Ag antibacterial coatings for human fetal osteoblasts[J]. Acta biomaterialia，2012，8(11)：4191-4197.

[15] 张勤俭，吴春丽，李敏，等．溶胶-凝胶工艺制备 Al_2O_3-ZrO_2 涂层对工程陶瓷表面改性的研究[J]．工具技术，2001，35(07)：19-20+25．

[16] Zhang W，Glasser F P. The preparation of Al_2O_3-ZrO_2 sol-gels from inorganic precursors[J]. Journal of the European Ceramic Society，1993，11(2)：143-147.

[17] 郑卫．HA 混合生物玻璃制备 TCP 陶瓷支架及其性能的研究[J]．中国生物医学工程学报，2012，31(05)：795-800．

[18] Ahn E S，Gleason N J，Nakahira A，et al. Nanostructure processing of hydroxyapatite-based bioceramics[J]. Nano Letters，2001，1(3)：149-153.

[19] 陈涛．稀土及制备工艺对 PTFE 三层复合材料性能的影响[D]．合肥：合肥工业大学，2015．

[20] Qianqian S，Xianhua C. Effect of rare earths surface treatment on tribological properties of carbon fibers reinforced PTFE composite under oil-lubricated condition[J]. Journal of Rare Earths，2008，26(4)：584-589.

[21] Oliver W C，Pharr G M. An improved technique for determining hardness and elastic modulus using load and displacement sensing indentation experiments[J]. Journal of materials research，1992，7(6)：1564-1583.

[22] 陶春珍，丛厚林．在杯突试验机上评定电镀层脆性的方法[J]．理化检验．物理分册，1991，27(03)：37-38+26．

[23] 李天德．镀层延展性的测定方法[J]．电镀与涂饰，1984(03)：54-58，60．

[24] 魏壮壮，张楠祥，吴锋，等．锂硫电池多功能涂层隔膜的研究进展与展望[J]．电化学，2020，26(05)：716-730．

[25] 郭雅芳，肖剑荣，侯永宣，等．锂硫电池隔膜改性研究进展[J]．材料导报，2018，32(07)：1073-1078+1083．

[26] Wang L，Yang Z，Nie H，et al. A lightweight multifunctional interlayer of sulfur-nitrogen dual-doped

graphene for ultrafast, long-life lithium-sulfur batteries[J]. Journal of materials chemistry A, 2016, 4 (40): 15343-15352.
[27] Kim H M, Sun HH, Belharouak I, et al. An alternative approach to enhance the performance of high sulfur-loading electrodes for Li-S batteries[J]. ACS Energy Letters, 2016, 1(1): 136-141.
[28] Liu M, Li Q, Qin X, et al. Suppressing self-discharge and shuttle effect of lithium-sulfur batteries with V_2O_5-decorated carbon nanofiber interlayer[J]. Small, 2017, 13(12): 1602539.
[29] 孙茂生．刷镀技术在石油机械新产品上的应用[J]. 表面工程，1992(03): 35-36.
[30] 宣天鹏，郑晓桦，邓宗钢．化学镀 Co-B 合金工艺及结构研究[J]. 电镀与环保，1997(02): 9-11.
[31] 钱思成，刘贵昌．电参数对纯铝微弧氧化膜结构及性能的影响[J]. 材料导报，2007(S3): 263-266.
[32] 杨涵，金凡亚，冯军，等．铝微弧氧化膜层中 α-Al_2O_3 相调控机制及表面形貌演变[J]. 电镀与涂饰，2023, 42 (02): 7-13.
[33] 赵东山，牛宗伟，刘洪福．铝及其合金微弧氧化技术的研究进展[J]. 山东理工大学学报(自然科学版)，2011, 25 (06): 105-108.
[34] Wang J H, Du M H, Han F Z, et al. Effects of the ratio of anodic and cathodic currents on the characteristics of micro-arc oxidation ceramic coatings on Al alloys[J]. Applied Surface Science, 2014, 292: 658-664.
[35] Wu H, Wang J, Long B, et al. Ultra-hard ceramic coatings fabricated through microarc oxidation on aluminium alloy[J]. Applied surface science, 2005 252(5): 1545-1552.
[36] 张兴权，戴亚春，杜为民，等．金属零件表面改性的喷丸强化技术[J]. 电加工与模具，2005(02): 30-32.
[37] 隋明海，李乐怡，张树齐．大型轴/齿圈类钢制件喷丸强化工艺的探讨[J]. 内燃机与配件，2024(08): 112-114.
[38] Eleiche A M, Megahed M M, Abd-Allah N M. The shot-peening effect on the HCF behavior of high-strength martensitic steels[J]. Journal of Materials Processing Technology, 2001, 113(1-3): 502-508.
[39] Al-Obaid Y F. The effect of shot peening on stress corrosion crackingbehaviour of 2205-duplex stainless steel[J]. Engineering Fracture Mechanics, 1995, 51(1): 19-25.
[40] 王鹏成，潘永智，李红霞，等．离子注入对钛合金表面摩擦磨损性能的研究进展[J]. 工具技术，2020, 54 (11): 3-7.
[41] 谢斌，赵怀红，蒋伟．离子注入在模具表面改性处理技术中的应用[J]. 机械工程师，2016, (06): 111-113.
[42] Byeli A V, Lobodaeva O V, Shykh S K, et al. Microstructural variations and tribology of molybdenum-type high speed steel ion implanted with high current density nitrogen beams[J]. Wear, 1995, 181: 632-637.
[43] Dearnaley G. The effects of ion implantation upon the mechanical properties of metals and cemented carbides[J]. Radiation effects, 1982, 63(1-4): 1-15.

表面技术相关国家技术标准

标准号	标准名称
GB/T 9097—2016	烧结金属材料(不包括硬质合金)表观硬度和显微硬度的测定
GB/T 37782—2019	金属材料　压入试验　强度、硬度和应力-应变曲线的测定
GB/T 2490—2018	固结磨具　硬度检验
GB/T 7997—2014	硬质合金　维氏硬度试验方法
GB/T 38751—2020	热处理件硬度检验通则
GB/T 34205—2017	金属材料　硬度试验　超声接触阻抗法
GB/T 15717—2021	真空金属镀层厚度测试方法　电阻法
GB/T 25836—2010	微量硬度快速测定方法
GB/T 10425—2002	烧结金属摩擦材料　表观硬度的测定
GB/T 28485—2012	镀层饰品　镍释放量的测定　磨损和腐蚀模拟法
GB/T 13744—1992	磁性和非磁性基体上镍电镀层厚度的测量
GB/T 25052—2010	连续热浸镀层钢板和钢带尺寸、外形、重量及允许偏差
GB/T 13313—2008	轧辊肖氏、里氏硬度试验方法
GB/T 5766—2023	摩擦材料洛氏硬度试验方法
GB/T 40342—2021	钢丝热镀锌铝合金镀层中铝含量的测定
GB/T 39494—2020	新能源汽车驱动电机用稀土永磁材料表面涂镀层结合力的测定
GB/T 25898—2010	仪器化纳米压入试验方法　薄膜的压入硬度和弹性模量
GB/T 230.1—2018	金属材料　洛氏硬度试验　第1部分：试验方法
GB/T 17394.1—2014	金属材料　里氏硬度试验　第1部分:试验方法
GB/T 4341.1—2014	金属材料　肖氏硬度试验　第1部分:试验方法
GB/T 18449.1—2009	金属材料　努氏硬度试验　第1部分:试验方法
GB/T 4340.1—2009	金属材料　维氏硬度试验　第1部分:试验方法
GB/T 231.1—2018	金属材料　布氏硬度试验　第1部分：试验方法
GB/T 32660.1—2016	金属材料　韦氏硬度试验　第1部分:试验方法
GB/T 3849.1—2015	硬质合金　洛氏硬度试验(A标尺)第1部分:试验方法
GB/T 21838.1—2019	金属材料　硬度和材料参数的仪器化压入试验　第1部分:试验方法

续表

标准号	标准名称
GB/T 40393—2021	金属和合金的腐蚀　奥氏体不锈钢晶间腐蚀敏感性加速腐蚀试验方法
GB/T 19291—2003	金属和合金的腐蚀　腐蚀试验一般原则
GB/T 28416—2012	人工大气中的腐蚀试验　交替暴露在腐蚀性气体、中性盐雾及干燥环境中的加速腐蚀试验
GB/T 39637—2020	金属和合金的腐蚀　土壤环境腐蚀性分类
GB/T 40338—2021	金属和合金的腐蚀　铝合金剥落腐蚀试验
GB/T 24513.1—2009	金属和合金的腐蚀　室内大气低腐蚀性分类　第1部分:室内大气腐蚀性的测定与评价
GB/T 40377—2021	金属和合金的腐蚀　交流腐蚀的测定　防护准则
GB/T 20853—2007	金属和合金的腐蚀　人造大气中的腐蚀　暴露于间歇喷洒盐溶液和潮湿循环受控条件下的加速腐蚀试验
GB/T 25834—2010	金属和合金的腐蚀　钢铁户外大气加速腐蚀试验
GB/T 6465—2008	金属和其他无机覆盖层　腐蚀膏腐蚀试验(CORR 试验)
GB/T 20852—2007	金属和合金的腐蚀　大气腐蚀防护方法的选择导则
GB/T 19747—2005	金属和合金的腐蚀　双金属室外暴露腐蚀试验
GB/T 15260—2016	金属和合金的腐蚀　镍合金晶间腐蚀试验方法
GB/T 24518—2009	金属和合金的腐蚀　应力腐蚀室外暴露试验方法
GB/T 40299—2021	金属和合金的腐蚀　腐蚀试验电化学测量方法适用惯例
GB/T 24516.2—2009	金属和合金的腐蚀　大气腐蚀　跟踪太阳暴露试验方法
GB/T 40339—2021	金属和合金的腐蚀　服役中检出的应力腐蚀裂纹的重要性评估导则
GB/T 37623—2019	金属和合金的腐蚀　核反应堆用锆合金水溶液腐蚀试验
GB/T 36174—2018	金属和合金的腐蚀　固溶热处理铝合金的耐晶间腐蚀性的测定
GB/T 19292.1—2018	金属和合金的腐蚀　大气腐蚀性第1部分:分类、测定和评估
GB/T 32571—2016	金属和合金的腐蚀　高铬铁素体不锈钢晶间腐蚀试验方法
GB/T 31935—2015	金属和合金的腐蚀　低铬铁素体不锈钢晶间腐蚀试验方法
GB/T 25147—2010	工业设备化学清洗中金属腐蚀率及腐蚀总量的测试方法　重量法
GB/T 24195—2009	金属和合金的腐蚀　酸性盐雾、“干燥”和“湿润”条件下的循环加速腐蚀试验
GB/T 20120.1—2006	金属和合金的腐蚀　腐蚀疲劳试验　第1部分:循环失效试验
GB/T 4334—2020	金属和合金的腐蚀　奥氏体及铁素体-奥氏体(双相)不锈钢晶间腐蚀试验方法
GB/T 15970.1—2018	金属和合金的腐蚀　应力腐蚀试验　第1部分:试验方法总则
GB/T 15970.7—2017	金属和合金的腐蚀　应力腐蚀试验　第7部分:慢应变速率试验
GB/T 17897—2016	金属和合金的腐蚀　不锈钢三氯化铁点腐蚀试验方法
GB/T 20120.2—2006	金属和合金的腐蚀　腐蚀疲劳试验　第2部分:预裂纹试验裂纹扩展试验
GB/T 15970.2—2000	金属和合金的腐蚀　应力腐蚀试验　第2部分:弯梁试样的制备和应用

续表

标准号	标准名称
GB/T 15970.5—1998	金属和合金的腐蚀　应力腐蚀试验　第5部分:C型环试样的制备和应用
GB/T 40403—2021	金属和合金的腐蚀　用四点弯曲法测定金属抗应力腐蚀开裂的方法
GB/T 38430—2019	金属和合金的腐蚀　金属材料在高温腐蚀条件下的等温暴露氧化试验方法
GB/T 38213—2019	金属和合金的腐蚀　大气腐蚀引起的材料中金属流失速率的测定和评估程序
GB/T 37619—2019	金属和合金的腐蚀　高频电阻焊焊管沟槽腐蚀性能恒电位试验与评价方法
GB/T 20121—2006	金属和合金的腐蚀　人造气氛的腐蚀试验　间歇盐雾下的室外加速试验(疮痂试验)
GB/T 38231—2019	金属和合金的腐蚀　金属材料在高温腐蚀条件下的热循环暴露氧化试验方法
GB/T 38269—2019	金属和合金的腐蚀　含人造海水沉积盐过程的循环加速腐蚀试验　恒定绝对湿度下干燥/湿润
GB/T 11138—1994	工业芳烃铜片腐蚀试验法
GB/T 10119—2008	黄铜耐脱锌腐蚀性能的测定
GB/T 7998—2023	铝合金晶间腐蚀敏感性评价方法
GB/T 18590—2001	金属和合金的腐蚀　点蚀评定方法
GB/T 5096—2017	石油产品铜片腐蚀试验法
GB/T 13671—1992	不锈钢缝隙腐蚀电化学试验方法
GB/T 19746—2018	金属和合金的腐蚀　盐溶液周浸试验
GB/T 34349—2017	输气管道内腐蚀外检测方法
GB/T 34350—2017	输油管道内腐蚀外检测方法
GB/T 31317—2014	金属和合金的腐蚀　黑箱暴露试验方法
GB/T 12444—2006	金属材料　磨损试验方法试环-试块滑动磨损试验
GB/T 19921—2018	硅抛光片表面颗粒测试方法
GB/T 28485—2012	镀层饰品　镍释放量的测定　磨损和腐蚀模拟法
GB/T 3960—2016	塑料　滑动摩擦磨损试验方法
GB/T 39291—2020	鞋钉冲击磨损性能试验方法
GB/T 7986—2013	输送带　滚筒摩擦试验
GB/T 33725—2017	表壳体及其附件　耐磨损、划伤和冲击试验
GB/T 12599—2002	金属覆盖层　锡电镀层　技术规范和试验方法
GB/T 39685—2020	陶瓷覆层结合强度试验方法
GB/T 30707—2014	精细陶瓷涂层结合力试验方法　划痕法
GB/T 2792—2014	胶粘带剥离强度的试验方法
GB/T 13288.3—2009	涂覆涂料前钢材表面处理　喷射清理后的钢材表面粗糙度特性　第3部分:ISO表面粗糙度比较样块的校准和表面粗糙度的测定方法　显微镜调焦法
GB/T 13841—1992	电子陶瓷件表面粗糙度

续表

标准号	标准名称
GB/T 15056—2017	铸造表面粗糙度　评定方法
GB/T 13288.5—2009	涂覆涂料前钢材表面处理　喷射清理后的钢材表面粗糙度特性　第5部分:表面粗糙度的测定方法　复制带法
GB/T 11357—2020	带轮的材质、表面粗糙度及平衡
GB/T 12767—1991	粉末冶金制品　表面粗糙度　参数及其数值
GB/T 13288.2—2011	涂覆涂料前钢材表面处理　喷射清理后的钢材表面粗糙度特性　第2部分:磨料喷射清理后钢材表面粗糙度等级的测定方法　比较样块法
GB/T 40389—2021	烧结金属材料　(不包括硬质合金)表面粗糙度的测定
GB/T 29505—2013	硅片平坦表面的表面粗糙度测量方法
GB/T 32642—2016	平板显示器基板玻璃表面粗糙度的测量方法
GB/T 31199—2014	计算机直接制版版基(CTP版基)表面粗糙度参数的测定
GB/T 31227—2014	原子力显微镜测量溅射薄膜表面粗糙度的方法
GB/T 32189—2015	氮化镓单晶衬底表面粗糙度的原子力显微镜检验法
GB/T 30860—2014	太阳能电池用硅片表面粗糙度及切割线痕测试方法
GB/T 1031—2009	产品几何技术规范(GPS)表面结构　轮廓法　表面粗糙度参数及其数值
GB/T 2523—2022	冷轧金属薄板和薄带表面粗糙度、峰值数和波纹度测量方法
GB/T 31226—2014	扫描隧道显微术测定气体配送系统部件表面粗糙度的方法
GB/T 38265.16—2019	软钎剂试验方法　第16部分:软钎剂润湿性能　润湿平衡法
GB/T 14216—2008	塑料　膜和片润湿张力的测定
GB/T 11364—2008	钎料润湿性试验方法
GB/T 11983—2008	表面活性剂　润湿力的测定　浸没法
GB/T 22638.5—2016	铝箔试验方法　第5部分:润湿性的检测
GB/T 22638.4—2016	铝箔试验方法　第4部分:表面润湿张力的测定
GB/T 38265.10—2019	软钎剂试验方法　第10部分:软钎剂润湿性能　铺展试验方法
GB/T 22638.4—2016	铝箔试验方法　第4部分:表面润湿张力的测定